高等学校水利类教材

水利水电工程地质

■ 杨连生 主编

SHUILI SHUIDIAN GONGCHENG DIZHI

WUHAN UNIVERSITY PRESS
武汉大学出版社

图书在版编目(CIP)数据

水利水电工程地质/杨连生主编. —武汉:武汉大学出版社,2004.8(2021.
12重印)
高等学校水利类教材
ISBN 978-7-307-04254-4

Ⅰ.水… Ⅱ.杨… Ⅲ.①水利工程—工程地质—研究 ②水力发电工程—工程地质—研究 Ⅳ.P642

中国版本图书馆 CIP 数据核字(2004)第 050303 号

责任编辑:史新奎 责任校对:王 建 版式设计:支 笛

出版发行:**武汉大学出版社** (430072 武昌 珞珈山)
(电子邮箱:cbs22@whu.edu.cn 网址:www.wdp.com.cn)
印刷:武汉邮科印务有限公司
开本:787×1092 1/16 印张:20.5 字数:492 千字
版次:2004 年 8 月第 1 版 2021 年 12 月第 7 次印刷
ISBN 978-7-307-04254-4/P·75 定价:48.00 元

内 容 提 要

本教材共有 10 章,主要内容有:矿物与岩石;地质构造;地下水;地质作用;岩体的工程地质研究;库坝区渗漏;坝基(肩)岩体、岩质边坡、地下洞室围岩等稳定问题的工程地质分析;水利水电环境工程地质问题;水利水电工程地质勘察。

该书除用作水利水电工程专业的本科教材外,亦可供水利类其他专业的本科生选用及相关专业的工程技术人员参考。

内容提要

本书是一本......

目　录

绪　论

一、工程地质学的研究对象和任务

工程地质学是地质学的分支学科，又是工程与技术科学、基础学科的分支学科。它是工程科学与地质科学相互渗透、交叉而形成的一门边缘科学，从事人类工程活动与地质环境相互关系的研究，是服务于工程建设的应用科学。

人类工程活动与地质环境间的相互关系，首先表现为地质环境对工程活动的制约作用。地球上现有的工程建筑物，都建造于地壳表层一定的地质环境中。地质环境包括地壳表层以及深部的地质条件，它们以一定的作用方式影响着工程建筑物。例如，地球内部构造活动导致的强烈地震，顷刻间可使较大地域内的各种建筑物和人类生命财产遭受毁灭性的损失；地壳表面的软弱土体不适应于某些工业与民用建筑物荷载的要求，需进行专门的地基处理；地质时期内形成的岩溶洞穴因严重渗漏，造成水库和水电站不能正常发挥效益，甚至完全丧失功能；大规模的崩塌、滑坡，因难于治理而使铁路改线等。各种制约作用，归结起来是从安全、经济和正常使用三个方面影响工程建筑物的。因此，我们必须很好地研究建筑场址的地质环境，尤其是对工程建筑物有严重制约作用的地质作用和现象，一定要进行详细、深入的研究。

人类的各种工程活动，又会反作用于地质环境，使自然地质条件发生变化，影响建筑物的稳定和正常使用，甚至威胁到人类的生活和生存环境。例如，滨海城市大量抽取地下水所引起的地面沉降，造成海水入侵、市政交通设施破坏和丧失效用、地下水质恶化等；大型水库的兴建，使河流上、下游大范围内水文和水文地质条件发生变化，引起库岸再造、库周浸没、库区淤积、诱发地震等问题，甚至使生态环境恶化。我们应充分预计到一项工程的兴建，尤其是重大工程兴建对地质环境可能带来的影响，以便采取相应的对策。

由此可见，人类的工程活动与地质环境之间，处于相互联系、相互制约的矛盾之中。研究地质环境与人类工程活动之间的关系，促使两者之间的矛盾转化和解决，就成了工程地质学的基本任务。

工程地质学为工程建设服务，是通过工程地质勘察来实现的。勘察所取得的各项地质资料和数据，提供给规划、设计、施工等部门使用。具体地说，工程地质勘察的主要任务是：

(1) 阐明建筑地区的工程地质条件，并指出对建筑物有利的和不利的因素。

(2) 论证建筑物所存在的工程地质问题，进行定性和定量的评价，作出确切结论。

(3) 选择地质条件优良的建筑场地，并根据场地工程地质条件对建筑物配置提出建议。

(4) 研究工程建筑物兴建后对地质环境的影响，预测其发展演化趋势，提出利用和保护地质环境的对策和措施。

（5）根据所选定地点的工地地质条件和存在的工程地质问题，提出有关建筑物类型、规模、结构和施工方法的合理建议，以及保证建筑物正常施工和使用所应注意的地质要求。

（6）为拟定改善和防治不良地质作用的措施方案提供地质依据。

工程地质工程师只有与工程规划、设计和施工工程师密切配合、协同工作，才能圆满地完成上述各项任务。

由上述任务可见，明确工程地质条件和工程地质问题的含义以及它们之间的关系是很有必要的。

工程地质条件指的是与工程建设有关的地质因素的综合，或是工程建筑物所在地质环境的各项因素。这些因素包括岩土类型及其工程性质、地质构造、地貌、水文地质、工程动力地质作用和天然建筑材料等方面。它是一个综合概念，其中的某一项因素不能概括为工程地质条件，而只是工程地质条件的某一因素。工程地质条件直接影响到工程建筑物的安全、经济和正常使用，因而兴建任何类型的建筑物，首先要查明建筑场地的工程地质条件，它是工程地质勘察的基本任务。由于不同地区的地质环境不尽相同，其对工程建筑物影响的地质因素主次也不同，因而我们应对当地的工程地质条件进行具体分析，明确主次，并进一步指出对工程建筑物有利的和不利的方面。工程地质条件是在自然地质历史发展演化过程中形成的，因此必须采用自然历史分析方法去研究它。

工程地质问题指的是工程地质条件与工程建筑物之间所存在的矛盾或问题。工程地质条件是自然界客观存在的，它能否适应工程建设的需要，则一定要联系到工程建筑物的类型、结构和规模。优良的工程地质条件能适应建筑物的要求，对它的安全使用不会造成影响或损害。但是，工程地质条件往往有一定的缺陷，对建筑物产生某种影响，甚至造成灾难性的后果。因此，一定要将工程地质条件和建筑物这矛盾着的两个方面联系起来进行分析。不同类型、结构和规模的工程建筑物，由于工作方式和对地质体的负荷不同，对地质环境的要求是不同的，所以工程地质问题是复杂多样的。例如，工业与民用建筑的主要工程地质问题是地基承载力和变形问题；地下洞室的主要工程地质问题是围岩稳定性问题；露天采矿场的主要工程地质问题是采坑边坡的稳定性问题。而水利水电建设中的工程地质问题更为复杂多样。例如，坝基渗漏和渗透稳定性是土石坝主要的工程地质问题；坝基抗滑稳定和坝肩抗滑稳定则分别是重力坝和拱坝的主要工程地质问题。此外，还有水库渗漏、库周浸没、库岸再造以及船闸边坡稳定和渠系工程的渗漏和稳定问题，等等。工程地质问题的分析、评价是工程地质勘察工作的核心任务。对每一项工程的主要工程地质问题，必须作出定性的或定量的确切结论。

近数十年来，国内外一些工程建设项目由于未查清建筑场区的工程地质条件，对工程地质问题分析、评价不够确切或结论有误，以致造成不良影响或严重后果，见诸于报道的事例较多，应引起初学者们的注意。

二、工程地质学的研究内容及其与其他学科的关系

工程地质学研究的内容是多方面的，完整的工程地质学科体系，应从如下几方面进行研究，由此也就形成了它的分支学科。

1. 岩土工程地质性质的研究

由"工程岩土学"这一分支学科来进行。

2. 工程动力地质作用的研究

由"工程动力地质学"这一分支学科来进行。

3. 工程地质勘察理论和技术方法的研究

有关这方面的研究，是由"专门工程地质学"这一分支学科来进行的。

4. 区域工程地质的研究

"区域工程地质学"为这方面研究的分支学科。

5. 环境工程地质的研究

这是现代工程地质学研究的热点。"环境工程地质学"已成为工程地质学的新兴分支学科。

　　工程地质学所涉及的知识范围是很广泛的，它必须以许多学科的知识作为自己的理论基础和方法、手段。它与地质学的各分支学科以及其他多种学科相联系。

　　地质学的分支学科如动力地质学、矿物学、岩石学、构造地质学、地层学、第四纪地质学、地貌学和水文地质学等，都是工程地质学的地质基础学科。没有上述各地质学科的知识，是不可能进行工程地质研究的。例如，研究岩土工程地质性质时，就必须具备矿物学和岩石学的知识。研究各种工程动力地质作用和现象，则需要多种地质分支学科的理论和方法作为基础。

　　为了确切地研究一些不良地质现象的形成机制和定量评价工程地质问题，工程地质学要以数学、物理学、化学、力学等学科知识作为它的基础。尤其是属于物理学的力学学科的工程力学、弹塑性力学、结构力学、土力学和岩体力学等，与工程地质学的关系十分密切。工程地质学中的大量计算问题，实际上也就是土力学和岩体力学的课题；土力学和岩体力学是进行工程地质问题定量评价的左右手。因此，在广义的工程地质学概念中，甚至将土力学和岩体力学也包含在内。

　　此外，工程地质学还与工程应用技术科学、环境科学、工程科学等有关。如水利水电建筑学、工业与民用建筑学、气象学、水文及水测验学、电子计算机技术、地球物理勘探学、钻探学等与之联系均较密切。

三、水利水电工程地质在我国的发展

　　新中国成立以来，为适应我国社会主义建设的迫切需要，在水利水电工程、铁道、公路、工业与民用建筑以及国防工程等部门，都积极开展了工程地质勘察工作。例如，在水利水电工程地质方面，解放后不久，就对永定河官厅水库进行地质勘察，并迅速建成这座我国第一个大型水库；继后，开始了对黄河流域的全面勘察规划，对淮河流域主要坝（闸）址进行了地质勘察工作；为开发长江丰富的水利资源，进行了全流域的勘察、规划大型水利枢纽工程的重点地质勘察工作；为解决北方水源不足问题，南水北调工程目前业已开工。为了开发西南地区丰富的水利资源，对大面积分布的石灰岩溶洞的漏水问题，进行了岩溶发育规律和治理措施的大量研究工作，已取得了丰富的成功经验。在华北平原等地，开展了大规模的地下水资源勘探工作；在西北黄土地区，进行了有效的水土保持工作；在沿海地区沼泽排涝、盐碱化问题的改造等方面，也进行了大量的卓有成效的地质调

查研究工作。

据统计，20世纪90年代以来，我国相继建成或在建的有漫湾、观音阁、隔河岩、龙羊峡、李家峡、三峡、二滩、小浪底、万家寨、大朝山等大型水利水电工程，在进行这些工程建设中曾遇到各种各样的工程地质问题，如坝基泥化夹层、风化槽带、断层破碎带、活动性断层以及水库诱发地震，岩溶渗漏河边坡、洞室围岩稳定问题等。为妥善解决这些问题，进行了大量深入的研究工作，并获得了丰富的研究成果和防治经验。

水利水电工程地质就是在水利水电工程地质勘察的生产实践和科学试验的基础上逐步形成并发展起来的。我国水电部门在20世纪60年代就已开始应用钻孔照像和钻孔电视，取得了良好的观察效果。在勘探方面，小口径金刚石钻头的应用已逐步扩大和普及，在葛洲坝、三峡等大型水电工程的地质勘探中采用了大口径钻探新技术，试验工作也有很大进展，室内试验向着机械化、自动化、数字化的方向发展。野外试验在测试装置和试件制备方面都有所改进，特别是岩体试验方面取得了丰富的经验，如葛洲坝水电工程对软弱夹层的研究已达到世界先进水平。然而，就工程地质这门学科来说，还是比较年轻的学科，在本学科的内容方面，还有许多有待完善的地方。近年来，随着大型高坝工程和大跨度地下洞室的兴建，对工程地质工作提出了更高的要求，特别是要为设计、施工提供必须的工程地质定量指标，这就要求本学科必须由"定性分析"向"定量计算"研究方向发展，将地质定性分析和定量计算紧密结合起来。加强本学科基础理论的研究，应用最新技术和先进的勘察试验方法，是迫切需要解决的课题。

四、水利水电工程地质的主要内容与学习要求

本门学科的研究对象，具体可归纳为以下几方面的主要内容：

1. 研究岩石的工程地质性质

地壳表层的岩石是各种水工建筑物的地基，也是常用的建筑材料。岩石的工程地质性质直接影响着建筑物地基的稳定性和建筑材料质量的好坏。因此，岩石性质是工程地质研究的最基本内容。它主要是研究岩石的矿物组成、结构、构造，并结合成因加以分析，阐明岩石简易识别方法，以及主要岩石的物理力学性质，评价岩石的工程地质性质。

2. 研究地质构造的工程地质特征

地质构造是水利水电工程地质研究的主要对象。研究地质构造的基本形态，分析岩体结构面和结构体的基本特征，尤其是与水工建筑密切有关的断层、裂隙、破碎带和软弱结构面的性质与分布规律，必须查明它们对水工建筑物的影响。

3. 研究与区域稳定有关的工程地质问题及物理地质现象

研究活断层的性质、活断层在区域规划和水工建筑物设计中的作用；介绍地震和水库地震的基本知识，阐明地下水的埋藏条件、成因类型、运动规律；研究岩溶、滑坡，崩塌、岩石风化等各种物理地质现象，以及它们对水工建筑物的影响。

4. 研究岩体的稳定和渗漏问题

岩体的稳定和渗漏问题是水利水电工程建设中的主要工程地质问题。上述岩石性质、地质构造、区域稳定及物理地质现象，既是工程地质的基本知识，又是决定工程岩体稳定和渗漏问题的主要地质因素。分析研究各种地质条件，对岩体稳定和渗漏作出工程地质评价，是水利水电工程地质的关键问题和重要内容。如研究坝基、坝肩的岩体变形和抗滑稳

定问题，岩质边坡及隧洞围岩的稳定问题，以及水库、坝基、坝肩的渗漏问题等。

5.阐明水利水电工程地质勘察的基本方法与要求

水利工程地质勘察是通过地质测绘、勘探、试验和长期观测工作等手段，来获得必需的地质资料的。工程地质勘察报告及其主要图件，是勘察工作的汇总成果，也是为水工规划、设计、施工提供地质依据。勘察项目和程序必须与水工建筑不同勘测设计阶段的要求紧密配合，该部分主要简单介绍一般工程地质勘察的内容和勘察工作的布置原则、试验地点、取样地点的选择等。

此外，对水利水电工程建设所引起的环境工程地质问题也应有所了解及研究。

根据本专业的培养目标和教学要求，通过本课程的学习应达到以下几点基本要求：

（1）具有一定的地质基础理论知识，包括对最常见的矿物、岩石的认识，岩石的工程地质特性，岩石的风化分带规律，常见的地质构造现象的特征及其对水工建筑物的影响，地下水的类型及其地质作用等。

（2）具有区域稳定的基本知识，岩体结构的概念，用工程地质观点来分析岩体稳定和渗漏的初步能力。

（3）具有阅读和分析各种地质图件及工程地质资料的初步能力。

（4）了解水利水电工程中，工程地质勘察的基本内容和基本方法，为与工程地质技术人员密切合作打下基础。

需要指出的是，本课程的实践性很强，除课堂讲授外，实验、多媒体教学、野外教学实习等均是本课程的重要教学环节。特别是野外教学实习，具有不可替代的重要作用，若缺少或削弱了这一环节，水利水电工程地质教学将是不完整的，其效果必会大打折扣。因此，在制定本课程的教学大纲、教学计划时，尤应对野外教学实习给予足够的重视。

第一章　岩石及其工程地质性质

第一节　概　　述

地球是一个极其活跃且不断演化着的行星体系，其表层系统包括岩石圈、水圈、大气圈、生物圈，以及这些圈层作为一个整体与其外部的宇宙天体之间存在着的相互作用与联系。地球是宇宙中沿一定轨道运转的椭圆形球体，赤道半径约 6 378km，极地半径约 6 365km，平均半径 6 371km，地球的表面积约 5 亿 km²。它的外层被大气和水所包围。固体的表层是由岩石组成的硬壳——地壳，它是各种工程建筑的场所，是人类生存和活动的地方，因而了解地壳的物质组成、结构及性质具有十分重要的意义。

一、地球的圈层构造

根据地震波在地球内部传播的速度随深度的变化，可知地球内部存在明显的分界面，它们分别是位于 30~40km 深处的莫霍面和约 2900km 深处的古登堡面。它们将地球内部物质分成明显的同心圈层构造，如图 1-1 所示。

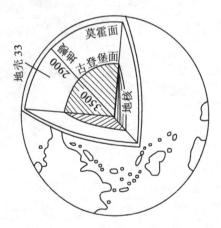

图 1-1　地球的内部构造

（厚度单位：km）

地核：自古登堡面以下至地心部分称为地核，厚度约为 3 470km，主要由比重较大的铁镍物质组成。

地幔：是莫霍面以下、古登堡面以上的部分。厚度约为 2 900km，根据地震波速的变化，以 650km 深度为界，可分为上地幔和下地幔两个次级圈层。上地幔由铁、镁及多种硅酸盐矿物组成，与超基性岩相类似。在深度 60~250km 处，是熔融状态的物质，故也称软流层，一般是岩浆的发源地。下地幔物质中 FeO 和 MgO 的含量可能更高。

地壳：是莫霍面以上地球的固体表层部分，厚度变化很大。大陆地壳是大陆及大陆架部分的地壳，它具有上部为硅铝层、下部为硅镁层的双层结构。大陆地壳的平均厚度为 33km，但各地厚度相差很大，高山和高原地区地壳通常较厚，平原地区较薄。大洋地壳简称洋壳，其厚度较薄，平均仅 5~6km，一般缺硅铝层。

人类工程活动都在地壳表层进行，一般不超过 1km 深，最深的金矿矿井和钻孔一般在 1~1.2km 之内。在南非，一些金矿的开采深度可达到 4km 以下。

二、地壳的化学成分

组成地壳的化学元素有百余种，但各元素的含量极不均匀，其中最主要的是下列 10 种，它们占地壳总质量的 99.96 %，如表 1-1 所示。

表 1-1　　　　　　　　　　　　地壳中的主要化学元素分布表

元　素	质量比（%）	元　素	质量比（%）
氧	46.95	钠	2.78
硅	27.88	钾	2.58
铝	8.13	镁	2.06
铁	5.17	钛	0.62
钙	3.65	氢	0.14

其余的是磷、锰、氮、硫、钡、氯等近百种元素。

若按质量百分比计算，沉积岩仅占地壳质量的 5%，变质岩占 6%，而岩浆岩占 80%。不同成因的岩石的形成条件、物质成分、结构和构造各不相同，故它们的物理力学性质也不一样。这些都关系到工程建设的规划、设计和施工。

三、地球的表面形态

地球的表面形态是高低不平的，而且差距较大，大致可以划分为大陆和海洋两部分。海洋占地球表面的 70.8%。大陆平均高出海平面 0.86km，海底平均低于海平面 3.9km。

第二节　造岩矿物

一、矿物的概念

矿物是自然界中的化学元素在一定的物理、化学条件下形成的天然物质，是在各种地质作用中所形成的天然单质元素或化合物。它们具有一定的化学成分和内部结构，从而有一定的形态、物理性质和化学性质。绝大多数矿物为固态，只有极少数呈液态（自然汞）和气态（如火山喷气中的 CO_2，SO_2 等）。已发现的矿物有 3 000 多种，但组成岩石的主要矿物仅 30 余种，这些组成岩石的主要矿物称为造岩矿物，如石英、方解石及正长石等。

矿物和矿物原料是发展国民经济建设事业的物质基础。对于矿物的利用，包括两个方面：一是利用它的化学成分；二是利用它的某些物理或化学性质。

二、矿物的形态

矿物的形态是对矿物单体及同种矿物集合体的形态而言的。矿物形态受内部结构和生成时的环境制约。

1. 矿物单体形态

（1）结晶质和非结晶质矿物

造岩矿物绝大部分是结晶质，其基本特点是组成矿物的元素质点（离子、原子或分子）在矿物内部按一定的规律重复排列，形成稳定的结晶格子构造（图1-2）。具有结晶格子构造的物质叫做结晶质。结晶质在生长过程中，若无外界条件限制、干扰，则可生成被若干天然平面所包围的固定几何形态。

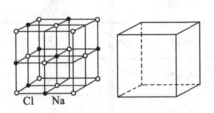

Cl　Na

图 1-2　石盐的晶体构造

这种有固定几何形态的晶质称为晶体，如石盐呈立方体，水晶呈六方柱和六方锥等（图1-3）。在结晶质矿物中，还可根据肉眼能否分辨而分为显晶质和隐晶质两类。

非晶质矿物内部质点排列没有一定的规律性，所以外表就不具有固定的几何形态，如蛋白石（$SiO_2 \cdot nH_2O$）、褐铁矿（$Fe_2O_3 \cdot nH_2O$）等。非晶质可分玻璃质和胶质两类。

（2）矿物的结晶习性

尽管矿物的晶体多种多样，但归纳起来，根据晶体在三度空间的发育程度不同，可分为以下三类。

① 一向延长：晶体沿一个方向延伸，呈柱状、棒状、针状、纤维状等。如角闪石和辉石（图1-3）、石棉、纤维石膏、文石等。

② 二向延长：晶体沿两个方向发育，呈板状、片状、鳞片状等。如板状石膏（图1-3）、云母，绿泥石等。

③ 三向延长：晶体在三度空间发育，呈等轴状、粒状等。如石盐、黄铁矿、石榴子石等。

2. 矿物集合体形态

同种矿物多个单体聚集在一起的整体就是矿物集合体。矿物集合体的形态取决于单体的形态和它们的集合方式。

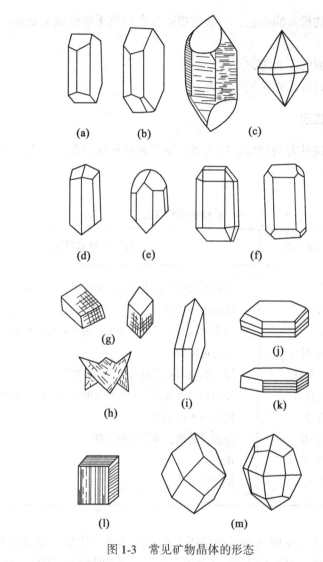

图 1-3　常见矿物晶体的形态

（a）正长石　（b）斜长石　（c）石英　（d）角闪石　（e）辉石
（f）橄榄石　（g）方解石　（h）白云石　（i）石膏　（j）绿泥石
（k）云母　（l）黄铁矿　（m）石榴子石

三、矿物的光学性质

由于成分和结构的不同，每种矿物都有自己特有的物理性质。所以矿物物理性质是鉴别矿物的主要依据。

形状：是指故态矿物单个晶体的形态，或矿物晶体聚集在一起的集合体形态。常见的矿物形状有柱状、针状、片状、板状等。

颜色：颜色是矿物对不同波长可见光吸收程度不同的反映。它是矿物最明显、最直观的物理性质。

条痕：条痕是矿物粉末的颜色，一般是指矿物在白色无釉瓷板上划擦时所留下的粉末的颜色。

光泽：是矿物表面的反光能力。

透明度：矿物透过可见光光波的能力。

四、矿物的力学性质

硬度：指矿物抵抗外力的刻划、压入或研磨等机械作用的能力。常见矿物的硬度等级如表 1-2 所示。

表 1-2   矿物的硬度等级

硬度等级	矿物名称	野外简易鉴别方法
1	滑 石	用软铅笔划时留下条痕，用指甲容易刻划
2	石 膏	用指甲可刻划
3	方解石	用黄铜线刻划可留下条痕，用小刀很易刻划
4	萤 石	小刀可刻划
5	磷灰石	用削铅笔刀刻划时可留下明显划痕，不能刻划玻璃
6	正长石	小刀刻划可勉强留下看得见的划痕，能刻划玻璃
7	石 英	用小刀不能刻划
8	黄 玉	能割开玻璃，难于刻划石英
9	刚 玉	能刻划石英
10	金刚石	能刻划石英

解理：晶体受到外力作用（敲击或挤压）后能够沿着一定的结晶方向分裂成为平面。

断口：矿物受到外力打击后不沿一定的结晶方向断开时所形成的断裂面，断裂面的方向是任意的。

其他性质：如弹性、挠性、延展性、磁性、密度等对于鉴定某些矿物有时也是十分重要的。利用与稀盐酸反应的特征，是鉴定方解石、白云石等矿物的有效手段之一。

五、造岩矿物简易鉴定方法

正确地识别和鉴定矿物，对于岩石命名、鉴定和研究岩石的性质，是一项不可缺少而且重要的工作。常见造岩矿物的肉眼鉴定特征如表 1-3 所示。

表 1-3　　主要造岩矿物鉴定表

次序	矿物名称	形状	颜色	光泽、透明度	解理、断口	硬度	相对密度	物理、化学及工程特性	分布情况
1	石英 SiO_2	完整晶形为六棱锥或双锥体，但呈粒状居多	纯者无色，乳白色，含杂质时呈紫红、烟色	玻璃光泽，断口呈油脂光泽，透明	贝壳状断口	7	2.6	化学性质稳定，不溶于水，抗风化和抗腐蚀能力强，性质坚硬。含颗粒感多的岩石，岩性感坚硬	呈单晶，晶簇及脉状产出或产于岩浆岩，沉积岩和变质岩等多种岩石，特别是岩和酸性浆岩中最多
2	正长石 $K[AlSi_3O_8]$	柱状或板状、粒状	肉红，浅玫瑰红或近于白色	玻璃光泽，半透明或不透明	两组完全解理正交	6	2.5~2.7	较易风化，风化光泽变暗，硬度降低，完全风化后形成高岭石，方解石等次生矿物。正长石含量较多的岩石，性质软弱，易风化	分布于花岗岩，正长岩，伟晶岩等岩浆岩和片麻岩等变质岩中最多
3	斜长石 $Na[AlSi_2O_3]$ $Ca[Al_2Si_2O_8]$	外形为板状、粒状	白色或灰白色	玻璃光泽，半透明或不透明	两组完全解理斜交，断口平坦	6	2.5~2.7	特性同正长石	广泛分布于岩浆岩和某些变质岩中
4	普通角闪石 $(Ca,Na)(Mg,Fe)_4$ (Al,Fe) $[(SiAl)_2O_{11}]_2(OH_2)$	长柱状或纤维状，断面呈六边形	深绿或暗黑色	玻璃光泽，不透明	两组解理相交	5.5~6	3.2	较易风化，风化后形成粘土矿物，碳酸岩及褐铁矿等	多产于中性，酸性岩浆岩和某些变质岩中
5	普通辉石 $Ca(Mg,Fe,Al)\cdot$ $[(Si,Al)_2O_6]$	常呈粒状	深黑、褐黑、紫黑及棕黑色	玻璃光泽，半透明或不透明	一组极完全解理	5~6	3.4~3.6	受水热作用后，可变成绿泥石或蛇纹石，易风化	多产于基性岩浆岩中，如辉长岩，玄武岩，也能单独组成超基性辉岩
6	黑云母 $[AlSi_3O_{10}](OH)_2$	薄片状	黑色	珍珠光泽，透明	一组极完全解理	2.5~3	2.3	薄片具有弹性，风化后变为蛭石，易风化，薄片失去弹性，强度较低	广泛分布于岩浆岩和变质岩中

续表

次序	矿物名称	形 状	颜 色	光泽、透明度	解理、断口	硬 度	相对密度	物理、化学及工程特性	分布情况
7	白云母 $KAl_2[AlSi_3O_{10}](OH)_2$	片状	无色,有时呈灰白、浅黄、淡红等色	玻璃或珍珠光泽,透明	一组极完全解理	2.5~3	2.3	薄片具有弹性,较黑云母抗风化能力强,呈丝绢光泽的鳞片状集合体,称绢云母	主要分布在岩浆岩和变质岩中
8	橄榄石 $(Mg,Fe)_2[SiO_4]$	常呈粒状集合体	橄榄绿、淡黄绿色	油脂光泽或玻璃光泽	通常无解理	6.5~7	3.21~4.4	性脆,粉末溶于浓硫酸,析出 SiO_2 胶体,易风化,风化后呈暗褐色	主要产于基性或超基性岩浆岩中
9	方解石 $CaCO_3$	菱面体或粒状	白色或无色透明	玻璃光泽	三组完全解理	3	2.0~2.8	与稀盐酸作用后剧烈起泡,溶于水	石灰岩、岩的主要矿物成分
10	白云石 $CaMg[CO_3]_2$	常为菱面体块状,晶面常弯曲成鞍状	白、灰色或浅黄、浅粉红色	玻璃光泽	三组完全解理	3.5~4	2.8~2.9	粉末遇稀盐酸起泡,可溶于水	是大理石,白云岩的主要矿物成分
11	石膏 $CaSO_4 \cdot 2H_2O$	板状、条状或呈纤维状集合体	无色或白色,呈灰白色	玻璃光泽,断口呈油脂光泽,透明	贝壳状断口	1.5	2.6	化学性质稳定,不溶于水,抗风化和抗腐蚀能力强,性质坚硬。含石英颗粒多的岩石,岩性越坚硬	呈单晶,晶簇及脉状产出或产于干岩浆岩,沉积岩和变质岩中,特别是岩酸性岩浆岩中最多
12	高岭石 $Al_4[Si_4O_{10}](OH)_8$	鳞片状或密集细粒状集合体	肉红,浅玫瑰色或近正白色	玻璃光泽,半透明或不透明	两组完全解理正交	1	2.5~2.7	较易风化,风化光泽变暗,硬度降低,完全风化后形成高岭石,方解石等次生矿物,长石含较多的岩石,性质较软弱,易风化	分布于花岗岩,正长岩,伟晶岩等岩浆岩和片麻岩等岩石中最多

续表

次序	矿物名称	形状	颜色	光泽、透明度	解理、断口	硬度	相对密度	物理、化学及工程特性	分布情况
13	滑石 $Mg_3[Si_4O_{10}](OH)_2$	片状,块状	白色或灰白色	玻璃光泽,半透明或不透明	一组完全解理斜交,断口平坦	1	2.5~2.7	特性同正长石	分布于富镁铁质超基性岩,白云岩等变质后形成的主要变质矿物。
14	绿泥石 $(Mg,Fe)_5Al[AlSi_3O_{10}](OH)_8$	片状或板状集合体	深绿色	玻璃光泽,不透明	两组解理相交	5.5~6	3.2	薄片具挠性,不具弹性	主要分布在变质岩中,往往构成绿泥石片岩
15	蛇纹石 $Mg_6[Si_4O_{10}](OH)_8$	致密块状或呈片状,纤维状	深黑、褐黑及棕黑等色	玻璃光泽,半透明或不透明	一组极完全解理	5~6	3.4~3.6	受水热作用后,可变成绿泥石或蛇纹石,易风化。	多产于基性岩浆岩中,如辉长岩、玄武岩,也能单独组成超基性辉岩
16	红柱石 $Al_2O[SiO_4]$	柱状,放射状	粉红色或灰白色	珍珠光泽,透明	一组极完全解理	2.5~3	2.3	表面风化后有滑感	常分布于变质岩中,为接触变质矿物
17	石榴子石 $Fe_3Al_2(SiO_4)_3$	菱形十二面体,二十四面或八面体	深褐或紫红,黑等色	玻璃或珍珠光泽,透明	一组极完全解理	2.5~3	2.3	较稳定,如风化则变为褐铁矿等	主要产于变质岩中,为标准变质矿物
18	黄铁矿 FeS_2	立方体块状	浅铜黄色	金属光泽	通常无解理	6.5~7	3.21~4.4	易风化,受风化成硫酸及褐铁矿,有时晶体有条纹	常见于岩浆岩或砂岩的砂岩和沉积岩中
19	黄铜矿 $CuFeS_2$	致密块状	铜黄色	金属光泽,不透明	无解理	3	2.0~2.8	经风化作用,易溶于水,性脆	常见于基性岩浆岩或变质岩,有时变质岩中也出现
20	褐铁矿 $Fe_2O_3 \cdot nH_2O$	块状,土状或结核状	黄褐或棕褐色	半金属光泽或土状光泽	无解理	3.5~4	2.8~2.9	胶体状块体,在盐酸中缓慢溶解,易风化,土状者硬度低	含铁矿物风化后的产物,也可沉积而成

第三节 岩 浆 岩

一、岩浆岩的形成过程

岩浆岩的产状是指岩浆岩体产出的形态、规模、与围岩的接触关系、分布特点及其产出的地质构造环境等。按照岩浆活动和冷凝成岩的情况，岩浆岩体的产状一般分为两大类（图1-4）。

1. 侵入岩体产状

（1）岩基

这是大规模的深成侵入岩体，其露出地表面积一般大于100km²。由于岩体范围大，

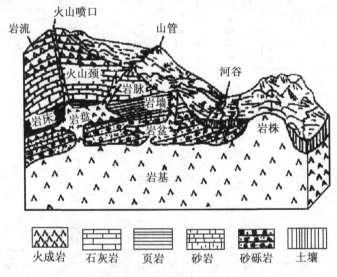

图1-4 岩浆岩体的产状

同围岩的接触面不规则。如我国秦岭、祁连山及南岭等地，主要为花岗岩的岩基。岩基在形成过程中埋藏较深，岩浆冷凝的速度慢，结晶程度好，性质均一，强度较高，因而常被选为适宜的建筑物地基。

（2）岩株

其规模较岩基小，一般平面上常呈圆形或不规则形状，面积小于100km²，和围岩接触较陡直，有时是岩基的一部分，其特点与岩基相近。北京周口店花岗闪长岩体就是一个小岩株，其面积约为50km²，平面上近圆形，与围岩接触陡直。

（3）岩盘

当岩浆侵入上部岩层后，使上覆岩层隆起。岩浆冷凝形成的面包状岩体，称为岩盘（岩盖）。岩盘分布范围可达数公里，如花岗斑岩、闪长岩等。

（4）岩床

岩浆沿岩层层面侵入而形成的板状岩体，产状和围岩的层面一致。厚度较小，但延伸

很广，多为基性岩，如辉绿岩。

（5）岩脉

岩浆沿着围岩的裂隙侵入而成的厚度较小的脉状岩体称为岩脉，其产状近于直立的脉状岩称为岩墙。岩脉、岩墙与围岩的接触带常有较多的裂隙，易于风化破碎，会使岩石强度降低，透水性增大，给工程建筑和施工带来困难。

2. 喷出岩岩体的产状

（1）熔岩流

岩浆喷出地表后，沿着地表面流动经冷凝固结而成熔岩流。

（2）火山锥

岩浆沿着火山颈喷出地表，形成圆锥状的岩体称为火山锥，其物质由火山喷发的碎屑及熔岩组成。

在我国，火山喷出岩体出露面积较大，如山西省大同地区的第四纪火山锥。河北省张家口北部的汉诺坝，在第三纪时有大量的玄武岩岩浆溢出，分布面积达约 1 000km²，厚度约 300 米，构成蒙古高原的一部分。

喷出地表或侵入围岩的岩浆冷凝时，由于体积收缩，会产生一些裂缝，这种裂缝称为岩浆岩的原生节理。有的节理形状呈多边形的柱状体，如玄武岩的原生柱状节理；也有沿三组互相垂直方向的节理，形成块状的六面体，如花岗岩的原生枕状节理。

在岩浆岩地区开采石料时，节理的存在会大大地减轻工作量，对开采石料有利。但是，作建筑物地基时，由于岩石原生节理发育，会加速岩石的风化，降低岩体的物理力学性质，增大透水性。尤其要注意喷出岩体与下伏岩层和围岩接触带处，岩层软硬相间，沿裂隙风化，往往形成软弱带。这些都会造成不利的工程地质条件，影响建筑物的稳定。

二、岩浆岩的地质特征

1. 岩浆岩的物质成分

岩浆岩为硅酸性盐。地壳中存在的化学元素，在岩浆岩中几乎都能见到，但它们之间含量却相差很大，化学成分以 SiO_2、Al_2O_3、Fe_2O_3、FeO、MgO、CaO、K_2O 和 Na_2O 等氧化物的形式存在。这些氧化物具有明显的相关变化规律，即当 SiO_2 含量增多时，Na_2O 和 K_2O 的含量也高，而 MgO 和 CaO 则相对减少。相反，当 MgO 和 CaO 的含量增高时，SiO_2 和 Na_2O、K_2O 含量就减少。由此看出岩浆岩的化学成分随着 SiO_2 含量增加而有规律地变化。因此，可以根据 SiO_2 含量多少，将岩浆岩分为四大类：

超基性岩	SiO_2	<45%
基性岩	SiO_2	45%～52%
中性岩	SiO_2	52%～65%
酸性岩	SiO_2	>65%

矿物是岩石构成的基础。岩浆岩的矿物成分既可以反映岩石的化学成分，又可以反映岩石的生成条件和成因，而且矿物成分还是岩浆岩分类的基础之一，所以在研究岩石时，要重视对矿物成分的鉴定。组成岩浆岩的矿物大约有 30 多种，其中主要矿物如表 1-4 所示。

表 1-4 岩浆岩的平均矿物成分

矿 物	%	矿 物	%
石 英	12.4	白云母	1.4
正长石	31.0	橄榄石	2.0
斜长石	29.2	燧 石	0.3
辉 石	12.0	不透明矿物	4.1
角闪石	1.7	磷灰石及其他	1.5
黑云母	3.8	总计	100.0（约）

组成岩浆岩的主要造岩矿物，按其颜色可分为浅色矿物和深色矿物两类。从化学特性上看，浅色矿物富含硅、铝成分，如正长石、斜长石、石英、白云母等；深色矿物富含铁、镁物质，如黑云母、辉石、角闪石、橄榄石等。但是，对具体岩石来讲，并不是这些矿物都同时存在，而通常是仅由两三种主要矿物组成，例如辉长石主要由斜长石和辉石组成；花岗岩主要由石英、正长石和黑云母组成。

岩石中矿物的种类及其相对含量，是岩石分类和定名的主要依据，也是直接影响岩石强度和稳定性质的重要因素之一。

2. 岩浆岩的结构与构造概述

在研究岩浆岩时，除了要鉴定其矿物成分外，还必须了解这些矿物是以什么样的方式组合构成岩石的。成分相同的岩浆，在不同的冷凝条件下，可以形成结构、构造不同的岩浆岩。例如，在同一花岗岩体的不同部位，虽然它们的矿物成分相似，但它们的外表特征是有区别的，因而形成的岩石也就不同。在岩体中心部位颗粒较粗大，形成中、粗粒花岗岩，而岩体边部矿物颗粒细小，形成细粒花岗岩。

岩浆岩的结构和构造，反映了岩石形成环境和物质成分变化的规律性，是区分和鉴定岩浆岩的重要标志，也是岩石分类和定名的重要依据之一，同时它还是直接影响岩石强度高低的主要特征。

图 1-5 按结晶程度划分三种结构

a—全晶质结构　　b—半晶质结构　　c—玻璃质结构

3. 岩浆岩的结构

岩浆岩的结构是指岩石中矿物的结晶程度、晶粒大小（相对大小和绝对大小）、晶体形状以及它们彼此间相互组合的关系。结构决定了岩石内部连接的情况，直接影响着岩石的工程地质性质。

（1）按岩石中矿物的结晶程度可分为：

①全晶质结构　岩石全部由结晶矿物组成（图1-5中的 a），多见于深成岩和浅成岩中，如花岗岩、花岗斑岩等。

②半晶质结构　岩石中部分为矿物结晶，部分为玻璃质（图1-5中的 b），多见于喷出岩中，如流纹岩。

③玻璃质结构　岩石全部为由晶质所组成，均匀致密似玻璃，是由于岩浆急剧喷出地表，骤然冷凝，所有矿物来不及结晶，即行凝固而成的（图1-5中的 c），为喷出岩所特有的结构。如黑曜岩、浮岩等。

（2）按岩石中矿物颗粒的相对大小划分：

①等粒结构　指岩石中的矿物全部是显晶质（肉眼或放大镜可辨别的）颗粒，主要矿物颗粒大小大致相等的结构。按矿物颗粒大小可进一步划分为：粗粒结构（>5mm）、中粒结构（5~1mm）、细粒结构（<1mm）。

等粒结构还可以结合矿物颗粒的形状细分为自形等粒状结构、半自形等粒状结构和它形等粒状结构，这种结构多见于侵入岩中。

② 不等粒结构　指岩石中同种主要矿物颗粒大小不等。这种结构多见于深成侵入岩边部或浅成侵入岩中。

③ 隐晶质结构　即颗粒非常细小，用肉眼或放大镜都不能分辨，需在较高倍显微镜下才能辨认出结晶颗粒的结构。这种结构多见于浅成侵入岩和一些熔岩中，结构致密，抗风化能力较强。

④ 斑状结构　指岩石中较大的矿物晶体被细小晶粒或隐晶质、玻璃质矿物所包围的一种结构。较大的晶体矿物称为斑晶，细小的晶粒或隐晶质、玻璃质称为基质。当基质为显晶质时称似斑状结构，基质为隐晶质或玻璃质时称斑状结构。斑状结构为浅成岩及部分喷出岩所特有的结构。典型的岩石为花岗斑岩，其形成原因是由于岩浆侵入地壳浅部，冷凝很快，在不利于结晶的条件下形成的。具有斑状结构的岩石，结构不均一，一般抗风化的能力较差，易于剥落。

4. 岩浆岩的构造

岩浆岩的构造是指岩石中不同矿物与其他组成部分之间的排列与充填方式，常可表示岩石的外貌形态及成岩过程的变化。一般常见的构造有下列几种：

（1）块状构造　指岩石中矿物分布比较均匀，无定向排列的现象。这种构造在深成岩分布最广，如花岗岩。

（2）流纹构造　指岩石中不同颜色的条纹、拉长的气孔和长条形矿物，按一定方向排列形成的构造。它反映岩浆喷出地表后流动的痕迹，如流纹岩即因具有流纹构造而得名。

（3）气孔构造　岩浆喷出地表后，由于压力急剧降低，岩浆中的挥发性成分呈气体状态析出，并聚集成气泡分散在岩浆中，当温度降低时，岩浆凝固，气体逸出，则形成孔洞，构成气洞构造，如浮岩。

（4）杏仁状构造　具有气孔构造的岩石，气孔被次生矿物（如方解石，蛋白石等）所充填，形似杏仁，故称为杏仁构造。杏仁构造多见于喷出岩中，如北京三家芒一带的辉绿岩就具有典型的杏仁状构造。

三、岩浆岩的分类及鉴定

1. 岩浆岩的分类

自然界中的岩浆岩种类繁多，它们之间存在着矿物成分、结构、构造、产状及成因等方面的差异。但同时各种岩石之间又有一系列的过渡种属关系，显示了彼此间有着十分密切的内在联系，有规律地共生在一起。为了掌握各种岩石的共性、特性及彼此之间的共生关系，有必要对岩浆岩进行分类。分类时，首先要符合客观实际，减少人为因素；其次要有统一的依据，并力求简明扼要，使用方便。

对岩浆岩分类的基本根据是：岩石的化学成分、矿物组成、岩石的结构和构造、岩石的形成条件和产状等。按岩浆岩的化学成分（主要是 SiO_2 的含量）和矿物组成，划分为酸性岩、中性岩、基性岩及超基性岩四大类。进一步综合考虑岩石的结构、构造及其成因产状等因素，每一大类又可分为深成岩、浅成岩、喷出岩等各种不同的岩石（表1-5）。

表1-5　　　　　　　　　　　　　　岩浆岩分类表

岩石类型			酸 性	中 性		基 性	超基性
化学成分 SiO_2 含量（%）			富含 Si 、Al			富含 Fe、Mg	
			>65	52~65		45~52	<45
颜 色			浅色→深色				
矿物成分			含正长石为主		含正长石为主		不含长石
			石 英 黑云母 角闪石	黑云母 角闪石 辉 石	角闪石 辉 石 黑云母	辉 石 角闪石 橄榄石	橄榄石 辉 石
成因结构构造							
喷出岩	玻璃质 火山碎屑 斑 状 隐晶质	气孔 流纹 杏仁 块状	黑曜岩、浮岩、火山凝灰岩、火山角砾岩、火山集块岩				
			流纹岩	粗面岩	安山岩		玄武岩
浅成岩	半晶质 全晶质 粒 状	块状	伟晶岩、细晶岩		煌斑岩		
			花岗斑岩	正长斑岩	闪长玢岩	辉绿岩	少见
深成岩	全晶质 粒 状	块状	花岗岩	正长岩	闪长岩	辉长岩	橄榄岩 辉 岩

2. 岩浆岩的鉴定

野外鉴定岩浆岩时首先应根据岩体的产状等，判定是不是岩浆岩，以区别于沉积岩和变质岩。然后可根据颜色来初步判断岩石的类型，识别主要的矿物组成并估计其含量，可

初步确定岩石的名称,进一步结合岩石的结构和构造特征,综合分析查表,最后定出岩石的具体名称。鉴定步骤如下:

① 观察岩石的颜色

决定岩石颜色的主要因素是其中所含暗色矿物的含量:含暗色矿物多,颜色较深,一般为超基性或基性岩。含暗色矿物少,颜色较浅,一般为酸性或中性岩。此外,岩石的颜色还与岩石结晶程度有关。一般隐晶质结构的岩石,比具有相同成分的粒度较粗的结晶岩石颜色要深一些。

在观察岩石的颜色时,不但要注意标本总的颜色,还应尽量观察新鲜岩石的本色或标本新鲜断面的颜色。

② 观察岩石的矿物成分

按鉴定矿物的方法,确定岩石中矿物的成分、组合及特征,并估计每种矿物的含量,确定哪些是主要矿物,哪些是次要矿物。如花岗岩的主要矿物石英含量约占25%,长石约占70%,次要矿物黑云母和角闪石约占5%。

③ 观察岩石的结构和构造

根据岩石的结构和构造特点,区别是喷出岩还是侵入岩。一般侵入岩为全晶质的粒状结构,块状构造;而喷出岩大多数是隐晶质或玻璃质结构,具有气孔构造。但也应当特别注意结构相似而成因不同的岩石的区别,例如具有细粒结构的岩石,它们可以产在喷出岩中,也可以产在侵入岩体的边缘部位。因此在鉴定岩石时,应考虑岩石的野外产状、分布规律等特征。

④ 查表确定岩石的名称

根据岩石的颜色、结构、构造和矿物的主要成分,查表1-5,确定岩石的名称。如岩石是肉红色、全晶质的中粒结构、块状构造,主要由石英、正长石组成,并含有少量的黑云母和角闪石矿物。根据这些特征在表中就可以确定该岩石应属于酸性岩类中的花岗岩。

应该指出,野外对岩石的鉴定,只是初步的鉴定,要准确地定出岩石的名称,必须结合实验室的物理化学分析方法,借助精密仪器进行鉴定。只有经室内外综合研究,才能最后做出正确的分类和定名。

四、常见岩浆岩的特征

1. 花岗岩

属酸性深成侵入岩体,分布非常广泛,多呈肉红色,风化面呈黄色。主要矿物成分为石英、正长石,含有少量的黑云母、角闪石和其他矿物。块状构造。全晶质等粒结构。产状多为岩基、岩株和岩盘等,岩性比较均一,多具有三组原生节理,将岩石切割成块状或枕状。

由于花岗岩具有质地坚硬、性质均一的特点,所以岩块的抗压强度可达120~200MPa,可作良好的建筑物地基和天然建筑石料。但是,在花岗岩地区进行工程建设时,要特别注意其风化程度和节理发育情况。尤其是粗粒结构的花岗岩,更易风化,有时沿断裂破碎带风化,风化深度可达50~100m以上,风化后物理力学性质降低,含水量、透水性都会增大。因此,以花岗岩为地基修建工程建筑物时,需查明风化层厚度和断裂破碎带发育等情况。

2. 花岗斑岩

成分与花岗岩相同,为酸性浅成岩。斑状结构,斑晶由长石、石英组成,基质多由细小的长石、石英及其他矿物构成,块状构造,若斑晶以石英为主则称为石英斑岩。

3. 流纹岩

属酸性喷出岩,呈岩淹状产出,颜色一般较浅,大多是灰、灰白、浅红、浅黄褐等色。常具有流纹构造及斑状结构。细小的斑晶由长石和石英等矿物组成,基质多由隐晶质和玻璃质矿物组成。流纹岩性质坚硬,强度较高,可作为良好的建筑材料,但若作为建筑物地基,则需要注意下伏岩体和接触带的性质。

4. 正长岩

多呈微红色、浅黄或灰白色。中粒、等粒结构,块状构造。主要矿物成分为正长石,其次为黑云母和角闪石等。有时含少量的斜长石和辉石,一般石英含量极少。其物理力学性质与花岗岩类似,但不如花岗岩坚硬,且易风化,常呈岩株产出。

5. 粗面岩

颜色呈淡红、浅褐黄或浅灰等色。斑状结构,斑晶为正长石,一般石英含量极少,基质很细,多为隐晶质,具有细小孔隙,表面粗糙。当岩石中有石英斑晶时,可称为石英粗面岩。

6. 闪长岩

属中性深成岩体。浅灰至深灰色,也有黑灰色。主要矿物成分为斜长石、角闪石,其次有辉石、云母等,暗色矿物在岩石中占35%。含石英时称为石英闪长岩,常呈细粒的等粒状结构。分布广泛,多为小型侵入体产出。岩石坚硬,不易风化,岩块抗压强度可达130~200MPa,可作为各种建筑物的地基和建筑材料。

7. 安山岩

是岩浆岩中分布较广的中性喷出岩。岩石呈灰、浅黄或浅褐红色。多呈斑状结构,斑晶主要为斜长石。有时为角闪石或辉石。基质为隐晶质或玻璃质,可具有气孔状或杏仁状构造,有不规则的板状或柱状原生节理,常呈岩流产状。斑晶以中性斜长石为主的中性浅成岩,称为闪长玢岩,呈灰色、深灰或绿色。岩石中常含有绿泥石、高岭石和方解石等次生矿物。

8. 辉长岩

属基性深成岩体,岩石多呈黑色或灰黑色。矿物成分以斜长石、辉石为主,也含有少量的黑云母及角闪石矿物。具有中粒或粗粒结构,块状构造,常呈岩盘或岩基产出。岩石坚硬,抗风化能力强,具有很高的强度,岩块抗压强度可达200~250MPa。

9. 辉绿岩

岩石多为暗绿色、黑绿色或暗紫色。其矿物成分与辉长岩相当,常含有一些次生矿物,如方解石、绿泥石、绿帘石及蛇纹石等。隐晶质致密结构,常具有杏仁状构造,多呈岩床或岩脉产出,辉绿岩具有良好的物理力学性质,抗压强度也很高,但因节理往往较发育,易风化破碎,会使强度大为减低。

10. 玄武岩

是岩浆岩中分布广泛的基性喷出岩。岩石呈黑色、褐色或深灰色。主要矿物成分与辉长岩相同，但常含有橄榄石颗粒，呈隐晶质细粒或斑状结构，具有气孔构造。当气孔被方解石、绿泥石等所充填时，即构成杏仁构造。岩石致密坚硬、性脆。岩块抗压强度为200～290MPa，具有抗磨损、耐酸性强的特点。

11. 火山碎屑岩

在火山活动时，除溢出熔岩流形成前述各类喷出岩外，还喷出大量的火山弹、火山砾、火山砂及火山灰等碎屑物质。这些物质堆积在火山口周围，形成成分复杂的火山碎屑岩。如火山凝灰岩、火山角砾岩、火山集块岩等。其中火山凝灰岩最常见，分布最广泛。

火山凝灰岩一般由小于 2mm 的火山灰和碎屑堆积而成。碎屑物质由岩屑、晶屑、玻璃质碎屑等组成，胶结物由火山灰等物质组成，具有火山碎屑结构，块状构造。这种岩石孔隙率大，容重小，易风化，风化后形成蒙脱土，抗压强度约 8～75MPa。由于火山凝灰岩含玻璃质矿物较多，常用来作为水泥原料。

第四节 沉 积 岩

一、沉积岩及其形成过程

沉积岩是在地表或接近地表的常温常压环境下，各种既有岩石在遭受外力地质作用下，经过风化剥蚀、搬运、沉积和硬结成岩过程而形成的岩石。沉积岩广泛分布于地表，覆盖面积约占陆地面积的 75%。因此研究沉积岩的形成条件及其性质特征，对工程建设具有重要意义。

沉积岩的形成是一个长期而复杂的地质作用过程，一般可分为四个阶段。

1. 风化、剥蚀阶段

地壳表面原来的各种岩石，长期遭受自然界的风化、剥蚀作用，例如风吹、雨淋、冰冻、日晒、水流或波浪的冲刷和淋蚀作用以及生物机械作用和化学作用，使原来坚硬的岩石逐渐破碎，形成大小不同的松散物质，甚至改变原来的物质成分和化学成分，形成一种新风化产物。

2. 搬运阶段

岩石经风化、剥蚀后的产物，除一部分残积在原地外，大多数破碎物质在流水、风、冰川、海水和重力等作用下，搬运到其他地方。流水的机械搬运作用，使具有棱角的碎屑物不断磨蚀，径粒逐渐变细磨圆。溶解物则随水溶液带到河口和湖海中。

3. 沉积阶段

当搬运能力减弱或物理化学环境改变时，携带的物质逐渐沉积下来。一般可分为机械沉积、化学沉积和生物化学沉积。沉积物具有明显的分选性，因此，在同一地区便沉积着直径大小相近似的颗粒。河流由山区流向平原时，随着河床坡度的减小，水流速度不断减慢，因此，上游沉积颗粒粗，下游沉积颗粒细，海洋中沉积的颗粒更细。碎屑物是碎屑岩的物质来源，黏土矿物是泥质岩的主要物质来源，溶解物则是化学岩的物质来源，这些呈松散状态的物质，称为松散沉积物。

4. 硬结成岩阶段

最初沉积的松散物质，被后继沉积物所覆盖，在上覆沉积物压力和胶结物质（如胶体颗粒、硅质、钙质、铁质等）的作用下，逐渐把原物质压密，孔隙减小，经脱水固结或重结晶作用而形成较坚硬的岩层。这种作用称为硬结成岩作用或石化作用。

二、沉积岩的地质特征

1. 沉积岩的物质组成

沉积岩的矿物主要来自各种地表岩石。由于风化作用，使原岩在新的地质环境下形成新的矿物和胶结物质。这些矿物与原岩物质组成既有相同之处，也有不同之处。目前发现的矿物种类很多，而组成沉积岩的90%以上的矿物，仅有20余种，按成因类型可分为：

（1）碎屑矿物

主要来自原岩的原生矿物碎屑，如石英、长石、白云母等一些耐磨且抗风化性较强的和稳定的矿物。

（2）黏土矿物

是原岩经风化分解后生成的次生矿物，如高岭石、蒙脱石、水云母等。

（3）化学沉积矿物

是经化学沉积或生物化学沉积作用而形成的矿物，如方解石、白云石、石膏、石盐、铁和锰氧化物或氢氧化物等。

（4）有机质及生物残骸

是由生物残骸或经有机化学变化而形成的矿物，如贝壳、硅藻土、泥炭、石油等。

在沉积岩矿物颗粒之间，还有胶结物质，如硅质、钙质、铁质、泥质和石膏质等。胶结物对沉积岩的颜色、坚硬程度有很大影响，有如下几种胶结物质：

①硅质胶结　胶结成分为 SiO_2，岩石呈灰、灰白、黄色等，岩性坚固，抗压强度高，抗水性及抗风化性强。

②铁质胶结　胶结成分为 Fe_2O_3 或 FeO，多呈红色或棕色，岩石强度高。含 FeO 时，岩石呈黄色或黄褐色，岩石软弱，易于风化。

③钙质胶结　胶结成分是 Ca、Mg 的碳酸盐，呈白灰、青灰等色，岩石较坚固，强度较大。但性脆，具有可溶性，遇盐酸作用起泡。

④泥质胶结　胶结成分为黏土，多呈黄褐色，性质松软易破碎，遇水后易软化松散。

⑤石膏质胶结　胶结成分为 $CaSO_4$，硬度小，强度低，具有很大的可溶性。

同一种胶结物胶结的岩石，若胶结方式不同，岩石强度差异也很大。所谓胶结方式是指胶结物与碎屑颗粒之间的联结形式，常见的胶结方式有基底式胶结、孔隙式胶结和接触式胶结三种（图1-6）。碎屑颗粒互不接触，散布于胶结物中，称基底式胶结。它胶结紧密，岩石强度高。颗粒之间互相接触，胶结物充满颗粒间孔隙，称孔隙式胶结。它是最常见的胶结方式，其工程性质与碎屑颗粒成分、形状及胶结物成分有关，变化较大。颗粒之间相互接触，胶结物只在颗粒接触处才有，其余颗粒间孔隙未被胶结物充满，称接触式胶结。这种方式胶结程度最差，孔隙度大，透水性强，强度低。

2. 沉积岩的结构

沉积岩的结构是指沉积岩的组成物质的颗粒大小、形状及结晶程度。它不仅决定了沉积岩的岩性特征，也反映了沉积岩的形成条件。沉积岩的结构类型可分为如下几种：

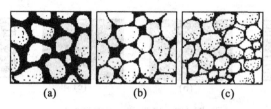

图 1-6　沉积岩的胶结类型

（a）基底胶结　　（b）孔隙胶结　　（c）接触胶结

（1）碎屑结构

指碎屑物质被胶结物黏结而形成的一种结构。按碎屑粒径大小不同可分砾状结构（>2.0mm）、砂状结构（2.0~0.05mm）和粉砂状结构（0.05~0.005mm）。

（2）泥状结构

一般由颗粒粒径小于0.005mm的黏土等胶结物质组成的矿物颗粒，显示定向排列的结构。

（3）化学结构

指由化学沉淀或胶体重结晶所形成的结构，其中又可分为鲕状、结核状、纤维状、致密块状和粒状结构等。

（4）生物结构

指岩石中几乎全部由生物遗体所组成的结构，如生物碎屑结构、贝壳结构等。

3. 沉积岩的构造

沉积岩的构造是指沉积岩的各个组成部分的空间分布和排列方式。层理构造和层面构造是沉积岩最重要的特征，它是区别于岩浆岩和某些变质岩的主要标志，对了解沉积岩的生成及地理环境，有着重要的意义。

（1）层理构造

层理是沉积岩在形成过程中，由于沉积环境的改变，所引起沉积物质的成分、颗粒大小、形状或颜色沿垂直方向发生变化而显示出的成层现象。

沉积物在一个基本稳定的地质环境条件下，连续不断沉积形成的单元岩层简称为层。相邻两个层之间的界面叫做层面，层面是由于上下层之间产生较短的沉积间断而造成的。一个单元岩层上下层面之间的垂直距离称为岩层厚度。根据单元岩层的厚度可分为巨厚层（>1m）、厚层（1~0.5m）、中厚层（0.5~0.1m）和薄层（<0.1m）。

层理和层面的方向有时不一致，根据两者的关系，可对层理形态进行分类：当层理与层面延长方向相互平行时，称为平行层理。其中，当层理面平直时称为水平层理，当层理面波状起伏时称为波状层理，当层理与层面斜交时称为斜理。若是多组不同方向的斜交层理相互交错，则称为交错层理。有些岩层一端较厚，而另一端逐渐变薄以至消失，这种现象称为尖灭；若在不大的距离内两端都尖灭，而中间较厚则称为透镜体（图1-7）。

（2）层面构造

指岩层层面上的构造特征，常见的有波痕、泥裂、雨痕等。

①波痕　沉积过程中，沉积物由于受风力或水流的波浪作用，在沉积岩层面上遗留下

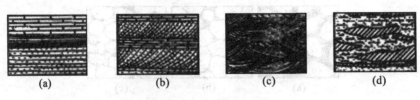

图1-7 沉积岩的层理类型
(a) 平行层理 (b) 斜层理 (c) 交错层理 (d) 透镜体及尖灭体

来的波浪的痕迹。

② 泥裂 黏土沉积物表面，由于失水收缩而形成不规则的多边形裂缝，称为泥裂，裂缝内常被泥砂、石膏等物质充填。

③ 雨痕 沉积物表面经受雨点、冰雹打击后遗留下来的痕迹。

(3) 化石

在沉积岩中常可见到古代动植物的遗骸和痕迹，它们经过石化交替作用保存下来而成为化石，如三叶虫（图1-8）、鳞木等。化石是沉积岩的重要特征。根据化石的种类可以确定化石形成的环境和地质时代。

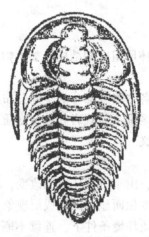

图1-8 三叶虫化石

(4) 结核

沉积岩中常有圆形或不规则的与周围岩石成分、颜色、结构不同，大小不一的无机物包裹体，这个包裹体称为结核。结核是由于胶体物质聚集而呈凝块状析出的，也可以是胶体物质围绕某些质点中心聚集，形成具有同心圆结构的团块。如石灰岩中的燧石结核，黏土岩中的石膏结核、磷质结核及黄土中的钙质结核等。

三、沉积岩的分类及鉴定

1. 沉积岩的分类

根据沉积岩的组成成分、结构、构造和形成条件，可将沉积岩分为碎屑岩、黏土岩、化学及生物化学岩等，如表1-6所示。

2. 沉积岩的鉴定

各类沉积岩由于形成条件不同，其颜色、结构、构造和矿物成分亦不同，因此，反映出的特征也不相同，这些特征是鉴定沉积岩的主要标志。

（1）碎屑岩类

具有碎屑结构，即岩石由粗粒的碎屑和细粒的胶结物两部分组成。鉴定时要求对碎屑的大小、形状、成分、数量、胶结物的性质及胶结方式进行研究。

碎屑按其大小可区分为砾状结构、砂状结构等。砂状结构又可进一步分为粗砂结构、中砂结构、细砂结构。

碎屑形状一般是指颗粒的圆滑程度，可分为磨圆度良好、磨圆度中等及磨圆度差（带棱角）等类型。

表1-6　　　　　　　　　　　　　　　沉积岩分类表

分　类	结　构　特　征		岩石名称	岩石亚类
碎屑岩类	碎屑结构	砾状结构>2mm	砾　岩	砾岩，角砾岩
		砂状结构 2~0.05mm	砂　岩	石英砂岩
				长石砂岩
				杂砂岩
		粉质结构 0.05~0.005mm	粉砂岩	粉砂岩
黏土岩类	泥质结构<0.005mm		泥　岩	碳质泥岩
			页　岩	碳质页岩
化学及生物化学岩	化学结构或生物结构		硅质岩	燧石岩
			碳酸岩类	石灰岩
				白云岩
				泥灰岩

碎屑的成分在砂岩、粉砂岩中多由单一矿物组成，如石英、长石等。而在砾岩中的砾石成分比较复杂，除矿物组成外，还常由岩石碎屑组成，如石灰岩碎屑、石英岩碎屑等。

碎屑岩类的岩石物理力学性质好坏，一般与胶结物的性质及胶结形式有密切关系。

肉眼鉴定岩石时，胶结方式只对砾岩才具有意义，而砂岩、粉砂岩则不易区别，需在显微镜下鉴定。

（2）黏土岩类

黏土岩类为黏土质结构（泥质结构），质地均匀细腻，主要由黏土矿物组成。黏土岩是由松软的黏土，经过脱水、固结作用而形成的。由于颗粒细小，其成分用肉眼难以辨别，需利用精密仪器如电子显微镜、X射线仪或化学分析来鉴定。一般黏土岩吸水性强，遇水后易于软化，具有可塑性和膨胀性。根据其层理清晰与否又可分为页岩和泥岩。页岩层理清晰，能沿层理分成薄片，结构较泥岩紧密，风化后多呈碎片状；泥岩则层理不清晰，结构较疏松，风化后多呈碎块状。

（3）化学及生物化学岩类

化学及生物化学岩类颜色单一，往往反映所含杂质的颜色。如杂质为碳质时呈黑色，泥质时呈褐黄色，铁质时呈褐红色。常见有致密结构、结晶结构、鲕状结构及竹叶状结构等。致密结构用肉眼难以辨认矿物颗粒的粗细；结晶结构多在岩石表面有闪闪发亮的矿物颗粒；竹叶状结构在岩石表面上有竹叶的形状；鲕状结构在岩石表面上有直径小于 2mm 的圆形粒状，大者称豆状结构。

化学及生物化学岩主要由碳酸盐类组成，用肉眼鉴定矿物成分时主要是借助它的某些化学性质，如方解石遇酸起泡剧烈，白云石则较微弱，而硅质矿物遇酸则不起作用。

四、常见沉积岩的特征

1. 砾岩和角砾岩

由 50% 以上直径大于 2mm 的碎屑颗粒组成的沉积岩称为砾岩，由带棱角的角砾石、碎石胶结而成的沉积岩称为角砾岩。角砾岩大多数是由带棱角的岩块和碎石经搬运不远距离即沉积胶结而成的。砾岩则多经过较长距离搬运后再沉积胶结而成：两者的颗粒成分可由矿物或岩石碎块组成。胶结物多为泥质、钙质、硅质和铁质。硅质砾岩抗压强度高，泥质砾岩胶结不牢固，铁质砾岩易风化。胶结物的成分与胶结类型对砾岩的物理力学性质有很大影响，如基底胶结，胶结物为硅质或铁质的砾岩，其抗压强度可达 200MPa，是良好的建筑物地基。

2. 砂岩

指由 50% 以上的砂粒胶结而成的岩石。根据颗粒大小、含量不同可分为粗粒、中粒、细粒及粉粒砂岩。按颗粒主要矿物成分可分为石英砂岩、长石砂岩、杂砂岩和粉砂岩等。石英砂岩中石英的含量大于 95%，一般为硅质胶结，呈白色，颗粒分选性好、磨圆度高，质地坚硬。长石砂岩中长石的含量大于 25%，故岩石呈浅红色或浅灰色，颗粒分选、磨圆度中等，中粗粒居多，透镜体、斜层理或交错层理较发育。硬砂岩成分复杂，色暗，表面粗糙，颗粒的磨圆度及分选性较差。粉砂岩中颗粒粒径在 0.05～0.005mm 间的含量大于 50%，成分以石英为主，常含有云母，颗粒圆度差，泥质含量高，常有水平层理。砂岩中胶结物成分和胶结类型不同，抗压强度也不同：硅质砂岩抗压强度为 80～200MPa，泥质砂岩抗压强度较低，为 40～50MPa 或更小。由于多数砂岩岩性坚硬，性脆，在地质构造作用下张性裂隙发育。

3. 泥岩

一般具有泥质结构，成分以高岭石、蒙脱石和水云母等次生黏土矿物为主。高岭石黏土岩呈灰白或黄白色，干燥时吸水性大，吸水后可塑性增大。蒙脱石黏土岩呈白色、玫瑰红色或浅绿色，表面有滑感，可塑性小，干燥时表面有裂缝，能被酸溶解，有强吸水能力，吸水后体积急剧膨胀。水云母黏土岩是介于上述两种岩石之间的过渡类型。在自然界中单一矿物成分的黏土岩很少，一般是由几种矿物组成，常为薄层至厚层状，多为水平层理。层面上留有泥裂、雨痕、虫迹等构造。应特别指出，黏土岩夹于坚硬岩层之间时，即形成软弱夹层，浸水后极易泥化。

4. 页岩

页岩由黏土脱水胶结而成，以黏土矿物为主，大部分有明显的薄层理，呈页片状。可分硅质页岩，黏上质页岩、砂质页岩、钙质页岩及碳质页岩，只有硅质页岩强度稍高，其余的易风化成碎片。性质软弱，抗压强度一般为20~70MPa或更低。浸水后强度显著降低，但透水性一般很小，常作为不透水层、隔水层。分布广泛，由于强度低，变形模量小，抗滑稳定性差。

5. 石灰岩

简称灰岩，主要化学成分为碳酸钙，矿物成分以结晶的细粒方解石为主，另外含少量白云石等矿物。颜色多为深灰、浅灰，纯灰岩呈白色。有致密状、鲕状、竹叶状等结构。石灰岩一般遇酸起泡剧烈，但硅质、泥质灰岩遇酸起泡较差。含硅质、白云质和纯石灰的岩石强度高，含泥质、碳质和贝壳的灰岩强度低，一般抗压强度为40~80MPa。石灰岩具有可溶性，易被地下水溶蚀，形成宽大的裂隙和溶洞，是地下水的良好通道，对工程建筑地基渗漏和稳定影响较大。因此。在石灰岩地区进行工程建设时，必须进行详细的地质勘探。

6. 白云岩

矿物成分主要是白云石，另外含有少量方解石，常混有石膏和硬石膏，有时夹有石英和蛋白石等矿物。含有石膏时，强度明显降低。白云岩特征与石灰岩相似，在野外难以区别，可用盐酸点滴看起泡程度辨认。纯白云岩可作耐火材料。

7. 泥灰岩

石灰岩中均含有一定数量的黏土矿物，若含量达30%~50%时，则称为泥灰岩。颜色有灰色、黄色、褐色、红色等。与石灰岩的区别是，滴盐酸起泡后留有泥质斑点。致密结构，易风化，抗压强度低，约6~30MPa。较好的泥灰岩可作水泥原料。

第五节 变 质 岩

一、变质岩及其形成过程

地壳中的岩浆岩、沉积岩中常伴有变质岩。由于地壳运动和岩浆活动等造成物理化学环境的改变，在高温、高压条件及其他化学因素作用下，使原来岩石的成分、结构和构造发生一系列变化所形成的新岩石统称为变质岩。这种改变岩石的作用，称为变质作用。

变质岩在地球表面的分布面积占陆地面积的1/5。岩石生成年代越老，变质程度越大，该年代岩石中变质岩比重越大。例如前寒武纪的岩石几乎都是变质岩。

二、变质岩的地质特征

1. 变质岩的矿物成分

组成变质岩的矿物，一部分是与岩浆岩或沉积岩所共有的，如石英、长石、云母、角闪石、方解石、白云石等。另一部分是变质作用后产生的新的特有变质矿物，以此将变质岩与其他岩石区别开来。常见的变质矿物有红柱石、硅线石、蓝晶石、黄玉、石榴子石、硅灰石、绿泥石、绿帘石、绢云母、滑石、蛇纹石、石墨等。这些矿物具有变质分带指示作用，如绿泥石、绢云母多出现在浅变质带，故代表浅变质带，蓝晶石代表中变质带，而硅线石则代表深变质带。这类矿物称为标准变质矿物。

2. 变质岩的结构

岩石在变质过程中,由于矿物的重结晶和新矿物的生成,相应地也要出现一些新的结构。变质岩的结构是指变质岩的变质程度、颗粒大小和连接方式,按变质作用的成因及变质程度不同,可分为下列主要结构:

(1) 变余结构 (残余结构)

有些岩石经过变质以后。重结晶作用不完全,原岩的矿物成分和结构特征一部分被保留下来,形成所谓的变余结构。如泥质砂岩变质以后,泥质胶结物变质成绢云母和绿泥石,而其中碎屑矿物如石英不发生变化,被保留下来,形成变余砂状结构。其他类型有与沉积岩有关的变余砾状结构,与岩浆岩有关的变余斑状结构、变余花岗结构等。

(2) 变晶结构

指岩石在变质作用过程中重结晶所形成的结构,它是变质岩中最主要的结构。变晶结构和岩浆岩中的结晶结构有些相似,但因重结晶是在固态条件下进行的,因此变晶结构与岩浆岩结晶结构相比,有些不同之处:变晶结构的岩石均为全晶质,没有玻璃质和非晶质成分;矿物结晶没有先后顺序,故矿物颗粒紧密排列;变质成因的斑晶中,常有大量基质矿物包裹体,表明其结晶生长时间与基质同时或更晚,这与岩浆岩中的斑晶形成较早的情况相反。

根据变质矿物颗粒的形态,变晶结构又可分为如下类型:

①粒状变晶结构 (分等粒、不等粒、斑状),如大理岩、石英岩常具有这种结构。

②鳞片状变晶结构,常见于结晶片岩、片麻岩。

③纤维状变晶结构,多见于角闪片岩中。

(3) 碎裂结构

指由于岩石受挤压应力作用,使矿物发生弯曲、破裂,甚至成碎块或粉末状后,又被黏结在一起形成的结构。碎裂结构具有明显的条带和片理,是动力变质中常见的结构,如糜棱结构、碎斑结构等。

3. 变质岩的构造

变质岩的构造是鉴定变质岩的主要特征,也是区别于其他岩石的特有标志。变质岩的构造是指变晶矿物集合体之间的分布与充填方式。一般变质岩的构造可分下列几种:

(1) 板状构造

岩石结构致密,沿一定方向极易分裂成厚度近于均一的薄板状,如各种板岩。

(2) 千枚状构造

岩石中重结晶的矿物颗粒细小,多为隐晶质片状或柱状矿物,呈定向排列。片理为薄层状,呈绢丝光泽,这是千枚岩特有的构造。

(3) 片状构造

在定向挤压应力的长期作用下,岩石中含有大量片状、板状、纤维状矿物互相平行排列形成的构造,如各种片岩。有此种构造的岩石,具有各向异性特征,沿片理面易于裂开,其强度、透水性、抗风化能力等也随方向不同而异。

(4) 片麻状构造

岩石中晶粒较粗的浅色矿物 (石英、长石等) 和片柱状深色矿物 (黑云母、角闪石等）大致相间平行排列，呈条带状分布的构造。这是片麻岩所特有的构造。

（5）块状构造

岩石呈坚硬块体，颗粒分布较均匀，是粒状矿物重结晶的岩石所特有的构造，如大理岩、石英岩等。

（6）条带状和眼球状构造

条带状构造是指岩石中的矿物成分、颜色、颗粒或其他特征不同的组分，形成彼此相间、近于平行排列成条带的现象。眼球状构造是指在定向排列的片柱状矿物中，局部夹杂有刚性较大的凸镜状或扁豆状的矿物团块的现象。

三、变质岩的分类及鉴定

1. 变质岩的分类

变质岩与其他种类岩石最明显的区别是具有特殊的构造、结构和变质矿物。变质岩的分类命名较复杂，一般可采用以下原则：区域变质岩主要根据岩石的构造命名分类，块状构造的变质岩主要根据矿物成分命名分类，动力变质岩主要根据反映破碎程度的结构来命名分类，如表 1-7 所示。

表 1-7　　　　　　　　　　　　变质岩分类表

变质作用	构造　　结构		定名	主要矿物成分
区域变质	板状构造	变余结构	板岩	黏土矿物，绢云母，绿泥石，石英等
	千枚状构造	变晶结构	千枚岩	绢云母，石英，绿泥石等
	片状构造	变晶结构	片岩	云母，滑石，绿泥石，石英等
	片麻状构造	变晶结构	片麻岩	石英，长石，云母，角闪石等
区域变质 接触变质	变晶结构 块状结构	石英为主	石英岩	石英为主，有时含绢云母等
		方解石为主	大理石	方解石，白云石
动力变质	碎裂结构 糜棱结构	块状结构	碎裂岩 糜棱岩	原岩岩块 原岩碎屑

2. 变质岩的鉴定

变质岩的成因类型多种多样，鉴定时必须重视野外地质产状和分布范围，以及产出的地质环境，确定成因类型。根据岩石本身的特点，仔细观察它的矿物成分、结构和构造，应尽可能地描述用肉眼或放大镜可见到的矿物成分，要特别注意具有变质特征矿物的含量、粒度、晶形及相互排列关系。然后，依据构造特点确定类别的名称。例如具有片麻状构造的岩石称为片麻岩。具有片状构造的岩石称为片岩。再根据矿物成分可进一步命名，如片麻岩中有花岗片麻岩（矿物成分以长石、石英、云母为主）、角闪石片麻岩（矿物成分以角闪石为主）；板岩中有泥质板岩、硅质板岩等。单一矿物组成的变质岩可考虑结构特征命名，如大理岩可分粗晶大理岩、细晶大理岩等。

四、常见变质岩的特征

常见变质岩的特征分别描述如下：

1. 板岩

板岩是页岩经浅变质而成的，多为深灰至黑灰色，也有绿色及紫色。主要成分为硅质和泥质矿物，肉眼不易辨别，结构致密均匀，具有板状构造，沿板状构造易于裂开成薄板状。击打时发出的清脆声可作为与页岩的区别。能加工成各种尺寸的石板。板岩透水性弱，可作隔水层加以利用，但在水的长期作用下易软化、泥化形成软弱夹层。

2. 千枚岩

千枚岩是变质程度介于板岩与片岩之间的一种岩石，多由黏土质岩石变质而成。矿物成分主要为石英、绢云母、绿泥石等，但结晶程度差，晶粒极细小、致密，肉眼不能直接辨别。外表呈黄绿、褐红、灰黑等色。由于含有较多的绢云母矿物，片理面上常具有微弱的丝绢光泽，这是千枚岩的特有特征，可作为鉴定千枚岩的标志。千枚岩性质软弱，易风化破碎。在荷载作用下容易产生蠕动变形和滑动破坏。

3. 片岩

片岩具有典型的片状构造，主要由云母和石英矿物组成，其次为角闪石、绿泥石、滑石、石榴子石等，以不含长石区别于片麻岩，片岩按所含矿物成分不同可分为云母片岩、绿泥石片岩、角闪石片岩、滑石片岩等。片岩强度较低，且易风化。由于片理发育，易沿片理裂开。

4. 片麻岩

原岩是由岩浆岩变质而成的称正片麻岩。原岩是由沉积岩变质而成的称副片麻岩。正片麻岩的矿物成分与其相应的岩浆岩相似，最常见的是与花岗岩成分一致的片麻岩，主要含有正长石、石英、云母等矿物。与闪长岩、辉长岩及其喷出岩相应的片麻岩，其主要成分为斜长石、石英、角闪石、黑云母、辉石等。在正片麻岩中副矿物成分有磁铁矿、石榴子石、绢云母等。副片麻岩除含有石英、长石、云母外，常与沉积岩不同，富含有硅、铝的变质矿物，如硅线石、蓝晶石、石墨等。

片麻岩可按成分进一步分类和命名，例如花岗片麻岩、角闪石片麻岩、黑云母片麻岩等。

片麻岩具有典型的变晶结构、片麻状构造。岩石的物理力学性质视含有矿物成分的不同而异，一般抗压强度达 120~200MPa。云母含量增多，而且富集在一起的岩石，则强度大为降低。由于片理发育，故较易风化。片麻岩在我国华北、东北、内蒙等地广泛分布，为古老的太古界地层。

5. 石英岩

由石英砂岩和硅质岩变质而成，矿物成分以石英为主，其次为云母、磁铁矿和角闪石。一般呈白色，含铁质氧化物时呈红褐色或紫褐色。具有油脂光泽及变余粒状结构、块状构造，是一种非常坚硬、抗风化能力很强的岩石，岩块抗压强度可达 300MPa 以上，可作为良好的建筑物地基，但因性脆，较易产生密集性裂隙，形成渗漏通道，应采取必要的防渗措施。

6. 大理岩

大理岩为石灰岩重结晶而成，具有细粒、中粒和粗粒结构。主要矿物为方解石和白云石，纯大理岩是白色，含有杂质时带有灰色、黄色、蔷薇色，具有美丽花纹，是贵重的雕刻和建筑石料。

大理岩硬度较小，与盐酸作用起泡，所以很容易鉴别。具有可溶性，强度随其颗粒胶结性质及颗粒大小而异，抗压强度一般为 50～120MPa。

第二章　地　质　构　造

第一节　地　史　简　述

一、地壳运动及地质作用

（一）地壳运动

地壳运动是指由内力地质作用引起的地壳组成物质和结构发生变形和变位的运动，如地壳的隆起和下沉；岩层受挤压发生弯曲、错断，或拉张发生裂谷、断陷以及地震等。地壳运动改变了岩层的原始产出状态，使其发生褶皱、断层和裂隙。残留在岩层中的这些变形或变位的现象称为地质构造或构造形迹。

地壳运动和构造运动这两个名词一般是通用的。不过构造运动有时着重指引起岩石变形，形成褶皱、断裂等构造变动，所以地壳运动的涵义比构造运动更广一些。

我国古代的学者如北宋沈括以及朱熹都对海陆变迁及地壳运动有所认识。例如朱熹在其《朱子语类》中有"尝见高山有螺蚌壳，或生石中，此石乃旧日之土，螺蚌即水中之物，下者变而为高，柔者却变而为刚"的论述。他们根据实际观察，运用现实主义的原理来分析地壳的变化，阐述了化石的成因以及对山脉和岩石形成的作用。

很久以来，地质学家已习惯于将地壳运动分为两大类型，即造陆运动与造山运动。前者指影响地壳大面积缓慢升降的垂直运动，后者与山系形成有密切关系，影响地壳发生狭长地带的褶皱与断裂的运动。现在一般按照构造运动的方向，把地壳运动分为垂直运动和水平运动两种基本形式。

1. 垂直运动

主要表现在地壳大面积整体缓慢上升或下降，上升形成山岳、高原，下降形成湖海、盆地。例如，我国西部总体相对上升地区，而东部及沿海相对下降地区。长江三峡地区相对上升，其东西两侧，则相对下降。上升和下降在漫长的地质历史中可以交替进行，造成海陆变迁，所以也有人称为造陆运动。这种大面积升降运动一般不会形成强烈的褶皱和断裂。

世界上最有名的升降运动实例，是意大利那不勒斯湾普佐奥利小城北面的塞拉比斯古庙的遗迹。这个古庙建成于公元前 200 年古罗马时代，1749 年从掩埋废墟的火山灰下面发掘出来。在古庙的废墟中耸立着三根大理石柱，高 12m。在柱子地基以上 3.6m 因被火山灰所埋，所以石柱表面完全光滑无痕。但从这里向上有 2.7m 一段被海生动物瓣鳃类钻凿了无数的梨状小孔，在虫蛀的地方以上石柱仍洁白无瑕。从以上的痕迹知道，在某一个时期内这三根柱子都被海水淹没了 6.3m，柱子被火山灰掩埋部分因受到保护未被海生动物蛀蚀，而其上部分则保留了虫凿的痕迹。

据历史材料的记载，这些石柱是在公元 1500 年下沉到海面以下 6.3m 的，1600 年开始上升，1800 年石柱处于最高位置。1826 年柱基仅淹没了 0.3m，以后又开始下降，1878 年淹没柱高为 0.65m，1913 年为 1.53m，1933 年为 2.05m，1954 年为 2.50m。显然，在古庙建成以后，这个地区曾经历过下降—上升—下降的过程。

这种根据人文及考古资料研究确定地壳升降运动的例子是很多的，尤其在海边更是经常见到。例如我国海南岛琼山县东寨港，该处见到的水井及 1911 年清代宣统时期的坟墓被海水淹没，据统计这里近 70 年以来每年下降的幅度为 2～15cm。

地壳的升降状况，也可以利用海岸线的变迁的遗迹来确定，如高出现代海平面的海成阶地、海蚀凹槽、滨海平原以及陆地上含有海生生物的海洋沉积物等。

2. 水平运动

主要表现在地壳岩层发生水平移动，使岩层相互挤压或拉伸，发生褶皱、断裂，形成山脉、盆地或裂谷，如我国西南的横断山脉、喜马拉雅山、天山、祁连山等都是挤压褶皱形成的。因此水平运动也有人称为造山运动，它对地质构造的形成起主要作用。

现代水平运动最典型的例子就是美国加利福尼亚的圣安德列斯断裂带。该处在 1882～1946 年的 65 年中作了四次定时测量，三角点水平位移测量结果表明，断层两盘主要向北西方向移动，平均速度为 1cm/年。近几年来，美国使用轨道卫星和激光束新技术测定，发现断层的两盘每年以 8.9cm 的速度靠拢。该断裂从下中新世以后，水平运动距离已达 260km。

地壳运动及其所形成的各种构造形迹对岩体稳定性、渗透性有很大影响，在水利、水电工程或其他大型工程建设中都必须进行详细的勘察研究。

（二）地质作用

在地球的演变历史中，地壳每时每刻都在变化着，例如：山脉的隆起、地壳的下沉、火山喷发和地震、风化侵蚀等。这种引起地壳组成物质、地壳结构和地表形态不断发生变化的作用，通称为地质作用。根据发生地质作用的能量来源，又可分为内动力地质作用和外动力地质作用两种类型。

1. 内动力地质作用是指地球自转、重力和放射性元素蜕变等能量，在地壳深处产生的动力对地球内部及地表的地质作用

根据内动力作用方式的不同，可以分为以下四种类型：

（1）构造运动：使地壳发生变形、变位的动力作用，如地壳的垂直升降运动及水平运动，也称地壳运动。

（2）地震作用：是由地球内动力而引起的地壳岩石圈的快速颤动或波动，也称地动。

（3）岩浆及火山作用：地球的放射性元素蜕变，产生巨大的能量，在地球内部可使原岩熔成高温及高压的岩浆，由地下深处侵入地壳上部冷凝成岩，甚至喷出地表而形成火山及熔岩。

（4）变质作用：指地壳中先成的岩石，受构造运动、地震、岩浆活动等内动力作用，而使原有岩石的成分、结构、构造发生变质的地质作用。

2. 外动力地质作用是指来自地壳以外的能量（如太阳辐射能、重力能或日、月及天

体引力等的影响下产生的动力）在地壳表层所进行的各种地质作用

根据外动力作用方式的不同，可以分为以下五种类型：

（1）风化作用：是表层岩石在太阳辐射、水、气体和生物等因素的共同作用下，使其物理性状和化学成分发生变化，并遭受破坏的作用。

（2）剥蚀作用：是地壳表层岩石，受风力、地面流水、地下水、湖泊、海洋或冰川等动力作用，而遭受破坏并被剥离原地的作用，如风的吹蚀作用、河流的侵蚀作用、地下水的潜蚀作用、冰川的刨蚀作用，等等。

（3）搬运作用：指风化、剥蚀后的岩石碎屑、胶体、分子或离子等不同状态的物质，被各种外动力和流水、风、冰川、地下水、海浪等以不同方式，迁移或搬运到他处的过程。

（4）沉积作用：被搬运的物质，由于搬运介质的物理及化学条件的改变，而呈有规律地堆积的现象。

（5）固结成岩作用：也称石化作用，是使松散沉积物变为坚硬岩石的作用，包括胶结作用、压实作用与结晶作用。

上述各种内、外动力地质作用长期反复地进行，使地壳的组成物质和地壳的外表形态不断产生变化，即一方面不断使地壳形成新的矿物和岩石、地质构造及地表形态，另一方面又不断地破坏原有的矿物、岩石、地质构造和地表形态。上述各种地质作用往往反复交替地进行，从而促使地壳不断地变化和发展，这就是地壳和地球的永恒运动。

二、地质历史及地质年代

（一）地质年代的划分

地史即地质历史，也就是地壳发展演变的历史。地壳形成至今大约已有46亿年，在这漫长的地质历史中，地壳发生过多次强烈的构造变动和自然地理环境的变化，不同时期形成了不同的岩层、不同的地质构造形迹，以及有不同的生物繁衍生息。因此，据这些特征可将地质历史划分为若干大小级别不同的时间段落或时期。按时间的长短依次为宙、代、纪、世、期。即从地壳形成至今，首先分为两个大的段落，称为显生宙和隐生宙。两个宙以下又分为五个代，每个代冠以不同名称，如太古代、古生代等。各代又分为若干个纪，纪下分世，世下分期。其中代、纪、世的划分方法及所用代表符号是世界统一的。具体划分和各时代的简要特征如表2-1所示。

表2-1是根据相对地质年代进行划分的，但其中绝对年龄栏，则是同位素年龄。它是根据岩石中所含放射性元素及其蜕变产物测定的。如每克铀（U^{238}）每年可按固定速度蜕变为 7.4×10^{-9}g 的同位素铅（Pb^{206}）。同样还有钍-铅法、钾-氩法和碳（C^{14}）法等，但碳法只适用于近期年龄的测定（5万~6万年）。

构造运动一栏是表示世界和我国主要地壳构造运动的时间段落和名称。它们都是以最早发现并经过详细研究的典型地区的地名来命名的，但在这里地名完全是表示时间概念。如燕山构造运动，在华北燕山地区表现得最强烈、最完整，从侏罗纪早期开始到白垩纪末结束，地壳活动频繁，岩层发生褶皱、断层以及有大范围的岩浆侵入和喷出，因此得名。在全国其他地区这一时段的构造运动也称燕山运动，但在欧洲则称阿尔卑斯运动。

表 2-1　　　　　　　　　　　地 质 年 代 表

相 对 年 代				绝对年龄 （百万年）	主要构 造运动	我国地史简要特征
宙	代	纪	世			
显生宙	新生代 （K_z）	第四纪（Q）	全新世（Q_4） 　　　　（Q_3） 更新世（Q_2） 　　　　（Q_1）	— 0.01 — 0.12 1 2	喜马拉雅运动	地球表面发展成现代地貌，多次冰川活动。近如各种类型的松散堆积物，黄土形成，华北、东北有火山喷发，人类出现。
		第三纪（R）	晚第三纪（N）	上新世（N_2） 中新世（N_1）	12 26		我国大陆轮廓基本形成，大部分地区为陆相沉积，有火山岩分布，台湾岛、喜马拉雅山形成。哺乳动物和被子植物繁盛，是重要的成煤时期，有主要的含油地层。
			早第三纪（E）	渐新世（E_3） 始新世（E_2） 古新世（E_1）	40 60 65		
	中生代 （M_2）	白垩纪（K）	晚白垩世（K_2） 早白垩世（K_1）	137	燕山运动	中生代构造运动频繁，岩浆活动强烈。我国东部有大规模的岩浆岩侵入和喷发，形成丰富的金属矿，我国中生代地层极为发育，华北形成许多内陆盆地，为主要成煤时期，三叠纪时华南仍为浅海沉积，以后为大陆环境。
		侏罗纪（J）	晚侏罗世（J_3） 中侏罗世（J_2） 早侏罗世（J_1）	195		
		三叠纪（T）	晚三叠世（T_3） 中三叠世（T_2） 早三叠世（T_1）	230	印支运动	生物显著进化，爬行类恐龙繁盛，海生头足类菊石发育，裸子植物以松柏、苏铁及银杏为主，被子植物出现。
	古生代 （P_{z2}）	晚古生代 （P_{z2}）	二叠纪（P）｜晚二叠世（P_2） 早二叠世（P_1）	285	海西运动	晚古生代我国构造运动十分广泛，尤其以天山地区较强烈。华北地区缺失泥盆系和下石炭统沉积，遭受风化剥蚀，中石炭纪至二叠纪由海陆交替演变为陆相沉积，植物繁盛，为主要成煤期。 华南地区一直为没海相沉积，晚期成果，晚古生代地层以砂岩、页岩、石灰为主，是鱼类和两栖类动物大量繁殖时代。
			石炭纪（C）｜晚石炭世（C_3） 中石炭世（C_2） 早石炭世（C_1）	350		
			泥盆纪（D）｜晚泥盆世（D_3） 中泥盆世（D_2） 早泥盆世（D_1）	400		
		早古生代 （P_{z1}）	志留纪（S）｜晚志留世（S_3） 中志留世（S_2） 早志留世（S_1）	435	加里东运动	寒武纪时，我国大部分地区为海相沉积，生物初步发育，三叶虫繁盛，至中奥陶世后，华北上升为陆地，缺失上奥陶统和志留系沉积、华南仍为浅海，头足类、三叶虫、腕足类笔石、藻类植物发育，是海生无脊锥动物繁盛时代，早古生代地层以海相石灰岩、砂岩、页岩为主。
			奥陶纪（O）｜晚奥陶世（O_3） 中奥陶世（O_2） 早奥陶世（O_1）	500		
			寒武纪（∈）｜晚寒武世（$∈_3$） 中寒武世（$∈_2$） 早寒武世（$∈_1$）	— 570 —		

续表

相 对 年 代				绝对年龄（百万年）	主要构造运动	我国地史简要特征
宙	代	纪	世			
隐生宙	元古代（P_z） 晚元古代	震旦纪（Z）		— 570 — 800 1000 1400 1900 2500	晋宁运动 吕梁运动 五台运动	元古代地层在我国分布广、发育全、厚度大，出露好。华北地区主要为未变质或浅变质的海相硅镁质碳酸盐岩及碎屑岩类夹火山岩。华南地区下部以陆相红色碎屑岩河湖相沉积为主，上部以浅海相沉积为主，含冰碛物为特征，低等生物开始大量繁殖，菌藻类化石较丰富。
		青白口纪（Q_z）				
		蓟县纪（J_s）				
	中元古代	长城纪（C_z）				
	早元古代					
	太古代（A_r）			4000		太古代构造运动频繁，岩浆活动强烈，侵入岩和火山岩广泛分布，岩石普遍变得很深，构成地壳的古老基底，目前已知最古老岩石的年龄为45.8亿年。最老的菌化石为52亿年。
	地球初期发展阶段			4600		

（二）地层年代及其确定方法

地层是指在一定地质时期内先后形成的具有一定层位的层状和非层状岩石的总称。它与岩层一词的区别主要是含有时间概念，同时一个地层单位可以包含数种岩性不同的岩层。地质历史的划分主要是根据对地层的观察研究得来的。岩性能说明该岩层形成时的自然地理环境，岩层中的构造形迹记录着地壳运动的情况，而岩层中的化石能更清楚地说明生物进化、气候、环境等自然条件。因此一层层的岩石地层，就像是一页页记录着地质发展历史情况的书本。

地层的划分与地质时代的划分是一致的，但单位名称不同。与地质时代单位——宙、代、纪、世、期相对应，地层时代单位为宇、界、系、统、阶。如寒武纪时期形成的地层称为寒武系等。另外，表示时间的早、中、晚，在地层中则用下、中、上。此外，有些地区地层不含化石或化石很稀少，其时代不能准确划定，或该地区跨越不同的地质年代，因此，只能根据岩性特征和沉积间断等情况来划分地层的单位和时代。这种只限于在某个地区适用的划分，按级别由大到小称为群、组、段。其中组是最常见的基本单位，群是最大的单位。这种名称多用于寒武纪以前的变质岩地层，如泰山群、登封群等。

确定和了解地层的时代，在工程地质工作中是很重要的，同一时代形成的岩层常有共同的工程地质特性。如在四川盆地广泛分布的侏罗系和白垩系地层，因含有多层易遇水泥化的黏土岩，致使凡有这个时代地层分布的地区滑坡现象都很常见。而不同时代形成的相同名称的岩层，往往岩性也有区别，如我国西北地区中更新世末（Q_2）以后形成的黄土（Q_3，Q_4），土质疏松，有大孔隙，承载力低，并具遇水湿陷的性质，而中更新世末以前形成的黄土，通称老黄土（Q_1，Q_2），则较紧密，没有或只有少量大孔隙，承载力较高，且往往不具湿陷性。此外，在分析地质构造时，必须首先查明地层的时代关系才能进行。

在野外工作中确定地层的相对年代，即判别其新老关系，有下述几种方法。

1. 地层层位法

在地壳表层广泛分布的沉积岩层，如未经剧烈构造变动，则位于下面的地层时代较老，上面的较新。

2. 古生物化石法

生物进化是由简单到复杂，由低级到高级，它的演化发展是不可逆的。自然条件的改变会使某些生物灭绝，并可形成化石。那些只在某个较短时代段落出现并分布较广的生物化石，就形成了确定地层时代的最好标志。这样的化石称为标准化石（图2-1）。

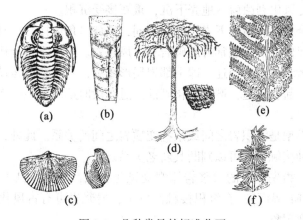

图 2-1　几种常见的标准化石

（a）雷氏三叶虫（寒武纪）　　（b）头足类，鞘角石（奥陶纪）　　（c）腕足类，中国石燕（泥盆纪）
（d）鳞木（石炭二叠纪）　　（e）支脉蕨（侏罗纪）　　（f）轮木（石炭二叠纪）

3. 岩性对比法

同一时期、同一地质环境下形成的岩石，其成分、结构、构造以及上下相邻岩层的特征，都应是相同或相似的。因此，当某地区地层时代为已知时，则可通过岩性对比来确定其他地区的地层时代。

4. 岩层接触关系法

不同时期形成的岩层，其分界面的特征即互相接触的关系，可以反映各种构造运动和古地理环境等在空间和时间上的发展演变过程。因此，它是确定和划分地层时代的重要依据。岩层接触关系有以下几种类型（图2-2）：

（1）整合接触。指上下两套岩层产状一致，互相平行，连续沉积形成，其间不缺失某个时代的岩层。它反映岩层形成期间地壳比较稳定，没有强烈的构造运动，古地理环境变化不大。

（2）平行不整合接触。也称假整合，指上下两套岩层产状虽大致平行一致，但其分界接触面则是起伏不平的，其间缺失一段时间的沉积岩层。有时下部岩层的顶部还保存有古风化岩石，而上部岩层的底部常是一层砾岩、砂砾岩或粗砂岩，常称底砾岩。平行不整合代表着两套岩层之间曾有过一次地壳升降运动和沉积间断，即下部岩层形成后地壳上

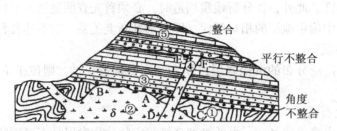

图 2-2 岩层接触关系示意剖面图

AB—沉积接触；AC、DE—侵入接触；δ—内长岩体；γ—花岗岩脉

升，变为陆地，遭受风化剥蚀后，地壳下沉，重新接受沉积。

（3）角度不整合接触。指上下岩层产状不同，彼此呈角度接触，其间缺失某时间段落的岩层，接触面多起伏不平，也常有底砾岩和古风化岩。角度不整合代表着两套岩层之间曾发生过剧烈构造运动和海陆变迁。即下部岩层形成后，发生造山运动，岩层受挤压发生褶皱和断裂，地壳隆起、海退，遭受风化剥蚀。过一段时期后，地壳下沉、海侵，又接受沉积，形成上部岩层。

上述三种接触类型是沉积岩之间或某些变质岩之间的关系。此外，岩浆岩之间、与其他围岩之间尚有两种接触类型可以判断其新老关系。

（1）沉积接触。指先形成的岩浆岩体遭受风化剥蚀，然后在其上又沉积了新的岩层（图 2-2 中的 AB 及 EF 界面）。在沉积接触面以下，岩浆岩可有古风化现象，该面以上沉积岩无岩浆烘烤蚀变现象。

（2）侵入接触。是由岩浆侵入于先形成的岩层中所形成的（图 2-2 中的 AC 及 DE 界面）。被穿插的围岩接触面附近常有烘烤蚀变或热力变质现象并易风化破碎。后侵入的岩浆中则常混入围岩的岩块，也称捕虏体。

第二节 褶 皱 构 造

褶皱构造是岩层在构造运动中受力形成连续弯曲的永久变形。而组成褶皱构造的单个弯曲，则称为褶曲。绝大多数褶皱是在水平挤压力作用下形成的，但也有少数是在垂直力或力偶作用下形成（图 2-3）。褶皱是最常见的地质构造形态之一，在层状岩层中最明显，在块状岩体中则很难见到。

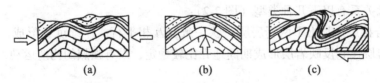

图 2-3 褶皱的力学成因

(a) 水平挤压力 (b) 垂直作用力 (c) 力偶作用

一、岩层的产状

岩层的产状是指岩层在空间位置的展布状态。它是分析研究各种地质构造形态的最基本依据，它对岩体的稳定性也有明显的直接影响。岩层的产状可分为水平的、倾斜的和直立的三种类型。

覆盖大陆表面约 3/4 面积的沉积岩，绝大多数都是在广阔的海洋和湖泊盆地中形成的，其原始产状大部分是水平或近于水平的。只在沉积盆地的边缘、岛屿周围等极少数地区才为原始倾斜状态。所以，一般认为沉积岩的原始产状都是大致水平的。在地壳运动轻微或只有大面积均衡上升或下降地区，岩层保持着原始产状，其倾斜角度不大于 5° 的称为水平岩层或水平构造。它们多见于时代较新的地层中（图 2-4）。

图 2-4　四川苍溪观音寨中侏罗统水平岩层

当地壳运动较强烈时，原始水平产状的岩层因构造变动可形成倾斜岩层。凡一个地区的岩层大致平行向一个方向倾斜则称为单斜岩层或单斜构造，但通常它仅是褶曲或断层构造的一部分。

岩层的产状用岩层层面的走向、倾向和倾角三个要素来表示，通常它们是用地质罗盘仪在野外测量得到的。

1. 走向

岩层面与水平面交线的方向称为走向，其交线称为走向线，见图 2-5 中的 *ab* 线。走向代表岩层在水平面上的延伸方向，它用方位角或方向角来表示。走向线两端延伸方向均是走向，但相差 180°。

2. 倾向

倾向即岩层的倾斜方向，是倾斜线的水平投影所指的方向。倾斜线是垂直于走向线，沿层面倾斜向下所引的直线，见图 2-5 中的 *ce* 线。倾斜线的水平投影即倾向线，倾向线的方位角或方向角即岩层的倾向。倾向与走向垂直，但只有一个方向。

3. 倾角

倾角即岩层的倾斜角度，是层面与水平面所夹的最大锐角，也就是倾向线与倾斜线的夹角，见图 2-5 中的 α 角。在野外记录或报告中岩层的走向、倾向、倾角可写为：345°，NE，∠40°，若用方向角则写为 NW15°，NE，∠40°，但野外常简写为 NE75°∠40°。

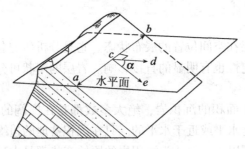

图 2-5　岩层的产状要素

ab—走向线　*cd*—倾向线　*ce*—倾斜线　*α*—倾角

二、褶皱的基本形态和褶曲要素

褶皱规模的大小相差很悬殊，巨大的可延伸数十至数百公里，而微小的则仅有数厘米。褶皱的形态，有的只是一个简单的弯曲——褶曲，有的则复杂多变。但最基本的形态就是背斜和向斜两种（图 2-6）。

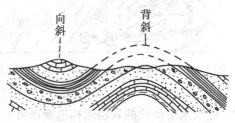

图 2-6　背斜和向斜

1. 背斜

岩层向上弯曲，两侧岩层相背倾斜，核心部分岩层时代较老，两侧依次变新并对称分布。

2. 向斜

岩层向下弯曲，两侧岩层相向倾斜，核心部分岩层时代较新，两侧较老，也对称分布。

褶曲构造形体的各个组成部分称为褶曲要素，它是用以描述和研究褶皱构造的形态特征和空间展布规律的。褶曲要素主要有核、翼、轴面、轴（线）、枢纽、转折端等名称（图 2-7）。

（1）核。泛指褶曲的核心部位，故也称核部，背斜核部由相对较老的岩层组成，向斜则由新岩层组成。

（2）翼。泛指核部两侧的岩层。

（3）轴面。平分两翼的假想面，是平面或曲面。

（4）轴。轴面与水平面的交线，也称轴线，轴线的方向就是褶曲的延伸方向。

（5）枢纽。同一层面上最大弯曲点（拐点）的连线，即层面与轴面的交线。

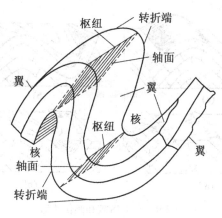

图 2-7 褶皱要素

（6）转折端。从一翼向另一翼过渡的弯曲部分，即两翼岩层的汇合部分。

三、褶皱的形态分类

褶皱的形态各式各样，种类繁多，可从下述不同角度进行分类。

（一）按轴面和两翼岩层产状分类（图 2-8）

1. 直立褶皱。轴面直立，两翼岩层倾向相反，倾角大致相等。

2. 倾斜褶皱。轴面倾斜，两翼岩层倾向相反，倾角不相等。

3. 倒转褶皱。轴面倾斜，两翼岩层倾向相同，倾角相等或不相等，一翼岩层层位正常，另一翼层位倒转。

4. 平卧褶皱。轴面和两翼岩层近水平，一翼层位正常，另一翼倒转。

5. 翻卷褶皱。为轴面弯曲的平卧褶皱。

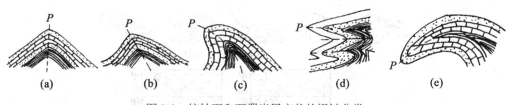

图 2-8 按轴面和两翼岩层产状的褶皱分类

（a）直立褶皱 （b）倾斜褶皱 （c）倒转褶皱 （d）平卧褶皱 （e）翻卷褶皱

（二）按枢纽的产状分类

1. 水平褶皱。枢纽水平，两翼岩层走向大致平行并对称分布（图 2-9（a）、（a′））。

2. 倾伏褶皱。枢纽倾斜，两翼岩层走向不平行，在平面上一端收敛于转折端，另一端撒开，岩层呈"之"字形分布（图 2-9（b），（b′））。

（三）按岩层弯曲形态分类

1. 圆弧褶皱。岩层呈圆弧状弯曲，一般褶皱较宽缓（图 2-10（a））。

2. 尖棱褶皱。两翼岩层平直相交，转折端呈尖角状。褶皱挤压紧密，故也称紧密褶

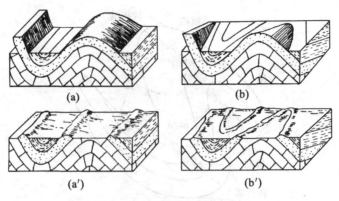

图 2-9 水平褶皱和倾伏褶皱

（a）、（a′）水平褶皱 （b）（b′）倾伏褶皱

皱（图 2-10（b））。

3. 箱形褶皱。两翼岩层近直立，转折端平直，整体似箱形，常有一对共轭轴面（图 2-10（c））。

4. 扇形褶皱。两翼岩层大致对称呈弧形弯曲，局部层位倒转，转折端平缓，整体呈扇形（图 2-10（d））。

5. 挠曲。水平或缓倾岩层中的一段突然变为较陡的倾斜，形成台阶状（图 2-10（e））。

6. 穹窿和盆地构造。从水平面上看，岩层向四周倾斜称穹窿构造，向中心倾斜称盆地构造。实际上它是背斜或向斜的特例，因此，穹窿和盆地构造不一定是等半径的圆形，当长轴小于短轴 3 倍时称为穹窿或盆地构造（图 2-10（f）、（g））。在 3 倍至 10 倍之间时称短轴背斜或短轴向斜。

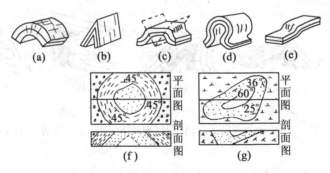

图 2-10 按岩层弯曲形态的褶皱分类

（a）圆弧褶皱 （b）尖棱褶皱 （c）箱形褶皱 （d）扇形褶皱

（e）挠曲 （f）穹窿构造 （g）盆地构造

（四）按褶皱的组合分类

1. 复背斜。在一个大的背斜构造的两翼，由若干个较小的褶皱组成（图 2-11）。

2. 复向斜。在一个大的向斜构造的两翼，由若干个较小的褶皱组成（图 2-11）。

复背斜和复向斜也称复式褶皱，它是由强烈的构造运动挤压形成的，通常规模很大。

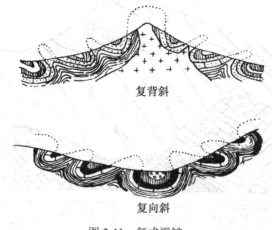

复背斜

复向斜

图 2-11 复式褶皱

四、褶皱构造的识别

褶皱形成以后，一般遭受风化侵蚀作用，背斜核部由于节理发育，易于风化破坏，可能形成河谷低地，而向斜核部则可能形成山脊（图 2-12）。因此，不能把现代地形与褶皱形态混同起来。在野外，除一些岩层出露良好的小型背斜和向斜，可以直接观察到完整形

图 2-12 背斜为谷向斜为脊素描图（广东阳春，据兰淇锋）

态外，大部分均遭剥蚀而破坏或露头情况不好，不能直接观察到它的形态，这时应按下述方法进行观察分析。首先，垂直于岩层走向进行观察，当岩层重复出现并对称分布时，便可肯定有褶皱构造。如图 2-13 所示，区内岩层走向近东西，从南北方向观察，有志留系及石炭系地层两个对称中线，其两侧地层分布重复对称出现，所以，这一地区有两个褶曲构造。其次，再分析岩层新老组合关系；南半部的褶曲构造，中间是老岩层（S），两边对称分布的是新岩层（D 和 C），故为背斜；北半部的褶曲构造，中间是新岩层（C），两边是老岩层（D、S），故为向斜。上述地区中的向斜，两翼岩层相向倾斜、倾角相近，故为直立向斜；背斜中两翼岩层均向北倾斜，故为倒转背斜。有时在一个大的褶曲构造（如几至几十公里）的局部地段，只能看到一个翼的局部地层，这时岩层只向一个方向倾斜，通常称为单斜构造，如只看图 2-13 的右部。

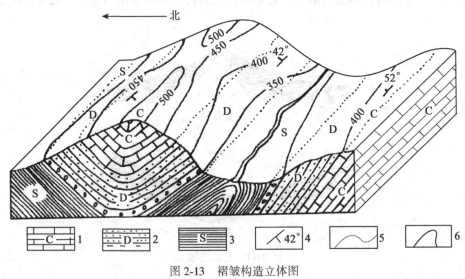

图 2-13　褶皱构造立体图

1—石炭系　2—泥盆系　3—志留系　4—岩层产状　5—岩层界线　6—地形等高线

第三节　构 造 节 理

节理是指那些有一定成因、形态和分布规律的裂隙，但在工程界节理和裂隙常视为同义语，不加区别地应用。节理按成因分为三种类型：①原生节理，成岩过程中形成；②构造节理，构造运动中形成；③次生节理，风化、卸荷等原因形成。其中，次生节理因产状无序、杂乱无章，通常只称为裂隙而不称为节理。

构造节理是各种裂隙中分布最广泛的裂隙，所有大型水电工程都会遇到。据其力学成因可分为剪切节理、张节理和劈理三种类型。

一、剪切节理

剪切节理，是由剪应力所形成的破裂面。剪应力来自构造运动时所产生的压力、拉力或剪力（包括力偶）。图 2-14 分别表示在三种外力作用下，岩层中块体的应力和产生破裂面的一般情况。

图 2-14（a）表示受压时可产生与最大压应力方向斜交的两组共轭剪切裂隙。理论上最大剪应力与主压应力的交角为 45°，但据试验和野外观察，在坚硬的脆性岩层中两组节理与压应力的交角多小于 45°，大致等于 $45°-\dfrac{\varphi}{2}$（φ 为岩石的内摩擦角），即两组剪切节理的锐角等分线指向主压应力方向。

图 2-14（b）表示受拉时的情况，此时剪切破坏面与主拉应力的交角常为 $45°+\dfrac{\varphi}{2}$，即两组节理的钝角等分线指向拉应力方向。

图 2-14（c）表示受剪力或力偶作用时原块体变为菱形。平行于菱形四个边的为剪应

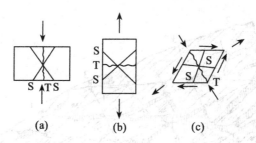

图 2-14 不同作用力形成的剪切节理 (S) 和张节理 (T)

力方向，短对角线为受压方向，长对角线为受拉方向，此时产生的两组剪切节理，分别大致平行于菱形的四个边。

需指出，由于构造作用的复杂性（长期、多次、方向变化等），以及岩性本身和边界条件的不同，常有不符合上述规律的情况。即便如此，上述基本规律对分析判断褶皱、断层的形态、类型等仍是很重要的。

剪切节理有下述特征：

1. 节理面平直光滑，产状稳定，可延伸较长（数十米），在砾岩中常平直切穿坚硬的砾石，如图 2-15 所示。

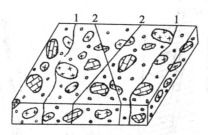

图 2-15 砾岩中的剪切节理与张节理
1—张节理 2—剪切节理

2. 呈闭合状，裂隙本身的宽度很窄小，通常仅 1~3mm，但受后期地质作用的影响，也可裂开并充填黏性土或岩屑。

3. 成组成对出现，即多条节理常互相平行排列，并且其间距常大致相等。同一作用力下形成的两组共轭剪切节理，也称 X 型节理，它们互相交叉切割，使岩层形成菱形或方形，方形者也称棋盘格状构造（图 2-16）。

4. 呈羽状排列，有时主剪裂面由多条互相平行的微小剪裂面组成，微小剪裂面呈羽状排列，故称羽状剪切节理（图 2-17（a）），羽状节理也可有共轭两组。A 组与主裂面 MN 呈尖角（α）相交，指向本盘错动方向。B 组与主裂面交角（β）近 90°相交。A 组节理有时呈首尾错开搭接。沿每条小节理向下观察，下一条节理依次在左侧搭接的，称左列（左旋），反之称右列。利用这一现象也可判断剪力或两侧错动方向。

5. 沿剪切节理面抗剪强度往往很低，在边坡和坝基岩体中易形成滑动破坏面。

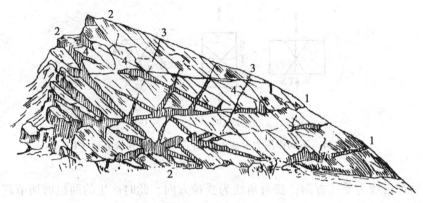

图 2-16　节理形态素描图

1—走向节理　2—倾向节理　3、4—斜交节理

（1、2、3、4各为一个节理组　3、4两组构成X剪切节理系）

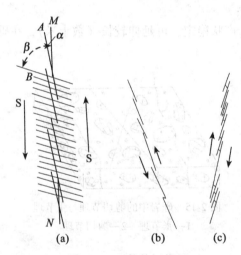

图 2-17　羽状剪切节理

（a）剪切试验形成的羽列节理　（b）（c）三峡黄陵南部

（b）为左列　（c）为右列

二、张节理

张节理由拉应力所形成的破裂面，拉应力可以是来自构造运动的各种力（图2-14）。张节理有下列特征。

1. 节理面起伏不平、弯曲粗糙，产状不稳定，延伸较短，在砾岩中常绕砾石而过，不切穿砾石（图2-15）。

2. 多为张开的裂隙，横断面可呈扁豆状、透镜状，其中常充填有呈脉状的方解石、石英（热液凝结而成）。也可充填有未胶结或胶结的黏性土或岩屑等。

3. 张节理常沿先期形成的X型节理发育而成，故多呈锯齿状延伸，通常称为追踪张裂（图2-18（a））。有时一条张节理是由数条小张裂隙大致平行错开排列组成（侧列）（图2-18（b））。张节理的尾端有时有树枝状分叉现象。

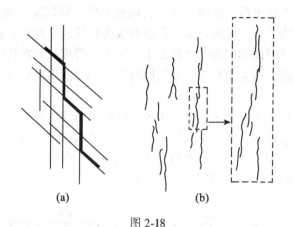

图 2-18
（a）追踪张节理　（b）张节理侧列现象

4. 张节理有时呈雁列状

受力偶或剪切作用所形成的张节理常呈雁列排列（图2-19（a））。有时雁行张节理沿剪切节理发育而成，如图2-19（b）所示，在岩层中切取的方形块体 ABCD，在力偶继续作用下变形为菱形 A′B′C′D′，其长对角线 A′D′ 变成受拉方向，而短对角线 B′C′ 则为受压方向。因此，节理面与 A′D′ 垂直的那组剪切节理将被逐个拉开形成雁列现象。

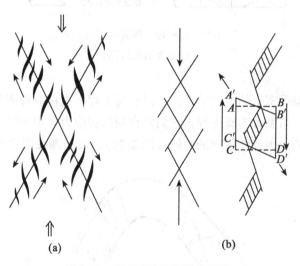

图 2-19　雁列张节理及形成机理

5. 沿张节理面的内摩擦角（φ）值较剪切节理高

在这种情形下，如果有黏土等物质充填，则其抗剪强度受充填物控制。张节理透水性强，常是地下水或坝基、库岸的良好渗透通道。当岩体垂直于张节理受压时，可产生较大的压缩变形。

三、劈理

劈理是指岩层中大致平行、密集、微细的构造节理，其间距一般为几毫米至几厘米，若大于几厘米则应称为节理。劈理可使岩石劈开成薄板状或碎片状。有时它容易和层理混淆，但多数情况下，劈理面和层面的产状是不一致的。劈理只是在构造运动强烈，特别是强烈挤压地段才易出现，故常与褶皱、断层同时形成相伴产出。劈理按成因分为流劈理和破劈理两种类型。

流劈理是在强烈挤压力作用下，岩石中的矿物发生塑性变形或重结晶，使矿物形成扁平状、片状、长条状、针状等平行定向排列。沿定向排列面极易劈开形成裂面。流劈理面总是与压力方向垂直，并与褶皱轴面平行，不随两翼岩层的产状而变化，如图 2-20 所示。流劈理多发生在塑性较大的柔性岩层中，如页岩、板岩、片岩等。

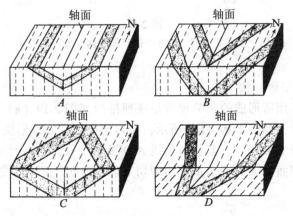

图 2-20　流劈理与褶皱轴面的关系
（虚线表示流劈理）

破劈理实际上就是密集的剪切节理，所以有时工程上也称节理密集带。通常在两组共轭剪切节理中只有一组发育为破劈理，它们常在局部剪应力集中地段产生，比如在褶皱发生时，沿错动层面的两侧或断层面的两侧（图 2-21）。破劈理在脆性和柔性岩层中都可出

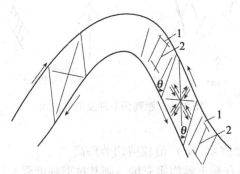

图 2-21　层间滑动形成的破劈理
1—顺层破劈理　2—层间破劈理

现，但在软硬相间的岩层中，在同一构造应力作用下，破劈理总是出现在较软的岩层中，并常呈羽状排列。

四、节理与褶皱的关系

在同一构造作用力下同时形成的节理、劈理和褶皱有着密切联系，所以在形态和分布上往往有一定的规律性。在实际工作中，常据节理或劈理的成因类型和产状来分析判断较复杂的、不易识别的褶皱类型和受力情况。

1. 平面 X 型共轭剪切节理

平面 X 型共轭剪切节理多发生在岩层弯曲变形之前，节理面与层面垂直，节理走向与后期形成的褶曲轴面斜交，两组节理相交的锐角指向挤压方向（图 2-22（a））。

2. 剖面 X 型共轭剪切节理

岩层受挤压发生弯曲变形后，在褶曲横剖面上可形成交叉状的剖面 X 型节理，节理走向与褶曲轴向一致，节理面与层面斜交（图 2-22（b））。

3. 横张节理和纵张节理

横张节理是与早期挤压力方向一致的张节理，当岩层弯曲时它横切褶曲轴，常追踪早期平面 X 型节理形成，故多呈锯齿状（图 2-22（a））。

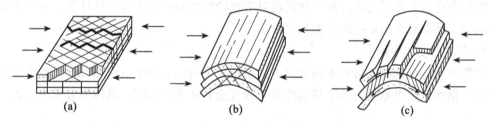

图 2-22　节理与褶皱的生成关系

纵张节理是在褶曲轴部，平行于轴线发育的张节理，它是由岩层弯曲后产生的局部拉应力形成的，在背斜轴部裂隙上宽下窄，并互相呈扇形排列（图 2-22（c）及图 2-23）。

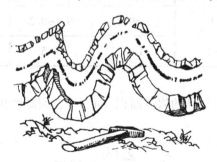

图 2-23　褶曲轴部的纵张节理素描图（据兰淇锋）

4. 顺层节理和层间节理

岩层发生褶皱，在弯曲过程中沿上、下岩层面相对滑动而构成一个力偶，在此力偶作用下，岩层中可沿最大剪应力方向产生一组大致平行于层面的层面节理和一组斜切层面的层间节理（图2-21及图2-22（c））。层间节理常呈羽状排列，并常密集发育为破劈理，其与层面所夹锐角指向相邻岩层的滑动方向。由于褶曲发生时总是远离轴面一侧的岩层向枢纽方向滑动，故据此可判断褶皱的形态和类型（见图2-24）。假若图2-24（b）中 a、b 为同一岩层，则可据错动方向推断为一倒转向斜。

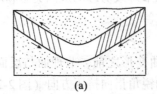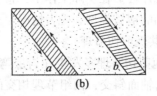

图 2-24　据层间节理（劈理）分析褶曲形态

五、节理统计

节理在岩层中广泛分布，对工程的不良影响主要是岩体稳定和渗漏两个方面，但其影响程度决定于节理的成因、形态、数量、大小、连通以及充填等诸多因素。因此，在工程地质勘察中应首先查明这些特征，然后再对节理的密度和产状进行统计计算，最后才能对岩体的稳定和渗漏作出正确的分析和评价。

1. 节理密度和裂隙率

节理密度是指垂直于节理走向方向上，单位长度内的节理条数（条/m），也称节理的线密度。据线密度可划分岩体节理裂隙发育程度或岩体完整程度，具体划分见表2-2。

表 2-2　　　　　　　　　　　　节理裂隙发育程度划分表

节理发育程度	不发育	较发育	发育	很发育	
岩体完整	完整	较完整	较破碎	破碎	极破碎
平均节理间距（m）	>1	1~0.4	0.4~0.2	≤0.2	无序
节理线密度（条/m）	0~1	1~3	3~5	≥5	

裂隙率（K_j）是指在被统计的岩体面积（A）上，裂隙面积与被统计面积之比，用百分数表示。其表达式为：

$$K_j = \frac{\sum l_i b_i}{A} \times 100\%$$

式中：l_i，b_i 分别代表任一条节理的长度和宽度。

2. 节理统计图

节理统计图可以清晰、直观地表示出统计地段各组节理裂隙的数量和产状，为进行节理的模拟提供条件，进而对岩体稳定和渗漏等进行分析评价。常用的有节理直方图、节理玫瑰图、节理极点图和节理密度图等，这里只介绍节理玫瑰图。

节理玫瑰图是在一半圆图形上，用圆周代表节理走向，并标以北、东、西及方位角度数值。用圆半径长度按一定比例代表节理的条数（或百分数），如图 2-25 所示。将统计到的节理进行整理，以 10° 为一组，并算出其条数，见表 2-3，然后点在相应走向方位角中间值的半径上。如图 2-25，走向北东 41°~50° 的节理有 35 条，按比例点在北东 45° 的半径上。连接各点即绘出节理玫瑰图。

表 2-3　　　　　　　　　　　　　某坝址节理统计表

走向（°）	条数	走向（°）	条数	走向（°）	条数	走向（°）	条数
0~10	0	51~60	19	281~290	0	331~340	22
11~20	0	61~70	10	291~300	14	341~350	30
21~30	20	71~80	20	301~310	10	351~360	0
31~40	25	81~90	0	311~320	30		
41~50	35	271~280	0	321~330	50		

为表示最发育节理的倾向和倾角，将该组节理走向沿半径延伸出半圆以外，沿径向按比例划分出 9 个刻度（0°~90°）代表倾角，切线方向代表倾向，并按比例取一定长度代表条数，如图 2-25 所示。图中最发育的一组走向为 321°~330°，在其半径延长线上，倾向为北东有两组，一组倾角为 21°~30°，有 25 条；另一组倾角 71°~80°，有 10 条；倾向南西者 15 条，倾角为 51°~60°。同样，如有必要，也可将其他主要节理的倾向、倾角绘出。

此外，还应将河流方向绘出，以便进行分析评价。如图 2-25 中主要节理有两组：一组走向北东 45° 左右，与河流平行，与坝轴线垂直，若分布在坝基，有可能形成连通坝基上下游的渗漏通道。若分布在坝头两岸，则节理向北西倾斜，对右岸边坡稳定不利；若向

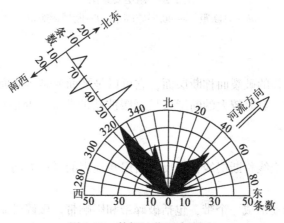

图 2-25　某坝址节理玫瑰图

南东倾斜则对左岸不利。另一组走向北西 325°左右，更为发育，走向与坝轴线平行，其中倾向北东者是向下游倾斜，对坝基岩体抗滑稳定不利，倾角越小越易造成危险的滑动面，所以对倾角为 21°~30° 的一组应特别注意。另两组倾角较大，对岩体主要起割切作用。

第四节　断层构造

岩层或岩体在构造应力作用下发生破裂，沿破裂面两侧有明显相对位移的构造现象称为断层。它与构造节理合称为断裂构造。断层的规模大小相差悬殊，小的在岩石手标本上即可见到，大者可延伸数十公里以上。有时还有多条大致平行延伸、性质相近的大断层组成一个断裂带，它们长可达数百甚至上千公里，宽可达几公里，如我国东部的营口—郯城—庐江断裂带。断层的切割深度也差别很大，有些深大断裂可切穿地壳而达上地幔。断层也是常见的构造现象之一，常对工程岩体的稳定性和渗漏造成很大的危害。

一、断层的几何要素

断层的几何要素包括断层的基本组成部分以及与阐明其错动性质有关的几何因素（图 2-26）。

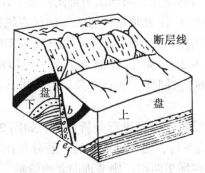

图 2-26　断层要素图

ab—总断距　e—断层破碎带　f—断层影响带

1. 断层面
岩层发生错动位移的破裂面称断层面，它可以是平面或是弯曲面。小断层或大断层的局部地段常是平直的，有时较大的断层可呈舒缓波状的曲面。断层面的产状也是用走向、倾向、倾角来测定的。

2. 断层线
断层面与地面的交线称断层线，它反映断层在地表的延伸方向。

3. 断层带
较大的断层常错动形成一个带，包括破碎带和影响带。破碎带是被断层错动搓碎的部分，它可以由岩块碎屑、角砾、岩粉和黏土颗粒组成，常称为断层角砾或断层泥等，其两侧被断层面所限制。影响带是指靠近破碎带受断层影响，节理发育或发生牵引弯曲的部分。

4. 断盘

断层面两侧相对位移的岩体称为断盘。在断层面上部的称为上盘，下部的称为下盘。若断层面直立则无上下盘之分。

5. 断距

是断层两盘相对错开的距离。岩层原来相连的两点，沿断层面错开的距离称为总断距，总断距的水平分量称为水平断距，铅直分量称为铅直断距。

一、断层的基本类型和特征

（一）按断层的形态分类

断层的形态分类，主要是按断层的两盘相对位移情况，将断层分为正断层、逆断层和平移断层（图 2-27）。

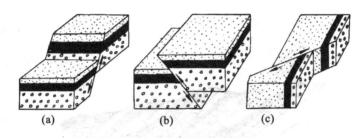

图 2-27 断层类型示意图

（a）正断层 （b）逆断层 （c）平移断层

1. 正断层

正断层的基本特征是上盘相对下移，下盘相对上移（图 2-27（a））。它一般是受水平张应力或垂直作用力使上盘相对向下滑动而形成的，所以在构造变动中多垂直于引张力方向发生，但有时也沿已有的剪节理发生。其断距可从几厘米到数十米，延伸范围一般自几十米至数公里。正断层的倾角一般较陡，多在 50°~60° 以上。在野外有时见到由数条正断层排列组合在一起，形成阶梯式断层、地垒和地堑等（图 2-28）。

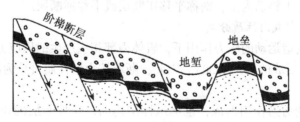

图 2-28 地垒、地堑及阶梯式断层

① 阶梯式断层。岩层沿多个相互平行的断层面向同一方向依次下降成阶梯式断层。

② 地垒。两边岩层沿断层面下降，中间岩层相对上升形成地垒。

③ 地堑。两边岩层沿断层面上升，中间岩层相对下降形成地堑。

2. 逆断层

逆断层的基本特征是上盘相对上移,下盘相对下移(图2-27(b))。它一般是受水平挤压力沿剪切破裂面形成的,所以常与褶皱同时伴生,并多在一个翼上平行于褶皱轴发育。断层带中往往夹有大量的角砾和岩粉。根据断层面的倾角大小,又可将逆断层分为以下四种类型。

① 冲断层。断层面倾角大于45°的高角度逆断层。

② 逆掩断层。断层面的倾角在45°~25°之间,往往由倒转褶皱发展形成,它的走向与褶皱轴大致平行,逆掩断层的规模一般都较大。

③ 辗掩断层。倾角小于25°的逆断层,常是区域性的巨型断层,断层上盘较老的地层沿着平缓的断层面推覆在另一盘较新岩层之上,断距可达数公里,破碎带的宽度也可达几十米。

④ 叠瓦式构造。一系列冲断层或逆掩断层,使岩层依次向上冲掩,形成叠瓦式构造(图2-29)。

图2-29 叠瓦式构造

3. 平移断层

这是断层两盘产生相对水平位移的断层(图2-27(c))。多系受剪(扭)应力形成,因此大多数与褶皱轴斜交,与"X"节理平行或沿该节理形成,断层的倾角常常是近于直立的。这种断层的破碎带一般较窄,沿断层面常有近水平的擦痕。

有时断层错动方向兼有平移和上下的相对位移。若如以平移为主,则称正平移断层或逆平移断层;若以上下错动为主,则称平移正断层或平移逆断层。

(二)按断层力学成因性质分类

断层是在地壳构造运动的应力作用下,岩体内部相应产生的压应力、张应力和扭应力(剪应力)的作用所形成的(图2-30)。因此,断层按力学性质可分为以下五种类型。

1. 压性断层

由压应力派生的剪力作用形成,也称压性结构面。压性断层的走向与压应力方向垂直,在断层面两侧,主要是上盘岩体受挤压相对向上位移,如逆断层等。压性断层常与褶皱轴平行,并可成群出现而构成挤压构造带。断层带往往有断层角砾岩、糜棱岩和断层泥,形成软弱破碎带。破碎带中常有挤压形成的透镜状、扁豆状或菱形块体及劈理裂隙(可参看图2-37)。在较脆弱的岩石中,断层面上常有反映错动方向的擦痕。

2. 张性断层

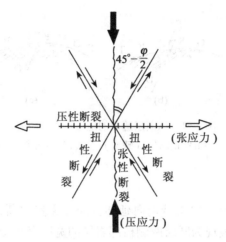

图 2-30　构造应力场与断裂关系示意图

由张（拉）应力派生的剪力作用形成，也称张性结构面。张性断层的走向垂直于张应力方向，断层面上盘岩体因引张而相对向下位移，如正断层等。

3. 扭性断层

由扭（剪）应力作用形成，也称扭性结构面。扭性断层一般是两组共生，呈 X 型交叉分布，但往往是一组发育，另一组不发育，如平移断层等。

4. 压扭性断层

具有压性断层兼扭性断层的力学特性，如部分平移逆断层。

5. 张扭性断层

具有张性断层兼扭性断层的力学特性，如部分平移正断层。

（三）按断层产状与岩层产状的关系分类

1. 走向断层。断层走向与岩层走向平行。

2. 倾向断层。断层走向与岩层走向垂直。

3. 斜交断层。断层走向与岩层走向斜交。

此外，也可根据断层走向与褶曲轴线方向的关系进行分类，如纵断层（与褶轴平行）、横断层（与褶轴垂直）、斜断层（与褶轴斜交）。

三、断层的野外识别标志

在野外进行地质勘察工作时，由于岩层受到风化剥蚀、沟谷切割、第四系松散岩土覆盖等多种因素影响，对是否存在断层以及断层的类型及错动方向等，常不能直接观察或不易分辨清楚。因此需要根据断层在地形地貌、地层分布、伴生节理和岩性特征等方面形成的一些独特现象来判断。这些现象也称为断层的识别标志。

1. 地层的重复或缺失

当断层走向与岩层走向大致平行时，断层使一盘上升或下降，地面受剥蚀夷平后，沿地表顺倾向方向观察，会看到相同地层的重复出现，或应该出现而没有出现的缺失现象，如图 2-31 所示。

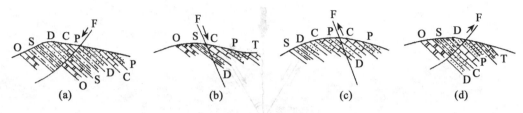

图 2-31　纵断层造成的地层重复或缺失

（a）正断层（重复）　（b）正断层（缺失）　（c）逆断层　（d）逆断层（缺失）

2. 岩层中断

当断层横切岩层走向时，岩层沿走向延伸方向会突然中断，被错断开来，如图 2-32 所示。如断层横切褶皱轴表现为断层两侧核部岩层的宽度突然变化，在背斜核部相对变宽的一侧为上升盘，而向斜核部相对变宽的一侧为下降盘，如图 2-33 所示。

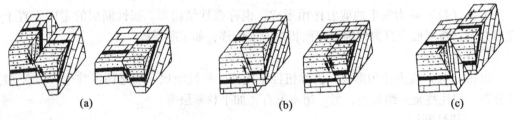

图 2-32　断层造成岩层的不连续

（a）正断层　（b）逆断层　（c）平移断层

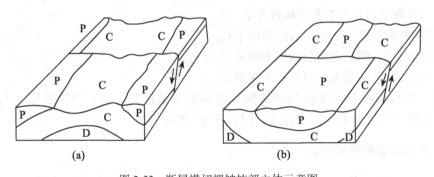

图 2-33　断层横切褶皱核部立体示意图

（a）背斜核部下降盘变窄　（b）向斜核部下降盘变宽

3. 断层破碎带与构造岩

规模较大的断层常形成断层破碎带，其宽度为几厘米至数十米不等。破碎带由被挤压、错动形成的大小不一、粗细不等的岩石碎块、岩粉等组成，但它们常被胶结或在强烈的挤压力作用下发生动力变质。某些矿物重新结晶，定向排列或产生一些新的变质矿物，如叶蜡石、绿帘石、绿泥石、绢云母等。这种断层破碎带中所特有的岩石称构造岩。根据破碎程度、重结晶及结构特征，构造岩又可分为下列几种：

（1）断层角砾岩。主要由大于2mm被搓碎的棱角状碎块及岩粉等经胶结形成，角砾仍保持原岩的矿物成分和结构。

（2）碎裂岩。主要由小于2mm的原岩碎粒并杂以岩粉经胶结形成。能用放大镜分辨原岩成分。

（3）糜棱岩。由被碾碎成均匀细小的粉末碎屑胶结而成，以小于0.05mm的颗粒为主，只有在显微镜下才能看出颗粒的成分和结构特征，外观致密，类似硅质岩。矿物有重结晶、重组合现象。除含有石英、长石等原岩矿物外，常含有一些变质矿物。风化后常呈岩粉或泥状。

（4）断层泥。在断层破碎带中常可见到厚度不等的泥状物质，脱水干燥后呈硬块状，它们是由糜棱岩、碎裂岩或岩粉等经浸水风化而成的。大多由亲水性较强的黏土矿物及石英等组成。断层泥压缩变形大，强度低，常给工程带来很大的危害。

4. 断层擦痕

在断层面上由于岩块相互滑动和摩擦，常留下具有一定方向的密集的微细刻槽的痕迹，称为擦痕。顺擦痕方向用手摸，感觉光滑的方向即表示另一盘滑动的方向。在具擦痕的滑面上有许多小陡坎，称为阶步，其陡的一侧常指示另一盘滑动的方向（也有例外情况的）。根据擦痕和阶步可判别断层两盘相对位移方向及断层性质（图2-34）。

5. 牵引褶皱

断层两盘相对错动时，两侧岩层受到拖拉而形成的弧形弯曲现象，称为牵引褶皱。通常表现为单个褶曲，且离断层稍远，岩层即恢复正常产状。据弯曲形状可判别断层错动方向，弧形弯曲凸向指向本盘错动方向（图2-35）。

图2-34　断层擦痕与阶步

图2-35　断层的牵引现象

6. 伴生节理

在断层剪切滑动产生的应力作用下，两侧岩层常相伴产生规律排列的节理或劈理，多呈羽状排列。其中伴生张节理（T）与断层面斜交，其锐角指示本盘错动方向（图2-36）。伴生剪切节理可有两组，一组与断层面呈锐角相交（S_1），锐角指向对盘滑动方向。另一组与断层面近于平行（S_2）。两组剪切节理常只有一组发育，由于岩层受力情况复杂，时常有例外情况。

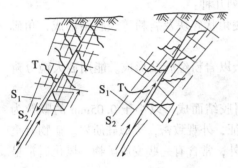

图 2-36 断层伴生的节理

另外，由于岩石受到强烈挤压，在破碎带内也常有节理和劈理发育，两组共轭剪切节理把岩石切割成菱形碎块，并定向排列（图 2-37）。而后继续挤压、滑动，使菱形块体的棱角被削去，即形成构造透镜体，甚至形成更扁长的扁豆状块体。在块体周围常环绕发育有细小的破劈理。

7. 地貌突然变化及断层三角面

巨大的断层两侧，常使地貌发生突然变化，如山区沿断层线突然变为平原，同时沿山脊在横切的断层处被切成陡崖，陡崖常呈三角形，故称

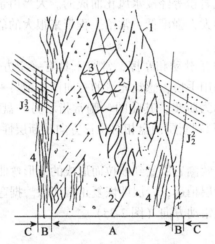

图 2-37 北京三家店村北口铁路桥头
压扭性断层带素描（据杨锦贤）

A—断层破碎带（菱形块体及岩粉）　B—断层影响带　C—正常岩层
J_2^3—中侏罗系中部凝灰质粗砂岩　J_2^2—中侏罗系顶部紫色绿色页岩

1—断层面　2—剪切节理　3—张节理　4—破劈理

断层三角面（图 2-38）。另外，在山区因断层破碎带易受风化剥蚀，常沿断层形成沟谷，地质人员常称为"十沟九断"，这虽非全部事实，但在构造运动强烈上升地区，是较常见的。断层横切河谷时，在河底常被冲刷成深潭。

图 2-38 断层三角面

8. 泉呈线状分布

断层破碎带常是地下水的良好通道。当断层切断地下水含水层时，地下水会沿断层带渗出地表形成泉水。泉水出露地点则沿断层线呈线状分布，形似串珠。呈线状分布的热泉多与现代活动性断层有关。

第五节　地质图的阅读分析

地质图是反映各种地质现象和地质条件的图件，它是根据地质勘测资料编制而成的，是地质勘测工作的主要成果之一。地质图的基本内容是通过规定的图例符号来表示。工程建设的规划、设计都需要以地质图作为依据，因此，学会阅读和分析地质图的方法是很重要的。

一、地质图的类型与规格

地质图的种类很多，在水利工程建设工作中，常用的基本图件有以下几种：

1. 普通地质图

普通地质图是表示地层岩性和地质构造条件的基本图件。它是把出露在地表不同地质时代的地层分界线和主要构造线测绘在地形图上编制而成，并附以地质剖面图和地层柱状图。常用的有区域地质图、水库地质图、坝址区地质图等。

2. 地貌及第四纪地质图

地貌及第四纪地质图是根据第四系沉积层的成因类型、岩性和生成时代、地貌成因类型和形态特征综合编制的图件。

3. 水文地质图

水文地质图是表示地下水水文地质条件的图件，它可反映地下水的类型、埋藏深度和含水层厚度、渗流方向等。

4. 工程地质图

工程地质图是在相应比例尺的地形图上综合表示各种工程地质条件的图件。

5. 其他地质图

除上述图件外，尚有天然建筑材料分布图、区域构造地质图等专门性的地质图件。

地质图的编制有一定的规格要求，具体如下：

(1) 地质图应有图名、图例、比例尺、编制单位、人员和编制日期等。

(2) 地质图图例中，地层图例要求自上而下或自左而右，从新地层到老地层排列。

(3) 比例尺的大小反映图的精度，比例尺越大，图的精度越高，对地质条件的反映也越详细。比例尺的大小，是由水利水电工程的类型、规模、设计阶段和地质条件的复杂程度决定的。如在峡谷地区建坝，坝址地质图在规划阶段的比例尺为1 : 5 000~1 : 10 000；初步设计阶段的比例尺为1 : 1 000~1 : 2 000等，具体要求在有关规范中有详细规定。

二、地质条件在地质图上的表示方法

当岩层产状、断层类型等地质条件按规定的图例符号绘入图中时，按符号即可阅读。但有一些地质现象是没有图例符号的（如接触关系），或有时没有把符号绘入图中（如岩层产状、褶曲轴等）。这时需要根据各种界线之间或与地形等高线的关系来分析判断。掌握这些现象在图中表现的规律，对阅读和分析地质图是很重要的。

（一）岩层产状

在地质图中岩层产状常用产状符号表示。但有时图中没有直接表示产状，而根据地形等高线与不同产状岩层界线的分布关系可进行判断，其特征分述如下。

1. 水平岩层

岩层分界线与地形等高线平行或重合，水平岩层厚度为该岩层顶面和底面的标高差。在地质平面图上的露头宽度，决定于岩层厚度及地形坡度（图2-39）。

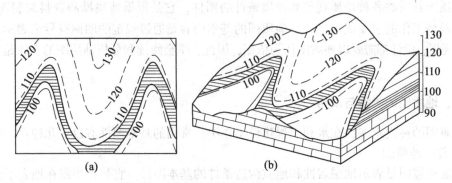

图 2-39　水平岩层在地质图上的特征
（a）平面图　　（b）立体图

2. 倾斜岩层

① 当岩层倾向与地形坡向相反时，岩层分界线的弯曲方向和地形等高线的弯曲方向一致，即在沟谷处，岩层界线的"V"字形尖端指向沟谷的上游；穿越山脊时，"V"字形尖端指向山脊的下坡。但岩层界线的弯曲度比地形等高线的弯曲度总是要小（图2-40A）。

② 当岩层倾向与地形坡向一致时，若岩层倾角大于地形坡角，则岩层分界线弯曲方向和等高线弯曲方向相反（图2-40B）。

③ 当岩层倾向与地形坡向一致时，若岩层倾角小于地形坡角，则岩层分界线弯曲方向和等高线相同（图2-40C），但与"①"条不同的是：岩层界线的弯曲度大于地形等高线的弯曲度。

3. 直立岩层

岩层分界线不受地形等高线影响，沿走向呈直线延伸。

（二）褶皱

在地质图中，向斜、背斜、倒转向斜、倒转背斜分别用符号"⸙⸙"、"┼┼"、"⸙⌒⸙"、"┼⌒┼"来表示。若没有图例符号，则需根据岩层新、老对称分布关系确定。

（三）断层

正断层、逆断层、平移断层的图例符号为"⤢"、"⤡"、"⤢"。若无图例符号，则根据岩层分布重复、缺失、中断等现象确定。

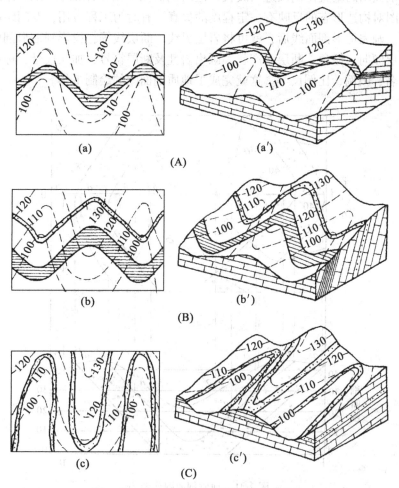

图 2-40　倾斜岩层在地质图上的分布特征

（A）岩层倾向与坡向相反　　（B）岩层倾向与坡向相同，倾角>坡角
（C）岩层倾向与坡向相同，倾角<坡角　　（a）、（b）、（c）平面图
（a′）（b′）（c′）立体图

（四）岩层接触关系

岩层接触关系的成因类型及在剖面图中的表现特征已在前面述及，在平面图中的反映特征与剖面图基本上是相同的。具体情况见后面黑山寨地质图实例（图 2-44）。

三、地质剖面图和综合地层柱状图

（一）地质剖面图

根据地质平面图绘制剖面图时，首先要在平面图中选定剖面线的位置。一般剖面线应尽量垂直岩层走向、褶皱轴或断层线方向，这样能更清楚全面地反映地质构造形态。但为工程需要的剖面图，常平行或垂直于建筑物轴线方向绘制，如沿坝轴线、隧洞和渠道中心线等。其次，根据剖面线的长度和通过的地形，按比例画地形剖面线。一般剖面图的水平比例尺和垂直比例尺应与平面图的比例尺相一致。有时，因平面图比例尺过小，或地形平缓，也可将剖面图的垂直比例尺适当放大，但对剖面图中所采用的岩层倾角需进行换算，此时的剖面图对构造形态的反映有一定程度的失真。有时为工程应用，专门绘制较大比例尺的剖面图。画完地形剖面线后，就可将岩层界线、断层线等，投影到地形剖面线上，然后再根据岩层倾向、倾角、断层面产状等画出岩性及断层符号，加注代号，标出剖面线方向，写上图名、图例、比例尺等。这就完成了地质剖面图的绘制工作。

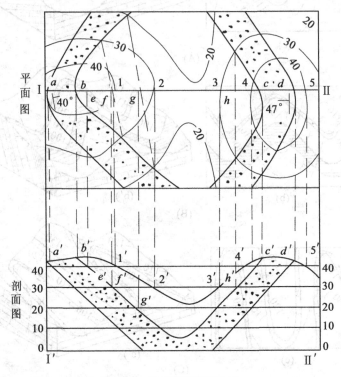

图 2-41　地质剖面图作图法

下面以图 2-41 为例，具体说明剖面图中地形剖面和地质界线的绘制方法。

该图的上部是地质平面图。Ⅰ–Ⅱ是剖面线。作地形剖面时，先作平行于Ⅰ–Ⅱ的直线Ⅰ′–Ⅱ′，两者长度相等，Ⅰ′–Ⅱ′为基线。在基线两端点向上引垂线，并按一定比例间距作平行于基线的直线，以代表剖面的不同高程。剖面线Ⅰ–Ⅱ和平面图中的地形等高线的交点分别为 1、2、3、4、5，通过点 1 作剖面线Ⅰ–Ⅱ的垂线到剖面的相应高程线上，可得到点 1 的投影点 1′。同理，可得到投影点 2′、3′、4′、5′，将各点连接为圆滑的曲线，即地形剖面线。

地层界线在地形剖面线上的投影方法和等高线相似，平面图中岩层的界线和剖面线Ⅰ–Ⅱ的交点为 a、b、c、d，投影到地形剖面线上则分别为 a′、b′、c′、d′。根据平面图中岩层界线画剖面图中岩层分界时，有以下两种情况：

1. 若图中已标出岩层产状，当剖面线和岩层走向垂直时，可直接根据岩层倾角在剖面上绘出岩层界线，如图的右半部岩层走向与剖面线垂直，岩层倾向西，倾角 47°，剖面中的岩层界线应朝左下方画线，斜线与水平线夹角为 47°；当剖面线与岩层走向不垂直时，需根据岩层倾角（α）及剖面线和岩层走向间的夹角（θ），把岩层倾角换算成视倾角（β）。视倾角可根据图 2-42 推导出的公式计算，即

$$\tan\beta = \sin\theta\tan\alpha$$

2. 当图上未标出岩层产状时，可根据地形等高线与岩层界线的交点，绘出岩层不同高度的走向线，即剖面线两侧相同高度的交点的连线，如图 2-41 中岩层顶面的走向线与剖面线的交点为 e、f、g、h，将它们分别投影到剖面图中相应高程线上，可得 e'、f'、g'、h'，分别连接各部分投影点，就得出剖面图中的岩层界线。

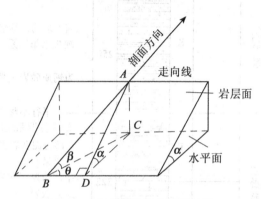

图 2-42 据真倾角换算视倾角图

（二）综合地层柱状图

综合地层柱状图是把一个地区从老到新出露的地层岩性按最大厚度和接触关系等，自下而上地按原始形成次序用柱状图的形式表示出来，但不能反映褶皱和断裂情况（图 2-43）。综合地层柱状图对了解一个地区的地层特征和地质发展史等很有帮助，因此，实际中常将它和地质平面图及剖面图放在一起，相互对照，相互补充，共同说明一个地区的地质条件。

四、地质图的阅读分析

（一）阅读地质图的方法

1. 先看图名和比例尺，以了解地质图所表示的内容、位置、范围及精度。

2. 阅读图例，了解图中有哪些时代的岩层，并熟悉图例的颜色及符号。在附有地层柱状图时，可与图例配合阅读，通过综合地层柱状图能较完整、清楚地了解地层的新老次序、岩性特征及接触关系等。

3. 分析地形地貌，了解本区的地形起伏、相对高差、山川形势、地貌特征等。

4. 阅读地层的分布、产状及其与地形的关系，分析不同地质时代地层的分布规律、岩性特征及接触关系，了解区域地层的基本特点。

5. 阅读图上有无褶皱，褶皱类型及轴部、翼部的位置；有无断层，断层性质、分布以及断层两侧地层的特征。分析本地区地质构造形态的基本特征。

6. 综合分析各种地层、构造等现象之间的关系，说明其规律性及地质发展简史。

7. 在上述阅读分析的基础上，结合工程建设的要求，进行初步分析评价。

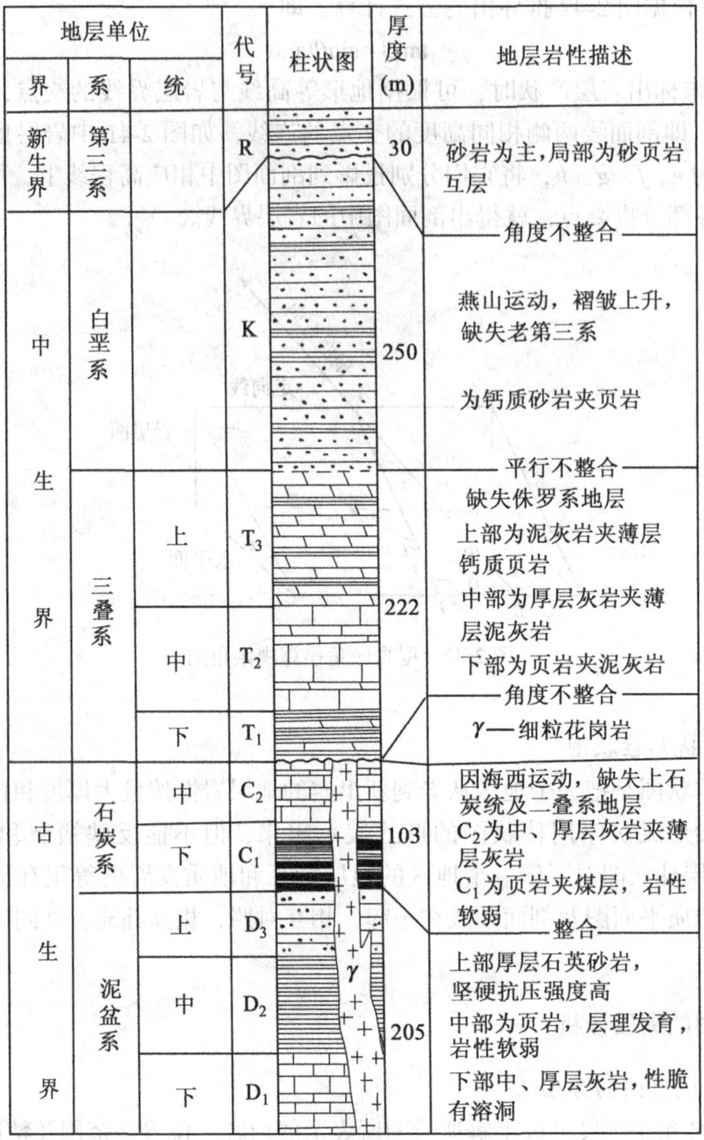

地层单位			代号	柱状图	厚度(m)	地层岩性描述
界	系	统				
新生界	第三系		R		30	砂岩为主,局部为砂页岩互层
						——角度不整合——
中	白垩系		K		250	燕山运动,褶皱上升,缺失老第三系 为钙质砂岩夹页岩
生						——平行不整合——
	三叠系	上	T_3		222	缺失侏罗系地层 上部为泥灰岩夹薄层钙质页岩 中部为厚层灰岩夹薄层泥灰岩
		中	T_2			下部为页岩夹泥灰岩
界		下	T_1			——角度不整合—— γ——细粒花岗岩
古	石炭系	中	C_2		103	因海西运动,缺失上石炭统及二叠系地层 C_2为中、厚层灰岩夹薄层灰岩
		下	C_1			C_1为页岩夹煤层,岩性软弱
生	泥盆系	上	D_3		205	——整合—— 上部厚层石英砂岩,坚硬抗压强度高 中部为页岩,层理发育,岩性软弱
		中	D_2	γ		
界		下	D_1			下部中、厚层灰岩,性脆有溶洞

图 2-43 黑山寨地区综合地层柱状图

(二) 黑山寨地区地质图的阅读分析

根据黑山寨地区地质图 (图 2-44 及图 2-45),对该地区地质条件进行分析阅读如下。

1. 比例尺

地质图比例尺为 1 :10 000,即 1cm 代表实地距离为 100 m。

2. 地形地貌

本区西北部最高,高程约为 570m;东南较低,约 100 m;相对高差约达 470 m。东部有一山岗,高程为 300 多 m。顺地形坡向有两条北北西向沟谷。

3. 地层岩性

本区出露地层从老到新有：古生界——下泥盆统（D_1）石灰岩、中泥盆统（D_2）页岩、上泥盆统（D_3）石英砂岩，下石炭统（C_1）页岩夹煤层、中石炭统（C_2）石灰岩；中生界——下三叠统（T_1）页岩、中三叠统（T_2）石灰岩、上三叠统（T_3）泥灰岩，白垩系（K）钙质砂岩；新生界——第三系（R）砂、页岩互层。古生界地层分布面积较大，中生界、新生界地层出露在北、西北部。

除沉积岩层外，还有花岗岩脉（γ）侵入，出露在东北部。侵入在三叠系以前的地层中，属海西运动时期的产物。

4. 地质构造

① 岩层产状。R 为水平岩层；T、K 为单斜岩层，其产状330°∠28°，D、C 地层大致近东西或北东东向延伸。

② 褶皱。古生界地层从 D_1 至 C_2 由北部到南部形成三个褶皱，依次为背斜、向斜、背斜。褶皱轴向为 NE75°～80°。

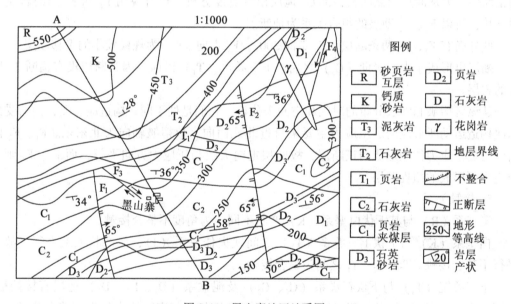

图 2-44　黑山寨地区地质图

1）东北部背斜：背斜核部较老地层为 D_1，北翼为 D_2，产状 345°∠36°；南翼由老到新为 D_2、D_3、C_1、C_2，岩层产状 165°∠36°；两翼岩层产状对称，为直立褶皱。

2）中部向斜：向斜核部较新地层为 C_2，北翼即上述背斜南翼；南翼出露地层依次为 C_1、D_3、D_2、D_1，其产状 345°∠56°～58°；由于两翼岩层倾角不同，故为倾斜向斜。

3）南部背斜：核部为 D_1，两翼对称分布 D_2、D_3、C_1，为倾斜背斜。

这三个褶皱发生在中石炭世（C_2）之后，下三叠世（T_1）以前，因为从 D_1 至 C_2 的地层全部经过褶皱变动，而 T_1 以后的地层没有受此褶皱影响。但 T_1～T_3 及 K 的地层呈单斜构造，产状与 D、C 地层不同，它可能是另一个向斜或背斜的一翼，由另一次构造运动所形成，发生在 K 以后，R 以前。

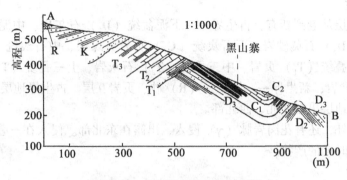

图 2-45　黑山寨地区地质剖面图

③ 断层。本区有 F_1、F_2 两条较大断层，因岩层沿走向延伸方向不连续，断层走向 345°，断层面倾角较陡，F_1：75°∠65°；F_2：255°∠65°，两断层都是横切向斜轴和背斜轴的正断层。另从断层两侧向斜核部 C_2 地层出露宽度分析，也可说明 F_1 和 F_2 间的岩层相对下移，所以 F_1、F_2 断层的组合关系为地堑。

此外尚有 F_3、F_4 两条断层，F_3 走向 300°，F_4 走向 30°，为规模较小的平移断层。

断层也形成于中石炭世 （C_2）之后，下三叠世 （T_1）以前，因为断层没有错断 T_1 以后的岩层。

从该区褶皱和断层分布的时间和空间来分析，它们是处于同一构造应力场，前后受到两次构造运动所形成的。压应力主要来自近北北西向，故褶皱轴向为北东东。F_1、F_2 两断层为受张应力作用形成的正断层，故断层走向大致与压应力方向平行，而 F_3、F_4 则为剪应力所形成的扭性断层。

5. 接触关系

第三系 （R）与其下伏白垩系 （K）产状不同，为角度不整合接触。

白垩系 （K）与下伏上三叠系 （T_3）之间缺失侏罗系 （J），但产状大致平行，故为平行不整合接触。T_3、T_2、T_1 之间为整合接触。

下三叠统 （T_1）与下伏石炭系 （C_1、C_2）及泥盆系 （D_1、D_2、D_3）地层直接接触，中间缺失二叠系 （P）及上石炭统 （C_3），且产状呈角度相交，故为角度不整合接触。C_2 至 D_1 各层之间均为整合接触。

花岗岩脉 （γ）切穿泥盆系 （D_1、D_2、D_3）及下石炭统 （C_1）地层并侵入其中，故为侵入接触，因未切穿上覆下三叠统 （T_1）地层，故 γ 与 T_1 为沉积接触。说明花岗岩脉 （γ）形成于下石炭世 （C_1）以后，下三叠世 （T_1）以前，但规模较小，产状呈北北西-南南东分布的直立岩墙。

6. 地质发展简史

在地质发展历史过程中，本区泥盆纪至中石炭世期间，地壳处于缓慢升降过程，且幅度甚小，一直接受沉积。中石炭世以后，受海西运动的影响，地壳发生剧烈变动，岩层褶皱断裂，并伴随有岩浆侵入，二叠纪时期本地区上升为陆地，遭受风化剥蚀。到早三叠世时，又沉降为海洋，重新接受海相沉积。到晚三叠世后期，地壳大面积平缓持续上升成为陆地，侏罗纪期间，地壳遭受风化剥蚀，没有接受沉积。直到白垩纪，又缓慢下降，处于浅海沉积环境。到白垩纪后期，再次受燕山运动影响，三叠系及白垩系产生平缓褶皱。新生代无剧烈构造变动，所以，第三系地层为水平产状。

第三章　地下水基础知识

地下水是赋存于地表以下岩石空隙中的水。作为一种宝贵的自然资源，地下水对人类的生活、生产有着重要意义。地下水可作为生活、工业、农业的供水水源；可以从地下水中提取有用的工业原料；含有特殊成分、具有一定温度的地下水可用于医疗卫生事业，等等。

在水利水电工程建设中，地下水常会对建筑物的修建、正常运行及安全造成严重危害，如常见的库、坝区渗漏，某些岩石遇水产生的体积膨胀，溶蚀洞穴，基坑开挖和地下洞室掘进中遭遇的突然涌水等，都与地下水的活动有关。

显然，一方面，地下水是一种宝贵的自然资源，应充分合理地利用；另一方面，它又是生产建设中的不利因素，需要有效地进行防治。

本章主要介绍地下水的一些基本知识，其中重点介绍岩石的空隙性质和几种常见类型地下水的基本特征。

第一节　岩石的空隙及水理性质

一、岩石中的空隙

地壳表层十余公里范围内，都或多或少存在着空隙，特别是深部一二公里以内，空隙分布较为普遍。这就为地下水的赋存提供了必要的空间条件。有人对此给了一个形象的说法："地壳表层就好像是饱含着水的海绵"。

岩石空隙是地下水储存的场所和运动通道。空隙的多少、大小、形状、连通情况和分布规律，对地下水的分布和运动具有重要影响。

将岩石空隙作为地下水储存场所和运动通道研究时，可分为三类，即：松散岩石中的孔隙、坚硬岩石中的裂隙和可溶岩石中的溶穴。

（一）孔隙

松散岩石是由大小不等的颗粒组成的。颗粒或颗粒集合体之间的空隙，称为孔隙（图3-1）。

岩石中孔隙体积的多少是影响其储容地下水能力大小的重要因素。孔隙体积的多少可用孔隙度表示。孔隙度是指某一体积岩石（包括孔隙在内）中孔隙体积所占的比例。

若以 n 表示岩石的孔隙度，V 表示包括孔隙在内的岩石体积，V_n 表示岩石中孔隙的体积，则

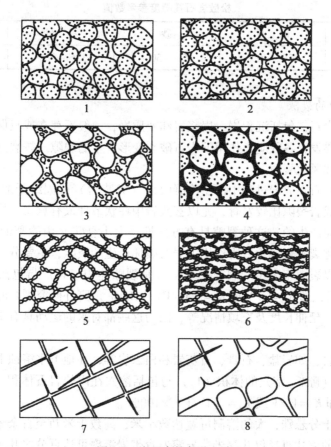

图 3-1 岩石中的各种空隙

1—分选良好，排列疏松的砂 2—分选良好，排列紧密的砂 3—分选不良的，含泥、砂的砾石
4—经过部分胶结的砂岩 5—具有结构性孔隙的黏土 6—经过压缩的黏土 7—具有裂隙的岩石
8—具有溶隙及溶穴的可溶岩

$$n = \frac{V_n}{V} \quad \text{或} \quad n = \frac{V}{V_n}$$

孔隙度是一个比值，可用小数或百分数表示。

孔隙度的大小主要取决于分选程度及颗粒排列情况，另外颗粒形状及胶结充填情况也影响孔隙度。对于黏性土，结构及次生孔隙常是影响孔隙度的重要因素。

自然界中并不存在完全等粒的松散岩石。分选程度愈差，颗粒大小愈悬殊的松散岩石，孔隙度便愈小。细小颗粒充填于粗大颗粒的孔隙中，自然会大大降低孔隙度（图 3-1 中 3）。当某种岩石由两种大小不等的颗粒组成，且粗大颗粒之间的孔隙完全为细小颗粒所充填时，则此岩石的孔隙度等于由粗粒和细粒单独组成时的岩石的孔隙度的乘积。

自然界中的岩石的颗粒形状多是不规则的。组成岩石的颗粒形状愈不规则，棱角愈明显，通常排列就愈松散，孔隙度也愈大。

表 3-1 列出了一些松散岩石孔隙度的参考数值。

表 3-1   松散岩石孔隙度参考数值

岩石名称	砾 石	砂	粉 砂	黏 土
孔隙度变化区间	25%~40%	25%~50%	35%~50%	40%~70%

(二) 岩石中的裂隙

固结的坚硬岩石，包括沉积岩、岩浆岩和变质岩，一般不存在或只保留一部分颗粒之间的孔隙，而主要发育各种应力作用下岩石破裂变形产生的裂隙。按裂隙的成因可分成岩裂隙、构造裂隙和风化裂隙。

成岩裂隙是岩石在成岩过程中由于冷凝收缩（岩浆岩）或固结干缩（沉积岩）而产生的。岩浆岩中成岩裂隙比较发育，尤以玄武岩中柱状节理最有意义。构造裂隙是岩石在构造变动中受力而产生的。这种裂隙具有方向性，大小悬殊（由隐蔽的节理到大断层），分布不均一。风化裂隙是风化营力作用下岩石破坏产生的裂隙，主要分布在地表附近。

裂隙的多少以裂隙率表示。裂隙率（K_r）是裂隙体积（V_r）与包括裂隙在内的岩石体积（V）的比值，即 $K_r = V_r/V$ 或 $K_r = (V_r/V) \times 100\%$。野外研究裂隙时，应注意测定裂隙的方向、宽度、延伸长度及充填情况等，因为这些都对水的运动具有重要影响。

(三) 溶穴

可溶的沉积岩，如岩盐、石膏、石灰岩和白云岩等，在地下水溶蚀下会产生空洞，这种空隙称为溶穴（隙）。溶穴的体积（V_k）与包括溶穴在内的岩石体积（V）的比值即为岩溶率（K_k），即 $K_k = V_k/V$ 或 $K_k = (V_k/V) \times 100\%$。

溶穴的规模十分悬殊，大的溶洞可宽达数十米，高数十米乃至百余米，长达几公里至几十公里，而小的溶孔直径仅几毫米。岩溶发育带岩溶率可达百分之几十，而其附近岩石的岩溶率几乎为零。

自然界岩石中空隙的发育状况远较上面所说的复杂。例如，松散岩石固然以孔隙为主，但某些黏土干缩后可产生裂隙，而这些裂隙的水文地质意义，甚至远远超过其原有的孔隙。固结程度不高的沉积岩，往往既有孔隙，又有裂隙。可溶岩石由于溶蚀不均一，有的部分发育成溶穴，而有的部分则为裂隙，有时还可保留原生的孔隙与裂缝。因此，在研究岩石空隙时，必须注意观察，收集实际资料，在事实的基础上分析空隙的形成原因及控制因素，查明其发育规律。

岩石中的空隙必须以一定方式连接起来构成空隙网络，才能成为地下水有效的储容空间和运移通道。松散岩石、坚硬基岩和可溶岩石中的空隙网络具有不同的特点。

松散岩石中的孔隙分布于颗粒之间，连通良好，分布均匀，在不同方向上，孔隙通道的大小和多少都很接近。赋存于其中的地下水分布与流动都比较均匀。

坚硬基岩的裂隙是宽窄不等、长度有限的线状缝隙，往往具有一定的方向性。只有当不同方向的裂隙相互穿透连通时，才在某一范围内构成彼此连通的裂隙网络。裂隙的连通性远较孔隙为差。因此，赋存于裂隙基岩中的地下水相互联系较差，分布与流动往往是不均匀的。

可溶岩石的溶穴是一部分原有裂隙与原生孔缝溶蚀扩大而成的，空隙大小悬殊且分布极不均匀。因此，赋存于可溶岩石中的地下水分布与流动通常极不均匀。

赋存于不同岩层中的地下水，由于其含水介质特征不同，具有不同的分布与运动特点。

因此，按岩层的空隙类型区分为三种类型的地下水——孔隙水、裂隙水和岩溶水。

二、岩石的水理性质

（一）容水度

岩石能容纳一定水量的性能称为岩石的容水性，在数量上以容水度来衡量。所谓容水度即岩石所能容纳的水的体积与岩石总体积之比值，即

$$C = \frac{W}{V} \tag{3-1}$$

式中：C——岩石的容水度，以百分数表示；

　　　W——岩石中所容纳水的体积；

　　　V——岩石的总体积。

显然，容水度在数值上与空隙度相等。但是对于具有膨胀性的黏土来说，因充水后体积扩大，容水度可以大于空隙度。

（二）持水度

饱水岩石在重力作用下释水时，由于分子力和表面张力的作用，能在其空隙中保持一定水量的性能，称为岩石的持水性。在数量上以持水度来衡量。持水度是指在重力作用下岩石空隙中所保持的水的体积与岩石总体积之比值，可以下式来定义：

$$S_r = \frac{W_r}{V} \tag{3-2}$$

式中：S_r——岩石的持水度，用百分数表示；

　　　W_r——在重力作用下保持在岩石空隙中的水的体积；

　　　V——岩石的总体积。

（三）给水度

饱水岩石在重力作用下能自由排出一定水量的性能，称为岩石的给水性。在数量上以给水度来衡量。给水度即饱水岩石在重力作用下能排出的水的体积与岩石总体积之比值，可由下式来定义：

$$S_y = \frac{W_y}{V} \tag{3-3}$$

式中：S_y——岩石的给水度，以百分数表示；

　　　W_y——在重力作用下饱水岩石排出的水的体积；

　　　V——岩石总体积。

因为 $W_r + W_y = W$，因此

$$C = S_r + S_y \tag{3-4}$$

或　　　　　　　　　　　　$$S_y = C - S_r \tag{3-5}$$

即给水度等于容水度减去持水度。在一般情况下，容水度在数值上与空隙度相等。因此，给水度常常通过在实验室测定岩石的空隙度和持水度来确定。

岩石的给水度与岩石颗粒的大小、形状、排列以及压实程度等有关。均匀砂的给水度

可达 30%以上，但是大多数冲积含水层的给水度则为 10%~20%。

（四）透水性

岩石允许水透过的性能称为岩石的透水性。岩石的透水性能主要取决于岩石空隙的大小和连通程度，在空隙透水、空隙大小相等的前提下，空隙度越大，能够透过的水量则越多。衡量岩石透水水性的数量指标是渗透系数。渗透系数越大，岩石的透水性越好。表3-2 为松散岩石的渗透系数的参考值。

表 3-2 **松散岩石渗透系数参考值**

岩石名称	渗透系数（m/d）	岩石名称	渗透系数（m/d）
亚砂土	0.001~0.10	中砂	5.0~20.0
亚黏土	0.10~0.50	粗砂	20.0~50.0
粉砂	0.50~1.0	砾石	50.0~150.0
细砂	1.0~5.0	卵石	100.0~500.0

渗透系数不仅与岩石的性质有关，还与渗透液体的物理性质黏滞性、温度等有关。通常情况下，由于水的物理性质变化不大，可以忽略，因此可以把渗透系数看成单纯说明岩石渗透性能的参数。

三、含水层、隔水层与弱透水层

岩层按其渗透性可分为透水层与不透水层。饱含水的透水层便是含水层。不透水层通常称为隔水层。

含水层是指能够透过并给出相当数量水的岩层。隔水层则是不能透过与给出水，或者透过与给出的水量微不足道的岩层。上述定义中并没有给出区分含水层与隔水层的定量指标，这并不是疏忽，而是因为它们的定义具有相对性。

实际工作中，人们经常要用到含水层与隔水层的概念。然而，在各种不同情况下，人们所指称的含水层与隔水层在涵义上有所不同。

岩性相同、渗透性完全一样的岩层，很可能在有些地方被当做含水层，而在另一些地方却被当做隔水层。即使在同一个地方，渗透性相同的某一岩层，在涉及某些问题时被看做透水层，在涉及另一些问题时则可能被看做隔水层。含水层、隔水层与透水层的定义取决于运用它们时的具体条件。

在利用与排除地下水的实际工作中区分含水层与隔水层，应当考虑岩层所能给出水的数量大小是否具有实际意义。例如，利用地下水供水时，某一岩层能够给出的水量较小，对于水源丰沛、需水量很大的地区，由于远不能满足供水需求，而被视作隔水层。但在水源匮乏、需水量又小的地区，同一岩层便能在一定程度上满足，甚至充分满足实际需要；在后一地区，这种岩层便可看做含水层。再如，某种岩层的渗透性比较低，从供水的角度，它可能被看做隔水层，而从水库渗漏的角度，由于水库的周界长，渗漏时间长，此类岩层的渗漏水量不能忽视，这时又必须将它看做含水层。

在过去的一个时期内，人们通常视隔水层为绝对不透水与不释水的。自雅可布

（C. E. Jacob）提出越流概念后，人们才意识到，隔水层中有一类是弱透水层。所谓弱透水层是指那些渗透性相当差的岩层，在一般的供排水中它们所能提供的水量微乎其微，以此视其为隔水层；而一旦发生越流，由于驱动水流的水力坡度大且发生渗透的过水断面很大（等于弱透水层分布范围），因此，相邻含水层通过弱透水层交换的水量相当大，这时仍视其为隔水层显然就不合适了。松散沉积物中的黏性土，坚硬基岩中裂隙稀少而狭小的岩层（如砂质页岩、泥质粉砂岩等）都可以归入弱透水层之列。

严格地说，绝对不发生渗透的岩层，自然界中并不存在，只不过某些岩层（如缺少裂隙的致密结晶岩）的渗透性特别低罢了。从这个角度说，岩层是否透水（即地下水在其中是否发生具有实际意义的运移）还取决于时间尺度。当我们所研究的某些水文地质过程涉及的时间尺度相当长时，任何岩层都可视为可渗透的。诺曼与威瑟斯庞（Neuman and Witherspoon，1969年）曾经指出：如图3-2所示，有5个含水层被4个弱透水层所阻隔。当在含水层3中抽水时，短期内相邻的含水层2与4的水位均未变动，图中所示 a 的范围构成一个有水力联系的单元。但当抽水持续时，最终影响将波及图中 b 所示范围，这时5个含水层与4个弱透水层构成2个发生统一水力联系的单元。这个例子虽然涉及的是弱透水层，但对典型的隔水层同样适用。

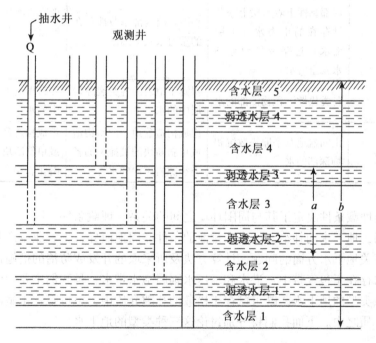

图3-2 岩层渗透性与时间尺度的关系

某些岩层，尤其是沉积岩，由于不同岩性层的互层，有的层次发育裂隙或溶穴，有的层次致密，而在垂直层面的方向上隔水，但在顺层的方向上都是透水的。例如，薄层页岩和石灰岩互层时，页岩中裂隙接近闭合，灰岩中裂隙与溶穴发育，便成为典型的顺层透水而垂直层面隔水的岩层。

第二节　地下水的类型及其特征

一、地下水的分类

地下水的赋存特征对其水量、水质时空分布有决定意义，其中最重要的是埋藏条件与含水介质类型。

地下水的埋藏条件，是指含水岩层在地质剖面中所处的部位及受隔水层（弱透水层）限制的情况。据此可将地下水分为包气带水、潜水及承压水；按含水介质（空隙）类型，又可将地下水分为孔隙水、裂隙水及岩溶水（表3-3）。

表3-3　　　　　　　　　　　　　　地下水分类表

埋藏条件 ＼ 含水介质类型	孔　隙　水	裂　隙　水	岩　溶　水
包气带水	土壤水 局部黏性土隔水层上季节性存在的重力水（上层滞水）过路及悬留毛细水及重力水	裂隙岩层浅部季节性存在的重力水及毛细水	裸露岩溶化岩层上部岩溶通道中季节性存在的重力水
潜水	各类松散沉积物浅部的水	裸露于地表的各类裂隙岩层中的水	裸露于地表的岩溶化岩层中的水
承压水	山间盆地及平原松散沉积物深部的水	组成构造盆地、向斜构造或单斜断块的被掩覆的各类裂隙岩层中的水	组成构造盆地、向斜构造或单斜断块的被掩覆的岩溶化岩层中的水

地下水的埋藏条件决定了其与周围环境之间的关系。埋藏条件不同，自然因素的影响情况便不相同，地下水的补给、径流和排泄的条件亦因地而异，工农业生产及工程建设过中所遇到的有关地下水方面的问题、计算方法及所采取的开发或防治的措施也不相同。

上层滞水存在于包气带中，潜水和承压水则属饱水带水，是我们主要的研究对象，这三种不同埋藏类型的地下水，既可赋存于松散的孔隙介质中，也可赋存于坚硬基岩的裂隙介质和岩溶介质之中。下面我们将分别讨论这三种类型的地下水。

二、上层滞水

上层滞水是指赋存于包气带中局部隔水层或弱透水层上面的重力水。它是大气降水和地表水等在下渗过程中局部受阻积聚而成。这种局部隔水层或弱透水层在松散沉积物地区可能由黏土、亚黏土等的透镜体所构成，在基岩裂隙介质中可能由于局部地段裂隙不发育或裂隙被充填所造成，在岩溶介质中则可能由于差异性溶蚀作用使局部地段岩溶发育较差或存在非可溶岩透镜体的结果。

上层滞水具有以下特征：上层滞水的水面构成其顶界面。该水面仅承受大气压力而不承受静水压力，是一个可以自由涨落的自由表面。大气降水是上层滞水的主要补给来源，因此其补给区与分布区相一致。在一些情况下，还可能获得附近地表水的入渗补给。上层滞水通过蒸发及透过其下面的弱透水底板缓慢下渗进行垂向排泄，同时在重力作用下，在底板边缘进行侧向的散流排泄（见图3-3）。

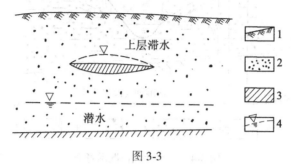

图 3-3

1—地面线　2—含水层、上层滞水　3—隔水层　4—地下水位线

上层滞水的水量一方面取决于其补给来源，即气象和水文因素，同时还取决于其下伏隔水层的分布范围。一般其分布范围不大，故很难保持常年有水，但当气候润湿、隔水层分布范围较大、埋藏较深时，也可赋存相当水量，甚至可能终年不干。

上层滞水水面的位置和水量的变化与气候变化息息相关，季节性变化大，极不稳定。因此，由上层滞水所补给的井或泉，尤其当上层滞水分布范围较小时，常呈季节性存在，雨季或雨后，泉水出流，井水面上涨，旱季或雨后一定时间，泉水流量急剧减小甚至消失，井水面下降甚至干涸。

由于距地表近，补给水入渗途径短，上层滞水容易受污染。在利用它做生活用水的水源时（一般只宜作小型供水源），对水质问题应十分注意。

三、潜水

（一）潜水的定义和特征

赋存于地表下第一个稳定隔水层之上，具有自由表面的含水层中的重力水称为潜水。该含水层称为潜水含水层。潜水的水面称潜水面。其下部隔水层的顶面称隔水底板。潜水面和隔水底板构成了潜水含水层的顶界和底界。潜水面到地面的距离称为潜水的埋藏深度，潜水面到隔水底板的距离称为潜水含水层的厚度；潜水面的高程称为潜水位（图3-4）。

由于埋藏浅，上部无连续的隔水层等埋藏特点，潜水具有以下的特征：潜水面直接与包气带相连构成潜水含水层的顶界面，该面一般不承受静水压力，是一个仅承受大气压力的自由表面。潜水在重力作用下，顺坡降由高处向低处流动。局部地区在潜水位以下存在隔水透镜体时，潜水的顶界面在该处为上部隔水层的底面而承受静水压力，呈局部承压现象。

潜水通过包气带和大气圈及地表水发生密切联系，在其分布范围内，通过包气带直接接受大气降水、地表水及灌溉渗漏水等的入渗补给，补给区一般与分布区相一致。潜水的水位、埋藏深度、水量和水质等均显著地受气象、水文等因素的控制和影响，随时间而不

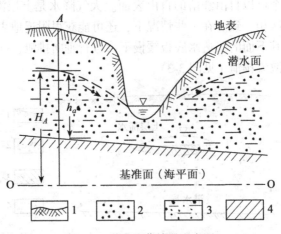

图 3-4　潜水埋藏情况示意图

1—表土　2—透水层　3—饱水层　4—隔水层　H_A—A 点处的潜水水位　h_a—A 点处的潜水层厚度

断地变化，并呈现显著的季节性变化。丰水季节潜水获得充沛的补给，储存量增加，厚度增大，水面上升，埋深变小，水中的含盐量亦由于淡水的加入而被冲淡。枯水季节补给量小，潜水由于不断排泄而消耗储存量，含水层厚度减薄，水面下降，埋深增大，水中含盐量亦增加。

潜水面的形状及其埋深受地形起伏的控制和影响。通常潜水面的起伏与地形起伏基本一致，但较之缓和（见图 3-5）。在切割强烈的山区潜水面坡度大且埋深也大，潜水面往往深埋于地表下几十米甚至达百米以上。在切割微弱，地形平坦的平原区，潜水面起伏较缓，埋深仅几米，在地形低洼处潜水面接近地表，甚至形成沼泽。潜水的水质除受含水层的岩性影响外，还显著地受气候、水文和地质等因素影响。在潮湿性气候、切割强烈的山区，潜水径流通畅，循环交替强烈，往往为低矿化度的淡水。

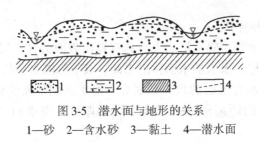

图 3-5　潜水面与地形的关系

1—砂　2—含水砂　3—黏土　4—潜水面

在干旱性气候、地形平坦的平原地区，潜水径流缓慢，循环交替微弱，蒸发成了主要排泄方式，潜水则往往为高矿化的咸水。此外，潜水因其埋藏浅且与包气带直接相联而容易遭受污染。

（二）潜水面及其表示方法

潜水面是潜水的自由表面，它反映了潜水含水层中势能在平面上的变化情况。

潜水面总的形状是向排泄区倾斜的曲面。气象、地形、水文网发育情况以及含水层的岩性、厚度等因素均影响潜水面的形状。潜水面的起伏及坡度首先与地形条件有关：切割强烈的山区，潜水的水力坡度可达百分之几；而在平坦的平原地区则一般只有千分之几。通常，地面坡度大的地方，潜水的水力坡度亦大，但潜水面的坡度总是小于地面坡度。特殊情况下，潜水面可呈水平面构成潜水湖（见图 3-6）。潜水湖通常出现于隔水底板呈盆地或洼地形态且补给量不大的情况下。含水层的导水性能变好的地方，也即含水层的渗透性能或含水层的厚度增大的地方，潜水面的坡度相应变缓，如图 3-7 所示。

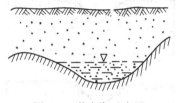

图 3-6　潜水湖示意图

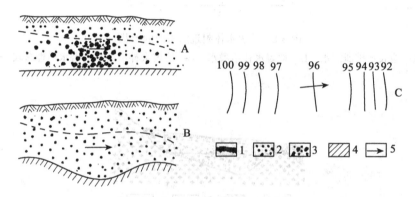

图 3-7　潜水面形态与含水层的渗透性能和厚度的关系
A—含水层渗透性能变化　B—含水层厚度变化　C—等水位线图形
1—表土　2—砂层　3—砂砾　4—隔水层　5—潜水流向

潜水面的形状还受水文网的影响。在地表水体附近，当潜水面高于地表水的水面时，地表水体排泄潜水，潜水面向地表水体方向倾斜；当潜水面低于地表水面时，地表水补给潜水，潜水面向地表水体方向逐渐抬升（见图 3-8）。

除了上述诸种自然因素影响外，随着工农业生产的发展，开河挖渠、修建水库、人工提取潜水以及灌溉水的回渗等也日益改变着潜水面的形状。

气候和水文等自然因素是随时间而不断变化的，潜水面的位置和形态亦是因时而异的。山东张夏附近的河谷盆地中（如图 3-9 所示），在旱季由于补给量少，潜水储存量小而呈潜水湖，雨季则因获得充沛的补给，潜水面上升而成倾斜曲面，潜水层则由静止状态的潜水湖而转变成潜水流，便是很好的例子。

潜水面的图示方法通常有两种形式，一种是剖面图的形式，在具有代表性的剖面线上按一定比例尺绘制水文地质剖面图。该图上不仅要表示含水层、隔水层的岩性和厚度的变化以及层位关系等地质情况，还应把各水文地质点（钻孔、井、泉等潜水的人工和天然露头）标于图上，并标上上述各点同一时期的水位，联成潜水面的形状。另一种是以平面

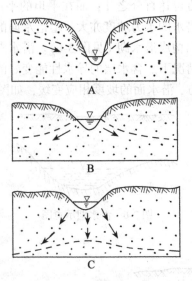

图 3-8　地表水体附近潜水面的形状

A—地表水排泄潜水　B—地表水补给潜水　C—地表水补给潜水，潜水面埋藏较深

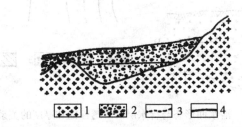

图 3-9　山东张夏附近潜水湖和潜水流向示意剖面图

1—基岩　2—第四纪砂砾石　3—高水位时潜水流的表面　4—低水位时潜水湖的表面

图形式表示，即等水位线图。等水位线图即潜水面的等高线图。它是在一定比例尺的平面图上（通常以地形等高线图作底图）按一定的水位间隔将某一时期潜水位相同的各点联成的一系列等水位线所构成的（图 3-10）。为了绘制该图，首先需要在研究区内布置一定数量的水文地质点（对地表水也应布置一定数量的测量点），进行水准测量和水位测量，然后按绘制地形等高线的方法绘制等水位线。绘图时应注意等水位线和地表水相交的地段和相交形式（图 3-10）。各点的资料应在相同时间内测得。等水位线图上应标明水位测量的时间。等水位线图反映潜水面的形状以及潜水的流动情况。通过该图可以解决以下问题：

1. 确定潜水流动方向

潜水的流向与等水位线相垂直，图 3-10 中箭头所示的方向即潜水的流向，箭头指向低水位。

2. 确定水力坡度

沿水流方向取一线段，确定其距离和端点的水位差值，与长度之比值即为该线段的平均水力坡度。如图 3-10 中 A、B 两点的水位差为 $86-82.4=3.6m$，AB 段的图上长度为

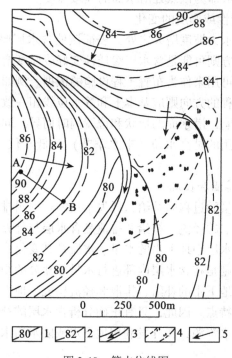

图 3-10　等水位线图

1—地形等高线　2—等水位线　3—河流　4—沼泽　5—潜水流向

1.1cm，即实地距离为 275m，则 AB 段的平均水力坡度为 3.6/275＝0.013。应注意的是 AB 是水流长度的水平投影长度。由于地下水的水力坡度通常很小，故可用来代替水流长度。

3. 确定潜水和地表水的关系

如图 3-11 所示，通过确定地表水附近潜水的流向即可确定其间的补排关系。

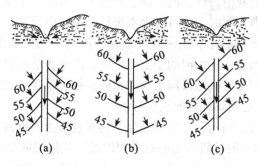

图 3-11　潜水与河水不同补排关系的等水位线图

（a）潜水补给河水　　（b）河水补给潜水　　（c）河流一侧接受潜水，另一侧补给潜水

4. 确定潜水面的埋藏深度

当等水位线图上具有地形等高线时，可首先确定计算点的地面高程，再根据等水位线

确定其水位值，二者的差值即为该点处潜水面的埋藏深度。

5. 分析推断含水层岩性或厚度的变化

等水位线变密处，即水力坡度增大之处，表征该处含水层厚度变小或渗透性能变差。反之，等水位线变稀的地方则可能是含水层渗透性变好或厚度增大的地方。

此外，等水位线图还可用来作为布置工程设施的依据。例如，取水工程应布置于潜水流汇合的地段，而截水工程的方向则应基本上和等水位线相一致。

受自然和人为因素影响，潜水面的形状和位置因时而异。同一地区不同时间的等水位线图亦不相同。工程中常用的是高水位（丰水季节）和低水位（枯水季节）期的等水位线。

（三）潜水的补给、排泄和径流

含水层从外界获得水量的过程叫补给，耗失水量的过程叫排泄，地下水由补给区向排泄区流动的过程便是地下水的径流。补给和排泄是含水层与外界进行水量和盐分交换的两个环节，控制和影响着含水层中地下水的水量、水质及其变化，从而也控制了地下水在含水层中的径流情况。径流则是在含水层内部进行水量和盐分的积累和输送，并调整含水层内部势能和盐分的分配。地下水的补给、排泄和径流构成了地下水的循环交替及地下水资源不断获得补充和更新的特点。因此，只有正确分析含水层的补给、排泄和径流条件才能正确评价含水层中的地下水资源，在开发利用地下水或防水治水过程中才能采用合理的方案和措施。

1. 潜水的补给

大气降水和地表水的入渗是潜水的主要补给源。在特定条件下潜水尚可获得来自承压含水层中的地下水、水气凝结水、工农业用水的回渗水和人工补给水等的补给。

（1）大气降水对潜水的补给。通常，大气降水是潜水的主要补给源。在潜水含水层的分布面积上几乎均能获得大气降水的入渗补给，因此降水的补给是面的补给。降水量的多少、降水的性质和持续时间、包气带的岩性相厚度、地形以及植被情况等因素，均不同程度地影响着降水对潜水的补给。

（2）地表水对潜水的补给。江、河、湖、海及水库等地表水体，当它们与潜水间具有水力联系且其水面高出潜水面时，均可对潜水进行补给。山前冲、洪积扇的顶部地区，一般分布透水性能良好的砂砾石层，潜水埋藏较深，该地区的地表水往往大量渗漏补给潜水，构成潜水的长年补给源。在大河的中上游地区，洪水季节河水往往高于附近的潜水位而构成潜水的补给源。但是这些地段河水与潜水的补排关系受地貌、岩性及水文动态影响而复杂化（见图3-12），必须具体情况具体分析。

一些大河的下游地段，河床位于地形高处，河水就成为附近潜水经常性的补给源（见图3-13）。例如我国黄河下游地段由于泥砂淤积以及历代修堤的结果，大堤以内的地面往往高出堤外的地面若干米。黄河水就成了附近潜水的长期补给源。

（3）承压水对潜水的补给。当潜水含水层与下部的承压含水层之间存在导水通道，同时潜水位又低于下伏承压水的测压水位时，承压水便通过导水通道向上补给潜水。这种导水通道可能是由隔水层中存在的透水性天窗或导水的断层和断层破碎带（图3-14A）等所组成。承压水与潜水间的水位差值越大，通道的透水性能越好；截面积越大，通道越短，则承压水对潜水的补给量越大。当承压水水位高于潜水位且潜水分布于其排泄地段

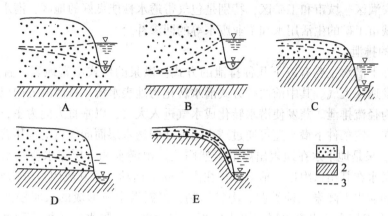

图 3-12 地表水与潜水的补给排泄关系

A—潜水补给河水，高水位期河水补给潜水　B—河水经常补给潜水　C—河水与潜水无水力联系

D—低水位时河水与潜水无水力联系，高水位时有水力联系　E—河水位变化仅影响近河地带的潜水位

1—透水层　2—隔水层　3—潜水面

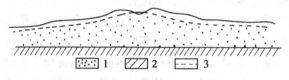

图 3-13 河流下游地段潜水面示意图

1—透水岩层　2—隔水岩层　3—潜水位

时，承压水也可以补给潜水（图 3-14B）。

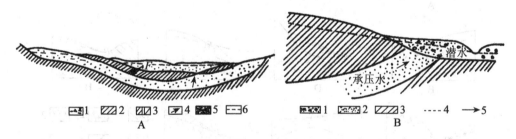

1—含水层　2—隔水层　3—断裂带　4—自流水运动方向　　1—含水层　2—承压水层　3—隔水层

5—天窗　6—承压水位线　　　　　　　　　　　　　　　　4—水位线　5—流向

图 3-14 承压水通过构造断裂带和天宙补给潜水示意图

（4）凝结水对潜水的补给。我国西北沙漠地区日温差极大，晚上因土壤散热，温度急剧下降，空隙中的相对湿度迅速提高，达饱和状态后其中的水气便凝结成液态水，水气压力便降低，与地表大气中的水气压力形成压差，大气中的水气便向土壤空隙移动，从而使凝结水源源不断地补给潜水，成为该地区潜水的重要补给源。

此外在农灌区、城市和工矿区，特别是包气带透水性能良好的地区，潜水还可获得农田灌溉水、城市工矿的生活用水和工业废水等的回渗补给。

2. 潜水的排泄

自然条件下潜水主要有以下几种排泄的方式：以泉的形式出露地表，直接排入地表水，通过蒸发逸入大气。其中前两种方式潜水转化为地表水流，排泄的方向以水平方向为主，统称之为径流排泄。蒸发使潜水转化成水气进入大气，以垂直方向为主，称之为蒸发排泄。此外在一定条件下潜水还可通过透水通道或弱透水层而向邻近的承压含水层排泄。

(1) 泉。泉是地下水在地表出露的天然露头。由潜水和上层滞水所补给的泉，叫下降泉。这类泉水在其出口附近，地下水往往由上向下运动。按其成因可分为侵蚀下降泉、接触下降泉和溢出下降泉三种类型。沟谷切割，揭露潜水所形成的泉叫侵蚀下降泉（见图3-15A）。沟谷切穿潜水含水层的隔水底板，在含水层与隔水层底板接触处出露的泉叫接触下降泉（图3-15B、C）。滑坡体的前缘常常出现泉水，这是由于滑坡体往往比较破碎，而作为滑床的原岩的透水性相对较差，故其接触处常出现泉，按其成因亦属接触下降泉（图3-15D）。在潜水流流动过程中，由于受阻产生壅水而溢出地表所形成的泉称溢出下降泉，通常出现于含水层的渗透性能或厚度急剧变小的地方及与隔水层相接触处（见图3-15E、F、G、H）。这类泉水在出口处，水流往往自下而上运动，必须仔细研究周围的地层、岩性及水文地质条件，查明含水层的性质才能与上升泉（承压水的露头）相区别。

泉水的流量、化学成分和其动态综合地反映了含水层的情况。尤其是在多泉的山区和山前地区，对泉水的地质、水量和动态进行深入细致的调查研究有助于获得关于含水层的性质、地下水的循环交替条件、动态特征及含水层的富水情况等方面的宝贵资料。

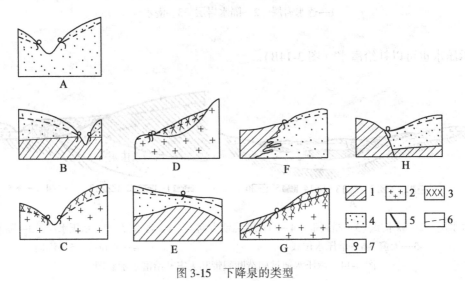

图3-15 下降泉的类型

1—隔水层 2—坚硬基岩 3—裂隙化基岩 4—透水岩层 5—断层 6—潜水面 7—泉

(2) 潜水向地表水体的排泄。当地表水体与潜水含水层间无阻水屏障，且地表水面低于附近的潜水面时，潜水便向地表水体排泄。潜水向地表水体排泄与潜水接受地表水体的补给，二者情况相似，只是水的流向相反。

（3）蒸发。潜水的蒸发有通过包气带进行的土面蒸发和通过植物所进行的叶面蒸发（蒸腾）两种形式。前者是潜水在毛细作用下源源不断地补给潜水面以上的毛细水带，以供应该带上部毛细弯液面处的水不断变成气态水逸入大气。后者则是植物根系吸收水分通过叶面蒸发而逸入大气。两种蒸发形式中的排泄方向都是垂直向上的，排泄过程中主要是水量的耗失，而水中的盐分仍积聚在地壳中。在干旱地区，特别是地形低平处，潜水流动缓慢，当潜水面埋藏较浅，毛细带上缘接近地表时，蒸发就成为潜水排泄的主要的甚至是惟一的方式。

蒸发排泄量的大小主要受气象因素（气温和相对湿度）、包气带的岩性及潜水埋藏深度等因素影响。包气带毛细性能越好（毛细上升速度快，最大毛细上升高度高），空气的气温越高，相对湿度越小，潜水埋藏越浅，则蒸发越强烈。此外，植物的类型对潜水的蒸发排泄量也有一定影响。

随着社会经济和生产建设的日益发展，取水或排水工程日益增加，这些人工排泄的潜水水量在一些地区占相当比例，局部地区人工排泄甚至可以成为当地潜水的主要排泄去向。

不同排泄方式所引起的后果也不相同。水平排泄时排出水量的同时也排出含水层中的盐分，因此其总的趋势是使含水层越来越淡化。蒸发排泄的结果仅耗失水量，而地下水中的盐分则仍停留于地壳中，积聚在地表附近，其结果造成地下水的浓缩和土壤中盐分的增加。在干旱半干旱地区，尤其当土壤层由毛细性较好的亚砂土或粉砂等组成时，在潜水埋藏浅的低平地区，强烈蒸发的结果常常出现土壤盐渍化现象。

3. 潜水的径流

自然界中潜水总是由水位高处向水位低处流动，这种流动过程便是潜水的径流。潜水在径流过程中不断汇聚水量、溶滤介质、积累盐分，并将水量和盐分最终输送到排泄场所排出含水层。地形起伏、水文网的分布和切割情况、含水层的补给和排泄条件（位置、数量和方式），以及含水层的导水性能等因素影响着潜水的径流（径流方向、强度和径流量）。

潜水的径流强度通常用单位时间内通过单位过水断面面积的水量——渗透速度来表示。显然，径流强度的大小与补给量、潜水的水力坡度、含水层的透水性能等因素成正比。径流强烈的地段，从岩石圈进入地下水中的盐分能及时被水流携走，地下水往往为低矿化的淡水。反之，在径流缓慢的地段，地下水的矿化度一般较高。含水层透水性能的差异可导致径流分配的差异。在水力坡度相同的情况下，透水性越好的地方，径流越通畅，径流强度越大，径流量也相对集中。因此在大河下游堆积平原中，在河流边岸附近及古河床分布地段，冲积物颗粒较粗，透水性较好，潜水径流条件也较好，是地下径流相对集中的地段，常常可以找到水量丰富、水质好的地下水流。

四、承压水

（一）承压水的定义和特征

充满在两个稳定的不透水层（或弱透水层）之间的含水层中的重力水称为承压水。该含水层称为承压含水层。其上部不透水层的底界面和下部不透水层的顶界面分别称为隔水顶板和隔水底板，构成承压含水层的顶、底界面。含水层顶界面与底界面间的垂直距离便是承压含水层的厚度。钻进时，当钻孔（井）揭穿承压含水层的隔水顶板就见到地下水，此时，井（孔）中水面的高程称为初见水位。此后水面不断上升，到一定高度后便稳定下来不再上升，此时该水面的高程称为静止水位，亦即该点处承压含水层的测压水位。承压含水层内各点的测压水位所连成的面即该含水层的测压水位面。某点处由其隔水顶界面到测压水位面间的垂直距离叫作该点处承压水的承压水头。承压水头的大小表征了该点处承压水作用于其隔水顶板上的静水压强的大小。当测压水位面高于地面时承压水的承压水头称为正水头，反之则称负水头。在具有正水头的地区钻进时，一旦含水层被揭露，水便能喷出地表，通常称之为自流水，揭露自流水的井叫自流井。在具负水头的地区进行钻进，含水层被揭露后，承压水的静止水位高于含水层的顶界面但低于地面（见图3-16）。

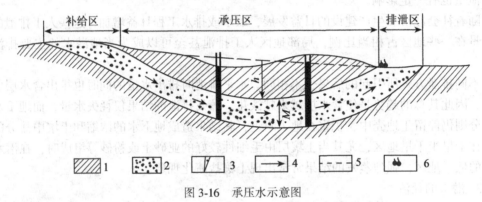

图 3-16　承压水示意图

1—隔水层　2—承压含水层　3—不自喷的钻孔　4—地下水流向　5—承压水位线　6—上升泉

由于埋藏条件不同，承压水与潜水和上层滞水有着显著的不同。其主要特点如下：

1. 承压含水层的顶面承受静水压力，承压水充满于两个不透水层之间。

2. 补给区位置较高而使该处的地下水具有较高的势能。静水压力传递的结果，使其他地区的承压含水层顶面不仅承受大气压力和上覆地层的压力，而且还承受静水压力。

3. 承压含水层的测压水位面是一个位于其顶界面以上的虚构面。承压水由测压水位高处向测压水位低处流动。当含水层中的水量发生变化时，其测压水位面亦因之而升降，但含水层的顶界面及含水层的厚度则不发生显著变化。

4. 由于上部不透水层的阻隔，承压含水层与大气圈及地表水的联系不如潜水密切。承压水的分布区通常大于其补给区。承压水资源不如潜水资源那样容易得到补充和恢复。但承压含水层一般分布范围较大，往往具有良好的多年调节能力。

5. 承压水的水位、水量等天然动态一般比较稳定。承压水通常不易受污染，然而一旦被污染，净化极其困难。因此在利用承压水作供水水源时，对水质保护问题同样不能掉以轻心。

和潜水相似，承压水主要来自现代渗入水。其化学成分因循环交替条件的不同而变化很大。循环交替条件好的地方常常是低矿化的淡水，循环交替条件差的地方则为高矿化水。在一些封闭条件好的大型自流盆地或自流斜地中，甚至还保存有与沉积物同时沉积的沉积水。

（二）承压含水层的类型

承压含水层的形成受地层岩性、地质构造和地形等因素的控制。其中地质构造条件起主要作用。盆地、坳陷、向斜和单斜中的透水岩层在地形条件适宜时，均可构成承压含水层。构成承压含水层的盆地、向斜和坳陷构造叫自流盆地。单斜的承压含水层叫自流斜地。

如图 3-16 所示，自流盆地中，承压含水层的露头通常分布在盆地边缘地区，其中位置高的一侧便是含水层的补给区，低的一侧为排泄区。承压含水层的补给区上部无隔水层存在，地下水实际上属于潜水，直接接受降水等的补给，径流条件好。补给区和排泄区之间的地段，由于上部存在不透水岩层，地下水不具自由水面，含水层的顶界面承受静水压强，该地区称为承压区。承压区范围内含水层顶界面所受的静水压强可用承压水头来表征，其大小取决于该界面与测压水位面的距离。地下水由补给区流经承压区后在盆地的地形较低的一侧（排泄区）以泉等形式排出含水层。

自流斜地中地下水的补给区、排泄区和承压区的分布情况随其形成条件的不同而各异。当单斜地层被导水断层所错断而使含水层与不透水层相接触时，含水层上部的露头区即为某补给区，地下水由补给区沿含水层向下流动，到断层处受阻，便顺断层向上流动，最后以泉的形式出露地表。补给区、排泄区和承压区的分布情况见图 3-17（a）。当单斜的承压含水层为隔水断层错断时（图 3-17（b）），地下水沿含水层向下流动，遇隔水断层受阻而形成回流，在露头区地形较低的地段排出地表，形成排泄区。在这种情况下，地下水的补给区和排泄区在同一侧，承压区在另一侧。显然，露头区附近地下水的循环条件较好，深处则差，如果自流斜地延伸较深时，下端含水层中的地下水往往处于停滞状态，矿化度一般较高。

地层岩性尖灭，或透水性变弱亦能构成自流斜地，如图 3-17（c）所示。这类自流斜地的情况与隔水断层所造成的自流斜地的情况相类似。当这类斜地向下延伸很深时，其下端由于水循环交替极差，水流处于停滞状态而常常埋藏有高矿化水，甚至保留有沉积水。

其他如倾斜岩层地区侵入岩体的拦阻或坚硬基岩的裂隙，以及随深度增大而开启性变小或裂隙被充填等情况，均可构成自流斜地。

（三）等水压线图

承压含水层测压水面的情况通常是用等水压线图来表示的。等水压线图也就是承压含水层测压水面的等高线图。同一地区不同的含水层，其测压水位面的位置和形状各不相同，因此其等水压线图亦各异。等水压线图的绘制方法与潜水等水位线图相同。等水压线图通常以地形等高线作底图，图上还同时绘有含水层顶面的等高线（图 3-18）。绘制承压含水层的等水压线图时应选取对其他含水层进行严格封堵的钻孔（井）中的水位资料，而不能采用混合进水的钻孔（井）中的资料，因为后一类井中的水位是若干含水层的混合水位。

等水压线图同样有很多实际用途。利用它可以确定承压水的流向、埋藏深度、测压水位及承压水头值的大小，根据图上等水压线分布的疏密情况还可以定性地分析含水层的导水性能（含水层的厚度或透水性能）的变化情况。通过这些分析判断，可为开发承压水确定良好的开采地段，为坑道、基坑等掘进和开挖工程提供工程设计所需要的水文地质依据和必要的数据。

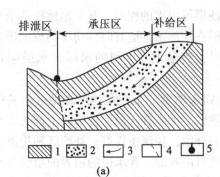

(a)

1—隔水层　2—承压含水层　3—地下水流向
4—导水断层　5—上升泉

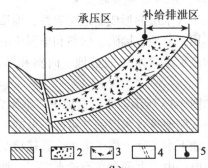

(b)

1—隔水层　2—承压含水层　3—流向
4—隔水断层　5—上升泉

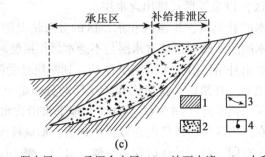

(c)

1—隔水层　2—承压含水层　3—地下水流　4—上升泉

图3-17　导水断层形成的自流斜地

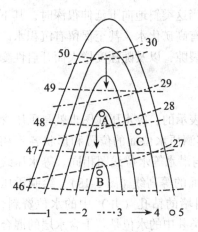

图3-18　等水压线图

1—地形等高线　2—顶板等高线
3—等水压线　4—承压水流向
5—钻孔（其中A孔为自流井）

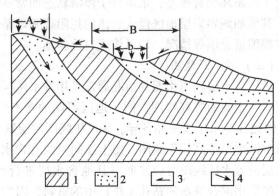

图3-19　承压含水层的补给区与汇水区

1—隔水层　2—含水层　3—地表径流方向
4—地下水流向　A—下层承压水的补给区和汇水区
B—上层承压水汇水区　b—上层承压水补给区

（四）承压水的补给、排泄和径流

和潜水情况相似，承压水可能有各种不同的补给源。含水层露头区大气降水的补给往往是承压水的主要补给来源，其补给量的大小取决于露头区的面积、降水量的情况、露头区岩层的透水性能以及露头区的地形条件。如图 3-19 所示，当露头区位于地形高处时，含水层仅能接受露头区部分降水量的补给，当露头区位于地形低洼处时，该含水层不仅能获得露头区降水的渗入补给，而且还能获得该地段的整个汇水范围内降水的渗入补给。当承压含水层的补给区位于河床或地表水体附近，或地表水与承压含水层之间存在导水通道，且含水层的测压水位低于地表水的水位时，承压水便可获得地表水的补给。

同一地区通常存在几个含水层，某一承压含水层与潜水或其他承压含水层之间如果存在导水通道而且其测压水位面低于其他含水层中地下水的测压水位面时，该含水层就可能获得其他水层中的地下水的补给。地形与构造组合情况不同，补给层的位置亦不相同，如图 3-20 所示，正地形时补给来自下伏的含水层，负地形时补给层位于上方。

在一些地区，因供水或排放工业废水的需要，向承压含水层人工回灌低矿化水或废水，这便构成了承压水的另一补给来源——人工补给。

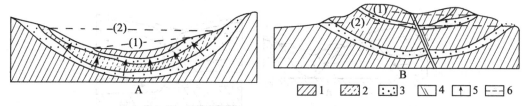

图 3-20　地形构造不同组合情况下地下水测压水位面的情况

A—正地形　　B—负地形

1—隔水层　2—弱透水层　3—含水层　4—导水断层　5—地下水补给方向　6—测压水位线

（1）上层承压水的测压水位线　　（2）下层承压水的测压水位线

承压水常常以泉（或泉群）的形式进行排泄。由承压水补给的泉叫上升泉。这类泉水在出口处由于存在一定的承压水头，地下水由下向上流动，常常出现上涌、冒泡和翻砂等现象。深部地下水所补给的泉水，常具较高的温度而形成温泉，其矿化度亦较高，并常富集某些元素和其他成分。上升泉按其成因可分成侵蚀上升泉（图 3-21A、B）、接触带泉（图 3-21C、D）和断层泉（图 3-21E）等类型。断层泉往往沿导水断层呈线状分布。

当承压水的排泄区与潜水含水层或地表水体相连，或其间存在导水通道，而且承压水的水位高于潜水或地表水水位时，承压水还可直接地或通过导水通道向潜水含水层和地表水体排泄（图 3-22）。承压水还可通过导水通道排向相邻的承压含水层：正地形时排向上部含水层，负地形时排泄方向相反。此外，在开采承压水以及因矿山开采或进行其他工程设施而大量抽汲或排放承压水的地区，人工排泄可成为承压水的主要排泄方式之一。

自然条件下，承压水总是由测压水位高处向测压水位低处流动，最终排出含水层。承压水的径流强度主要取决于构造的开启程度。含水层出露部分越多，含水层的透水性能越好，地层挠曲程度越小，补给区到排泄区的距离越短，且二者间水头差越大，承压水的径流强度也越大，地下水溶滤淡化的趋势也就愈益明显。显然，补给区的补给条件（如降

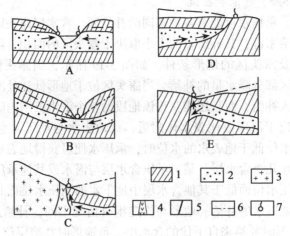

图 3-21　上升泉的类型
1—隔水层　2—含水层　3—基岩　4—侵入岩体　5—断层　6—承压水的测压水位面　7—上升泉

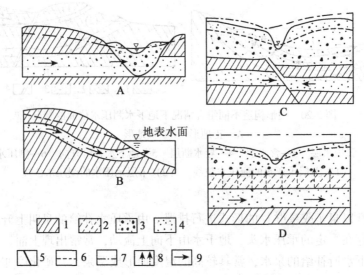

图 3-22　承压水向潜水层及地表水体的潜水排泄
1—隔水层　2—弱透水层　3—潜水层　4—承压含水层　5—断层　6—潜水位线
7—承压水的测压水位线　8—承压水潜流排泄方向　9—地下水流向

水量的多少以及地表水体的水位情况等）同样也影响承压水的径流强度。地质构造的开启程度对承压的径流强度影响如图 3-23 所示，开启条件好的 A 层，两侧为补给区，中部含水层被地表水体切割构成排泄区，其补给区与排泄区间的距离较 B 层的为短，其间的水头差值较 B 层的要大，因此如果两层含水层的透水性能相近时，A 层中地下水的径流强度显然较 B 层的要大。

　　自流斜地中地下水的径流强度与其构成条件有关。如图 3-17 所示，导水断层错断单斜含水层构成的自流斜地，断层便构成了其排泄通道，地下水由露头区接受补给向下流

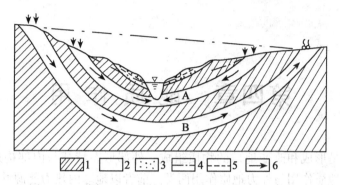

图 3-23　不同开启程度的承压含水层中地下水运动情况
1—隔水层　2—承压含水层　3—潜水层　4—承压水的测压水位线　5—潜水位　6—承压水运动方向

动，最终由断层带排出含水层，断裂带的导水性能控制和影响地下水的径流强度。由阻水断层错断单斜含水层，或由于岩性尖灭、透水性减弱所组成的自流斜地，其一端属封闭性质，地下水的排泄区位于露头区中的地形低处，地下水由补给区顺含水层向下流动，到一定深度后受阻返流，于露头区地形低处排出。这种情况下，显然浅部地下水的径流强度大，随着深度加大而径流减弱，在一些埋深较大的自流斜地中，达一定深度后地下水甚至处于停滞状态。径流强度不同，水质亦往往变化，在一些封闭性较好的自流斜地中，地下水的矿化度由露头区向深处逐渐增大，地下水的化学成分亦有规律地变化，因此根据水质情况可以定性地分析承压水的径流条件。

第四章　地　质　作　用

　　地质作用就是形成和改变地球的物质组成、外部形态特征与内部构造的各种自然作用。它分为内力地质作用与外力地质作用两类。前者以地球内热为能源并主要发生在地球内部，如地壳运动、地震、岩浆作用；后者主要以太阳能及日月引力为能源并通过大气、水、生物因素引起，如风化作用、剥蚀作用等。

　　地质作用对水利水电工程建筑物的安全、经济和正常营运会产生不同程度的影响，严重的将会造成建筑物的损毁。本章主要介绍与水利水电工程活动有关的地质作用，包括河流地质作用、岩溶、地震、风化作用等。

第一节　河流地质作用

　　河流普遍分布于不同的自然地理带，是改造地表的主要地质营力之一。由河流作用所形成的谷地称为河谷。河谷的形态要素包括谷坡和谷底两大部分（图4-1）。谷底中包括河床及河漫滩。河床是指平水期河水占据的谷底，也称为河槽。河漫滩是经常被洪水淹没的谷底部分。谷坡是河谷两侧因河流侵蚀而形成的岸坡。古老的谷坡上常发育有洪水不能淹没的阶地，阶地是被抬升的古老的河谷谷底。谷坡与谷底的交界称为坡麓，谷坡与山坡交界的转折处称为谷缘，也称为谷肩。河谷从谷缘开始向下算起，计算河谷的深度与宽度都以谷缘为标准。

　　河流具有动能，其大小用下式表达：

$$E = \frac{1}{2}Qv^2$$

式中：Q 为流量，v 为流速。

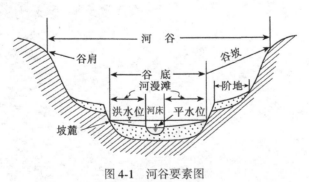

图4-1　河谷要素图

　　除干旱沙漠地区外，同一河流的流量向下游方向逐渐增加，因此，河床的宽度和深度向下游方向逐渐加大，其形态也逐渐变化。

河流的动能对于不同河流，或同一河流的不同河段，或同一河段在不同时期都会有所变化。在动能的作用下，河流具有侵蚀、搬运、沉积三大地质作用。

一、河流的侵蚀作用

河流指河水及其所携带的碎屑物质，河水在流动过程中，不断冲刷破坏河谷、加深河床的作用，称为河流的侵蚀作用。河流侵蚀作用的方式，包括机械侵蚀和化学溶蚀两种。前者是河流侵蚀作用的主要方式，后者只在可溶岩类地区的河流才表现得比较明显。按照河流侵蚀作用的方向，分垂向侵蚀、侧向侵蚀和向源侵蚀三种。

（一）垂向侵蚀作用

河水及其挟带的砂砾，在从高处向低处流动的过程中，不断撞击、冲刷、磨削和溶解河床岩石、降低河床、加深河谷的作用，称为河流的垂向侵蚀作用，简称下蚀作用。这种作用的结果是越来越使河谷变深、谷坡变陡。

河流的下蚀深度并不是无止境的，往往受某一基面的控制，河流下切到这一基面后即失去侵蚀能力，这一基面称为侵蚀基准面。入海的河流，其下蚀深度达到海平面时，河床坡度消失，流水运动停止。因此，海平面高度是入海河流下蚀深度的下限，海平面及由海平面向大陆内引伸的平面即为入海河流的侵蚀基准面，又称为永久性侵蚀基准面。不直接入海的河流，以其所注入的水体表面、入湖水水面、主流的水面等为其侵蚀基准面，称之为局部（暂时）侵蚀基准面。

值得注意的是，所谓侵蚀基准面只是一个相对或潜在的基准，它并不能完全控制河流的下蚀深度，事实上，不少河流的某些河段，其下蚀深度要比它低得多。长江在湖北宜昌的南津关处，江底深槽就比上海吴淞海平面低40多米。

由于河流下切的侵蚀作用而引起的河流源头向河间分水岭不断扩展伸长的现象，称为向源侵蚀（溯源侵蚀）。向源侵蚀的结果是使河流加长，扩大河流的流域面积，改造河间分水岭的地形和发生河流袭夺。

（二）侧向侵蚀作用

侧向侵蚀作用又称旁蚀或侧蚀，是指河水对河流两岸的冲刷破坏，使河床左右摆动，谷坡后退，不断拓宽河谷的过程。侧蚀作用的结果是加宽河床、谷底，使河谷形态复杂化，形成河曲、凸岸、古河床和牛轭湖。旁蚀作用主要发生于河流的中、下游地区。自然界的河流都是蜿蜒曲折的，河水也不是直线流动的，而是呈螺旋状的曲线流动的。河水开始进入弯道时，主流线则偏向弯道的凸岸。进入弯道后，主流线便明显地逐渐向凹岸转移，至河弯顶部，主流线则紧靠凹岸。在河弯处，水流因受离心力的作用，形成表流偏向凹岸、而底流则流向凸岸的离心横向环流（图4-2）。

这种横向环流使得凹岸不断遭受冲刷、侵蚀，凸岸则不断接受堆积，结果是凹岸不断后退，凸岸不断前进，河谷越来越宽，曲率越来越大，河床在宽阔的谷底中犹如长蛇爬行般地迂回曲折、左右摆动。这种极度弯曲的河床称为河曲。河曲进一步发展，使同侧相邻的两个河弯的凹岸逐渐靠拢，当洪水切开两个相邻河弯的狭窄地段时，河水便从上游河弯直接流入下游相邻的河弯，形成河流的自然裁弯取直。中间被废弃的弯曲河道，逐渐淤塞断流，变为湖泊，叫做牛轭湖（图4-3）。

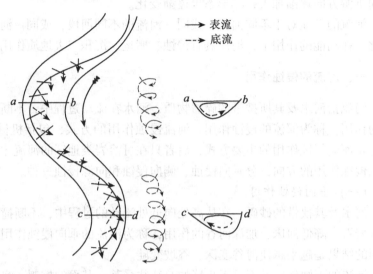

图 4-2 横向环流示意图

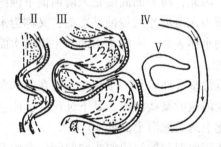

图 4-3 河曲的发展及牛轭湖的形成

Ⅰ—原始河道 Ⅱ—皱形弯曲河道 Ⅲ—蛇曲河道 Ⅳ—裁弯取直后的河道 Ⅴ—牛轭湖

1、2、3—演变中的河道及漫滩

长江的下荆江是河曲最发育的河段，从藕池口到城陵矶，两地间的直线距离仅 87km，而天然弯曲的河道长达 240km，共有河弯 16 个，成为规模最大的"九曲回肠"式的自由曲流。由自然裁弯取直形成的牛轭湖也很多（图 4-4）。

下荆江河段在近 100 年中自然裁弯取直达 10 多次，最近的一次发生在 1972 年 7 月 19 日，位于湖北石首的六合垸。曲流颈被冲溃、河道取直后，江水迅速从新河道分流，不断加深加宽河道，于同年 8 月 22 日正式通航，过去长达 20 多公里的河曲缩短到不足 1km（图 4-5）。

二、河流的搬运作用

河流将其携带的大量碎屑物质和化学溶解物质，不停地向下游方向输送的过程，称为河流的搬运作用。河流能够搬运多大粒径碎屑的能力称为河流的搬运能力，它决定于流速。资料表明，在平坦的河床上当流速小于 18cm/s 时，细小的颗粒也难以移动。当流速达 70cm/s 时，数厘米直径的颗粒也能搬运。

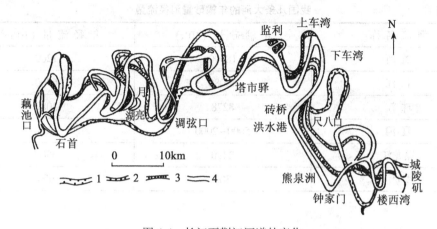

图 4-4 长江下荆江河道的变化

1—1490~1644 年的河道 2—1835~1876 年的河道 3—1876~1910 年的河道 4—现代河道

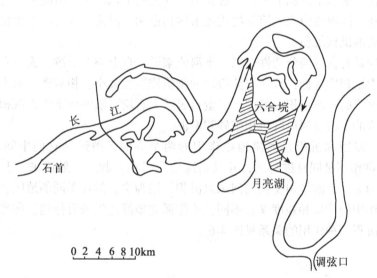

图 4-5 长江六合垸裁弯取直图

斜线部分是 1958~1971 年河床凹岸后退部分；横线部分是 1972 年 7 月 19 日曲流颈冲溃部分

河流能够搬运碎屑物质的最大量称为搬运量，它取决于流速和流量。长江在一般的流速下携带的仅是黏土、粉砂和砂，但数量巨大。相反，一条快速的山间河流可以携带巨砾，但搬运量很小。

河流拥有巨大的搬运能力，由它搬运的碎屑物质数量之大，是人们难以想象的。据统计，全世界河流每年输入海洋的总量约 200 亿吨。表 4-1 是我国几条主要河流的输砂量。搬运的物质主要来源于两个方面，一是流域内由片流洗刷和洪流冲刷侵蚀作用产生的物质，一是由河流对自身河床的侵蚀作用产生的物质。

表 4-1	我国几条大河的年输砂量河径流量	
河 流 名 称	年 输 砂 量 (10^4t)	年 径 流 量 (10^3m³)
黄 河	18690	1260
长 江	50080	6900
珠 江	8278	3087
辽 河	5000~2000	165
黑龙江	2490	3500
钱塘江	300	600

三、河流的沉积作用

河水在搬运过程中，由于流速和流量的减小，搬运能力随之降低，而使河水在搬运中的一部分碎屑物质从水中沉积下来，此过程称为河流的沉积作用。由此形成的堆积物，叫做河流的冲积物。因河流中水的溶解物质远未达到饱和，河流基本上不发生化学沉积，主要只有碎屑物质的机械沉积。

河流沉积物具有良好的分选性。以一条河流来说，自上游至下游，流速有规律地逐渐减小，搬运能力也相应降低，致使河流搬运的物质按颗粒大小、相对密度依次从水中沉积下来。一般在河流的上游沉积大的漂石、蛮石等巨大石块，顺河而下依次沉积卵石、砾石和粗砂，在河流的下游及河口区沉积细砂和淤泥。

综上所述，侵蚀和沉积是河流地质作用的两个方面，搬运是它们中间不可缺少的"媒介"。这两种作用是同时进行的，并且错综地交织在一起。一般说来，上游陡坡的河床以侵蚀作用为主，下游平坦宽阔的河床以沉积作用为主。但在不同的地区、不同的发育阶段，这三种作用的性质和强度又有不同，不能孤立地静止地来看待这三种作用。流速与侵蚀、搬运、沉积三种作用的关系见图 4-6。

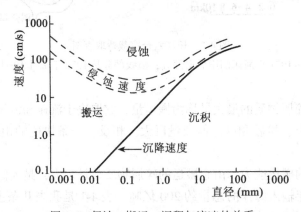

图 4-6 侵蚀、搬运、沉积与流速的关系

该图中以泥砂粒径为横坐标，流速为纵坐标。图中上方的曲线线段表示侵蚀速度，就

是泥砂的起动速度，曲线是凹形的，这是因为粗砂的起动流速随粒径增大而增大，而细砂、粉砂、泥质沉积物由于受粒径间黏结力和近床壁层流水层的黏滞作用，随着粒径的减小起动速度反而增大的缘故。下方曲线表示沉积物的沉降速度，沉降速度随粒径增大而增大，当流速小于沉降速度时，沉积物便发生沉积。介于起动流速和沉降速度之间时，沉积物处于被搬运状态。

四、河谷地貌

（一）河谷类型

1. 河谷的形态类型

河谷按其断面的形态，分为三种类型。

（1）"V"型河谷

河谷的横断面呈"V"型，谷地深而狭窄，谷坡陡峭甚至直立是其主要特征。"V"型河谷的谷坡与河床无明显的分界线，谷底几乎全被河床占据。河床面起伏不平，水流湍急，沿河多急流瀑布。"V"型河谷是河流在垂向侵蚀作用下，早期发育的产物。大多形成于山地地区或河流的上游河段。这些峡谷地段蕴藏着丰富的水能资源，不少大型的水电工程都可在此开发建设。

（2）"U"型河谷

"U"型河谷又称河漫滩河谷。随着河流侧蚀作用的加强，河曲发育，河谷即从"V"型发展成为"U"型的河漫滩河谷。谷面开阔，谷坡上常有阶地，谷底平坦宽广，常有洼地、沙堤等河漫滩微地貌形态。河床只占谷底中一小部分。"U"型河谷大多形成于低山丘陵地区或河流的中下游河段。

（3）"⊔"型河谷

即屉形谷。河流发育进入老年期后，河流地质作用以侧蚀作用和堆积作用为主，使河谷形态进一步发展成宽广的"⊔"形。谷坡已基本上不存在，阶地也不甚明显，只有河漫滩、沙洲和汊河等微地貌形态十分发育。

2. 河谷的构造类型

（1）纵谷

纵谷是指河谷延伸方向与岩层走向或地质构造线方向一致的河谷。

（2）横谷

横谷指河谷延伸方向与岩层走向或地质构造线方向近于直交的河谷。

（二）河漫滩

濒临河床，地势狭长而平坦或略有起伏，平水期高出河水面，洪水时又能被洪水淹没的谷底部分，叫做河漫滩。河漫滩的范围宽窄不一，常比河床宽度大几倍至几十倍。山区河流河漫滩一般不很发育，或者只发育形成一些宽度较窄的小型河漫滩。平原区河流，河漫滩不但发育普遍，面积宽广，而且可能发育成为极广阔的泛滥平原或冲积平原。

河漫滩是河流侧蚀作用及河床横向迁移或摆动的必然产物。在河流的侧蚀作用下，谷坡逐渐后退，谷底展宽，在河湾的凸岸形成雏形滨河床浅滩。它进一步发展稳定，遂形成雏形河漫滩。随着侧蚀作用的继续进行，雏形河漫滩不断扩大，并在它上面开始接受洪水泛滥时的细粒物质的沉积，形成薄薄的覆盖层。这种具有下粗上细二元结构的堆积体，就是河漫滩（图4-7）。此外，河流的裁弯取直或汊河等非主流线河道消亡后，由最初废弃河道经过大量物质的堆积淤平也能形成河漫滩。

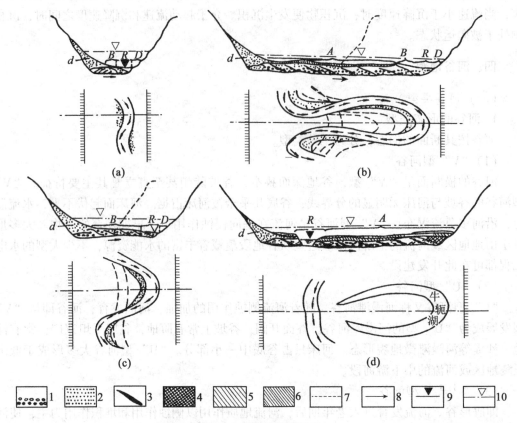

图4-7　河漫滩形成过程

（a）形成雏形河漫滩　（b）形成原始河漫滩　（c）形成漫滩　（d）形成牛轭湖

1~3—河相冲积物（1. 砾石和卵石；2. 砂；3. 淤泥）　4—牛轭湖相冲积物

5~6—河漫滩相冲积物（顺序堆积）　7—先期冲刷岸位置　8—河床移动方向

9—平水位　10—洪水位

R—河床　B—滨河床浅滩　A—河漫滩　D—基岩浅滩　d—坡积物

（三）河流阶地

河流阶地是沿岸分布于两岸并高出一般洪水面的阶梯状地形，是在河流的侵蚀和沉积作用交替进行之下形成的。阶地由阶地面、陡坎、前缘、后缘和坡脚几部分组成（图4-8）。

阶地面实际上是过去不同时期的河谷谷底，大多向河床及河流下游方向微微倾斜，表面由于崩积物、坡积物和洪积物的堆积而显得起伏不平。陡坎又称阶地斜坡，是指阶地面以下的坡地，坡度陡且倾向河床。

河谷中往往发育有多级阶地。标记阶地级序采用从新至老由下而上顺序分级的方法，把高于河漫滩的最新阶地称为 I 级阶地。因此，在同一河谷的横剖面上，阶地越高，级数越多，形成年代越早。

根据河流阶地组成物质的结构和形成时地质作用的性质，阶地分以下三类。

1. 侵蚀阶地

由基岩组成的，且在阶地面上极少有冲积物覆盖的河流阶地，称为侵蚀阶地（图4-9）。它主要由河流侵蚀作用形成，并发育于新构造运动显著、侵蚀作用强烈的山区河谷或河流的上游河段。

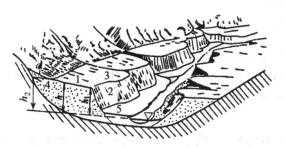

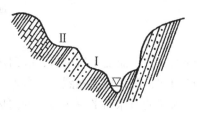

图 4-9 侵蚀阶地
Ⅰ——级阶地 Ⅱ—二级阶地

图 4-8 阶地形态要素示意图
1—阶地面 2—陡坎 3—前缘 4—后缘 5—坡脚
h_1—前缘高度 h—阶地面高度 h_2—后缘高度 d—坡积裙

2. 堆积阶地

由河流冲积物组成的阶地统称为堆积阶地，在河流的中下游常见。根据阶地形成期间河流下蚀的深度、冲积物的厚度，各阶地间的接触关系又分为上叠阶地和内叠阶地。在已形成的堆积阶地上，后期河流未切穿早期冲积层，使后期堆积阶地叠置在早期的堆积阶地上为上叠阶地（图4-10）；在已经形成的堆积阶地上，后期河流切穿早期冲积层至基岩，使后期形成的新阶地套在较老阶地之内，称为内叠阶地（图4-11）。

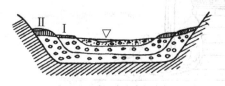

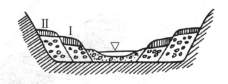

图 4-10 上叠阶地
Ⅰ——级阶地 Ⅱ—二级阶地

图 4-11 内叠阶地
Ⅰ——级阶地 Ⅱ—二级阶地

3. 基座阶地

阶地上部是河流冲积物，下部为基岩，即由两层不同时期的物质组成的阶地，称为基座阶地（图4-12）。它可以在上述任何情况下发育形成，其过程是：首先形成一个宽广的谷地，并在谷底堆积成厚度不大的河流冲积层；然后河流进行下蚀，并切穿冲积层至基岩内，形成基座阶地。此种阶地分布较普遍。

除上述主要类型的阶地外，尚有嵌入阶地（图4-13）和掩埋阶地（图4-14）等。

（四）河床地貌

山区河流由于纵坡比降大，水流湍急，输砂力强，冲刷作用强烈，大多形成基岩裸露

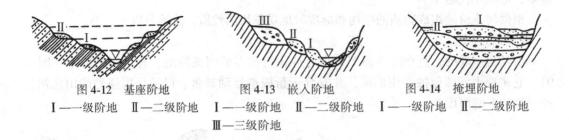

图 4-12　基座阶地　　　　图 4-13　嵌入阶地　　　　图 4-14　掩埋阶地

Ⅰ——一级阶地　Ⅱ—二级阶地　　Ⅰ——一级阶地　Ⅱ—二级阶地　　Ⅰ——一级阶地　Ⅱ—二级阶地

Ⅲ—三级阶地

的河床，水流受基岩束缚，故河床比较稳定。平原区河流由于纵坡比降小，水流缓慢，输砂力弱，沉积作用强烈，大多形成冲积河床，因冲积物易被冲刷而使河床多变。可见，山区河流的河床与平原区河流的河床，在地貌形态的特征上差异很大。

1. 山区河床地貌

山区河床的形态很复杂，其横剖面呈深而窄的"V"形，平面上则受岩性和地质构造条件的控制，尤以下蚀作用为主的基岩河床，岸线参差不齐，曲折多变，断面的宽窄变化悬殊。河床纵剖面比降很大，床面起伏，常发育有岩槛、石滩、深槽、跌水瀑布等阶梯状地形。

（1）岩槛

岩槛由坚硬岩石横亘于河床底部形成，因形似门槛而得名。当岩槛高度大于河水深度，使局部河床呈悬崖状阶梯时，就会形成跌水瀑布（图 4-15）。岩槛的形成常与断层崖有关。在河流的溯源侵蚀作用下，岩槛将不断后退，直至消失。

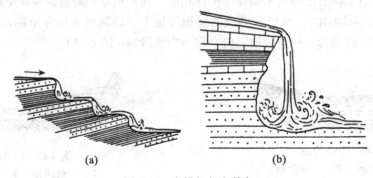

图 4-15　岩槛与急流瀑布

（a）急流　（b）瀑布

（2）石滩

石滩又称礁滩，是指隐藏在水下的巨大岩石露头。石滩有的与岸边相连，有的孤立于河床中。石滩形成原因有两个：一是顺河走向的岩性不均一，造成抗冲刷力弱的岩石河床深，抗冲刷力强的岩石河床浅，形成水下石滩；二是来源于谷坡崩塌、滑坡或两岸支沟冲入的巨大岩块，滞留水中，成为石滩。石滩不如岩槛稳定，在水流的长期作用下，容易发生移位、变形或消失。

（3）深槽

深槽指山区河床中，由断裂破碎带、裂隙密集带、软弱岩层或囊状风化带等抗冲刷力较弱的部位，因冲刷的不均匀性而成为特别深的槽形洼地。河床深槽是由河底的漩涡流带动卵砾石不断进行磨蚀作用形成的，大多分布于河流侵蚀作用强度极大的峡谷河段。如长江三峡的西陵峡河段，已查明低于吴淞口海面的深槽就有 12 个，最深的南津关深槽，深达海平面以下 45m。

2. 平原区河床地貌

平原区河床形态虽较规则，但它在水流的作用下变化很大，大多成曲流及汊河。河床横剖面呈宽而浅的"U"形，纵剖面则呈微微起伏的波状，常发育有以下的地貌形态。

（1）边滩

在河道拐弯处，由横向环流作用，造成凹岸底层水流中挟带的泥砂至凸岸浅水流速缓慢处沉积，形成水下沙滩，逐渐发展，露出水面成为边滩。大多发育分布在河弯地段的凸岸。

（2）滨河床砂坝和砂嘴

河流边滩的出现，反过来又增强横向环流的强度，使凹岸强烈冲蚀后退，凸岸则进一步强烈堆积前伸，结果在边滩上形成高出边滩呈堤状的泥砂堆积体，称为滨河床砂坝。在边滩临河床一侧形成斜长的堆积体，称为砂嘴。

（3）心滩与江心洲

指位于河床中枯水期出露水面的水下浅滩，主要发育于地势低平、河面突然展宽的河段中。洪水时期，因中央主流线的流速大，河水上涨形成壅水，河水面平凸，使表流流向两岸，形成底流辐聚式对称环流，造成两岸侵蚀，河床中央底部堆积成为心滩，心滩继续不断地扩大以至露出水面，遂形成江心洲（图 4-16）。

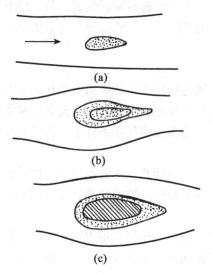

图 4-16 河床心滩的发展
（a）雏形心滩 （b）心滩 （c）江心洲

心滩与江心洲是种不稳定的冲积地貌形态，在河流纵向水流的作用下，往往上游端受冲刷破坏，下游端沉积扩大，导致不断地向下游移动。也有的江心洲向河床的一侧发展，最后与河岸岸边合并而成为河漫滩的组成部分。

（4）汊河

河流从某点开始向下游分流的支河道，称为汊河。它是由河床心滩的出现，水流分汊形成的。一般以两汊较为常见，也有三汊或多汊的汊河，主要随心滩数的多少而定。汊河也是不稳定的地貌形态，处于不断的变化之中。

（5）深槽与浅滩

平原区河床中侵蚀较深的长条形凹槽，叫深槽。在相邻两个深槽间的过渡段内，水流速度较缓、挟砂能力弱，泥砂容易淤积，形成相对高起的淤积带，叫做浅滩。它们主要发育于宽阔河床处或支流河口附近，是流水侵蚀与沉积相互作用的产物。

（五）陆相第四纪松散沉积物

陆相第四纪松散沉积物是指第四纪期间，由各种地质作用所产生的松散物质。由于它们形成的时间很短，一般尚未胶结而保持松散状态。它们广泛分布于地表，常常是各种建筑物的地基，也是工程建筑的材料。第四纪松散沉积物具有孔隙度大、不紧密和含水量大、抗压强度低和压缩性大、类型复杂、变化多端的特征。按它们的成因，可分以下主要类型：

1. 残积物、坡积物和洪积物

（1）残积物（e1）

残积物是指残留于原地而未被搬运的风化作用的产物。残积物的分布主要受地形条件的控制。一般在宽广的分水岭上和平缓的山坡上都有较厚的残积物覆盖。

①物理风化残积物

主要由物理风化作用产生的大量岩石碎屑组成，是一种不规则的无分选和带棱角的堆积物。它与基岩之间无明显的界限，而碎屑成分却与下伏基岩一致，大多分布于干旱寒冷气候条件下的山顶和山坡上。

②化学风化残积物

主要由化学或生物化学风化作用产生的原岩残留矿物和化学性质稳定的新矿物组成。可分为硅铝黏土残积物和砖红土残积物。前者是在温湿气候条件下形成的富含高岭石和蒙脱石的黏土矿物残积物；后者是在湿热气候条件下，形成的红色的富含铁和锰的氧化物和氢氧化物的铝土残积物。

残积物的厚度变化较大，均质性差，土的物理力学性质很不均一，而且多为棱角状的粗颗粒土，其孔隙较大，作为工程建筑物的地基容易引起不均匀沉陷。

（2）坡积物（d1）

坡积物是由雨雪形成的水流地质作用或重力地质作用，将高处岩石风化的产物，搬运到平缓的山坡上或坡麓处堆积而成的松散堆积物。一般分布于平缓的山腰上或坡脚下，它的上部常与残积物相接（图4-17）。

坡积物的物质组成，主要决定于斜坡上部母岩成分和风化产物，而与下伏的基岩成分无直接关系。由于坡积物形成于山坡，一般无层理或略显层理，即上部主要为含泥砂的碎石类土，下部为含碎石的黏性土，土质疏松，孔隙度大，压缩性较高，受地下水浸润而容易沿下伏基岩面发生滑坍。以上这些不良的工程地质性质，对水工建筑物的稳定危害极大，必须慎重处理。

（3）洪积物（p1）

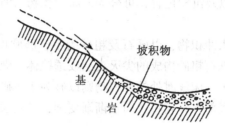

图4-17　坡积物（层）剖面

洪积物是指由暴雨或大量融雪骤然聚集而成的暂时性洪流，挟带着大量碎屑物质流出沟口后，堆积在沟口处或山前倾斜平原的堆积物。因堆积体在地貌形态上呈锥形或扇形，故称洪积扇或洪积锥（图4-18）。洪积扇的组成物质，自山谷沟口至堆积体边缘呈一定规律的变化。一般扇顶以粗大的砾石为主，并有巨大石块，分选性极差，砾石磨圆度较低。洪积扇的下部以细粒的砂、粉砂和黏土为主，分选极好，具明显的微斜层理或水平层理，整体厚度较小。洪积扇倾斜平原则以砾石粗砂为主，稍有分选，砾石和砂层常呈透镜体出现。由于山洪是周期性发生的，致使洪积物在垂直方向上常出现不规则的交替层理，并具夹层、尖灭或透镜体。

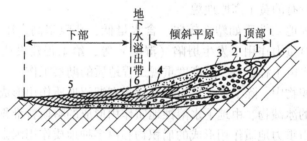

图4-18　洪积扇沉积结构示意剖面图
1—块石　2—砾石　3—砂砾　4—砂　5—黏土　6—泉

2. 冲积物（a1）

冲积物是经河流侵蚀搬运的物质，堆积在河流坡降平缓地段的沉积物。冲积物的最大特征是具有明显的层理、分选性好和磨圆程度高。但是，不同河段的冲积物，具有明显不同的特征。

（1）山区河流冲积物

山区河流或河流上游河段的冲积物，主要由粗粒的碎屑物质，如巨大的漂石和砾石，其间充填砂土或砂壤土组成。概括起来，有如下特征：

①粒径粗大，多块石、砾石与卵石，颗粒具棱角或次棱角状。

②冲积物的岩性较为单纯，厚度较薄。

③冲积物易被湍流扰动，多呈单层构造。

④常与洪积物呈互层关系，构成洪积-冲积物。

（2）平原区河流冲积物

根据物质组成和性质以及沉积位置，可分为河床冲积物与河漫滩冲积物两种：

①河床冲积物

位于主流线附近的河床冲积物，以砾石及粗砂为主，磨圆度较好，但因受水流扰动，物质沉积凌乱，常形成由砾石粗砂构成的尖灭夹层或透镜体，偶尔也有局部的细砂或淤泥尖灭层，但厚度不大。位于河床浅滩处的冲积物则以砂为主，砾石次之，并有极少的黏土成分。分选性较好，一般底部颗粒较粗，向上渐渐变细，具斜层理构造。

②河漫滩冲积物

河漫滩冲积物具有明显的二元结构，即下部是粗粒的河床冲积物，上部是细砂、粉砂质黏土和亚黏土。此外，在宽阔的河漫滩上常有小型积水洼地，并有生物繁殖，静水沉积和有机质沉积夹于河漫滩沉积层之中。

总之，平原区河流冲积物分布极广，类型复杂，既有河床相、河漫滩相及湖沼相等冲积物，又有广阔冲积平原上被遗弃的古河道，致使平原区河流冲积物的水利水电工程地质性质极其复杂。

3.黄土

黄土是第四纪时期中形成的一种松散的、具有特殊性状的土状堆积物，由粒径为 $0.05 \sim 0.005mm$ 的粉砂粒和粒径为 $0.005mm$ 至小于 $0.001mm$ 的黏粒组成。成分主要为石英、长石和少量可溶盐的碎屑矿物，其次为黏土矿物。它主要分布于我国西北、华北的黄河中游地区，形成特有的黄土高原地貌。

黄土的主要工程地质性质如塑性较弱、含水量低、孔隙率高、压实程度差、渗透性强、遇水湿润后在自重力作用下发生坍陷（湿陷）等，给工程建设造成危害。因此，在黄土地区进行水利水电工程建设，应高度重视工程地质的勘察工作。

在陆相松散沉积物中，除上述主要类型外，尚有湖沼地质作用形成的湖沼沉积物和由冰川地质作用形成的冰碛物、由地下水溶蚀地质作用形成的喀斯特堆积物、由风力地质作用形成的风积物、由重力地质作用形成的崩积物和由多种地质作用因素共同形成的混合沉积物等。

第二节 岩　溶

岩溶又称喀斯特，是在可溶性岩石中由于水的作用所形成的复杂地质作用——溶蚀作用，以及由于这种作用所产生的各种地表和地下的溶蚀现象，如溶洞、漏斗、落水洞、石林和峰丛等。所以说，岩溶是溶蚀作用及其所产生的现象的总的概括。由上述可见，可溶岩是岩溶形成的最基本条件。在自然界中可溶性岩石有碳酸盐、硅酸盐和卤化物等。碳酸盐类岩石以石灰岩和白云岩为代表。这类岩石在我国的分布约占国土面积的 1/7 左右，因而研究岩溶也就具有更为重要的意义。

一、岩溶形态类型

岩溶地貌形态很多，常见的有以下几种：

1. 溶沟与石芽

溶沟是石灰岩表面上的一些沟槽状凹地，它是由地表水流长期溶蚀而成的。沟谷宽深不一。石芽是溶沟与溶沟之间溶蚀残留起伏状的石脊。

2. 溶蚀漏斗

是一种漏斗状凹地，为地表水流沿垂直裂隙下渗，使裂隙扩大，并使顶部岩石溶蚀塌落而成的，其平面形态为圆或椭圆状，直径数米至数十米。

3. 落水洞

形态各异，大小不一。主要受裂隙控制，有垂直的、倾斜的或弯曲的。深的可达百米以上，成为地表通向地下河、地下溶洞或地下水面的通道。

4. 峰林（石林）、峰丛和孤峰

峰林由一些四壁陡峭而高出平原或台地地面数米至数十米的石柱聚合而成，状若树林；而峰丛多出现在山地及山坡上，其基座都是相连的。它们在形态上的差别常与岩性及地质构造有关（图4-19）。

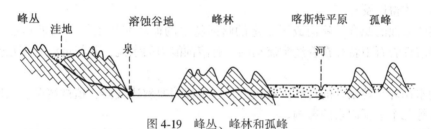

图 4-19　峰丛、峰林和孤峰

除上述地表形态外，尚有峰丛洼地、溶蚀谷地、喀斯特平原（图4-19等）组合形态。此外在地下也可形成岩溶，如溶洞、地下河等。溶洞是地下水沿裂隙与孔道产生溶蚀作用而成的，其形态和延伸方向与裂隙产状有关。当溶洞发展到一定程度后，彼此通过一定的通道连接起来，形成河流，而且有一个出口，成为地下河。

二、岩溶发育的基本条件

岩溶发育主要是水对可溶性岩石进行化学溶蚀的结果。因此，岩石的可溶性、具有溶蚀性的水和水的循环交替条件这三者即为岩溶发育的基本条件。

（一）岩石的可溶性

可溶性岩石的存在，为岩溶发育提供了物质基础，它是岩溶发育的内在因素和先决条件。不同成分和结构特点的岩石，其可溶性各异，对岩溶发育的影响也就不同。易溶成分（如方解石、白云石等）含量高，则岩石的可溶性就强。岩石成分的溶解速度快，岩石就易于溶蚀，如方解石的溶解度低于白云石，但其溶解速度却是后者的3~4倍，所以方解石含量高的石灰岩，岩溶发育较强烈。显然，杂质成分多和难溶物含量高的灰岩（如泥质、碳质灰岩），岩溶的发育就差了。

就结构而言，粗粒、不等粒结构的岩石因其孔隙度大、抗风化能力差而有利于水的活动，在其他条件相同时，易于溶蚀，而细粒、隐晶质结构的岩石则不易溶蚀。

（二）具溶蚀性的水

水对碳酸盐类岩石的溶蚀是喀斯特作用的基本动力，而水对碳酸盐类岩石的溶解，除取决于水的化学成分外，还取决于水中侵蚀性 CO_2 的含量。水中侵蚀性 CO_2 的含量愈高，则溶解能力愈强。水中 CO_2 的来源较复杂，空气中的 CO_2 和土壤层中生物地球化学作用所生成的 CO_2 是其最主要的补给来源。变质作用和火山活动、岩层中的某些化学作用，也可产生 CO_2。水温对水的溶解能力有较大的影响。水温升高，水的溶解能力就随之增强，而且溶蚀作用速度也是随温度的增高而增加的，所以热带、亚热带温热气候条件下岩溶发育极为强烈。

（三）水的循环交替条件

就岩溶发育来说，水的循环交替条件包括两方面的含义，可溶性岩石能透水—— 为水循环交替提供通道；可溶性岩石中水能流动——只有水不断地流动、不断地补给和排泄，才能使它对可溶性岩石有持续不断的溶蚀作用。这表明，良好的径流和通畅的排泄，能将溶解下来的物质带走；充足的补给和良好的径流又不断补充具溶蚀性的水。如此循环交替，岩溶才得以发育。

上述两方面的配合，就构成了一定的喀斯特水的循环交替条件。如果具备了这种条件，在可溶性岩石中就存在着经常流动的具有溶蚀能力的水流，并与可溶岩相互作用而形成岩溶。

影响水循环交替条件的自然因素较多，这里仅简要叙述气候、植被情况、地形地貌及地质结构等几个主要因素的影响。

气候和植被情况主要影响到水的补给和溶解能力，如降水量小，地下水所能获得的补给源相对减少；气温升高，水的溶解能力加强。地形高差愈大，地下水的渗透流速愈大，水循环交替就愈强烈，从而溶蚀作用就愈充分。

地质结构主要是指地质构造和岩层的成层组合。在褶皱轴部或断裂破碎带内，节理裂隙十分发育，岩石松散破碎，是地下水很好的循环通道，因此这些地方溶蚀现象往往比较发育。关于岩层的成层组合，一般情况下，均一、厚层和质纯的碳酸盐岩较之非均一、薄层、不纯者易于岩溶化。而当碳酸岩与非碳酸岩互层或碳酸岩中存在非碳酸岩夹层时，由于地下水的循环交替受到限制，因此岩溶发育受影响而显得弱些。

三、岩溶发育的一般规律

由上述可知，岩溶的发育受到许多条件、因素的控制和影响，不同的地区，自然条件固然不同，就是同一地区的不同部位，其条件也有差异。从而导致岩溶的发育、分布十分复杂。就目前的研究成果来看，岩溶的发育和分布大致有如下的规律。

（一）岩溶发育的垂直分带性

在厚层碳酸岩构成的深切河谷地区，自地表往下的不同部位，水循环交替条件具有较大的差异，与其相适应的岩溶发育具有随深度而减弱的规律。一般根据水的循环交替条件，在垂直方向上可分为四个带（图4-20）。

1. 包气带

包气带位于地表以下，最高地下水位以上。平时无水，大气降水时则通过斜向或垂向裂隙渗入岩层。地下水主要作间歇性的垂直运动，因此主要发育垂直的岩溶形态，如漏斗、落水洞等。该带厚度取决于地形、水文和水文地质条件的变化，如图 4-20 中的 I 所示。

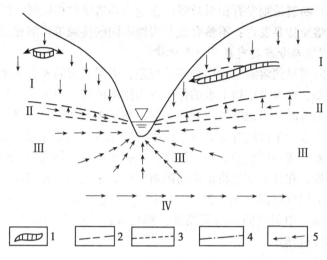

图 4-20 岩溶发育的垂直分带
1—包气带内局部隔水层 2—最高水位 3—最低水位 4—上层滞水水位 5—地下水流向
I —包气带 II —地下水位季节变化带 III—完全饱水带 IV—地下水深层循环带

2. 地下水位季节变化带

这一带位于最低、最高地下水位之间。地下水水平和垂直循环周期性交替，即高水位时水平 流动，低水位时垂直流动，因此伴随形成水平和垂直的岩溶形态。此带厚度变化较大，由几米至几十米不等，如图 4-20 中的 II 所示。

3. 完全饱水带

完全饱水带位于最低地下水位以下，由于受地下水向河谷排泄的影响，大致可分为上下两部分。上部为河谷两侧地下水的水平循环带，常形成与水流方向一致的微倾向河谷的水平溶洞，下部为河床底部地下水向上流动的减压区，常形成长轴方向指向河谷的洞穴，呈放射状分布，如图 4-20 中的 III 所示。

4. 深层循环带

此带水的流动不受水文网排水作用的直接影响，地下水主要流向远处的排泄区，因其埋藏深，水循环交替缓慢，故一般来说岩溶发育很弱，只有细小的溶隙和蜂窝状溶孔。其发育深度一般相当于区域性侵蚀基准面，但当受到断裂破坏时，其发育深度则可低于区域性侵蚀基准面，如图 4-20 中 IV 所示。

应该指出，并非所有的碳酸岩地区都具有这种分带规律。我国的广西、济南及大巴山等地均发现了深部溶洞（深层循环带内）。除循环交替外，水条件也会发生变化，从而导致这种分带现象随之遭受破坏。所以，垂直分带所示的规律仅在厚层的碳酸岩中表现明显，在深切河谷的浅部地区和近期发育的岩溶适用，而不能反映或全面反映深部岩溶和地壳变幅较大的古岩溶以及地质结构条件复杂地区岩溶的发育规律。

（二）岩溶发育与分布在水平方向上的不均一性

通过对岩溶发育规律的研究，其不均一性可概括为：一般情况下，河谷地区及其两侧岩溶相对发育，从河谷到分水岭岩溶溶蚀逐渐减弱；断裂带及其两侧和褶皱轴部、转折端岩溶相对发育，远离断裂带则发育相对减弱；在地质构造条件相同时，质纯厚层的碳酸岩层比含杂质薄层的喀斯特要发育；不整合面和岩性不同的接触带岩溶相对发育。

（三）喀斯特发育与分布具有成层分布规律

在岩溶地区有时可见到溶洞呈成层分布的现象，表明岩溶的发育和地壳的升降运动有关。在地壳稳定时期，饱水带中地下水的作用以旁侧溶蚀和侵蚀为主，从而形成近水平的溶洞层；及至地壳上升时，当地溶蚀基准面下降，地下水面亦随之下降，原来形成的溶洞层则相对抬升，饱水带由于被抬升而成为水位季节变化带。当地壳再次处于稳定期时，在新的饱水带中则会发育成一层新的溶洞。同理，地壳下降时，早先形成的溶洞层将随之下降而被埋于地下深处，在其上部又将形成新的溶洞层。地壳的这种多次变动，便可在一个地区形成高程不同的层状溶洞（图 4-21）。江苏宜兴善卷洞有上、中、下三层（图 4-22），每层相互连通，上洞、中洞属同一溶洞系统，都很开阔，可容纳数百人；下洞内有长近100m 的地下河，可以行船。

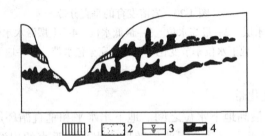

图 4-21　溶洞成层分布示意图

1—阶地沉积物　2—河漫滩沉积物　3—河流水位　4—溶洞

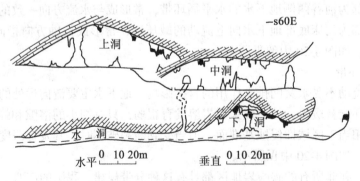

图 4-22　善卷洞剖面示意图

因河岸阶地的形成也与地壳升降运动有关，故人们把溶洞层与其相比较，以求了解地壳升降运动的情况。但从现有的研究结果看，两者有联系，但并不具有对等或相对应的关系。

岩溶现象与水利水电工程建设关系十分密切，对其认识不足或处置不当，往往会给工程带来极大危害。在岩溶地区修建水库，常会发生不同程度的渗漏，严重的甚至使水库无法蓄水；地下洞室的施工中，一旦揭穿高压岩溶管道水时，就会造成大量突水，有时还挟有泥砂喷射，给施工带来严重困难或造成设备损毁、人员伤亡；岩溶洞穴、溶蚀裂隙的发育，容易引起大坝坝基、边坡和地下洞室岩体的失稳破坏，对此必须给予充分的重视，了解、认识并掌握岩溶的形成条件、发育规律，以利于安全、经济、高效地开发和修建水利水电工程。

第三节 地 震

地壳表层所表现出的一切振动作用称为地震。振动产生的原因有自然的和人工的两方面，不过一般所说的地震多是由自然原因产生的。地震过程虽很短暂，但它发生频繁，尤其是强烈破坏性地震，对人类构成巨大威胁。工程地质研究地震的目的是抗震、选择良好的场地、保证建筑物的安全，故此应对地震的基本知识有些初步的了解。

一、有关地震的一些基本术语

1. 震源和震中

在地下首先发生振动并释放能量的源地称为震源。震源在地面上的垂直投影点称为震中。

2. 震源深度、震中距和震源距

震中到震源的距离称为震源深度。地面上任一点到震中的距离称为震中距，而地面上任一点到震源的距离称为震源距（图 4-23）。

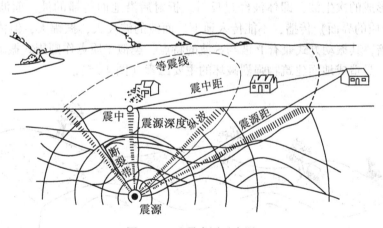

图 4-23　地震术语示意图

3. 主震

指同一地区在一定时间内发生的最大地震。主震前后发生的较小地震称为前震和余震。

二、地震波、震级和地震烈度

地震时从震源释放的能量以弹性波的形式向四周传播，从而引起振动，这种波称为地震波，地震波按传播方式分为三种（图4-24）。

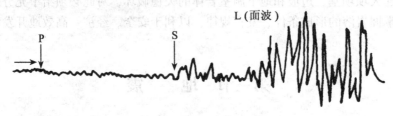

图 4-24　地震波记录图

（一）地震波

1. 纵波（P波）

它是传播速度最快的一种地震波，其特点是质点的振动方向和波的前进方向一致。由于它最先到达震中，因而地震时总是最先发生上下振动，其破坏性相对较弱。

2. 横波（S波）

波动时质点的振动方向与波的传播方向垂直，使弹性介质质点间发生周期性的剪切振动，其传播速度比纵波慢。因横波是横向振动，当横波到达震中时，地面发生左右抖动或前后抖动，对建筑物的破坏性较强。

P波和S波是通过地球本体传播的波，称为体波。

3. 面波（L）

由体波形成的次生波，即体波经过反射、折射后沿地面传播的波。面波只能沿地面（或沿不同介质的界面）传播，不能传入地下。面波的波长大，振幅大，但传播速度比横波几乎小1倍，其振动方式兼有P波与S波的特点，类似于质点作圆周式振动的水波。面波的振幅大，是造成地面建筑物强烈破坏的主要因素（图4-25）。

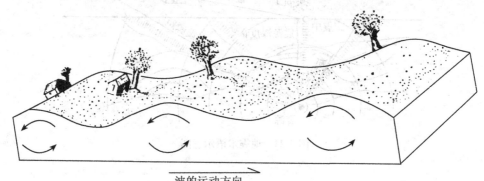

波的运动方向

图 4-25　面波对地面的影响

（二）震级

表示地震发生时释放能量大小的等级称为震级。释放的能量越大，震级越高。目前已知最大的震级为8.9级，其能量相当于27000颗广岛型原子弹释放的能量。不同震级地震所释放的能量大致如表4-2所示。

表4-2 震 级 与 能 量

震级 M	能量 （$E10^{-7}J$）	相当炸药 （t）	震级 M	能量 （$E10^{-7}J$）	相当炸药 （t）
1	$2×10^3$	500~700	7	$×10^{22}$	210万~280万
2.5	$355×10^{15}$	1500~2000	8	$×10^{23}$	1600万~2240万
5	$2×10^{19}$	2000~3000	8.5	$×10^{24}$	14280万~19040万
6	$6.3×10^{20}$	30万~50万	8.9	$×10^{25}$	127092万~169456万

确切地说，地震所释放的能量大小，是通过地震仪记录的震波最大振幅来确定的。C. F. 李希特在1935年给震级（M）下的定义是：距震中100km处的标准地震仪在地面所记录的以微米表示的最大振幅 A 的对数值，即

$$M = \lg A \tag{4-1}$$

标准地震仪的自振周期为0.8s，阻尼比为0.8，最大静力放大倍率为2800。

如果在距震中100km处标准地震仪记录的最大振幅为10cm（即$10^3 \mu m$），则 $M=5$，是5级地震。实际上距震中100km处不一定有地震仪，而且地震仪也并不符合上述标准，因而需采用经验公式修正而确定震级。

我国地震部门根据其所使用的地震仪，规定计算近震（震中距 $\Delta<1000km$＝地方震级 M_L，计算远震（震中距 $\Delta>1000km$）用面波震级 M_S。它们的经验公式为

$$M_L = \lg A_\mu + R(\Delta) \tag{4-2}$$

$$M_S = \lg \left(\frac{A_\mu}{r}\right)_{max} + \sigma(\Delta) + C \tag{4-3}$$

$$M_S = 1.13M_L - 1.08 \tag{4-4}$$

式中：A_μ 为以微米表示的实际地动位移；$R(\Delta)$ 为起算函数，震中距 Δ 与地震仪不同，此值不同，可查相应的表格；T 为面波周期；$\sigma(\Delta)$ 为面波起算函数；C 为台站校正值（上述两项均可从已制好的表格中查出）。上述关系式仅适用于浅源地震。

根据李希特等的实际观测数据，求得的震源释放能量与震级之间有如下关系

$$\lg E = 4.8 + 1.5M \tag{4-5}$$

式中：E 为能量，单位为焦耳（J）。

在理论上，震级是无上限的，但实际上有上限。因为地壳中岩体强度有极限，它不可能积累超过这种极限的弹性应变能。如上述，目前已记录到的最大地震震级是8.9级，即1960年5月22日的智利大地震。按照人们对地震的感知及其破坏程度将震级划分为微震（2级以下人们感觉不到）、有感地震（2~4级）、破坏性地震（5级以上）和强烈地震

(7级以上)。

（三）地震烈度

地表和建筑物遭受地震破坏的强烈程度称为地震烈度。一次地震只有一个对应的震级，但同一次地震，随着距震中的远近不同，却相应地有着不同大小的烈度。故此，震级与烈度不能混为一谈。目前，我国使用的是12度烈度表，即新的中国地震烈度表（表4-3）。

表 4-3　　　　　　　　　　　　地 震 烈 度 表

地震烈度	名称	地震加速度（mm/s²）	地震系数 K_c	地 质 情 况	相应地震强度震级 M
I	无感震	<0.25	$<\dfrac{1}{4000}$	人不能感觉，只有仪器可以记录	0
II	微震	0.26~0.5	$\dfrac{1}{4000}\sim\dfrac{1}{2000}$	少数在休息中极宁静的人感觉，住在楼上者更容易感觉	2
III	轻震	0.6~1.0	$\dfrac{1}{2000}\sim\dfrac{1}{1000}$	少数人感觉地动，不能即刻断定地震、震动来自的方向、继续时间，有时约略可定	3
IV	弱震	1.1~2.5	$\dfrac{1}{1000}\sim\dfrac{1}{400}$	少数在室外的人和大多数在室内的人都感觉，家具等物有些摇动，盘碗及窗户玻璃震动有声，屋顶天花板等格格地响，缸里的水或敞口杯中的液体有些荡漾，个别情形惊醒睡觉人	3.5~4
V	次强震	2.6~5.0	$\dfrac{1}{400}\sim\dfrac{1}{200}$	差不多人人感觉，树木摇晃，如有微风吹动，房屋及室内物体全部震动，并格格地响，悬吊物如帘子、灯笼、电灯等来回摇动，挂钟停摆和乱打，杯中水满的溅出一些，窗户玻璃现出裂纹，睡的人惊逃户外	4~4.5
VI	强震	5.1~10	$\dfrac{1}{200}\sim\dfrac{1}{100}$	人人感觉，大都惊骇跑到户外，缸里的水激烈地荡漾，墙上的挂图，书架上的书都会落下来，碗碟器杯打碎，家具移动位置或翻倒，墙上灰泥发生裂缝，坚固的庙堂房屋也不免有些地方掉落泥灰，不好的房屋受相当损害，但还是轻的	4.5~5
VII	损害震	10.1~25	$\dfrac{1}{100}\sim\dfrac{1}{40}$	室内陈设物品和家具损失甚大，庙里的风铃叮当地响，池塘腾起波浪并翻出浊泥，河岸河渍区有些崩滑，井泉水位改变，房屋有裂缝，灰泥及塑雕装饰大量脱落，烟囱破裂，骨架建筑物的隔墙也有损伤，不好的房屋严重地损伤	5~5.75

续表

地震烈度	名称	地震加速度(mm/s²)	地震系数 K_c	地 质 情 况	相应地震强度震级 M
Ⅷ	破坏震	25.1~50	$\frac{1}{40} \sim \frac{1}{20}$	树木发生摇摆，有时折断，重的家具物件移动很远或倾翻，纪念碑或像从座上扭转或倒下，建筑较坚固的房屋如庙宇也被损害，墙壁间起缝或部分破坏，骨架建筑隔墙倾脱，塔或工厂烟囱倾倒，建筑特别好的烟囱顶部也遭破坏，陡坡或潮湿的地方发生小小裂缝，有些地方涌出泥水	5.75~6.5
Ⅸ	毁坏震	50.1~100	$\frac{1}{20} \sim \frac{1}{10}$	坚固的建筑如庙宇等损伤颇重，一般砖砌房屋严重破坏，有相当数量的倒塌，以至不能住，骨架建筑根基移动，骨架歪斜，地上裂缝颇多	6.5~7
Ⅹ	大毁坏震	101~250	$\frac{1}{10} \sim \frac{1}{4}$	大的庙宇、大的砖墙及骨架建筑连基础遭受破坏，坚固砖墙发生危险的裂缝，河堤、坝、桥梁、城垣均严重损伤，个别的被破坏，马路及柏油街道起了裂缝与皱纹，松散软湿之地开裂相当宽及深，且有局部崩滑，崖顶岩石有部分崩落，水边惊涛拍岸	7~7.75
Ⅺ	灾震	251~500	$\frac{1}{4} \sim \frac{1}{2}$	砖砌建筑全部倒塌，大的庙宇及骨架建筑亦只部分保存。坚固的大桥破坏，桥柱崩裂，钢架弯曲(弹性大的木桥损坏较轻)，城墙开裂崩坏。路基堤坝断开，错离很远。钢轨弯曲且鼓起，地下输送管完全破坏，不能使用，地面开裂甚大，沟道纵横错乱到处土滑山崩，地下水夹泥砂从地下涌出	7.75~8.5
Ⅻ	大灾震	501~1000	$> \frac{1}{2}$	一切人工建筑物无不毁坏，物体抛掷空中，山川风景亦变异。范围广大，河流堵塞，造成瀑布，湖底升高，山崩地毁，水道改变等	8.5~8.9

　　根据烈度表可以对某一次地震的震域进行调查，划分烈度，将烈度相同的地区用等烈度线连接成封闭的曲线，就是等震线（见图4-23）。据此做成的图件称为等震线图，其中最大烈度的中心点即为震中。

　　我国经多年实践，已制定了一般工程防震抗震的烈度标准。把地震烈度分为基本烈度和设防烈度两种。所谓基本烈度，是指在今后一定时间（一般按100年考虑）和一定地区范围内一般场地条件下可能遭遇的最大烈度。它是由地震部门根据历史地震资料及地区地震地质条件等的综合分析给定的，是对一个地区地震危险性作出的概略估计，以作为工程防震抗震的一般依据。设防烈度也叫设计烈度，是抗震设计所采用的烈度。一般建筑物可采用基本烈度为设防烈度，而重大建筑物（如核电站、大坝、大桥）则可将基本烈度适当提高作为设计烈度。我国规定，基本烈度Ⅵ度（包括Ⅵ度）以下的地区可以不设防，而超过Ⅵ度的必须采取设防措施。

三、地震的成因类型

地震按其成因可分为下列几种：

1. 构造地震

其成因是地壳构造活动带的弹性应变能，长期积累和突然释放使岩层发生断裂错动所引起的地壳表层的振动。这类地震约占地震总数的 90%，其破坏力与波及的震域特别大，一些巨大的破坏性地震都属于这种类型。

2. 火山地震

是由火山活动引起的地震，火山下面的岩浆活动和火山喷发时引起的能量运动，形成应力集中和释放的有利条件，因而产生地面振动。这类地震波及的地区多局限于火山附近数十公里的范围。

3. 陷落地震

是由山崩或地面塌陷而引起的地震，故又称冲击地震。如洞穴崩塌、地面陷落、岩崩与滑坡等均能引起这类轻微地震。这类地震的震级均很小，释放的能量极其有限，且发生次数少，仅占地震总数的 3%。

4. 诱发地震

人类工程活动，如修建水库、深井注水、石油开采、矿山抽水及地下核爆炸等，往往影响地层荷载的调整，改变原有的水文地质条件，加剧地下水纵深循环的动力作用，促进构造应力场的变化，导致这些地区频繁地发生地震。这些由于人类工程活动导致发生的地震，称为诱发地震。

深井注水诱发的地震最早发现于美国的丹佛。1962 年 3 月，该地一家军火厂为处理化学废液，将其以 30 个大气压的注水压力注入 3 671m 深的井底，注液后仅 47 天，处理井附近即发生了 3~4 级的地震，且注液过程中地震持续不断，引起社会上的普遍关注。武汉近年来也发现用深井注水而引起地震频率加大的现象。

我国湖南某煤矿因在喀斯特发育的矿区大量排水（排深达 $-20m$，排水量 2 437m^3/h，影响范围长达 20km）而引起该矿区发生一系列的地震，给生产和群众的生活带来很大影响。

水库蓄水诱发的地震更是不乏其例。这种地震最早见于希腊的马拉松水库（1931年）。20 世纪 60 年代以来，几个大水库相继产生了 6 级以上的强烈地震，造成大坝及附近建筑物的破坏和人员伤亡。如我国的新丰江水库的 6.1 级地震，印度科因纳水库的 6.5 级地震等。水库诱发地震能达到这么高的震级，特别总是发生在大坝附近，又具破坏性，这就不仅引起工程设计人员的关切，也成为一个对广大区域的稳定性有重要影响的环境因素而引起社会的关注。

四、我国地震的分布及地震地质的基本特征

我国的地震活动，具有分布广、频度高、强度大和震源浅的特点。除台湾东部、西藏南部和吉林东部的地震，属板块接缝带地震外，其余广大地域均属板内地震，而且绝大多数强震都发生在稳定断块边缘的一些规模巨大的区域性深大断裂带上或断陷盆地之内。主要地震区与活动构造带关系密切。

中国科学院地球物理研究所把我国划分为 23 个地震带。其中最主要的地震带有：南北向地震带；台湾与东南沿海地震带；华北地震带；西藏—滇南地震带；天山南北地震带；郯城—庐江地震带。

我国地震地质的基本特征可归纳为以下几点：

（1）强震活动一般均分布于区域性活动断裂带范围内。例如，地震活动最为强烈的南北向地震带自云南东部往北，经四川西部至陇东，越过秦岭西到六盘山、贺兰山一带，是由一系列著名的活动断裂所控制的。它们是：红河断裂、小江断裂、则木河断裂、安宁河断裂、鲜水河断裂、龙门山断裂、六盘山断裂和银川地堑等。地震活动的强度大而频度高。

（2）西部地区地震活动的强度和频度明显大于东部地区。这是受现代构造应力场所控制的。在西部地区，印度板块向北推挤造成强大的近 SN 向主压应力，北边又盘踞着坚硬的西伯利亚地块，使这一地区产生了一系列巨大的活动断裂，现代构造活动强烈而复杂，因此地震活动的强度大而频度高。东部地区主要受太平洋板块俯冲所造成的 NEE 向主压应力作用，活动正断层和裂谷型断陷盆地发育，地震活动主要分布于华北断块内，虽有过发生 8 级地震的历史记载，但地震频度不高。而华南断块则以地震活动较微弱为其基本特征。

（3）强震活动经常发生在断裂带应力集中的特定地段上。这些地段是：活动断裂的转折部位、端点部位、分支部位以及不同方向活动断裂的交汇部位。如 1920 年宁夏海原大地震（8.5 级）发生在祁连山北缘大断裂由 NWW 向转为 SSE 向的转折处。1950 年西藏察隅地震（8.5 级）亦发生在喜马拉雅褶皱断裂带东缘急剧转折部位。1976 年河北唐山大地震（7.8 级）发生在活动强烈的 NE 向沧县—唐山断裂与 5 条向唐山丰南聚敛的 NW 向断裂交汇部位。

（4）绝大多数强震发生在一些稳定断块边缘的深大断裂带上，而这些断块内部则基本上没有强震分布。如四川台块、鄂尔多斯台块、塔里木台块和准噶尔台块等就是这类稳定断块，而围绕这些断块的深大断裂带则强震频发。

（5）裂谷型断陷盆地控制强震的发生。由张应力条件产生的裂谷型断陷盆地，有地堑型和断裂型两种，其中形成于晚第三纪和第四纪的新生代盆地是强震发生的主要场所。如银川地堑和汾渭地堑，呈 NE—NNE 走向，地堑内部构造活动复杂，是强震活动的场所，而其两侧的活动断裂则极少有强震发生。断裂型盆地是由平推型活动断层某些部位所诱发的张应力产生的，往往呈串珠状分布于断裂的一侧，它们同样可孕育地震。

第四节 风 化 作 用

在地表环境中，由于气温变化、气体、水和水溶液的作用，以及生物活动等因素的影响，使岩石或矿物在原地发生物理状态和化学组分变化的过程，称为风化作用。具体表现为矿物、岩石在结构、构造上甚至化学成分上逐渐发生变化。岩石由整块变成碎块，由坚硬变得疏松，甚至组成岩石的矿物发生分解而产生新矿物。

一、岩石风化作用的类型

根据风化营力及岩石风化作用的性质，可以将岩石的风化作用分为物理风化、化学风化和生物风化三大类型。

（一）物理风化作用

在温度变化、岩石裂隙或孔隙中水的冻融或盐类结晶所产生的应力等作用下，岩石发生机械破碎的过程称为物理风化作用。这种作用主要发生在地表，它使原岩从比较完整坚固的状态变为松散破碎的状态，而不改变原岩的化学成分和矿物成分。其产物主要是岩石碎屑及少数矿物碎屑（图 4-26）。它的过程包括以下主要方式：

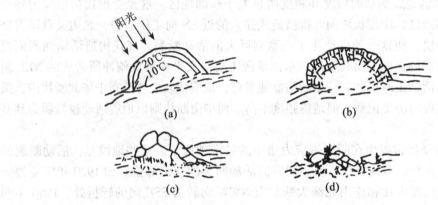

图 4-26　物理风化作用

（a）岩石表面升温　（b）岩石形成裂隙　（c）岩石破裂成碎块　（d）岩石完全风化

1. 矿物岩石的热胀冷缩

组成岩石的矿物，其膨胀系数（单位温差矿物的胀缩率）各不相同。因此，当温度发生变化时，岩石内各矿物颗粒将发生不均匀的胀缩，使矿物晶粒间的联结乃至岩石的结构达到破坏，岩石也随之出现裂缝而逐渐松散、破碎。例如在温差较大的地区，白天日照强烈，岩石表面升温较高，体积膨胀比内部大；夜晚温度骤降，岩石表面迅速散热产生收缩。由于岩石为热的不良导体，故此时其内部还在缓慢升温膨胀。这种不均匀的胀缩，就使岩石出现裂隙。随着昼夜温差频繁往复的变化，裂隙不断扩大增加，终使坚硬完整的岩石变成大大小小的碎块。

2. 冰劈作用

岩石裂隙或孔隙中的水也会因温度变化而胀缩。当温度降至冰点时，水结成冰产生体积膨胀（约 9%），从而给周围岩石以 96MPa 的压力，促使岩石的裂隙或孔隙增大。冻结和融化反复进行，昼夜温差常在 0℃ 上下波动，因而冰劈作用最为显著（图 4-27）。

3. 盐分结晶的撑裂作用

岩石中含有的潮解性盐类，在夜间因吸收大气中的水分而潮解，其溶液渗入岩石内部，并将沿途所遇到的盐类溶解；白天在烈日的照晒下，水分蒸发，盐类结晶，对周围岩石产生压力。此种作用反复进行，使岩石崩裂，在崩裂的碎块上可以见到盐类的小晶体。这种作用主要见于气候干旱地区。

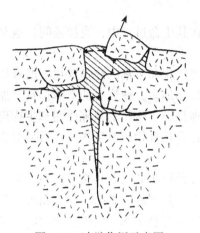

图 4-27 冰劈作用示意图

（二）化学风化作用

在氧、水溶液及二氧化碳等的作用下，所发生的一系列复杂的化学变化，引起岩石的结构、构造、矿物成分和化学成分发生变化的过程称为化学风化作用。其主要方式有氧化、溶解、水化、水解和碳酸化。

1. 氧化作用

是指大气和水中的游离氧与矿物化合成氧化物的反应过程。氧化作用既可以形成新的矿物，如黄铁矿氧化后变成褐铁矿，也可以使一些矿物中的低价元素变成高价元素而形成新的化合物，如含低价铁的磁铁矿经氧化后变为褐铁矿，此时原有矿物往往被解体。

2. 溶解作用

是指矿物溶于水的过程。不少矿物都可以不同程度地溶于水。当温度增高、压力加大或水中含有 CO_2 时，水的溶解能力就会加强，促使矿物加速溶解。如石英一般不溶于水，但在高温高压下却能部分溶于水。常见矿物的溶解度大小顺序为：石盐、石膏、方解石、橄榄石、辉石、角闪石、滑石、蛇纹石、绿帘石、钾长石、黑云母、白云母、石英。

3. 水化作用

有些矿物能够吸收一部分中性水分子参加到矿物晶格中去，形成新的含水矿物，称为水化作用。如硬石膏（$CaSO_4$）经水化后变成石膏（$CaSO_4 \cdot 2H_2O$）。这种作用常使矿物体积膨胀，对周围岩石产生很大的压力，促使岩石破坏。

4. 水解作用

矿物在溶于水的过程中，其自身离解出的离子与水中部分离解的 H^+ 和 OH^- 离子之间的交换反应，称为水解。如钾长石就极易水解，形成高岭石和二氧化硅等。水解作用除改变岩石成分外，还会破坏岩石的结构。

5. 碳酸化作用

溶于水中的 CO_2 形成 CO_3^{-2} 和 HCO_3^- 离子，它们能夺取盐类矿物中的一部分金属离子，结合成易溶的碳酸盐而随水迁移，使原有矿物分解，这种变化称为碳酸化作用。它是碳酸盐类岩石化学风化的主要作用，也是碳酸盐类岩石形成各种喀斯特地貌的主要过程。

（三）生物风化作用

生物风化作用是指生物在其生命过程中，直接或间接地对岩石所引起的物理的风化作用和化学的风化作用。

生物风化包括生物的物理风化和生物的化学风化。前者如植物在生长过程中，深入岩石空隙的根系逐渐变粗、增长和加多，使岩石的空隙扩宽、加深和形成新裂隙，从而引起岩石破坏的根劈作用。后者则是通过生物的新陈代谢和生物遗体腐烂分解来进行的。生物在新陈代谢过程中分泌出的各种化合物以及生物死亡后分解成的腐植质，都能引起岩石的化学风化。

上述三类风化作用及其多种风化方式都具有其独立意义。但是，在许多情况下，它们相伴而生，并相互影响和促进，共同破坏着岩石。如物理风化能扩大岩石的空隙，使大块岩石碎裂，增加其表面积，这就有利于水、气以及生物的活动，加速岩石的化学风化；而化学风化使矿物和岩石的性质改变，破坏了原有岩石的完整性和坚固性，这就为物理风化的深入进行提供了有利条件。生物风化则总是与各种物理风化及化学风化作用配合发生。

二、岩石风化的影响因素

岩石遭受风化是普遍存在的地质现象。但在不同地区，岩石的风化深度、风化程度、风化速度及风化产物却有所不同，即使是在同一地区，也有明显的差异。研究表明，这是由于气候、岩性、地质构造、地形等条件的影响所致。

影响岩石风化的气候原因主要是温度和降水量。地表条件下，温度增加 $10℃$，化学反应速度可增加 1 倍；水量充足则有利于物质间的化学反应。所以湿热地区一般以化学风化为主，风化深度也较大。高寒地区气温低，干旱荒漠地区日照强烈且年降水量小。这些地区的岩石多以物理风化为主，风化深度一般也不大（图4-28）。

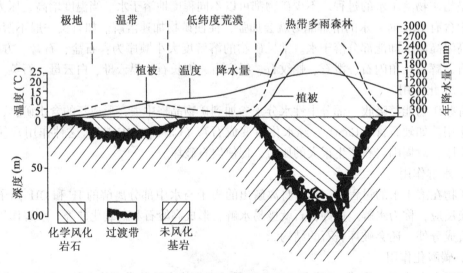

图4-28 极地至热带风化作用变化略图

岩性条件是影响岩石风化的内在因素。岩石抗风化能力的强弱，主要取决于组成岩石的矿物成分。不同矿物，其抗风化能力各异（表4-4）。岩石中稳定和极稳定的矿物含量高，则抵抗化学风化能力强，反之则弱。除此之外，岩石的结构构造对岩石抗风化能力的影响也较大。一般地说，等粒结构比不等粒结构的岩石抗风化能力强，细粒结构的岩石比粗粒结构的岩石抗风化能力强。

表4-4　　　　　　　　　　　常见造岩矿物的抗风化稳定性

相对稳定性	造 岩 矿 物
极 稳 定	石英
稳 定	白云母、正长石、酸性斜长石、微斜长石
不大稳定	普通角闪石、辉石类
不 稳 定	基性斜长石、黑云母、普通辉石、橄榄石、黄铁矿、方解石、白云母、石膏、岩盐

　　地质构造是促使岩石风化的重要因素。断层、节理、层理、沉积间断面等，均能构成风化营力（水、气等）深入岩石内部的良好通道，加深和加速岩石风化。如在断裂的交汇处风化深度往往较大，即形成所谓的风化囊（图4-29）。在节理裂隙较发育的地方，岩石风化的深度一般比裂隙不发育的岩石要大。再如褶皱核部或断层破碎带，因其裂隙发育，岩石风化深度亦往往较大。

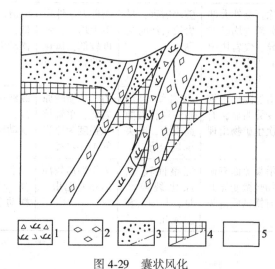

图4-29　囊状风化
1—糜棱岩和角砾岩　2—碎裂岩　3—强风化岩及其底板界线
4—弱风化岩及其底板界线　5—微风化和新鲜岩体

　　地形可使同一纬度的山地气候产生随高程不同的垂直分带现象，从而使在不同高度处的岩石中存在着不同类型的风化作用。向阳坡光照时间长，昼夜温差大，因而风化作用较阴坡强。地势的陡缓也有影响。陡坡处地下水水位低，以物理风化为主，风化层厚度较小；缓坡则以化学风化和生物风化为主，风化层厚度也较大。

三、风化壳的垂直分带

遭受风化的地壳岩石圈表层叫做风化壳。风化岩石自地表至新鲜岩石的垂直距离为风化壳厚度。岩石风化一般总是在地表较强烈，从地表向下逐渐变弱直到新鲜基岩。岩石的风化程度不同，其物理力学性质的变化也不同，因此适应建筑的性能也不一样，相应的处理措施也各不相同。所以对风化岩石在垂直方向上进行适当的分带，就显得十分重要。目前岩石风化带的划分标志主要是考虑颜色、岩石破碎程度、矿物成分的变化、水理性质、物理力学性质以及声波特性的变化，据此将风化岩石从上至下划分为四个带，即全风化带、强风化带、弱风化带、微风化带。各带特征见表4-5。

应该指出的是，这种分带是对保留完整的风化剖面而言的。实际上经常缺失上部某些带。

表4-5　　　　　　　　　　　　　　　岩石风化壳垂直分带

分带名称	岩石颜色	矿物成分	岩石破碎特点	物理力学特性	声波特性	其他特征
全风化	原岩完全变色，常呈黄褐、棕红、红色	除石英外其余矿物多已变异，形成次生矿物	呈土状，结构彻底改变，有时外观保持原岩状态	强度很低，浸水崩解，压缩性增大，手指可捻碎	纵波声速值低，声速曲线摆动小	锤击声哑，锹镐可挖动
强风化	大部分变色，岩块中心部分尚较新鲜	除石英外大部分矿物均已变异，仅岩块中心变异较轻，次生矿物广泛	破碎厉害，呈岩块岩屑时夹黏土	物理力学性质不大均一，强度较低，风化深的岩块手可捻碎	纵波声速值较低，声速曲线摆动大	锤击声哑，用锹镐开挖，偶用爆破
弱风化	表面及裂隙面大部分变色，断口中心部分尚较新鲜	沿裂隙面矿物变异明显，有次生矿物出现	原岩结构清晰，风化裂隙尚发育，时夹少量岩屑	力学性质较原岩低，单轴抗压强度为原岩的$1/3\sim1/2$	纵波声速值较高，声速曲线摆动较大	锤击发声不够清脆，需爆破开挖
微风化	仅沿裂隙面颜色略有改变	沿裂隙面有矿物轻微变异并有铁钙质薄膜	完整性较好，风化裂隙少见，与原岩相差无几	力学性质较原岩相差无几	纵波声速值高，声速曲线摆动小	锤击发声清脆，需爆破开挖

第五章　岩体的工程地质研究

第一节　概　　述

在 20 世纪以前，由于生产规模和科学水平的限制，人们在岩基上修建建筑物时，只注意研究岩石的软硬以区别场地的好坏，很少怀疑其整体稳定性。近百年来，随着生产和科学技术的发展，修建在岩基上的工程日益增多，规模也愈来愈大，对岩基提出了严格的要求。由于圣·弗兰西斯坝、马尔帕赛拱坝和瓦依昂水库出现了灾难性事故，使人们认识到岩石地基的好坏不仅取决于岩石本身强度，而且还与岩石的完整性、地下水的作用等多种因素有关，从而提出了岩体的概念。

通常将工程影响范围内的岩石综合体称为岩体，它是地壳的一部分。一个岩体的规模大小，可视所研究的工程地质问题所涉及的范围和岩体的特点而定。水利工程中岩体通常有地基岩体、边坡岩体和地下洞室围岩三种类型。

岩体是非均质的、各向异性的不连续体。在一些文献中常把岩体称为裂隙岩体，在岩体中力学强度较低的部位或岩性相对软弱的夹层，构成岩体的不连续面，亦称为结构面。结构面实际上是地质发展历史中，在岩体中形成具有一定方向、一定规模、一定形态和特性的地质界面。这些地质界面，可以是无任何充填的岩块间的刚性接触面，如劈理面、节理面、层面、片理面等；亦可以是具有充填物的裂隙面或明显存在上、下两个层面的软弱夹层；还可以是具有一定厚度（有的称宽度）的构造破碎带、接触破碎带、古风化壳等。由一系列结构面依具自己的产状，彼此组合将岩体切割成形态不一、大小不等和成分各异的地块或岩块，统称为结构体。无论从实际存在出发，还是从形态来概括，岩体就是由结构面、结构体两个基本单元所组成的。岩体中的软弱结构面，常常成为影响岩体稳定的控制面。岩体的变形和破坏机制，主要受软弱结构面及其组合形式的控制。在不连续面附近往往导致应力集中，不同特性的地质界面的存在，导致弹性波在岩体传播过程中波速明显降低、波幅显著衰减的结果。图 5-1 是在一定围压条件下，新鲜完整的花岗岩块、裂隙发育的花岗岩体试件和断裂破碎带试件的应力-应变示意图。从图 5-1 中可以看出，岩体的完整性亦即裂隙对其变形、破坏的影响是不容忽视的。岩块和岩体的强度、变形特征有很大差别，其内在结构有着本质的差异。岩体还具有以下的特点：岩体为一种多介质的裂隙体，主要由固相和液相两相介质所组成，裂隙水压力将改变岩体的变形与强度特征。岩体是一种流变体，在应力作用下，微观与宏观结构的滑移、位错、形变随时间而变化。岩体本身还存在着复杂的天然应力场。不仅存在着自重应力，而且还存在着构造应力。例如，由于构造运动和风化剥蚀作用引起的地应力、地球内应力引起的封闭应力等。

要明确岩块和岩体的区别，必须重视结构面或不连续面和岩体结构自然特征的研究。

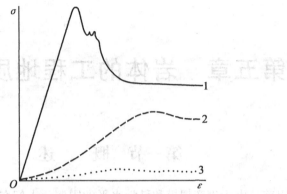

图 5-1　一定围压状态下岩块、岩体、断层破碎带试件的应力-应变示意图
1—花岗岩块　2—裂隙发育的花岗岩体试件　3—花岗岩体中断层破碎带试件

岩石是一个泛称的名词，涵义比较笼统，岩块或称岩石材料、石料，其变形和强度性质取决于岩块本身的矿物成分和岩性，而岩体的变形强度性质取决于结构面和岩体结构的工程地质特性。这也是国际上岩石力学奥地利学派（地质力学学派）的基本观点之一。L. 米勒在总结岩体力学性质时提到：岩体力学特性，尤其是它的强度，主要取决于单元岩块之间接触面上的强度；对于岩体变形，主要或者可以说90%～95%的变形产生于节理，而不是单元岩块的变形；岩体是由固体和液体两相介质所组成的，其中液相的压力作用，能够改变岩体的强度和变形特性。这个观点对岩体工程地质分析是十分重要的，也大大促进了工程地质与岩石力学、岩体工程的密切联系。

影响岩体稳定的因素有地形地貌条件、地层岩性、地质构造、岩体结构特征、地应力、地下水的作用等地质因素，以及建筑物的规模、类型和施工方法等工程因素。在大多数情况下，岩体的结构特征往往成为控制性因素。

第二节　岩体的结构特征

由于各个地区岩体形成的历史不同，所经历的构造变形就有差异，即使在同一构造变动过程中，由于所处的部位不同，组成物质成分的差异，其微皱、断裂的发展也不一致。岩体的生成、发展和演化历史的不同，使结构面的特性和空间组合以及结构体的性质和形态千变万化，岩体的结构特性也就不同。因而要正确认识结构面的力学效应，首先要对结构面的成因及其自然特性进行研究。

一、结构面的成因类型

结构面是在岩体形成过程中或生成以后漫长的地质历史时期中产生的。由于岩体的成因、时代和形成以后所处的自然环境不同，结构面的类型和特征也不同。根据成因，结构面可分为原生结构面、构造结构面和次生结构面三大类。

（一）原生结构面
原生结构面是成岩过程中形成的地质界面。自然界三种基本成因的岩类（沉积岩、火成岩和变质岩）由于其物质来源、动力条件、生成环境和形成方式都极不相同，因而它们的原生结构面各具有不同的特点。

1. 沉积结构面

沉积结构面是在沉积和成岩过程中所形成的物质分异面，包括反映沉积间歇性的层面和层理，也包括显示沉积间断的不整合面和假整合面，还包括由于岩性变化所形成的原生软弱夹层等。一般延展性很强，其产状随岩层变位而变化，其特性随岩石性质、岩层厚度、水文地质条件以及风化条件不同而有所不同。但陆相及滨海相沉积岩层往往易尖灭而形成透镜体、扁豆体，使原生层面波浪起伏。工程实践中，最具有实际意义的是原生软弱夹层。例如坚硬石灰岩中夹薄层的泥灰岩、页岩等，坚硬的砂、砾岩中夹薄层的页岩、黏土岩等，在后期构造运动和地下水作用下易次生泥化。沉积间断面是造山运动的标志，即不整合面；也可以是显示升降运动的假整合面。它们有一个共同的特点，即在沉积历史中都经历了一段漫长的风化剥蚀过程，所以不但起伏不平，而且有古风化的残积物，是一个形态多变的软弱带。沿这些结构面经常有地下水的赋存和运行，它往往起着相对阻水层的作用，它的存在不仅构成地下水的富集，而且导致自身的泥化，对岩体稳定是十分不利的。

2. 火成结构面

火成结构面是岩浆侵入、喷溢、冷凝过程中所形成的结构面，既包括大型岩浆岩体边缘的流动构造面（流层、流线）、侵入岩体与围岩的接触界面、软弱的蚀变带、挤压破碎带，也包括岩浆岩体中冷凝的原生节理和岩浆间歇性喷溢所形成的软弱结构面等。

岩浆岩体中这些结构面的工程地质性质是很不一样的。流层、流线在新鲜岩体中不易剥开，但一经风化便形成易于剥离或脱落的软弱面。冷凝原生节理常常是平行及垂直接触面的、平缓及高倾角的张裂隙。在浅成侵入岩体、火山岩体中还发育有特殊的节理，例如玄武质熔岩、流纹质熔结凝灰岩中的柱状节理，辉绿岩中的球状节理，等等。这些结构面往往形成裂隙水的通道或被次生的泥质物所充填。

岩浆岩体与围岩的接触面，一种是混融接触面，接触带岩体致密，工程地质条件良好；另一种是裂隙接触带，工程地质性质较差；再一种是接触破碎带，构成软弱结构面。接触面的形态、产状、规模及性质均与围岩和侵入岩体的性质有关。接触变质不仅可发生在围岩中即外接触变质，也可发生在侵入体边缘部位中即内接触变质。外接触变质带的厚度与性质亦随围岩的性质和侵入岩体的规模、性质而变化。一般泥质或泥灰质岩石对接触变质极其敏感，其厚度也较大；花岗岩侵入体，其围岩的变质程度要比基性、超基性岩深，变质带厚度也较大。对于绢云母-绿泥石片岩带，不仅片理、揉曲发育，而且常易在地下水作用下泥化，对工程威胁甚大。而接触带混合岩化，则往往是有利的。因此，对岩浆岩体的围岩接触带或蚀变带要作深入的研究。我国二滩电站坝址，右岸两层玄武岩中，由于印支期正长岩体侵入活动及构造运动的综合作用，而产生围岩蚀变带，形成两条宽$10\sim25m$的纤闪石化玄武岩带，是控制坝肩岩体变形和稳定的主要因素。

3. 变质结构面

变质结构面是在区域变质作用中形成的结构面，可分为变余结构面和变成结构面两大类。变余结构面主要指的是在变质程度较浅的层状岩石中残留下来的原岩的层面，但由于经受变质作用的结果，在层面上往往有片状矿物（如绢云母、绿泥石、滑石等）不同程度的集中并呈定向排列。变成结构面或称重结晶结构面，主要包括千枚状构造、片理和片麻理，可总称之为结晶片理，是由于发生了深度的重结晶作用和变质结晶作用改变了原岩层理的面貌，使片状和柱状矿物大量集中并高度定向排列而形成变质结构面。在变质岩中所夹的薄层云母片岩、绿泥石片岩及滑石片岩等，岩性软弱，片理易揉曲，易于风化并在地下水作用下泥化，往往构成软弱结构面。

（二）构造结构面

由于地壳运动，在构造应力作用下岩体形成的破裂面或破碎带，称为构造结构面，包括断层、层间错动带、节理、劈理或其他小型的构造动力结构面。

断层一般指位移显著的构造结构面，其规模相差十分悬殊，有的深切岩石圈甚至上地幔；有的仅限于地壳表层甚至地表数十米。因此，根据穿切深度，可分为岩石圈断裂、地壳断裂、基底断裂、盖层断裂等。研究构造断裂和断层破碎带的工程地质特征是一个极为重要的课题。断层从地质力学的观点，按力学性质分为压性、张性、扭性、压扭性和张扭性五类，但纯压性的断层实际上是不存在的。因此，在实际分析中，可以分为张性（包括张扭）、扭性、压扭性断层三类。张性断层面多起伏不平，断裂带中一般为松散角砾岩块及岩粉碎屑。扭性断层面比较光滑平直，压扭性断层面则呈舒缓波状，断层带厚度不等，而破碎影响带较宽。在扭性和压扭性破碎带中，常存在断层泥、构造黏土岩、糜棱岩，断距大时还有角砾岩、压碎岩，还可以存在劈理带、褶皱扭曲带以及地下水强循环的浸染带等。

层间错动带是指岩层发生构造变动时，在派生力作用下使岩层之间产生相对的位移和滑动的地带。这在褶皱岩层地区及大断层两侧，分布很普遍。使层面间形成碎屑状、片状或鳞片状的物质，并在地下水作用下产生泥化现象，构成软弱结构面。

节理泛指没有位移或位移很小的构造破裂面。无论沿走向延展，还是沿纵深发展，其范围均是很有限的，大者数十米甚至上百米，小者不过数十厘米，其厚度一般小于数厘米，实际上是一个面或者是一条缝隙。有人把大型的无错动的不连续面称为节理，而将小型的称为裂隙、裂纹，但并没有一个明确的界线。节理形成的力学机制也不外乎剪切作用和张性破裂，有的平直光滑，有的波浪起伏，有的参差曲折而粗糙，有的面为擦痕镜面而附有各种泥质薄膜（如高岭石、绿泥石、滑石等矿物组成的薄膜）。由于岩体中节理发育程度的不同，就造成了岩体中工程地质特性差异的分段性。

劈理可分为流劈理、破劈理及滑劈理等类型，它影响着局部地段岩体的完整性及强度。劈理的宽度与岩性关系很大。泥岩及板岩劈理间距可小至 $1\sim2mm$，而砂岩及石灰岩的劈理间距可达 $5\sim10cm$。

（三）次生结构面

在地表条件下，由于外营力（如风化、卸荷、人工爆破和地下水作用等）的作用，在岩体中形成的结构面称为次生结构面，它包括风化裂隙、卸荷裂隙、次生夹泥层等。它们发育的特点呈无序状，不平整，不连续，并构成软弱结构面。

风化裂隙由风化作用形成的结构面，可以分为两类。第一类为单纯因温度变化导致岩体胀缩而产生的风化裂隙，分布范围主要限于风化带以内，延伸较浅，规模较小，方向和产状都较紊乱。第二类则是沿原有结构面经风化而成，又如原结构面为其他成因的节理、裂隙，经风化作用而形成风化裂隙；又如原结构面为断层、岩脉或原生软弱夹层，经风化后形成风化软弱夹层或风化槽、风化囊，它们可以延展到岩体较深的部位。

卸荷裂隙河谷尤其是地壳急剧上升的高山峡谷地区的岩体受冲刷剥蚀，破坏了岩体中原始应力的平衡状态，导致岩体产生张性或剪性破裂而形成卸荷裂隙。垂直向卸荷形成了水平或近乎水平的卸荷裂隙；而在谷坡上因侧向卸荷而产生的裂隙则走向与河谷基本平行、直立或略倾向河谷。在河谷两岸岩体应力状态，大致可分为三个区域，即应力松弛区（卸荷带）、应力集中区（应力强化带）和初始应力区（应力不变带），如图 5-2 所示。在河谷谷坡和谷底，侵蚀切割作用使岩体初始应力得到释放，表面应力降低，形成松弛区。在这一区域内卸荷裂隙发育。应力集中区是在河谷临空面形成后产生应力重分布而形成的，剖面形状与河谷剖面一致。由应力集中区向各坡和谷底岩体深部逐渐转为初始应力区，应力平稳不变。卸荷带的宽度或深度可达数十米至上百米，例如雅砻江二滩水电站，坡高 500m，卸荷带宽达 50~100m；岷江渔子溪电站，坡高 500m，卸荷带宽达 70~100m。新安江水电站的为 30m。卸荷裂隙张开度可达十几到几十厘米。例如，西洱河一级电站厂区施工，开挖出十几条卸荷裂隙，宽达 5~20cm，最宽达 50cm，发育深度可达 70m。在高地应力区，坝基基坑开挖过程中还可能因卸荷而在坡脚一带形成平缓的剪裂面，例如葛洲坝工程基坑开挖初期沿剪裂面滑移速度达 2cm/月。

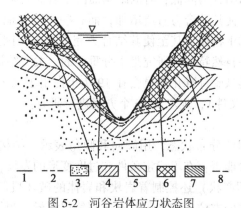

图 5-2　河谷岩体应力状态图

1—构造断裂　2—卸荷裂隙　3—初始应力区　4—应力集中区
5—应力松弛区　6—地表张应力区　7—坡脚应力集中区　8—分区界线

次生夹泥层主要是由流水或重力搬运的黏土物质沉积充填在已有裂隙中而形成的。另外，在内、外动力综合作用下形成的泥化软弱夹层，在工程地质实践中十分重要，将在第二节作专门的阐述。

二、结构面的分级

对结构面的规模及其对岩体稳定性所起作用的分级研究，有助于在实际工作中区分主次，在不同问题中，抓住起主导作用的结构面，可对具体的岩体稳定问题得到正确的认识。结构面按规模一般可分为五级：

Ⅰ级结构面：延展几公里到几十公里以上，深度至少切穿一个构造层，破碎带宽数十米到数百米以上的大断层或区域性大断裂，对区域构造起控制作用。

Ⅱ级结构面：延展数百米到数千米，延深数百米以上，破碎带宽度数米到几厘米的断层、层间错动带、接触破碎带及风化夹层等，对山体和岩体稳定起控制作用。

Ⅲ级结构面：延展在百米范围以内的断层、挤压和接触破碎带、风化夹层，其宽度在1m或1m以内，也包括宽度在数十厘米以内，走向和纵深延伸断续的原生软弱夹层、层间错动带等。它们直接影响工程具体部位岩体的稳定。

Ⅳ级结构面：延展短，一般在数米范围内，未错动，不夹泥，如节理、层面、劈理及次生裂隙等。

Ⅴ级结构面：延展性差，无厚度之别，分布随机，有为数甚多的细小结构面，主要包括隐节理、隐微裂隙、劈理、不发育的片理、线理微层理等。

结构面的分级是一个相对的概念，各个部门和各个学者对分级的规定和认识不很统一。结构面的分级实际上还必须考虑到岩土工程的规模和类型。

三、结构面的自然特征及其定量描述方法

结构面复杂的成因，加上后期又经历了不同性质、不同时期构造运动的改造和表生演化，造成了结构面自然特征的千差万别。例如，有些沉积结构面，在后期构造运动中产生层间扭曲和错动，使层间结合力降低；有的结构面由于后期岩浆注入或淋滤作用所形成的石英、方解石脉网络等，使其结合力有所增加；而有些裂隙经地下水的溶蚀作用而加宽，或充以气和水，或充填黏土物质，甚至使其结合力完全丧失。因此，在工程地质实践中，对岩体结构面的现状亦即自然特征的研究是十分重要的。关于结构面的自然特征，国际岩石力学学会实验室和现场试验标准化委员会在1977年提出了《岩体不连续面定量描述的建议方法》（CFT第4号文件），规定从10个方面进行研究：

（一）方位

方位即结构面在空间的分布状态，用倾向和倾角表示。结构面相对于工程结构的方位，在很大程度上决定着能否存在不稳定条件和过度变形的发展，对建筑物的安危起重要作用。结构面的方位（即产状）还控制着岩块和岩体的破坏机制，影响到岩块和岩体的变形和强度性质。结构面的方位一般利用罗盘或测斜仪测量。当结构面的规模较大，或者需要测量的结构面的数量较多，或者结构面在磁异常区而不宜使用磁针时，可以采用摄影测量法。所测得的大量结果，可以用玫瑰花图或极点等密图等表示出来。

（二）间距

间距指相邻结构面之间的垂直距离，通常是指一个节理组的平均的或最常见的间距。结构面间距是反映岩体完整程度和岩石块体大小的重要指标。根据所测得的结构面的平均间距，可将岩体按表5-1进行描述。

表5-1　　　　　　　　　　　　　　　结构面间距的描述

描　　述	间距（mm）
极窄的	<20
很窄的	20～60

续表

描 述	间距（mm）
窄 的	60~200
中等的	200~600
宽 的	600~2 000
很宽的	2 000~6 000
极宽的	>6 000

岩体的完整性，在生产实践中还常采用表征结构面密集程度的裂隙率来表示。

（1）线裂隙率（又称线密度或裂隙频率）K_s（条/m）：指沿测线方向单位长度上结构面或裂隙的条数。如结构面的平均间距为 s（m），则

$$K_s = \frac{1}{s} \tag{5-1}$$

（2）面裂隙率（又称结构面面积密度）K_a：指单位测量面积中裂隙面积所占的百分率，表示为：

$$K_a = \frac{各裂隙面积(长度 \times 宽度) 之和}{所测量的岩体面积} \times 100\% \tag{5-2}$$

（3）体积裂隙率（K_v）：即单位测量体积中裂隙体积所占的百分率，可表示为：

$$K_v = \frac{各裂隙体积(长度 \times 宽度 \times 厚度) 之和}{所测量的岩体体积} \times 100\% \tag{5-3}$$

（三）延续性

延续性表征结构面的展布范围和延伸长度。它是岩体很重要的特性之一。然而，在野外进行精确的定量是相当困难的。因为，岩体的露头往往比延续的结构面面积或长度小，这时真实的延续性就只能进行估计。即使有许多岩体的露头，但在野外测量结果中所包含的困难和不确定因素也是相当多的。对岩石边坡和坝基，要尽力估计从产状上看来对稳定性不利的结构面的延续性，特别要注意延续到相邻岩块下面而不是终止于坚实岩石或其他构造面的延续程度。对于隧道工程，如果存在平滑的黏土充填的结构面或有三个结构面组，即使结构面只延续跨过有限的岩块，也会发生局部的破坏。

在研究岩体的延续性时，考虑结构面延伸度与岩体工程规模的相对大小更为重要。例如，在隧道或地下洞室的围岩中，如果存在延续 5~10m 范围的平直的结构面，那对于稳定性就可能具有很大的意义。然而，这样规模的结构面，对于 100m 高的岩坡或大坝坝基则往往并不重要。在水利电力工程地质地下工程围岩勘察中，延伸长度大于 3m 或 1/3 隧洞直径的结构面，便要给予充分注意。

结构面的延续性，根据各个结构面组所测得的延续长度作如表 5-2 的描述。

表 5-2 结构面延续性描述

描 述	延续长度（m）
延续性很差的	<1
延续性差的	1～3
中等延续性的	3～10
延续性好的	10～30
延续性很好的	>30

（四）粗糙度

粗糙度指结构面侧壁的粗糙程度，用起伏度和起伏差来表征。结构面的粗糙度对于研究岩体的抗剪强度和评价岩体的剪胀有重要意义。起伏度常用起伏角 i 来表示；波状起伏的结构面则以波峰与波谷之间的距离表示起伏差 h（单位：cm）。在野外填图的初始阶段（即可行性研究阶段），在小规模的情况下可将结构面分为台阶形的、波浪形的和平直形的三种典型剖面。每种剖面又可分为粗糙的、平滑的和光滑的三种类型，如图 5-3 所示。

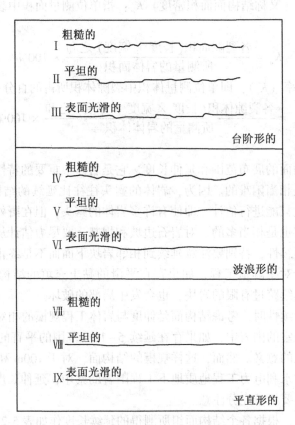

图 5-3 表示结构面粗糙度的典型剖面及建议术语
（每个剖面长度变化范围 1～10m）

（五）结构面侧壁强度

结构面侧壁的抗压强度直接影响到岩体的抗剪强度和变形性质。靠近地表的侧壁岩体常易遭受风化，而热液作用则使岩体产生蚀变。由于风化或蚀变，侧壁强度将远较深部的新鲜岩块强度为低。因此，在研究侧壁强度时，必须同时描述岩石类型和岩体风化或蚀变的程度。在野外工程地质测绘时，可用施密特回弹仪或点荷载试验仪等轻便仪器来测定侧壁强度。

（六）张开度

裂缝张开度是指结构面相邻岩壁间的垂直距离。如果岩壁间具有黏土或其他充填物，则称为充填结构面的宽度。结构面的张开度通常不大，一般小于 1.00mm。因此，除了钻孔和掘进机钻的隧道以外，小的张开度用肉眼观察是很困难的，并易与爆破裂缝或风化裂隙相混淆。在下述情况下，可能见到颇大的张开度：①波状的或具有颇高粗糙度的裂隙发生剪切位移以后；②张性裂隙，特别是在河谷侵蚀或冰川后退而发生的拉伸作用下形成的张性裂隙；③已有裂隙经冲刷溶蚀而被改造了的裂隙。描述张开度可采用表 5-3 所列的术语。

表 5-3　　　　　　　　　　　结构面的张开度

描　　　述		张开度（mm）
闭合结构面	很紧密的	<0.1
	紧密的	0.1~0.25
	不紧密的	0.25~0.50
裂开结构面	窄　的	0.50~2.5
	中等宽度的	2.5~10
	宽　的	>10
张开结构图	很宽的	10~100
	极宽的	100~1 000
	洞穴式的	>1 000

（七）充填物

充填物是指充填于结构面相邻岩壁间的物质。这些物质一般比母岩软弱。典型的充填物有砂、粉土、黏土、角砾、断层泥、糜棱岩和方解石、石英、石膏等化学沉淀物质。碎屑物质仅起机械填充作用，而充填在裂隙中的方解石脉、石英脉等则对结构面起胶结愈合作用。结构面有时可被外来物质全部填充，有时仅被局部填充。全充填结构面的力学强度主要取决于充填物的性质，而局部充填结构面，其侧壁特征将起不同程度的作用。在充填物的充填方式上还有一种敷膜式充填，即充填物仅附着在侧壁上呈薄膜状，常见的物质有方解石或石膏。尽管它们有时很薄，但对侧壁的力学性能有颇大的影响。对于黏土质充填物，还应注意研究黏土矿物成分、颗粒组成、含水量、渗透系数、团结程度以及结构曾否遭受过剪切破坏等。

在充填物较薄的情况下，还应测量结构面粗糙度的平均幅度（起伏差）和充填物的平均厚度。在泥化软弱夹层的研究中，求出充填物厚度 t 与起伏差 h 之比，对评价软弱夹层的抗剪强度和变形性质是很有价值的。当 $t<h$ 时，结构面力学性质受侧壁特征控制；$t>h$ 时，填充物性质起主导作用。对复杂充填结构面，如剪切带、压碎带、断层带、岩脉和岩性接触面，可绘制野外素描。这样可把两壁岩体的破裂程度或蚀变状况清楚地表达出来。量测尽可能准确到 10%。

（八）渗流

渗流指在单个结构面或整个岩体中所见到的水流情况。结构面是岩体中地下水流通的主要通道。研究结构面中是否存在渗流和渗流量的多少，对于评价结构面的力学性质，研究岩体中有效应力的改变以及预测岩体的稳定性和施工的困难程度都有重要的意义。

（九）节理组数

节理组数指组成交叉节理系统的节理组数目。根据结构面分布的规律性，可将其划分为有系统的和随机的两大类型。原生结构面和某些次生结构面（如构造结构面、卸荷裂隙等）分布规律性较强，都属于前者。按照产状，可将其分组进行研究。节理组数有可能是岩坡稳定性的支配因素。在地下洞室围岩中，三组或三组以上节理相互交叉常常构成三维的块状结构。它比少于三组节理的岩体具有更大的活动性。例如，只含有一组窄间距节理的薄层状千枚岩可能与三组宽间距节理的块状花岗岩具有同等好的稳定条件。在隧道中坍落总量通常明显地与节理组数有关。

（十）块体大小

由数组结构面切割而成的岩石块体，在岩体结构研究中，称为结构体。严格说来，结构体已不属于结构面的特征，而是由结构面的某些特征（如间距、延续性、节理组数等）所决定的岩体结构特征之一。根据结构体的大小可分为断块体（或称地质体）、山体、块体、岩块四级。根据结构体的大小及形状，可将岩体分为下列六种类型进行描述：

（1）巨块状：几乎没有节理或间距极宽；

（2）块状：各个方向尺寸近似相等；

（3）不规则状：岩块大小及形状变化甚大；

（4）板状；

（5）柱状；

（6）碎裂状：节理发育，碎裂成"糖块状"（图 5-4）。

定量表示块体大小的指标，可采用 A. 帕尔姆斯特拉姆（Palmstram）建议的体积裂隙数 J_v 来表示。它的定义是：岩体单位体积内通过的总裂隙数（裂隙数/m^3）。亦即沿各组结构面（裂隙）倾向设测线（长度为 $5\sim10m$），在单位长度上所切过的结构面平均数之和：

$$J_v = \sum_{i=1}^{n} \frac{1}{s_i} \tag{5-4}$$

式中：s_i——某组结构面的间距。

已知体积裂隙数 J_v，就可按表 5-4 中块体大小进行描述。如采用回旋式的合金钻头勘探（$d=91\sim150mm$），岩芯获得率低，统计岩石质量指标 RQD 有困难，当已求得 J_v 后，可按下式计算 RQD：

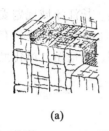 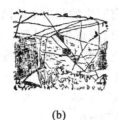 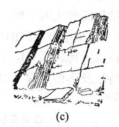 

（a）　　　　　　　（b）　　　　　　　（c）　　　　　　　（d）

图 5-4　岩块素描

（a）块状　　（b）不规则状　　（c）板状　　（d）柱状

$$RQD = 115 - 3.3J_v \qquad (5-5)$$

表 5-4　　　　　　　　　　　　　　岩石块体大小

描　述	体积裂隙数（体积节理模数）J_v（裂隙数/m^3）
很大的块体	<1
大块体	1~3
中等块体	3~10
小块体	10~30
很小的块体	>30

四、软弱夹层

在我国工程界，使用软弱夹层这一术语虽然由来已久，但至今尚无公认的确切定义。一般认为，软弱夹层是指在坚硬的层状岩层中夹有强度低、泥质或炭质含量高、遇水易软化、延伸较广和厚度较薄的软弱岩层。上述含义，将软弱夹层限定在层状岩体中。也有人将一切产状平缓（倾角小于30°）的软弱薄层状地质体均划归软弱夹层的范畴，并命名为含软弱层（带）的岩体，它包括块状岩体中的缓倾角断层及破碎带等。对大量实际工程资料的统计分析表明，软弱夹层自身的强度与夹持它的上下坚硬岩层相比较，其强度和变形模量均低于上下硬岩层的 1/5~1/50。一般软弱夹层的强度和变形参数如下：

摩擦系数　　　　　　$f<0.5$

饱和抗压强度　　　　$R_b \leqslant 10MPa$

变形模量　　　　　　$E_0 \leqslant 1\,000MPa$

软弱夹层，特别是其中的泥化夹层是一种非常软弱的结构面，它们是控制岩体稳定性的极端重要的因素，国内外一些工程的失事均与此有关。据不完全统计，在我国已建成或正在设计、施工的 90 余座大坝中，由于软弱夹层而改变设计、降低坝高或在后期加固的共有 30 余座。因此，在水利水电工程建设中，人们非常重视对软弱夹层的调查与研究。

（一）软弱夹层的成因与分类

软弱夹层的成因和结构面的成因一样，也有原生的和次生的两大类。长江流域规划委员会等单位，以我国 20 个大型水电工程的单项研究成果为基础，并广泛参考了其他具有软弱夹层的坝基资料，按成因将软弱夹层分为沉积型、火成型、变质型、构造型、风化型及充填型六类，其分类特征及典型工程见表 5-5。

表 5-5　　　　　　　　　　　　　　　　软弱夹层的成因分类

类型		亚类	地质特征	典型工程
沉积型	1	河湖相沉积的软弱层	黏土岩、黏土质粉砂岩、粉砂质黏土岩、炭质细砂岩等，薄至中厚层或呈透镜状、软弱、强度低	葛洲坝、盐锅峡、四川红层若干工程
	2	潮汐相碎屑岩沉积的软弱层	泥质粉砂岩，相变大、层次多、厚度薄、连续性差	大藤峡
	3	浅海相沉积的软弱层	泥质粉砂岩、粉砂质黏土岩及页岩等，层状连续分布	小浪底、朱庄、潘家口老坝址、宝珠寺、双牌
	4	浅海相碳酸盐岩中的软弱夹层	泥质、砂质、炭质页岩、泥灰岩、瘤状灰岩、泥质白云岩等，强度较高	彭水、隔河岩
火成型		火山喷发沉积的软弱层	陆相火山碎屑岩中的软弱夹层，有凝灰岩、脱玻珍珠岩，连续分布，厚度变化大，成岩程度较好，玄武岩喷发间歇期沉积的火山碎屑砂泥质软弱层，成岩程度差	铜街子、桓仁、亭下
变质型	1	区域浅变质岩中的软弱层	砂质页岩、粉砂岩、泥质板岩等	五强溪、凤滩、上犹江、万安
	2	区域深变质岩中的软弱层	副变质岩中的云母片岩、绿泥石片岩、滑石片岩、石墨片岩等，片理发育、强度低	佛子岭
	3	侵入接触变质的软弱层	岩脉侵入围岩蚀变接触带，蚀变黏土及碎屑，厚度变化大	青山、岩滩

续表

类型	亚类		地质特征	典型工程
构造型	1	层间错动软弱夹层	一般可分为泥化带、劈理带、节理带等几个带，性能差，强度低	葛洲坝、大藤峡、桓仁、五强溪、上犹江、小浪底、宝珠寺、彭水、隔河岩、万安、铜街子、朱庄
	2	断裂错动的软弱带	缓倾角断裂带，一般以压扭性为主，次为张扭性	龙羊峡、红岩、大化、三峡、丹江口、李家峡、安康、潘家口
风化型	1	风化溶滤软弱层	含易风化矿物的母岩，经风化、溶滤作用而成	万安、桓仁
	2	脉状风化软弱带	如方解石脉、方解石-绿泥石脉的带状风化	岩滩、青山
充填型	1	断裂、卸荷裂隙充填的软弱带	在河谷卸荷范围内，平缓的裂隙、断层，经地下水携带沉积形成的充填夹泥	龙羊峡（白泥）、峡口、雅溪
	2	溶隙充填夹泥	碳酸盐类岩石分布地区、沿溶蚀缝隙充填的夹泥	彭水、隔河岩

在工程实践中遇到的软弱夹层，有不少是属于综合成因的。

关于软弱夹层的分类，目前还没有统一的标准。有的按照岩性分，有的按夹层的破碎程度分。长江水利委员会建议将软弱夹层分为软岩夹层、碎块夹层、碎屑夹层及泥化夹层四类。

（二）软弱夹层的特性

软弱夹层的物理力学性质与夹层的物质组成的、颗粒大小、含水量及起伏程度等多种因素有关。现按长江水利委员会划分的四类夹层，分别介绍其工程地质特性如下。

1. 软岩夹层

常见的有黏土岩、疏松泥灰岩、石膏层、碳质条带、斑脱岩等。这类夹层易风化，浸水崩解、膨胀或溶解，其变形和强度的时间效应明显，单轴抗压强度通常小于 15 MPa，峰值摩擦系数为 0.40~0.60，变形模量小于 2 000MPa。

2. 碎块夹层

碎块夹层是由 80% 以上粒径大于 2mm 的粗碎屑组成。碎块间或上下界面有泥膜，黏粒含量少于 10%，其他为砂粒。夹层的剪切破坏面一般不是平直的，其应力-位移关系曲线较复杂。根据一些工程现场试验资料，其峰值摩擦系数为 0.45~0.60，变形模量为 200~1 000MPa。

3. 碎屑夹层

碎屑夹层中粒径为 0.5~2 mm 的细碎屑约占 30%，大于 2 mm 的粗碎屑含量占 30%~50%，黏粒占 10%~30%。夹层的抗剪强度与碎屑的母岩性质、碎屑形状及泥质含量有关，一般峰值摩擦系数为 0.30~0.45，变形模量只有 50~200MPa。

4. 泥化夹层

黏土岩类岩石经一系列地质作用变成塑泥的过程称为泥化，泥化的标志是其天然含水量等于或大于塑限。因此，泥化夹层具有结构松散、密度小、含水量大、黏粒含量高（一般大于 30%）、强度低、变形大等特点，其峰值摩擦系数为 0.15~0.30，多数为 0.2，变形模量一般小于 50MPa。

泥化夹层是软弱夹层中性质最坏的一类，对岩体的抗滑稳定往往起控制作用。我国对泥化夹层的研究，始于江西陡水的上犹江水电站建设中（1956 年）。以后，陆续对数十个工程区的泥化夹层进行了程度不同的研究，其中，对葛洲坝工程研究得最全面深入。泥化夹层通常都是综合成因的，一般认为泥化夹层的形成必须具备下述三个条件。

（1）物质基础。黏土岩类夹层是泥化夹层形成的物质基础，而且原岩中黏粒含量愈高、蒙脱石组黏土矿物愈多，愈有利于泥化。

（2）构造作用。构造作用可以破坏原来黏土岩夹层的完整性，为地下水的渗入提供通道，同时，原岩的矿物颗粒连接也会受到严重的破坏，为泥化提供重要的条件。许多工程实例表明，由层间错动形成的层间剪切带是形成泥化夹层的重要条件。发育完善的层间剪切带，一般可分为泥化错动带、劈理带和节理带三个带（见图 5-5）。泥化错动带与层间错动的主滑动面相一致，由于主滑面上下岩层错动时的研磨作用，使黏土矿物和水分沿错动面富集，因而形成泥膜或泥化带，并可见镜面及擦痕等剪切滑动的痕迹。劈理带由于片状黏土颗粒沿劈理面走向排列，水极易沿劈理浸入，故劈理带也常易形成泥化。节理带岩石的结构基本未遭受破坏，因此，一般不能形成泥化带。

（3）地下水的作用。黏土岩夹层经层间错动使原岩结构遭受强烈破坏后，水在黏粒周围形成结合水膜，使颗粒进一步分散，颗粒间连接力减弱，含水量增加，使岩石处于塑态甚至接近流态，即产生了泥化。水在泥化夹层形成过程中，还有溶解盐类、水化和水解某些矿物等复杂的物理化学作用。

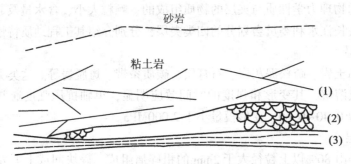

图 5-5 某工程局间剪切带示意图（据长江水利委员会）
（1）节理带 （2）劈理带 （3）泥化错动带

五、岩体的结构类型

为概括岩体的变形破坏机理及评价岩体稳定性的需要，可根据岩体的节理化程度，划分岩体的结构类型。《水利水电工程地质勘察规范》（GB 50287—99）将岩体结构划分为4个大类和12个亚类，其基本特征见表5-6。

表5-6　　　　　　　　　　　　　　　　岩体结构分类表

类型	亚类	岩体结构特征
块状结构	整体状结构	岩体完整，呈巨大块状，结构面不发育，间距大于100cm
	块状结构	岩体较完整，呈块状，结构面较发育，间距一般为100~50cm
	次块状结构	岩体较完整，呈次块状，结构面中等发育，间距一般为50~30cm
层状结构	巨厚层状结构	岩体完整，呈巨厚层状，结构面不发育，间距大于100cm
	厚层状结构	岩体较完整，呈厚层状，结构面发育，间距一般为100~50cm；呈中厚层状，结构面间距一般为50~30cm
	中厚层状结构	岩体较完整，呈中厚层状，结构面中等发育，间距一般50~30cm
	互层状结构	岩体较完整或完整性差，呈互层状，结构面较发育或发育，间距一般为30~10cm
	薄层状结构	岩体完整性差，呈薄层状，结构面发育，间距一般为30~10cm
碎裂结构	镶嵌碎裂结构	岩体完整性差，岩块镶嵌紧密，结构面发育到很发育，间距一般为30~10cm
	碎裂结构	岩体较破碎，结构面很发育，间距一般小于10cm
散体结构	碎块状结构	岩体破碎，岩块夹岩屑或泥质物
	碎屑状结构	岩体破碎，岩屑或泥质物夹岩块

第三节　岩体的力学特性

由于岩体中存在各种软弱结构面，所以岩体的力学性质与岩块的力学性质有很大的差别。一般来说，岩体较岩块易于变形，并且其强度显著低于岩块的强度。岩体变形与强度理论将在岩石力学中讲述，这里，主要介绍一些最基本的概念和岩体变形与破坏的特征。

一、岩体的变形特征

岩体的变形通常包括结构面变形和结构体变形两部分。实测的岩体应力-应变曲线是上述两种变形叠加的结果。图5-6分别绘出了坚硬岩石、岩体和软弱结构面的应力-应变曲线，图中反映出这三条变形曲线的特征是不同的。岩体的应力-应变曲线可分为四个阶段：OA 段曲线呈凹状缓坡，这是由于节理压密闭合造成的；AB 段是结构面压密后的弹性变形阶段；BC 段呈曲线形，它表明岩体已产生微破裂或塑性变形；C 点的应力值就是岩体的峰值强度，过 C 点后产生应力降表明岩体进入全面的破坏阶段。

就大多数岩体而言，一般建筑物的荷载远达不到岩体的极限强度值。因此，设计人员所关心的主要是岩体的变形特性。变形模量或弹性模量是表征岩体变形的重要参数。由于岩体中发育有各种结构面，所以岩体变形的弹塑性特征较岩石更为显著。如图5-7所示，岩体在反复荷载作用下对应于每一级压力的变形，均有弹性变形 ε_e 和残余变形 ε_p 两部分。变形模量 E_0 和弹性模量 E_e 分别为岩体的变形模量，也是表征岩体质量好坏的一种指标，在水电工程建设中可根据表 5-7 划分岩体变形模量等级。

$$E_0 = \frac{\sigma}{\varepsilon_p + \varepsilon_e}, \quad E_e = \frac{\sigma}{\varepsilon_e} \tag{5-6}$$

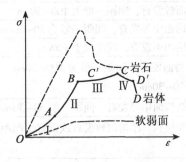

图 5-6 岩石、岩体与结构面的 $\sigma\text{-}\varepsilon$ 关系曲线

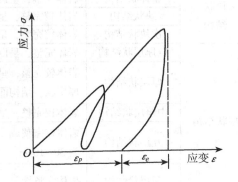

图 5-7 岩体的弹性变形 ε_c 与残余变形 ε_p

表 5-7 　　　　　　　　　　　　　　岩体根据变形模量的分级

岩体类型	I	II	III	IV	V
	好岩体	较好岩体	中等岩体	较坏岩体	坏岩体
变形模量（CGa）	>20	10~20	2~10	0.3~2	<0.3

由于岩体中结构面发育情况、充填情况及岩石性质的差异，岩体在加载变形过程中，其压力（P）与变形（W）的关系曲线通常有下列三种类型：直线型（见图 5-8（a）），当岩体节理不发育，岩体坚硬完整时其 $P\text{-}W$ 曲线呈直线型；上凹型（见图 5-8（b）），它反映出岩体中节理发育且充填不好，在加载初期节理逐渐压密闭合，$P\text{-}W$ 曲线斜率较缓，随着荷载增加，结构面闭合后则压力与变形曲线变陡最后呈直线关系；上凸型（见图 5-8（c）），当荷载较低时 $P\text{-}W$ 呈直线关系，随荷载增加，$P\text{-}W$ 呈曲线关系，它反映了岩性软弱或深部埋藏有软弱岩层。

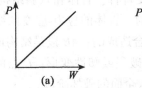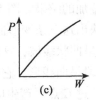

图 5-8 岩体压力-变形曲线的三种基本类型

（a）直线型 （b）上凹型 （c）上凸型

岩体在地震、爆破、水流振动或机械振动等动荷载作用下的变形特性与静荷载作用下的情况不同。岩体在动荷载作用下的变形特性可用动弹性模量（E_d）来表示。岩体中的一点受到动荷载冲击后将产生振动，这种振动是以弹性波的形式向外扩散的。根据弹性理论可导出动弹性模量 E_d 与波速间的关系为：

$$E_d = \frac{\rho v_s^2(3v_p^2 - 4v_s^2)}{v_p^2 - v_s^2} \tag{5-7}$$

或

$$E_d = \rho v_p^2 \frac{(1 + \mu)(1 - 2\mu)}{1 - \mu} \tag{5-8}$$

式中：v_p 为纵波波速（m/s）；v_s 为横波波速（m/s）；ρ 为岩体的密度，$\rho = \dfrac{\gamma}{g}$，其中 γ 为岩体重度，g 为重力加速度；μ 为泊松比。

在生产上一般用动力法（即弹性波法，如地震法、声波法等）测定岩体的动态变形参数。由于弹性波法的作用力小（10^{-2}N/cm^2 范围）和作用时间短暂（秒范围内），因而岩体的变形是弹性的。而静力法（如千斤顶法、狭缝法等）的荷载大，作用时间长而缓慢。岩体的变形包含有非弹性部分。因此，一般用动力法测得的动弹性模量 E_d 比静力法测得的静弹性模量 E_e 要高。根据国内外 175 个对比资料的统计，E_d 与 E_e 的比值在 $1 \sim 20$ 之间，其中为 $1 \sim 10$ 的占 85% 强。

动力法的优点是简便、快速、经济，能在现场大量量测并能反映较大范围内岩体的变形特性。因此，寻求不同类型岩体的动、静弹性模量之间的关系有重要的生产实践意义。有了这种关系，就可以用动弹性模量推算静弹性模量。但是，由于自然界岩体的复杂性，至今尚未获得一个公认的、能普遍适用的关系式。

目前，对于一些不能进行大量现场静弹性模量试验的中小型工程，可通过动力法求得岩体的动弹性模量 E_d，利用下式估算设计用的岩体静弹性模量：

$$E_e = jE_d \tag{5-9}$$

式中：j 为折减系数，与岩体的完整性有关，可按表 5-8 选取。

表 5-8　　　　　　　　　　　　　岩体完整性与折减系数

岩体完整性系数 $\left(\dfrac{v_m}{v_r}\right)^2$	$1.0 \sim 0.9$	$0.9 \sim 0.8$	$0.8 \sim 0.7$	$0.7 \sim 0.65$	<0.65
折减系数 j	$1.0 \sim 0.75$	$0.75 \sim 0.45$	$0.45 \sim 0.25$	$0.25 \sim 0.2$	$0.2 \sim 0.1$

注：v_m 为岩体的纵波波速；v_r 为岩石的纵波波速。

对于大型水电工程，应根据某一工程地质单元或某一岩类，进行现场动、静弹性模量对比试验，建立 E_e、E_d 的关系式。

二、岩体的流变特性

物体在外部条件不变的情况下，应力或变形随时间而变化的性质称为流变性。流变性有蠕变和松弛两种表现形式。

蠕变是指在应力一定的条件下，变形随时间持续而逐渐增长的现象。

松弛是指在变形保持一定时，应力随时间增长而逐渐减小的现象。

试验和工程实践表明，岩石和岩体均具有流变性。特别是软弱岩石、软弱夹层、碎裂及散体结构岩体，其变形的时间效应明显，蠕变特征显著。有些工程建筑的失事，往往不是因为荷载过高，而是在应力较低的情况下岩体即产生了蠕变。

对一组试件，分别施以大小不同的恒定荷载，测定各试件在不同时间的应变值，则可得到一组如图 5-9 所示的蠕变曲线。

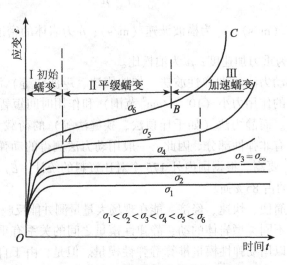

图 5-9　不同应力条件下岩体的蠕变曲线

由该图可见，岩体的蠕变曲线，因恒定荷载大小不同可分为两种类型。一类是在较小的恒定荷载作用下（$\sigma < \sigma_\infty$），变形随时间增长，变形速率递减，最后趋于稳定，是一种趋于稳定的蠕变；另一类为趋于非稳定的蠕变，即当恒定荷载超过某一极限值后（$\sigma > \sigma_\infty$），变形随时间不断增长，最终导致破坏。

典型的蠕变曲线可分为以下三个阶段：

（1）初始蠕变阶段，如图中的 OA 段。其特点是变形速率逐渐减小，所以又称阻尼蠕变阶段。

（2）平缓蠕变阶段，如图中的 AB 段。其变形缓慢平稳，应变随时间呈近于等速的增长。

（3）加速蠕变阶段，如图中的 BC 段。本阶段的特点是变形速率加快直到岩体破坏。

关于岩体的蠕变，目前已经提出了一些经验方程，但主要是模拟前两个阶段的，对于加速蠕变，至今尚未找到简单的公式。

图 5-9 表明，当岩体所受的长期应力超过某一临界应力值时，岩体才经蠕变发展至破坏，这一临界应力值称为岩体的长期强度，以 τ_∞ 或 σ_∞ 表示。

岩体的长期强度取决于岩石及结构面的性质、含水量等因素。根据原位剪切试验资料，软弱岩体和泥化夹层的长期剪切强度（f_∞）与短期剪切强度（f_c）的比值，约为 0.8

（见表 5-9），大体相当于快剪试验的屈服值与峰值强度的比值。

表 5-9　　　　　　　　　　　**软弱岩体和软弱夹层的长期强度**

工程名称	岩层类型	主要矿物	$f_∞$	$f_∞/f_c$
330	黏土质粉砂岩/混凝土	伊利石、绿泥石、高岭石、蒙脱石	0.87	0.80
330	泥化夹层（202）	蒙脱石、伊利石、高岭石	0.20	0.87
330	泥化夹层（308）	绿泥石	0.16	0.84
大冶铁矿	软弱夹层	蒙脱石	0.42	0.79
抚顺煤矿	软质泥灰岩	蒙脱石	0.18	0.78
抚顺煤矿	灰白色黏土岩泥化夹层	蒙脱石	0.158	0.81
抚顺煤矿	紫红色黏土岩泥化夹层	蒙脱石	0.176	0.79
抚顺煤矿	棕红色黏土岩泥化夹层	伊利石	0.192	0.78

注：本表据林天健、吴学谋。

三、结构面的强度

岩体是由各种形状的结构体（单元岩块）和结构面组成的复杂的地质体。岩体的力学性质必然受到岩块材料和结构面力学性质的双重控制。究竟哪一方面起主导作用，既要看结构面的充填情况、胶结类型、产状组合关系、延续性等自然特征因素的影响，又要看岩体的受力条件和岩体滑移的边界条件。裂隙岩体（或称节理化岩体）的强度，主要取决于结构面的强度，而不是取决于岩块材料的强度。因此，在岩体稳定的工程地质分析中，要确定岩体的强度性质，首先要研究结构面，特别是贯通性软弱结构面的强度。下面重点讨论结构面的抗剪强度。根据结构面的充填程度，可分两种情况：

（一）无充填结构面的抗剪强度

无充填结构面的抗剪强度主要决定于结构面两壁的起伏形态、粗糙度和凸起体的强度。

对于平直光滑的结构面，例如岩体中扭性 X 节理面和发育较好的平直光滑的层理面和片理面，其抗剪强度比较接近用金刚砂磨制的岩石磨光面的摩擦强度，可用下式表示：

$$\tau = \sigma\tan\phi \tag{5-10}$$

式中：σ——结构面上的法向压应力；

ϕ——结构面的摩擦角。

实际上，即使宏观上最光滑的天然结构面，在微观上看来也存在着大大小小的凸起体，表面总是具有细微的凹凸和擦痕，故平直光滑结构面由于局部咬合作用仍具有一部分内聚力，其摩擦角 ϕ 一般变化在 20°~40° 之间，内聚力 c 在 0~0.1MPa 之间（见表5-10）。

表 5-10

结构面地质类型	结构面的形状	摩擦角 ϕ（°）	摩擦系数 f	内聚力 c（MPa）
滑石外岩片理面 绢云母片岩片理面 云母片岩片理面	平直或微呈波状，光滑	<20	<0.36	<0.05
黏土岩、泥灰岩、页岩层面、千枚岩、绿泥石片岩片理面	平直，表面光滑	20~30	0.36~0.58	0.05~0.1
砂岩、石灰岩及部分页岩层面，平直光滑 X 节理劈理面等	平直，或微呈波状起伏	30~40	0.58~0.84	0.05~0.1
各种坚硬岩体的构造裂隙，部分灰岩层面，砂岩层面	波状起伏，表面较粗糙，有些呈锯齿状（追踪张裂隙）	>40	>0.84	≥0.08~0.1

对于粗糙起伏结构面的抗剪性能，20 世纪 60 年代中期巴顿（Patton，F. D.）和戈德斯坦（Goldstein，M.）等人在研究中发现与粒状材料有某些相似的现象。在粗糙起伏结构面的剪切过程中，在发生剪位移的同时，垂直向上发生扩张变形，这种现象称为剪胀。巴顿在室内用石膏材料探讨了不同糙度下抗剪强度的机理。他在石膏试件上设置了一些规则分布的锯齿，然后进行直剪试验，当发生剪切破坏后，继续施加剪力，测得残余抗剪强度。结果得出峰值强度曲线 OAB 与残余强度曲线 OC（见图 5-10）。作者认为，结构面在较低的压应力作用下（OA 段），由于锯齿状凸起体基本未遭破坏，剪切全系滑越，此时结构面的抗剪强度可用下式表示：

$$\tau = \sigma \tan(\phi_b + i) \tag{5-11}$$

式中：ϕ_b——岩石的基本摩擦角，在实践中可认为近似等于残余摩擦角 ϕ_r，此处相当于沿凸起体表面的滑动摩擦角；

i——锯齿状凸起体的起伏角。

当正应力较大时（AB 段），剪切破坏是在凸起体被剪断后，通过锯齿的底面发生，不再产生剪胀，此时结构面的抗剪强度由两壁岩石的抗剪强度来决定，符合库伦关系式，即

$$\tau = \sigma \tan\phi + c \tag{5-12}$$

式中：ϕ——两壁岩石的摩擦角，$\phi \approx \phi_r$；

c——两壁岩石的黏聚力。

从上述的研究可知，粗糙结构面的抗剪强度，除包括与剪应力方向一致的摩擦组分外，结构面上的凸起体也起着非常重要的作用，且随着有效正应力的大小而不同。不仅完整的岩石具有弯曲的峰值强度包络线，而且结构面的峰值强度包络线也应是弯曲的（近似于双线性关系）。

天然的粗糙结构面起伏是不规则的，起伏角变化很大，为此巴顿（Barton，N.）建议用剪胀角来说明。剪胀角 d_n 是剪切位移时实际运动方向与平均剪切运动方向间的夹角，

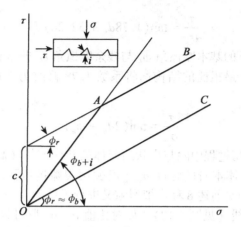

图 5-10　规划锯齿状结构面的 $\sigma - \tau$ 曲线

即

$$\tan d_n = \frac{\delta_v}{\delta_h} \tag{5-13}$$

式中：δ_v——剪胀量；

　　　δ_h——剪切方向位移量。

巴顿对粗糙程度不同的 8 种模拟裂隙进行了剪切试验，测量其峰值剪应力 τ 和压应力 σ_n 以及峰值剪胀角 d_n（破坏瞬间与峰值抗剪强度同时出现的最大剪胀角），对所得数据进行最小二乘法分析，计算出 arctan（τ/σ_n）与 d_n 的关系曲线，将结果列入图 5-11 中[包括德·弗雷塔斯（De Freitas）提供的黑石花岗岩中张性断裂的某些试验数据]。其关系式为：

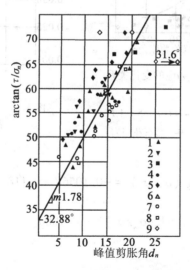

图 5-11　arctan（τ/σ_n）与 d_n 的线性变化关系（据巴顿）

1—C_2P　2—C_2P_{ej}　3—C_3S　4—C_2P　5—A_2P　6—C_4P　7—CP　8—$C_{25}P$　9—黑石花岗岩

$$\frac{\tau}{\sigma_n} = \tan(1.78d_n + 32.28) \tag{5-14}$$

大量实验资料证明，岩石的基本摩擦角 ϕ_b 与残余摩擦角 ϕ_r 非常相近，一般介于 $25° \sim 35°$ 之间。为简化起见，对于最粗糙的结构面将系数 1.78 修改为 2.0，则式（5-14）可简化为：

$$\frac{\tau}{\sigma_n} = \tan(2d_n + \phi_b) \tag{5-15}$$

式（5-15）中 d_n 值在剪切过程中除与齿状凸起体的几何形状（高度和底长）有关外，还决定于压应力 σ_n 和凸起体本身的强度 σ_c [巴顿用裂隙抗压强度 JCS（Joint Compressive Strength）来代替]。巴顿对前述 8 种模拟裂隙又进行了试验，得出了无量纲比值 σ_n/σ_c 与峰值剪胀角 d_n 的关系曲线（见图 5-12）。如对比值 σ_n/σ_c 取对数比例尺而重新绘出数据，并进行最小二乘法拟合，就得出下列方程式（见图 5-13）：

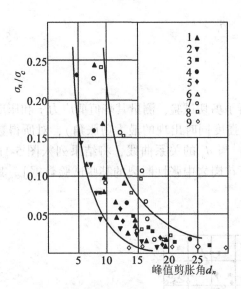

图 5-12　峰值剪胀角 d_n 与 σ_n/σ_c 的变化关系
（据巴顿）

1—C_2P　2—C_2PC　3—C_3S　4—C_3P　5—A_2P
6—C_4P　7—C_9-P　8—$C_{25}P$　9—黑石花岗岩

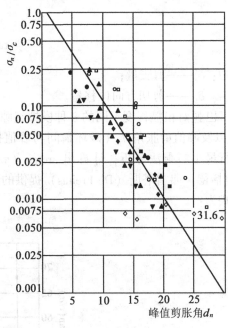

图 5-13　峰值剪胀角 d_n 与 σ_n/σ_c 的对数变化关系

$$\lg(\sigma_n/\sigma_c) = -0.1056d_n + 0.1184$$

稍作简化近似可得：

$$\lg(\sigma_n/\sigma_c) = -0.100d_n$$

或

$$d_n = 10\lg\left(\frac{\sigma_c}{\sigma_n}\right) \tag{5-16}$$

将式（5-16）代入式（5-15）中，得

$$\tau = \sigma_n \tan\left[20\lg\left(\frac{\sigma_c}{\sigma_n}\right) + \phi_b\right] \tag{5-17}$$

上式中对数项系数表示结构面的粗糙程度，巴顿称之为裂隙粗糙系数（Joint Roughness Coefficient），用 JRC 代表。由于式（5-14）的简化中曾假定结构面是最粗糙的，故系数 20 表示粗糙程度最高的情况，即最大值。因当结构面极为光滑时，$d_n = 0$，显然此系数为 0，则 JRC 介于 0~20 之间。

此外，由于风化作用，裂隙面上及其附近的强度往往较岩体其他部位的强度为低，巴顿用裂隙抗压强度 JCS 代替 σ_c，因而式（5-17）的通式可写为：

$$\tau = \sigma_n \tan\left[\text{JRC}\lg\left(\frac{\text{JCS}}{\sigma_n}\right) + \phi_b\right] \tag{5-18}$$

此即巴顿提出的预测岩体结构面抗剪强度的一般方程式。如果能用简便的方法测得 JRC、JCS 及 ϕ_b 三个参数，在一个岩石工程设计的初期阶段，就能够对裂隙的抗剪强度作出迅速的估算，并判断裂隙的抗剪强度是否低到必须进行更详细的研究的程度。

巴顿建议用以下简便方法确定上述三个参数：

（1）对裂隙抗压强度 JCS，可用回弹仪试验求出回弹值 R 的平均值，利用米勒的经验关系式求得：

$$\lg(\sigma_c) = 0.00088\gamma R + 1.01 \tag{5-19}$$

式中：σ_c——裂隙表面的单轴抗压强度（MN/m²）；

γ——岩石的干容重（kN/m³）。

在裂隙两壁岩石风化轻微的情况下，亦可采用常规的单轴抗压试验或点荷载试验换算抗压强度。

（2）基本内摩擦角 ϕ_b，可采用经验数据或用试验测定。巴顿建议用简单的倾斜试验或推拉试验来求得。但 E. Hoek 等认为由于试件尺寸较小，用倾斜试验求出的 ϕ_b 不可靠。较为理想的是用金刚石锯加工成岩石光面进行直剪试验来确定。在无试验资料时，可用表 5-11 所列的数据。

（3）对裂隙粗糙系数 JRC，可以将结构面的粗糙度剖面与图 5-14 中所示的标准剖面进行对比，从而确定出 JRC 值，也可以采用倾斜或推拉试验测量开始滑动时的倾斜角 α

（$\alpha = \arctan\dfrac{\tau_0}{\sigma_{n0}}$，$\tau_0$，$\sigma_{n0}$ 分别是在这种极低应力等级下发生滑动时作用在结构面上的剪应力和正应力），代入式（5-17）中反算 JRC 值，得

$$\text{JRC} = -\frac{\alpha - \phi_b}{\lg\left(\dfrac{\text{JCS}}{\sigma_{n0}}\right)} \tag{5-20}$$

表 5-11　　　　　　　　　各种岩石基本摩擦角 ϕ_b 的近似值（据巴顿）

岩石	ϕ_b（°）	岩石	ϕ_b（°）
角闪岩	32	花岗岩（粗粒）	31~35
玄武岩	31~38	石灰岩	33~40
砂岩	35	斑岩	31
白垩	30	砂岩	25~35

续表

岩石	ϕ_b (°)	岩石	ϕ_b (°)
白云岩	27~31	页岩	27
片麻岩（片状的）	23~29	粉砂岩	27~31
花岗岩（细粒）	29~35	板岩	25~30

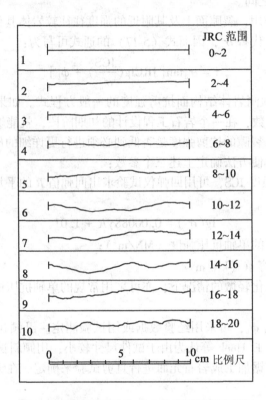

图 5-14　巴顿用以确定 JRC 的典型粗糙度剖面

（二）有充填结构面的抗剪强度

有充填结构面的抗剪强度主要决定于充填物的成分和厚度。大量试验资料表明，充填夹层物质成分对结构面的抗剪强度有很大的影响。如表 5-12 资料所列，结构面的抗剪强度随夹层内黏土含量增加而降低，随碎屑成分增加、颗粒增大而增加。充填不夹泥的薄层角砾结构面，有时结构面强度反较干净结构面强度高，如直剪试验取得的林县崮山灰岩的层面摩擦系数 $f=0.65$，而夹薄层灰岩碎屑的结构面强度竟高达 $f=0.84$。含这种物质的夹层显然已不属于软弱结构面。

结构面的抗剪强度还随着充填物厚度的增加而迅速降低。波状或锯齿状结构面的抗剪强度还受充填物质的厚度 f 与起伏差 h 之间的关系控制。t 与 h 之比，称为充填度（见图 5-15）。朱庄水库试验资料说明：随着充填度的增加，其力学强度逐渐降低，当结构面内充填物厚度 d 大于起伏差 h 近两倍，即充填度大于200%时，结构面抗剪强度才趋于稳定，结构面强度达到最低点。此时，结构面强度与充填物强度相同。

表 5-13 列出了国内部分工程岩体结构面的抗剪强度参数，说明不同的充填情况，其

抗剪强度参数相差很大。

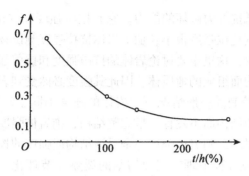

图 5-15　夹泥充填度对结构面摩擦系数的影响（朱庄水库试验资料，据孙广忠）

表 5-12　　　　　夹层物质成分对结构面抗剪强度的影响（据孙广忠）

夹　层　成　分	摩擦系数 f	黏聚力 c（MPa）
泥化夹层和夹泥层	0.15~0.25	0.005~0.02
碎屑夹泥层	0.30~0.40	0.02~0.04
碎屑夹层	0.50~0.60	0~0.1
含铁锰质角砾破碎夹层	0.65~0.85	0.03~0.15

表 5-13　　　　岩体结构面现场抗剪试验成果（据《岩石坝基工程地质》）

工程名称	岩石	结构面物质	抗剪强度参数	
			f	c（MPa）
三　峡	石英闪长岩	绿帘石	1.14	0.12
乌江渡	灰　岩	方解石（弱风化）	0.80	0.16
安　康	千枚岩	无充填	0.53	0.12
七里垄	流纹斑岩	夹泥厚 10cm	0.26	0
岩　滩	辉绿岩	碎块夹泥 10~35cm	0.45	0.11
白　山	混合岩	无充填	0.65	0.06
紧水滩	花岗斑岩	无夹泥天然湿润	0.70	0.51
洛河故县	石英斑岩	铁膜（光面）	0.62	0.14
大　训	花岗岩	泥厚 1~2cm	0.36	0
湖南镇	流纹斑岩	夹薄泥	0.56	0.05
梅　山	花岗岩	薄泥起伏差 25mm	0.55	0.02
恒　山	灰岩夹泥灰岩	接触面无充填	0.76	0.04
凤　滩	砂岩夹板岩	泥厚 3~5cm	0.20	0.10
安　砂	石英砂岩夹千枚岩	碎屑夹泥	0.35	0.015
彰　水	灰岩夹页岩	碎片夹泥	0.50	0.04
陈　村	石英砂岩	碎屑夹泥	0.30	0.07
二　滩	正长岩	中等粗糙，夹泥 1~4mm	0.89	0.12

四、岩体的强度特征

岩体强度是指岩体抵抗外力破坏的能力。它有抗压强度、抗拉强度和抗剪强度之分，但对于裂隙岩体来说，其抗拉强度很小，加上岩体抗拉强度测试技术难度大，所以目前对岩体抗拉强度研究得很少，这里主要讨论岩体的抗压强度和抗剪强度。

岩体是由岩块和结构面组成的地质体，因此其强度必然受到岩块和结构面强度及其组合方式（岩体结构）的控制。一般情况下，岩体的强度不同于岩块的强度，也不同于结构面的强度，如果岩体中结构面不发育，呈完整结构，则岩体强度大致等于岩块强度，如果岩体将沿某一结构面滑动，则岩体强度完全受该结构面强度的控制，这两种情况，比较好处理。下面着重讨论被各种节理、裂隙切割的裂隙（节理化）岩体强度的确定问题。研究表明，裂隙岩体的强度介于岩块强度和结构面强度之间。它一方面受岩石材料性质的影响，另一方面受结构面特征（数量、方向、间距、性质等）和赋存条件（地应力、水、温度等）的控制。

1. 岩体强度的测定

岩体强度试验是在现场原位切割较大尺寸试件进行单轴压缩、三轴压缩和抗剪强度试验。为了保持岩体的原有力学条件，在试块附近不能爆破，只能使用钻机、风镐等机械破岩，根据设计的尺寸，凿出所需规格的试体。一般试体为边长 0.5~1.5m 的立方体，加载设备用千斤顶和液压枕（扁千斤顶）。

（1）岩体单轴抗压强度的测定

切割成的试件如图 5-16 所示。在拟加压的试件表面（在图 5-16 中为试件的上端）抹一层水泥砂浆，将表面抹平，并在其上放置方木和工字钢组成的垫层，以便把千斤顶施加的荷载经垫层均匀地传给试体。根据试体破坏时千斤顶施加的最大荷载及试体受载截面积，计算岩体的单轴抗压强度。

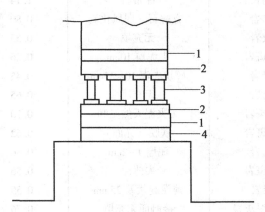

图 5-16　岩体单轴抗压强度测定

1—方木　2—工字钢　3—千斤顶　4—水泥砂浆

（2）岩体抗剪强度的测定

一般采用双千斤顶法：一个垂直千斤顶施加正压力，另一个千斤顶施加横推力，如图

5-17 所示。为使剪切面上不产生力矩效应，合力通过剪切面中心，使其接近于纯剪切破坏，另一个千斤顶成倾斜布置。一般采取倾角 $\alpha = 15°$ 试验时，每组试体应有 5 个以上。剪断面上应力按式（5-21）计算，然后根据 τ，σ 绘制岩体强度曲线。

$$\begin{cases} \sigma = \dfrac{P + T\sin\alpha}{F} \\ \tau = \dfrac{T}{F}\cos\alpha \end{cases} \tag{5-21}$$

式中：P，T 分别为垂直及横向千斤顶施加的荷载；F 为试体受剪截面积。

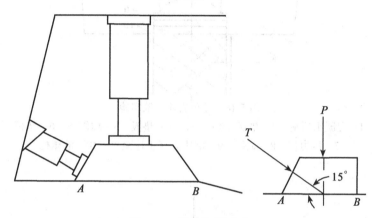

图 5-17　岩体抗剪试验

（3）岩体三轴压缩强度试验

地下工程的受力状态是三维的，所以做三轴力学试验非常重要。但由于现场原位三轴力学试验在技术上很复杂，只在非常必要时才进行。现场岩体三轴试验装置如图 5-18 所示：用千斤顶施加轴向荷载，用压力枕施加围压荷载。

根据围压情况，可分为等围压三轴试验（$\sigma_2 = \sigma_3$）和真三轴试验（$\sigma_1 > \sigma_2 > \sigma_3$）。近期研究表明，中间主应力在岩体强度中起重要作用，在多节理的岩体中尤其重要，因此，真三轴试验越来越受重视。而等围压三轴试验的实用性更强。

2. 结构面的强度效应

为了从理论上用分析法研究裂隙岩体的压缩强度，耶格（Jaeger）提出单结构面强度理论。

（1）单结构面强度效应

如图 5-19 所示，如岩体中发育一组结构面 AB，假定 AB 面（指其法线方向）与最大主应力方向夹角为 β，由莫尔应力圆理论，作用于 AB 面上的法向应力 σ 和剪应力 τ 为：

$$\begin{cases} \sigma = \dfrac{1}{2}(\sigma_1 + \sigma_3) + \dfrac{1}{2}(\sigma_1 - \sigma_3)\cos 2\beta \\ \tau = \dfrac{1}{2}(\sigma_1 - \sigma_3)\sin 2\beta \end{cases} \tag{5-22}$$

结构面强度曲线服从库伦准则

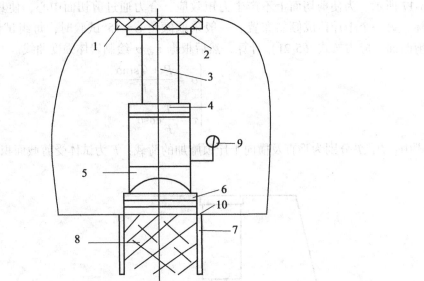

图 5-18 原位岩体三轴实验

1—混凝土顶座 2—垫板 3—顶柱 4—垫板 5—球面垫 6—垫板
7—压力枕 8—试件 9—液压表（千斤顶） 10—液压枕

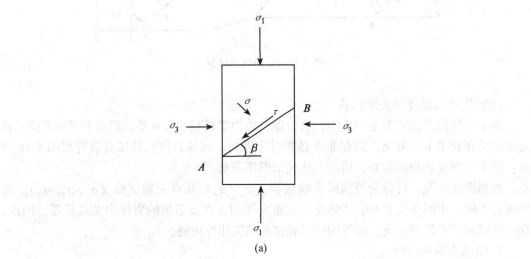

(a)

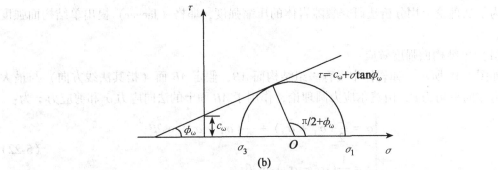

(b)

图 5-19 单结构面理论分析图

$$\tau = c_\omega + \sigma \tan\phi_\omega \tag{5-23}$$

式中：c_ω、ϕ_ω 分别为结构面的黏结力和内摩擦角。

将式（5-22）代入式（5-23），经整理，可得到沿结构面 AB 产生剪切破坏的条件：

$$\frac{\sigma_1 - \sigma_3}{2}\left[\sin2\beta - \tan\phi_\omega\cos2\beta\right] = c_\omega + \frac{\sigma_1 + \sigma_3}{2}\tan\phi_\omega$$

$$\sigma_1 = \sigma_3 + \frac{2(c_\omega + \sigma_3 f_\omega)}{(1 - \tan\phi_\omega\cot\beta)\sin2\beta} \tag{5-24}$$

以 $\tan\phi_\omega = f_\omega$ 代入得

$$\sigma_1 = \sigma_3 + \frac{2(c_\omega + \sigma_3 f_\omega)}{(1 - f_\omega\cot\beta)\sin2\beta} \tag{5-25}$$

式（5-24）是式（5-25）和式（5-22）的综合表达式，其物理含义是，当作用在岩体上的主应力值满足本方程时，结构面上的应力处于极限平衡状态。从式（5-24）中可以看出：

当 $\beta = \dfrac{\pi}{2}$ 时，$\sigma_1 \to \infty$。

当 $\beta = \phi_\omega$ 时，$\sigma_1 \to \infty$。

这说明当 $\beta = \dfrac{\pi}{2}$ 和 $\beta = \phi_\omega$ 时，试件不可能沿结构面破坏。但 σ_1 不可能无穷大，此条件下将沿岩石内的某一方向破坏。

将式（5-24）对 β 求导，令一阶导数为零，即可求得满足 σ_1 取得极小值 $\sigma_{1,\min}$ 的条件为：

$$\tan2\beta = -\frac{1}{\tan\phi_\omega} \tag{5-26}$$

即

$$\beta = \frac{\pi}{4} + \frac{\phi_\omega}{2}$$

将式（5-26）代入式（5-25），可得

$$\sigma_{1,\min} = \sigma_3 + \frac{2(c_\omega + f_\omega\sigma_3)}{\sqrt{1 + f^2_\omega} - f_\omega} \tag{5-27}$$

此时的应力莫尔圆与结构面的强度包络线相切，如图 5-20 所示。

当岩体不沿结构面破坏，而沿岩石的某一方向破坏时，岩体的强度就等于岩石（岩块）的强度。此时，破坏面与 σ_1 的夹角为（如图 5-20 所示）：

$$\beta_0 = \frac{\pi}{4} + \frac{\phi_0}{2} \tag{5-28}$$

岩块的强度为：

$$\sigma_1 = \sigma_3 + \frac{2(c_\omega + \sigma_3 f_0)}{(1 - f_0\cot\beta)\sin2\beta} \tag{5-29}$$

式中：$f_0 = \tan\phi_0$，c_0、ϕ_0 分别为岩石（岩块）的黏结力和内摩擦角。

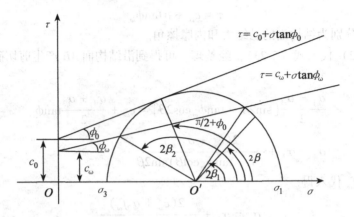

图 5-20　单结构面岩体强度分析

　　为了分析试件是否破坏和沿什么方向破坏，可根据莫尔强度包络线和应力莫尔圆的关系进行判断，如图 5-20 所示。图中 $\tau = c_\omega + \sigma \tan \phi_\omega$ 为节理面的强度包络线，$\tau = c_0 + \sigma \tan \phi_0$ 为岩石（岩块）的强度包络线，根据试件受力状态（σ_1，σ_3）可给出应力莫尔圆。应力莫尔圆的某一点代表试件上某一方向的一个截面上的受力状态。

　　根据莫尔强度理论，若应力莫尔圆上的点落在强度包络线之下，则试件不会沿节理面破坏。所以从图 5-20 可以看出，若结构面与 σ_1 的夹角 β（如图 5-19 所示）满足下式：

$$2\beta_2 < 2\beta < 2\beta_1 \tag{5-30}$$

此时，试件将不会沿结构面破坏。

　　在图 5-20 中，显然当 β 角满足式（5-30）所列条件时，试件不会沿节理面破坏，但应力莫尔圆已和岩石强度包络线相切，因此试件将沿 $\beta_0 = \dfrac{\pi}{4} + \dfrac{\phi_0}{2}$ 的一个岩石截面破坏。若应力莫尔圆并不和岩石强度包络线相切，而是落在其下，此时试件将不会发生破坏，即不沿岩石面破坏。

　　β_1、β_2 的值可通过下列方法计算：

　　由正弦定律

$$\frac{\dfrac{\sigma_1 - \sigma_3}{2}}{\sin \phi_\omega} = \frac{c_\omega \cot \phi_\omega + \dfrac{\sigma_1 + \sigma_3}{2}}{\sin(2\beta_1 - \phi_\omega)}$$

简化整理后可得：

$$\beta_1 = \frac{\phi_\omega}{2} + \frac{1}{2}\arcsin\left[\frac{(\sigma_1 + \sigma_3 + 2c_\omega \cot \phi_\omega)\sin \phi_\omega}{\sigma_1 - \sigma_3}\right] \tag{5-31}$$

同理可求得：

$$\beta_2 = \frac{\pi}{2} + \frac{\phi_\omega}{2} - \frac{1}{2}\arcsin\left[\frac{(\sigma_1 + \sigma_3 + 2c_\omega \cot \phi_\omega)\sin \phi_\omega}{\sigma_1 - \sigma_3}\right] \tag{5-32}$$

　　图 5-21 给出当 σ_3 为定值时，岩体的承载强度 σ_1 与 β 的关系。水平线与结构面破坏曲线相交于 a、b 两点。此两点相对于 β_1 与 β_2，它们之间的曲线表示沿结构面破坏时的

$\beta \sim \sigma_1$ 值。在此两点之外，即 $\beta < \beta_1$ 或 $\beta > \beta_2$ 时，岩体不会沿结构面破坏，此时岩体强度取决于岩石强度，而与结构面的存在无关。

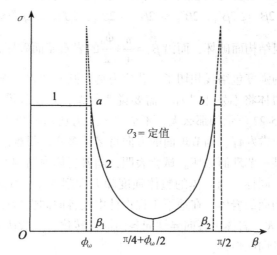

图 5-21　结构面力学效应（σ_3=常数时，σ_1 与 β 的关系）
1—完整岩石破裂　2—沿结构面滑动

改写式（5-25），可得到岩体的三轴压缩强度 σ_{1m} 为：

$$\sigma_{1m} = \sigma_3 + \frac{2(c_\omega + \sigma_3 f)}{(1 - f\cot\beta)\sin2\beta} \tag{5-33}$$

令 $\sigma_3 = 0$，可得岩体单轴的压缩强度 σ_{1m}：

$$\sigma_{1m} = \frac{2c_\omega}{(1 - f\cot\beta)\sin2\beta} \tag{5-34}$$

根据单结构面强度效应可以看出岩体强度的各向异性，岩体单轴或三轴受压，其强度受加载方向与结构面夹角 β 的控制。如岩体为同类岩石分层所组成，或岩体只含有一种岩石，但有一组发育的较弱结构面简称弱面（如层理等），则当最大主应力 σ_1 与弱面垂直时，岩体强度与弱面无关，此时岩体强度就是岩石的强度。当 $\beta = \dfrac{\pi}{4} + \dfrac{\phi_\omega}{2}$ 时，岩体将沿弱面破坏，此时岩体强度就是弱面的强度。当最大主应力与弱面平行时，岩体将因弱面横向扩张而破坏，此时岩体的强度将介于前述两种情况之间。

（2）多结构面岩体强度

如果岩体含有两组或两组以上结构面，岩体强度的确定方法是分步运用单结构面理论式（5-25），分别绘出每一组结构面单独存在时的强度包络线和应力莫尔圆。岩体到底沿哪组结构面破坏，由 σ_1 与各组结构面的夹角所决定。当沿着强度最小的那组结构面破坏时，岩体强度取得最小抗压强度。此时，沿强度最小的那组结构面破坏。

如图 5-22 所示含有三组结构面的岩石试件，首先绘出三组结构面及岩石的强度包络线和受力状态莫尔圆。若第一组结构面的受力状态点落在第一组结构面的强度包络线 $\tau = c_{\omega1} + \sigma\tan\phi_{\omega1}$ 上或其之上，即第一组结构面与 σ_1 的夹角 β 满足 $2\beta'_1 \leqslant 2\beta' \leqslant 2\beta'_2$，则岩体将沿第一组结构面破坏。若 β' 满足 $2\beta'_2 \leqslant 2\beta' \leqslant 2\beta'_1$，则岩体不沿第一组结构面破坏；而若此时第二组结构面与 σ_1 的夹角 β'' 满足 $2\beta''_1 \leqslant 2\beta'' \leqslant 2\beta''_2$，则岩体将沿第二组结构面破坏。依次类推，若三组节理面的受力状态点均落在相应的强度包络线之下，即

$$2\beta'_2 \leqslant 2\beta' \leqslant 2\beta'_1, \quad 2\beta''_2 \leqslant 2\beta'' \leqslant 2\beta''_1, \quad 2\beta'''_2 \leqslant 2\beta''' \leqslant 2\beta'''_1 \tag{5-35}$$

此时，岩体将不沿三组结构面破坏，而沿 $\beta_0 = \dfrac{\pi}{4} + \dfrac{\phi_0}{2}$ 的岩石截面破坏，因为图 5-22 中的应力莫尔圆也已和岩石的强度包络线相切了。若应力莫尔圆不和岩石强度包络线相切，而是落在其之下，则此时岩体将不发生破坏。需要说明的是，若试件沿某一结构面不发生破坏，σ_1 就不会达到图 5-22 所示的那么大，不会出现应力莫尔圆和岩石强度包络线相切的情况。若岩体中节理非常发育，则节理面的方向将多种多样，很难满足式（5-35）所列的条件，则岩体必然沿某一节理面破坏。试验表明，随着岩体内结构面数量的增加，岩体强度特性越来越趋于各向同性，而岩体的整体强度却大大削弱了。Hoek 和 Brown 认为，含四组以上性质相近结构面的岩体，在地下工程设计中按各向同性岩体来处理是合理的。另外，随着围压 σ_3 的增大，岩体由各向异性向各向同性转化，一般认为当 σ_3 接近岩体单轴抗压强度时，可视为各向同性体。

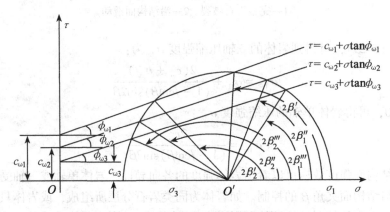

图 5-22　多组结构面岩体强度分析

3. 岩体强度的估算

岩体强度是岩体工程设计的重要参数，而做岩体的原位试验又十分费时、费钱，难以大量进行，因此如何利用地质资料及小试块室内试验资料，对岩体强度作出合理估算，是岩石力学中的重要研究课题，下面介绍两种方法。

（1）准岩体强度

这种方法的实质是用某种简单的试验指标来修正岩块强度，做为岩体强度的估算值。

节理、裂隙等结构面是影响岩体的主要因素，其分布情况可通过弹性波传播来查明，弹性波穿过岩体时，遇到裂隙便发生绕射或被吸收，传播速度将有所降低。裂隙越多，波速降低越大。小尺寸试件含裂隙少，传播速度大，因此根据弹性波在岩石试块和岩体中的传播速度比，可判断岩体中裂隙发育程度，称此比值的平方为岩体完整性（龟裂）系数，以 K 表示：

$$K = \left(\frac{v_{ml}}{v_{cl}}\right)^2 \tag{5-36}$$

式中，v_{ml} 为岩体中弹性波纵波传播速度，v_{cl} 为岩块中弹性波纵波传播速度。各种岩体的完整性系数列于表5-14中，岩体完整系数确定后，便可计算准岩体强度。

表 5-14 **岩体完整性系数**

岩体种类	岩体完整性系数 K
完整	>0.75
块状	0.45~0.75
碎裂状	<0.45

准岩体抗压强度 $\sigma_{mc} = K\sigma_c$ $\tag{5-37a}$

准岩体抗拉强度 $\sigma_{mt} = K\sigma_t$ $\tag{5-37b}$

式中：σ_c、σ_t 分别为岩石试件的抗压强度和抗拉强度。

（2）Hoek-Brown 经验方程

Hoek 和 Brown 根据岩体性质的理论与实践经验，用试验法导出了岩块和岩体破坏时主应力之间的关系为：

$$\sigma_1 = \sigma_3 + \sqrt{m\sigma_c\sigma_3 + s\sigma_c^2} \tag{5-38}$$

式中：σ_1 为破坏时的最大主应力；σ_3 为作用在岩石试样上的最小主应力；σ_c 为岩块的单轴抗压强度；m，s 为与岩性及结构面情况有关的常数，可查表5-15得出。

由式（5-38），令 $\sigma_3 = 0$，可得岩体的单轴抗压强度 σ_{mc}：

$$\sigma_{mc} = \sqrt{s}\,\sigma_c \tag{5-39}$$

对于完整岩石，$s=1$，则 $\sigma_{mc} = \sigma_c$，即为岩块抗压强度；对于裂隙岩石，$s<1$。

将 $\sigma_1 = 0$ 代入式（5-38）中，并求解 σ_3，可解得岩体的单轴抗拉强度为

$$\sigma_{mt} = \frac{1}{2}\sigma_c(m - \sqrt{m^2 + 4s}) \tag{5-40}$$

式（5-40）的剪应力表达式为

$$\tau = A\sigma_c\left(\frac{\sigma}{\sigma_c} - T\right)^B \tag{5-41}$$

式中：τ 为岩体的剪切强度；σ 为岩体法向应力；A，B 为常数，可查表5-15求得；$T = \frac{1}{2}$ $(m-\sqrt{m^2+4s})$，亦可查表5-15求得。

利用式（5-38）至式（5-41）四式和表5-15，即可对裂隙岩体的三轴压缩强度 σ_1、单轴强度 σ_{mc} 及单轴抗拉强度 σ_{mt} 进行估算，还可求出 c_m，ϕ_m 值。进行估算时，先进行工程地质调查，得出工程所在处的岩体质量指标（RMR 和 Q 值）、岩石类型及单轴抗压强度 σ_c。

Hoek Web 曾指出，m 与库伦-莫尔判据中的内摩擦角 ϕ 非常类似，而 s 则相当于内聚力值。这样，根据 Hoek-Brown 提供的常数（见表5-15），m 最大为 25，显然这时用式

（5-38）估算的岩体强度偏低，特别是在低围压下及较坚硬完整的岩体下，估算的强度明显偏低。但对于受构造扰动及结构面较发育的裂隙化岩体，Hoek（1987）认为用这一方法估算是合理的。

表 5-15 　　　　岩体质量和经验常数之间的关系表（据 Hoek-Brown，1980 年）

岩体状况	具有很好结晶节理的碳酸盐类岩石，如白云岩、灰岩、大理岩	成岩的黏土质岩石，如泥岩、粉砂岩、页岩、板岩（垂直于板理）	强烈结晶，结晶节理不发育的砂质岩石，如砂岩、石英岩	细粒、多矿物、结晶岩浆岩，如安山岩、辉绿岩、玄武岩、流纹岩	粗粒、多矿物结晶岩浆岩和变质岩、辉长岩、片麻岩、花岗岩、石英闪长岩等
完整岩块试件，实验室试件尺寸，无节理，RMR = 100，Q = 500	$m = 7.0$ $s = 1.0$ $A = 0.816$ $B = 0.658$ $T = -0.140$	$m = 10.0$ $s = 1.0$ $A = 0.918$ $B = 0.677$ $T = -0.099$	$m = 15.0$ $s = 1.0$ $A = 1.044$ $B = 0.692$ $T = -0.067$	$m = 17.0$ $s = 1.0$ $A = 1.086$ $B = 0.696$ $T = -0.059$	$m = 25.0$ $s = 1.0$ $A = 1.220$ $B = 0.705$ $T = -0.040$
质量非常好的岩体，紧密互锁，未扰动，未风化岩体，节理间距 3m 左右，RMR = 85，Q = 100	$m = 3.5$ $s = 0.1$ $A = 0.651$ $B = 0.679$ $T = -0.028$	$m = 5.0$ $s = 0.1$ $A = 0.739$ $B = 0.692$ $T = -0.020$	$m = 1.5$ $s = 0.1$ $A = 0.848$ $B = 0.702$ $T = -0.013$	$m = 8.5$ $s = 0.1$ $A = 0.883$ $B = 0.705$ $T = -0.012$	$m = 12.5$ $s = 0.1$ $A = 0.998$ $B = 0.712$ $T = -0.008$
好的质量岩体，仅有轻微风化，轻微构造变化岩体，节理间距 1～3m，RMR = 65，Q = 10	$m = 0.7$ $s = 0.004$ $A = 0.369$ $B = 0.669$ $T = -0.006$	$m = 1.0$ $s = 0.004$ $A = 0.427$ $B = 0.683$ $T = -0.004$	$m = 1.5$ $s = 0.004$ $A = 0.501$ $B = 0.695$ $T = -0.003$	$m = 1.7$ $s = 0.004$ $A = 0.525$ $B = 0.698$ $T = -0.002$	$m = 2.5$ $s = 0.004$ $A = 0.603$ $B = 0.707$ $T = -0.002$
中等质量岩体，中等风化，岩体中发育有几组节理间距为 0.3～1m，RMR = 44，Q = 1.0	$m = 0.14$ $s = 0.00001$ $A = 0.198$ $B = 0.662$ $T = -0.0007$	$m = 0.200$ $s = 0.0001$ $A = 0.234$ $B = 0.675$ $T = -0.0005$	$m = 0.30$ $s = 0.0001$ $A = 0.280$ $B = 0.688$ $T = -0.0003$	$m = 0.34$ $s = 0.001$ $A = 0.9295$ $B = 0.691$ $T = -0.0003$	$m = 0.50$ $s = 0.0001$ $A = 0.346$ $B = 0.700$ $T = -0.0002$
坏质量岩体，大量风化节理，间距 30～500mm，并含有一些夹泥，RMR = 23，Q = 0.1	$m = 0.04$ $s = 0.00001$ $A = 0.115$ $B = 0.646$ $T = -0.0002$	$m = 0.05$ $s = 0.00001$ $A = 0.129$ $B = 0.655$ $T = -0.0002$	$m = 0.08$ $s = 0.00001$ $A = 0.162$ $B = 0.672$ $T = -0.0001$	$m = 0.09$ $s = 0.00001$ $A = 0.172$ $B = 0.676$ $T = -0.0001$	$m = 0.13$ $s = 0.00001$ $A = 0.203$ $B = 0.686$ $T = -0.0001$

岩体状况	具有很好结晶节理的碳酸盐类岩石，如白云岩、灰岩、大理岩	成岩的黏土质岩石，如泥岩、粉砂岩、页岩、板岩（垂直于板理）	强烈结晶，结晶节理不发育的砂质岩石，如砂岩、石英岩	细粒、多矿物、结晶岩浆岩，如安山岩、辉绿岩、玄武岩、流纹岩	粗粒、多矿物结晶岩浆岩和变质岩、辉长岩、片麻岩、花岗岩、石英闪长岩等
非常坏质量岩体，具大量严重风化节理，间距小于50mm，充填夹泥，RMR=3，Q=0.01	$m=0.007$ $s=0$ $A=0.042$ $B=0.534$ $T=0$	$m=0.010$ $s=0$ $A=0.050$ $B=0.539$ $T=0$	$m=0.015$ $s=0$ $A=0.061$ $B=0.546$ $T=0$	$m=0.017$ $s=0$ $A=0.065$ $B=0.548$ $T=0$	$m=0.025$ $s=0$ $A=0.078$ $B=0.556$ $T=0$

第四节　地应力的工程地质研究

地应力一般是指地壳岩体处在未经人为扰动的天然状态下所具有的内应力，或称初始应力，主要是在重力和构造运动综合作用下形成的应力，有时也包括在岩体的物理、化学变化及岩浆侵入等作用下形成的应力。在岩体天然应力场内，因开挖或增加结构物等人类工程活动引起的应力，称为感生应力。

一、天然应力的组成

地应力是在漫长的地质历史时期中逐渐形成的，按不同起源可分为下列几类：

1. 自重应力

由岩体自重产生的应力。其垂直应力 σ_z 与水平应力 σ_x、σ_y 分别为：

$$\sigma_z = \gamma h, \qquad \sigma_x = \sigma_y = \frac{\mu}{1-\mu}\sigma_z = \lambda\sigma_z \tag{5-42}$$

式中：γ、h、μ、λ 分别为岩石的重度、上覆岩体的厚度、泊松比和侧压力系数。

对于坚硬岩石，$\mu=0.2\sim0.3$，$\lambda=0.25\sim0.43$，因而地壳岩体的自重应力中一般其垂直应力总是大于水平应力。但在地壳深部，岩体在上覆岩层的较大荷载长期作用下，或者当浅部岩石比较软弱的情况下，$\mu\approx0.5$，这时水平应力接近于垂直应力，符合于瑞士学者海姆（Heim）在1905~1912年提出的静水压力状态理论。大量实测资料表明，不少地区的地应力往往是水平应力大于垂直应力；河谷底部的地应力往往比平坦地区同样深度处的地应力要大得多。这说明地应力的来源还有其他方面的因素。

2. 构造应力

指由构造运动引起的地应力。构造地质工作者常把构造应力作为地应力的同义词。它可分为活动的和残余的两类：活动的构造应力是近期和现代地壳运动正在积累的应力，也是地应力中最活跃最重要的一种，常导致岩体的变形与破坏；残余的构造应力是由古构造运动残留下来的应力。

对残余构造应力的重要性，存在着不同的认识。有人根据应力松弛观点，认为在一次构造运动的数万年后，该期构造应力就会全部松弛而无存，现在岩体中的应力只能与现代构造运动有关。但是这种观点并未被人普遍接受。例如，G. 赫格特在苏必略湖地区进行应力测量和构造分析之后认为，在加拿大地盾区最近10亿年间非常稳定，大概只受到上升运动和侵蚀作用，发生于10亿到20亿年前构造运动所造成的构造应力至今仍能以成比例的数值保持下来。

构造应力的起源，一是用李四光的地质力学观点解释，认为是由于地球自转速度的变化产生了离心惯性力和纬向惯性力而引起的；另一是用板块运动的观点解释，认为是由于地幔物质热对流使板块之间相互碰撞、挤压而引起全球构造应力场。中国大陆的构造应力，一是印度板块从西南向北北东方向推移，在始新世与渐新世之间（约3800万年前）与欧亚板块相撞，在我国西部地区形成强烈挤压带。现在印度板块仍以每年5cm的速度向北北东向推进。这是我国西部构造应力场的决定因素。另外，太平洋板块与菲律宾板块分别从北北东和南东方向向欧亚板块俯冲，影响到我国华北与华南地区的地应力场。华北地区目前处于太平洋板块俯冲带的内侧，太平洋板块俯冲引起地幔内高温、低密度和低波速的熔融和半熔融物质上涌并挤入地壳，使地壳受拉而变薄，表面发生裂谷型断裂作用。因此，华北地区一方面受北西-南东向的拉张，另一方面又受南西西向的挤压。

从上述可知，构造应力明显地存在于靠近构造运动强烈的地带，如强烈褶皱地带、深大断裂带常积累有很大的地应力。但如该地区岩体裂隙特别发育或岩体塑性较大，新的构造应力便难以积累，地应力的强度就大为降低，这样就使岩体中的天然应力具有自重应力场的特点。

3. 剩余应力

指地壳受风化剥蚀，承载岩体由于卸荷作用残留在岩体中的自相平衡的应力，致使垂直应力相应降低，水平应力则保持不变。G. 拉纳利（Ranalli）认为它是残余的构造应力的一部分。但由于卸荷作用在岩体内引起高的水平应力（剩余应力）不具有方向性，常是两向水平应力相等；而残余构造应力引起的高水平应力具较明显的方向性。

4. 变异应力

是由岩体的物理状态、化学性质或赋存条件方面的变化而引起的应力，通常只具有局部意义。例如岩浆的侵入，沿接触带产生很大的压应力；喷出时，岩浆迅速冷凝，沿某一方向产生收缩节理，而使岩体应力分布具有明显的各向异性。

1980年陈宗基曾提出封闭应力的概念。因为岩石是非均质介质，它的颗粒大小、力学性质及热传导系数等各不相同。当地壳经受压力或温度变化后，岩石中各种晶体将产生变形。由于晶体与晶体之间存在有一定的摩擦力，在变形过程中局部将受到阻碍，引起应力积累。在这种情况下，即便卸载，变形也往往不能完全恢复。因此，岩石中有部分应力被封存着，并且处于平衡状态。这部分应力称为封闭应力。他认为开挖巷道或地下洞室的施工中出现的岩爆，是封闭应力释放的结果。在高地应力区钻探取得的岩芯呈饼状，也说明有封闭应力的存在。

二、地应力场的分布和变化规律

地壳上的构造现象和地震的发生都是由于地应力作用的结果。因此，测定和分析地壳的地应力场，对于研究板块构造的动力来源、地震预报以及地球动力学的研究具有重要意义。地壳的天然应力状态、地应力的大小与方向，对工程场地的区域稳定性和岩体稳定性密切相关。因而，对水利工程、矿山开采、地下洞室开挖、核电站建设以及油气田和地热能开发工程的设计和施工，亦具有很大的影响。

早在 20 世纪 30~40 年代，为了工程的需要，就用应力恢复法在坑道壁上测量应力。到 50 年代，逐步研制出了钻孔应力测量仪器，采用了应力解除法。60~70 年代应力解除法获得了很大的发展，世界各国研制了各式各样用于应力解除法的测量仪器。80 年代又出现了一种新的深部应力测量方法——水力压裂法，首先在美国的油气田中得到应用。此外还有波速测定法、X 射线测定法、声发射测定法、热力法、重力法等多种地应力测量方法。我国地应力测量和地应力预报地震的研究工作是从 20 世纪 60 年代开始的，70 年代以来，水电、地震、采矿等部门曾先后在华北、华东、西南、西北等地区用应力解除法进行地应力绝对测量。80 年代又开展了水力压裂法的试验研究，均取得了一些研究成果。国外如斯堪的纳维亚国家、美国、加拿大、德国、俄罗斯、日本等国家亦进行了大量的地应力测量，积累了许多有价值的资料。同时，为了工程地质稳定性评价及地震预报工程的需要，美国、俄罗斯、日本和我国还进行了相对地应力测量的研究。仅据 1960~1974 年统计，在 0.5~30m 深的钻孔中就完成了 3 万多次绝对应力测量。目前国外用水力压裂法测量地应力的最大深度已达 5 100m。

根据世界各国地应力测量的资料，对地壳应力状态的规律和构造应力场的基本概念可以得出下述的几点认识。当然，由于地壳应力状态的复杂性，影响地应力的因素亦多种多样，一些规律的认识有待于进一步探讨与研究。现概述如下：

（1）垂直应力 σ_v 有随深度线性增加的变化关系。E. T. 布朗（Brown）与 E. 霍克（Hoek）根据世界各地实测资料，得出垂直应力 σ_v 与深度 z 的关系曲线图（见图 5-23）。此曲线可用下面的关系式表示：

$$\sigma_v = 0.027z \tag{5-43}$$

海姆森（Haimson B. C.，1978）在美国用水压致裂法测量原地应力得出：

$$\sigma_v = 0.025z \tag{5-44}$$

哈盖特（Herget G.，1973）根据各国统计资料得出：

$$\sigma_v = (1.88 \pm 1.24) + (0.026 \pm 0.003)z \tag{5-45}$$

式中：σ_v——垂直应力（MPa）；

　　　z——深度（m）。

从图 5-23 可以看出，垂直应力大致分布于平均密度为 2.7g/cm³ 的覆盖层重量引起的应力梯度直线周围。海姆森和哈盖特得出的关系式都与式（5-43）类似。在式（5-45）中，当 $z=0$ 时，$\sigma_v=1.88$MPa，这可能与上覆岩层剥蚀后，卸荷尚未完成，存在残余的自重应力有关。根据我国某些地区的实测资料分析，垂直应力与上覆岩层自重应力的比值可在 0.5~19.8 的范围内变动，分散性很大。这是因为地应力测点大都是在 250m 以内的地层浅部，少数深度达 500m，而根据世界各地资料，在浅部观测值也是相当分散的。个别地点可能存在较高的垂直应力值，这与特殊的地质和地貌条件有关。

（2）水平应力 σ_H 随深度的变化关系比较复杂，一般在地壳浅部，特别是构造活动区，大多数情况下水平应力大于垂直应力，而在深部则相反。1958 年，哈斯特（Hast, N.）在斯堪的纳维亚的一些测点上，测出水平应力大于垂直应力好几倍，并根据 40 次水平应力测量的结果得出下式：

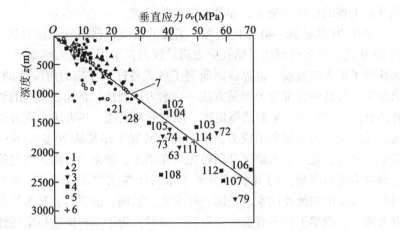

图 5-23　垂直应力随深度而增加（据 Brown 和 Hoek）

1—澳大利亚　2—加拿大　3—美国　4—南部非洲　5—斯堪的纳维亚

6—其他地区　7—$\sigma_\gamma = 0.027z$

$$\sigma_1 + \sigma_2 = (18.73 \pm 0.10) \pm z(0.097 \pm 0.003) \tag{5-46}$$

式中：σ_1，σ_2——水平主应力（MPa）；

z——地应力测点深度（m）。

哈斯特（1972）认为式（5-46）适合于一切强度高的岩石，并将上式改写为：

$$\sigma_1 + \sigma_2 = 18.73 + 0.1z \tag{5-47}$$

克罗波特金（1972）发现，式（5-46）适合于俄罗斯的一些地区和其他一些国家取得的数据，但这关系式不适合于沉积覆盖层和裂隙发育的岩石。G. 赫格特（Herget，1973）曾得出以下关系式：

$$\sigma_{hav} = (8.16 \pm 0.54) + z(0.042 \pm 0.002) \tag{5-48a}$$

式中：σ_{hav}——平均水平应力（MPa）；

z——深度（m）。

图 5-24 为加拿大地壳应力测定的结果，在地壳上部 2km 深度内，水平应力始终大于垂直应力。

1958 年哈斯特提出与当时传统观点相反的结论（地壳中水平应力大于垂直应力）之后，世界不少地区测量结果亦支持了这种观点。因此，普遍认为：地壳上部水平应力总的说来大于垂直应力。但近年来，随着深部应力测量技术的发展，人们发现，在地壳深处水平应力并不大于垂直应力。1975 年南非 N. C. 盖（Gay）首先发现了这种主应力随深度变化的特征（见图 5-25）：在 500m 以上，水平应力大于垂直应力；而在 1 200m 以下，垂直应力大于水平应力。在 500~1 200m 之间，应力场发生了变化。接着在美国（1978）、冰岛（1978）、德国（1978）和日本（1980）都取得了类似的结果。图 5-26 是美国用水力压裂法得出的结果，海姆森拟合为下面的关系式：

$$\sigma_{hav} = 4.90 + 0.020z \tag{5-48b}$$

式中：σ_{hav}——平均水平应力（MPa）；

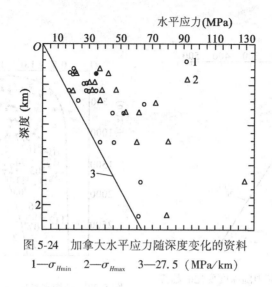

图 5-24　加拿大水平应力随深度变化的资料

1—σ_{Hmin}　2—σ_{Hmax}　3—27.5（MPa/km）

z——深度（m）。

式（5-43）和式（5-48）表明，地壳 1 000m 以上，平均水平应力比垂直应力高；而 1 000m 以下，平均水平应力比垂直应力低。在 5 000m 深处，平均水平应力为 $0.8\sigma_v$。这一趋势同在南非的测量结果几乎完全一致。图 5-27 是日本用应力解除法和水力压裂法获得的资料，在 500m 之上的测点，σ_{hav} 大于 σ_v，而在 500m 以下的测点，σ_{hav} 小于 σ_v。这一测量结果也同南非的结果极为相似。

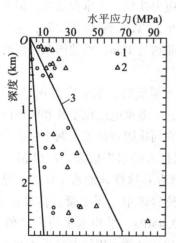

图 5-25　南非水平应力随深度的变化（图右相当于 26510N/km 应力梯度的垂直应力直线，右边直线是根据公式 $\sigma_H = (v/1-v)\ \sigma_v$）预测的水平应力直线（按 McGarr 和 Gay，1978）

1—σ_{Hmin}　2—σ_{Hmax}　3—26.5（MPa/km）

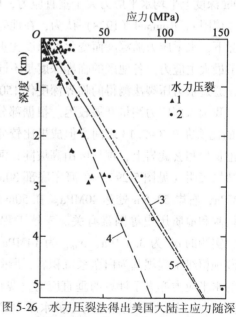

图 5-26　水力压裂法得出美国大陆主应力随深度变化关系（据 Haimson，1978）

1—σ_{Hmin}　2—σ_{Hmax}　3—σ_{Hmax}　4—σ_{Hmin}　5—σ_v

157

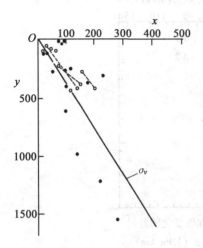

图 5-27　日本平均水平应力随深度变化的趋势

●解除法测量值　○水力压裂法测量值

x—平均水平应力$\dfrac{\sigma_{h1}+\sigma_{h2}}{2}$　（10^5MPa）

y—深度（m）

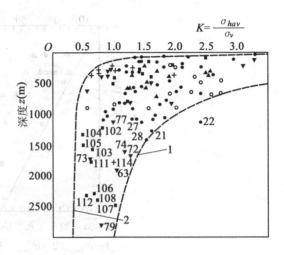

图 5-28　平均水平应力 σ_{hav} 与垂直应力 σ_v 的比值随深度的变化（据 Brown 与 Hoek）

1—$K=\dfrac{1500}{z}+0.5$　　2—$K=\dfrac{100}{z}+0.3$

E. T. 布朗等人收集了世界各地的原地应力测量资料，从地表到 2 500m 深度的区段选择出 120 个测量点作了统计（见图 5-28）。从统计中可以看出，在地壳上部 600m 至 1 000m 深度上平均水平应力大于垂直应力，而在地壳下部则相反。

德国 F. Rummel（1978）认为，在地壳表层水平应力往往大于垂直应力。但在大多数情况下，水平应力随深度而变化的梯度比垂直应力的小，当达到临界深度时，垂直应力就成了最大主应力。各地区的临界深度是不同的，在南非约为 1km，而德国东南部的花岗岩区，通过水力压裂法测得的临界深度仅 150m。

我国深部应力测量开展较迟。根据部分浅层应力测量资料，水平应力 σ_h 与垂直应力 σ_v 的比值在 0.3~2.13 之间，但成果比较分散。例如，二滩水电站位于共和断块南倾伏端的正长岩和玄武岩上，坝址区山高坡陡，河谷深切。在河床附近岸坡上两个钻孔的应力测量结果表明（见图 5-29），在河床底部 30m 以下，有很大的水平应力。左岸 37m 深处达 65MPa，右岸 53.5m 处达 40MPa。在 50m 以上的浅部存在这样高的水平应力，显然与地形切割和地质历史等因素有关。三峡工程的石英闪长岩体中，当上覆岩体厚度为 120m 时，实测的 σ_v 为 3.3MPa，σ_{Hmax} 为 14MPa，σ_{Hmin} 为 0.4MPa，平均水平应力比值为 4.2。葛洲坝枢纽工程坝基为白垩系沉积岩，所受构造运动比较轻微，岩层产状近于水平，但实测的水平应力亦大于计算的垂直应力（见图 5-30）。以礼河三级水电站，坝基为玄武岩，在深 120m 以上岩体初始应力呈静水压力状态，实测水平应力与垂直应力的比值接近于 1（见表 5-16）。

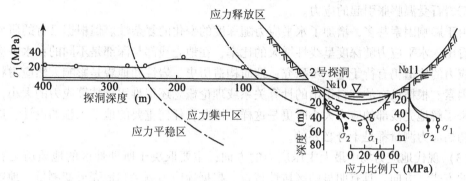

图 5-29 二滩水电站 2 号探洞和深孔应力解除法实测主应力分布图

（据白世伟 李光煜）

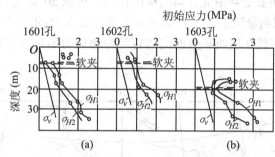

图 5-30 葛洲坝工程初始应力实测曲线图

（a）基坑开挖后 （b）基坑开挖前

表 5-16   以礼河三级水电站玄武岩体中初始应力

试 点	测点深度（m）	计算自重应力（MPa）	实测垂直应力（MPa）	实测水平应力（MPa）	侧压系数 N
1	60	1.68	0.95	0.82	0.86
2	65	1.82	2.22	1.98	0.89
3	100	2.80	2.38	1.99	0.84
4	120	6.32	7.92	8.87	1.12

影响水平初始应力的因素，Denkhaus（1967）曾归结为以下几条：

①沉积物横向约束造成的、与重力有关的横向应力分量；

②裂缝引起的应力调整；

③地形引起的应力调整；

④构造起源的纯应力；

⑤侵蚀作用和地壳运动引起的剥蚀作用而造成的残余水平应力；

⑥沉积作用、冰川或火山活动产生的载荷引起的应力调整；

⑦岩石受温膨胀引起的应力。

由于影响因素甚多，增加了水平应力随深度的变化的复杂性。但根据已有的研究资料可以看出：水平应力随深度呈线性增大的比率，在地壳浅部与深部是不同的；水平应力与垂直应力的比值仍有待于进一步研究；地质构造历史、岩性和地貌是影响天然应力状态的主要因素。根据已有的资料得出的计算关系或理论概念还很难用于估算应力的大小，尤其是用来了解地壳浅部的应力大小时更是这样。因此，任何重要的地下工程的设计，进行仔细的初始应力测量都是十分必要的。

（3）现代地应力场中最大主压应力的方向，主要取决于所处地区的地质历史和构造运动的方式、方向，具有明显的区域性特点。根据地应力测量和地壳形变测量，地震断层资料和天然地震的震源机制解，已经对全球最大主压应力方向的分布情况有了概略的了解。我国现代地应力活动分区如图 5-31 所示。我国大陆大致以甘、青交界至川、滇中部一线为界，其东、西两部分近期构造应力活动方式明显不同：

① 我国西部地区主要受到南北方向的挤压作用。根据 20 世纪 30 年代以来该地区 92 个破坏性地震震源机制测量结果，其 P 轴方位大都在北北西-北北东向范围内，而以南北方向为主导方向。70 年代在川西和滇西南进行的原地应力测量所得最大主压应力方向亦

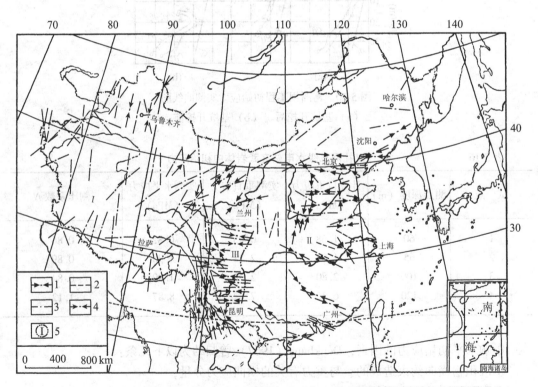

图 5-31　中国现今应力活动分区（根据地图出版社 1981 年 9 月印刷的底图编绘）（根据曾秋生）

1—实测主压应力方向　2—主压应变方向　3—P 轴方位　4—地震形变带反映的作用力方向

5—构造应力活动分区及编号

为北北西-近南北向。

② 我国东部地区以近东西向挤压作用为主，而且以秦岭纬向构造带为界，其南北两部分情况略有不同，北部的华北、东北地区，其主压应力方向以北东东-近东西向为主，而南部的华南地区以东西-北西西向为主。30 年代以来，本区 84 个 5 级以上地震震源机制表明，其压应力轴方位是北东东向（华北地区）、东西-北西西向（华南地区）；60 年代以来，本区 95 个原地应力测量结果表明，最大主压应力的优势方向是北西西-近东西向。

③ 在东西部交界地带，构造应力活动的情况比较复杂，地震的 P 轴方位随时间的变化显示出南北和近东西向的两个优势方向，尤其是 6 级以上地震的压应力轴方位表现得更为清楚。

（4）地壳中观测到最大剪切应力随深度而变化的趋势。McGarr 和 Gay（1978）根据各地区 100m 以下大部分测点的资料，综合成图 5-32。这些资料，根据岩石的性质区分为软岩石（如页岩、砂岩和灰岩等）和硬岩石（如花岗岩、石英岩、苏长岩等）两种类型。从图中可看出：最大剪应力显示出随深度而增加的特征。这种增加的趋势，在地壳 1～2km 之内，似乎比更深的部位增加得更迅速。在软岩石中，深度 1km 以下的剪应力梯度明显小于浅层的剪应力梯度。在同一深度上，硬岩石的剪应力比软岩石的要高得多，其剪应力梯度也似乎随深度的增加而减少。在地壳中等深度以上的区域，剪切应力值的下限，一般不超过 20MPa。研究地壳中剪应力的大小及分布规律，对活断层和区域稳定性的研究有重要的意义。断层的蠕动和地震的产生，都是在一定的剪应力作用下产生的。

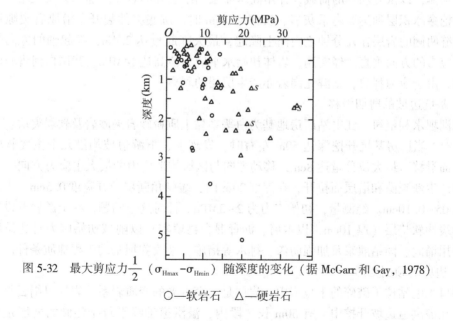

图 5-32　最大剪应力 $\frac{1}{2}(\sigma_{Hmax} - \sigma_{Hmin})$ 随深度的变化（据 McGarr 和 Gay，1978）

○—软岩石　△—硬岩石

（5）大量的原地应力测量结果表明，一般都是压应力。记录到张应力的地区只具有局部性的特征，而且大部分与岩石裂隙带或破碎带有关。目前，取得张应力数据的测点极少。只是在德国的莱茵地堑、美国圣安德列斯断层帕姆代尔附近以及俄罗斯贝加尔断裂带等地测得了张应力。我国少量测点（泥质页岩与砂岩互层）亦测得张应力资料。

三、地应力研究的工程意义

地应力的大小、方向和分布变化规律，除和地震有关，影响工程场地的区域稳定性外，还对工程建筑的设计与施工有直接的影响。例如，在低应力区岩体松弛、漏水、风化带深；在高地应力地区，由于开挖卸荷会引起岩体的变形与破坏，但有时高地应力也会对工程起有利的作用。关键在于充分认识地应力的分布与变化规律，认识地应力对岩体变形与破坏的影响。

在工程上，地应力的高低不是以其绝对值大小来划分的，而是指水平地应力与垂直地应力比较而言的。目前，国内外均以岩石强度 R_b 与最大水平主应力 σ_{max} 的比值来区分地应力的高低。如法国隧道协会、日本应用地质协会及前苏联顿巴斯煤矿均规定 $R_b/\sigma_{max}<2$ 为高应力区，$2<R_b/\sigma_{max}<4$ 为中等应力区，$R_b/\sigma_{max}>4$ 为低应力区。我国"工程岩体分级标准"中提出强度应力比小于 4 为极高应力区，强度应力比等于 $4\sim7$ 时为高应力区。关于低地应力，一般是指水平地应力小于由于自重所形成的水平应力。下面说明地应力对工程建筑设计与施工的一些影响。

1. 基坑底部的隆起、破坏

美国大古力混凝土重力坝，高 1688m，建于 $1933\sim1942$ 年。坝基为花岗岩。开挖基坑过程中发现花岗岩呈水平层状裂开，剥了一层又一层，一直挖到较大深度，还有这种水平开裂的情况。这是由于岩体中残余应力释放所造成的现象。后来决定坝基停止开挖，迅速浇筑坝体，以恢复坝基的荷载，并用高压灌浆固结裂开的岩体。加拿大安大略省露天矿坑，当挖穿冰积层到达奥陶系灰岩、坑深达 15m 时，坑底突然裂开，沿原有裂隙迅速延伸，裂缝两侧的岩层在几分钟之内向上隆起，最大隆起量达 2.4m，隆起轴的方向与区域最大主应力的方向垂直。经实测，岩体初始水平应力值高达 14MPa。我国白河青石岭坝基开挖时，由于应力释放，新鲜花岗岩亦产生层层的剥离。

2. 基坑边坡的剪切滑移

葛洲坝水利枢纽二江电站厂房地基为白垩系黏土质粉砂岩夹砂岩及软弱夹层，岩层倾角 $6°\sim8°$。当厂房基坑开挖深达 50m 左右时，发现上、下游边坡均沿几个主要软弱夹层向临空面滑移，最大位移量达 8cm，移动方向与区域构造应力的最大主应力方向一致。同时岩体产生新裂隙和沿层面拉开，在深度 20m 内，缓倾角断层拉开宽度 0.5cm，夹层拉开宽度 $0.05\sim0.10cm$。经测量，初始应力为 $2\sim3MPa$。针对这个问题，在上游岩壁设置适应变形的缓冲软垫层（厚 10cm，以木屑、沥青混合物填实）以削减初始应力对建筑物的影响，并用锚固、固结灌浆及加强防渗、排水等措施，来改善坝基的工程地质条件。

3. 边坡的倾倒变形

碧口水电站位于破碎的千枚岩中。岩层是一套古老的变质岩系，岩性以绢云母千枚岩为主。在溢洪道边坡开挖中，有 50m 长一段内，溢洪道轴线平行于陡倾的岩层走向，施工中不断出现倾倒现象，岩体沿着某一明显而面向着变形临空面一侧发生弯折。新鲜开挖面一般在 $3\sim5d$ 内即出现倾倒现象，涉及深度达 $1\sim2m$。据本地区平洞内采用应力恢复法的实测资料，初始水平应力为 $5.5\sim17MPa$。由于高地应力的释放和溢洪道边坡由软硬相间的层状岩体（板裂结构岩体）组成，因而促使倾倒变形的发生。

4. 引起岩爆

高地应力地区在脆性岩石中开挖地下工程或边坡时，常易产生岩爆现象。这是岩体内储存的应变能以动能方式释放的结果。岩爆现象在水电、采矿、铁路工程的深挖地下工程中时有发生，常引起跳洞或巷道破坏，危及人身安全，影响施工。如成昆线的官村坝隧道、萍乡煤矿、映秀湾、鱼子溪水电站的地下厂房等开挖过程中，都曾发生岩爆。有名的意大利瓦依昂水库，河谷建切 300m 以上，岩体中初始应力很大，开挖边坡时，由于应力解除，使很大一部分岩体与岩壁分离，分离出的岩板，厚约 10cm，并发出炮轰似的响声。开挖到底部时，在深 9~10m 处发生岩爆现象。

5. 对坝型选择的影响

美国鲍尔德重力拱坝，高 222m，1936 年建成。坝基为安山凝质灰质角砾岩，美国垦务局设计者考虑到大坝蓄水后传给两岸拱座的推力很大，可能引起谷壁移动。因此，他们对拱座及坝基的可能变形问题，进行了三维分析。计算结果表明，由于各壁发生位移、坝底基岩将开裂 1.036cm，这对拱坝的稳定肯定不利。当时设想，如果岩体内有一初始水平压应力，其值足以抵消引起各壁移动的张应力，就可以满足稳定要求。后来利尤雷斯在坝轴线下游穿过河底的排水隧洞中用应力解除法进行了实测，结果得知，初始水平应力约为上覆岩层自重的 3 倍，于是美国垦务局大胆设计了此坝，时隔多年，证明设计是成功的。

6. 对地下工程的影响

根据岩石力学理论，地下洞室围岩初始垂直应力与水平应力的比值，对洞室周边应力的分布、拱顶和边墙的稳定和支护衬砌的设计有密切的关系。要使地下洞室稳定，最重要的因素是要有一坚固的拱顶。当水平压应力占优势时，对拱顶的建筑是有利的。当围岩中垂直压应力占主导，而且岩体松软或节理裂隙发育时，就很难形成坚固的拱坝。因此，在地下洞室设计中，实测岩体的初始应力大小和方向是特别重要的。在布置地下洞室的轴线方向时，一般认为应尽量平行于最大主压应力方向，亦即垂直于主压结构面。这样不致因应力释放而影响边墙的稳定。但还必须考虑到拱顶和边墙岩体的工程地质特性和构造条件，作既有利于拱坝的坚固又保证边墙稳定的布置方案。二滩水电站实测表明，坝区附近岩体最大水平主应力方向为 NE20°~35°，初步设计中地下厂房的轴线为 NE6°，与地应力最大主应力方向大体平行，如根据该地区现代区域构造应力，则为东西向和南北向主压应力占优势方向，随时间而交替变化。二滩电站坝区实测的主压应力方向，反映的是残余构造应力场。

第五节　岩体的质量评价及工程分类

岩体质量评价与岩体的工程分类是联系在一起的，根据岩体质量的好坏划分岩体的类别，是工程建设中一个重要的研究课题。一般认为，岩体的质量主要是指岩体的变形与强度特性。针对不同的工程（如坝基、边坡、地下洞室等）进行岩体质量评价与分类时，还包括对岩体稳定性作出评价。影响岩体质量的地质因素主要有岩性、岩体的完整性、结构面的性状、地下水及地应力等。影响岩体稳定性的因素则很复杂，除包括上述的地质因素外，还有工程因素（如工程类型、断面形状及大小、轴线与结构面方位之间的关系等）、施工因素（开挖爆破方法等）及时间因素等。如何根据上述因素对岩体进行分类，用何种指标表征岩体的质量，目前国内外尚无统一的标准。下面是几种国内外应用比较广泛的岩体分类方案。

一、岩石的质量指标 RQD

岩石的质量指标 RQD 是美国伊利诺斯大学提出和发展起来的。它利用直径为 54 mm 的金刚石钻机钻进，用大于 10 cm 长的岩芯之和与钻进进尺长度之比的百分数表示 RQD 值，即：

$$RQD = \frac{长度大于 10cm 的岩芯之和}{本回次进尺长度} \times 100\% \tag{5-49}$$

迪尔（Deers, D. U.）按 RQD 值的高低，将岩体的质量分成表 5-17 所示的五级。

RQD 值不仅能反映岩体的完整性，而且还能反映岩石的风化程度。据统计，RQD 值还与岩体的弹性波纵波速度及体积节理数等有一定的关系。因此，在西方用 RQD 值评价岩体的质量已得到广泛的应用。但是，RQD 值不能反映结构面的形态、充填及产状等因素，也不能反映对岩体质量有重要影响的地下水的作用等。

表 5-17　　　　　　　　　　　**RQD 分类表**

等　　级	RQD 值（%）	岩体质量
1	90~100	很好
2	75~90	好
3	50~75	中等
4	25~50	差
5	<25	很差

二、节理岩体的地质力学分类（CSIR）

由南非科学和工业研究委员会提出的 CSIR 分类指标值 RMR（Rock Mass Rating）方法用多参数和差计分方法确定地质力学分类。分类考虑了下述五个参数：①岩石的强度；②RQD 值；③不连续面间距；④不连续面状态；⑤地下水情况。分别对上述五个参数给出不同的评分值（见表 5-18），将各参数评分值相加，即得到了岩体质量的基本评分值，然后再考虑不连续面产状对岩体稳定性的影响（见表 5-19），对基本评分值进行修正得到岩体质量的最终分值，即：

$$RMR = (1 + 2 + 3 + 4 + 5) + (b) \tag{5-50}$$

式中的（b）为表 5-19 中的修正值。按 RMR 值将岩体分成五类（见表 5-20）。表 5-20 还给出了各类岩体抗剪强度参数范围值及洞室开挖后围岩的自稳时间等。根据大量的工程经验，发现岩体变形模量 E_0 与 RMR 间有下列关系：

$$E_0 = 2RMR - 100 \tag{5-51}$$

式中 E_0 的单位为 GPa。从式 5-51 可以看出，当 RMR≤50 时，$E_0 \le 0$。因此该公式只适用于Ⅲ类以上的好岩体。

CSIR 分类及下面要介绍的 Q 系统分类在国外地下工程建设中得到了普遍的应用。我国许多大型水电工程应用上述分类也取得了许多成功的经验。CSIR 分类还可以用于坝基及边坡岩体的分类，如西班牙的 M. R. 洛马纳等在 CSIR 分类的基础上提出了边坡岩体的分类。

　　CSIR 分类原为解决坚硬节理岩体中浅埋隧道工程而发展起来的，从现场应用看，使用较简便，大多数场合岩体评分值（RMR）都有用，但在处理造成挤压、膨胀和涌水的极软弱岩体方面，CSIR 分类法难以使用，近年来发展起来的 GSI 分类法则可弥补 CSIR 法在软弱岩体质量评价上的困难。

表 5-18　　　　　　　　　　　节理岩体地质力学分类（RMR）

	分类参数	数　值　范　围				
1	岩石单轴抗压强度（MPa）	>250	100~250	50~100	25~50	<25
	分值（权值）	15	12	7	4	<2
2	RQD（%）	90~100	75~90	50~75	25~50	<25
	分值	20	17	13	8	9
3	不连续面间距（m）	>2	0.6~2	0.2~0.6	0.06~0.2	<0.06
	分值	20	15	10	8	5
4	不连续面状态	表面很粗糙，不连续，未张开，岩壁未风化	表面稍粗糙张开<1mm，岩壁轻微风化	表面稍粗糙，张开<1mm，岩壁高度风化	光滑表面，或充填物<5mm，或张开1~5mm，连续	软弱充填物>5mm，或张开>5mm，连续
	分值	30	25	20	10	0
5	地下水 每10m长隧道涌水量（L/min）	0	<10	10~25	25~125	>125
	节理水压力／最大主应力 比值	0	<0.1	0.1~0.2	0.2~0.5	>0.5
	总条件	完全干燥	潮湿	湿	淋水	涌水
	分　值	15	10	7	4	0

表 5-19　　　　　　　　　　　按节理产状态修正的分值

节理产状与建筑物关系		很有利	有利	一般	不利	很不利
评分值	隧道	0	−2	−5	−10	−12
	地基	0	−2	−7	−15	−25
	边坡	0	−5	−25	−50	−60

表5-20   RMR 的岩体类别及质量评价

岩体分级	Ⅰ	Ⅱ	Ⅲ	Ⅳ	Ⅴ
RMR 值	100~81	80~61	60~41	40~21	≥20
质量描述	很好	好	中等	差	很差
平均自稳时间	15m 跨度 10 年	8m 跨度 6 个月	5m 跨度 1 个月	2.5m 跨度 10 小时	1m 跨度 30 分钟
凝聚力（MPa）	>4	3~4	2~3	1~2	<1
内摩擦角	>45°	35°~45°	25°~35°	15°~25°	<15°

三、岩体质量 Q 系统分类

1974 年挪威岩土工程研究所的 N. Barton（巴顿）等人根据对 200 个隧道的实例分析，提出了著名的 NGI 岩体隧道开挖质量 Q 系统分类。该分类考虑了下述六种参数：岩石的质量指标 RQD、节理组系数 J_n、节理粗糙度系数 J_r、节理面蚀变系数 J_a、节理水折减系数 J_w 及应力折减系数 SRF。巴顿用积商法计算岩体的质量 Q，即：

$$Q = \frac{RQD}{J_n} \times \frac{J_r}{J_a} \times \frac{J_w}{SRF} \tag{5-52}$$

式中 6 个参数的组合，反映了岩体质量的三个方面，即 $\frac{RQD}{J_n}$ 为岩体的完整性；$\frac{J_r}{J_a}$ 表示结构面（节理）的形态、充填物特征及其次生变化程度；$\frac{J_w}{SRF}$ 表示水与其他应力存在时对岩体质量的影响。

按 Q 值大小将岩体分成如表 5-21 所示的 9 种类型。式（5-52）中各种参数的确定方法可查专门的书籍。

表5-21   按 Q 值对岩体的分类

Q 值	>400	100~400	40~100	10~40	4~10	1~4	0.1~1	0.01~0.1	<0.01
岩体分类	特别好的	极好的	很好的	好的	一般	坏	很坏的	极坏的	特别坏的

Q 分类法考虑的地质因素较全面，而且把定性分析和定量评价结合起来了，因此，它是目前比较好的岩体分类方法，且软、硬岩体均适用，在处理极其软弱的岩层中推荐采用此分类法。

四、工程岩体分级标准

国标《工程岩体分级标准》GB50218—94 提出两步分级法：第一步，按岩体的基本质量指标 BQ 进行初步分级；第二步，针对各类工程岩体的特点，考虑其他影响因素如天然应力、地下水和结构面方位等对 BQ 进行修正，再按修正后的 BQ 进行详细分级。

1. 岩体基本质量分级

《工程岩体分级标准》认为岩石的坚硬程度和岩体完整程度所决定的岩体基本质量，是岩体所固有的属性，是有别于工程因素的共性。岩体基本质量好，则稳定性也好；反之，则稳定性差。岩石坚硬程度划分如表 5-22 所示。

表 5-22　　　　　　　　　　　　岩石坚硬程度划分表

岩石饱和单轴抗压强 R_c/MPa	>60	60~30	30~15	15~5	<5
坚硬程度	坚硬岩	较坚硬岩	较软岩	软岩	极软岩

岩体完整程度划分如表 5-23 所示。

表 5-23　　　　　　　　　　　　岩体完整程度划分

岩体完整性系数 K_v	>0.75	0.75~0.55	0.55~0.35	0.35~0.15	<0.15
完整程度	完整	较完整	较破碎	破碎	极破碎

表 5-23 中岩体完整性系数 K_v 可用声波试验资料按下式确定：

$$K_v = \left(\frac{v_{ml}}{v_{cl}}\right)^2 \tag{5-53}$$

v_{ml} 为岩体纵波速度，v_{cl} 为岩块纵波速度。当无声测资料时，也可由岩体单位体积内结构面系数 J_v，查表 5-24 求得。

表 5-24　　　　　　　　　　　　J_v 与 K_v 对照表

$\dfrac{J_v}{条/m^3}$	<3	3~10	10~20	20~35	>35
K_v	>0.75	0.75~0.55	0.55~0.35	0.35~0.15	<0.15

岩体基本质量指标 BQ 值以 103 个典型工程为抽样总体，采用多元逐步回归和判别分析法建立了岩体基本质量指标表达式：

$$BQ = 90 + 3R_c + 250K_v \tag{5-54}$$

式中：R_c 为岩石单轴（饱水）抗压强度；K_v 为岩体完整性系数。

在使用式（5-54）时，必须遵守下列条件：

当 $R_c > 90K_v + 30$ 时，以 $R_c = 90K_v + 30$ 代入该式，求 BQ 值；

当 $K_v > 0.04R_c + 0.4$ 时，以 $K_v = 0.04R_c + 0.4$ 和 R_c 代入该式，求 BQ 值。

按 BQ 值和岩体质量的定性特征将岩体划分为 5 级，见表 5-25。

表 5-25 岩体质量分级

基本质量级别	岩体质量的定性特征	岩体基本质量指标（BQ）
I	坚硬岩，岩体完整	>550
II	坚硬岩，岩体较完整； 较坚硬岩，岩体完整	550~451
III	坚硬岩，岩体较破碎； 较坚硬岩或软、硬岩互层，岩体较完整； 较软岩，岩体完整	450~351
IV	坚硬岩，岩体破碎； 较坚硬岩，岩体较破碎或破碎； 较软岩或较硬岩互层，且以软岩为主，岩体较完整或较破碎； 软岩，岩体完整或较完整	350~251
V	较软岩，岩体破碎； 软岩，岩体较破碎或破碎； 全部极软岩及全部极破碎岩	<250

注：表中岩石坚硬程度按表 2-9 划分，岩体破碎程度按表 2-10 划分。

2. 岩体稳定性分级

工程岩体（也叫围岩）的稳定性，除与岩体基本质量的好坏有关外，还受地下水、主要软弱结构面、天然应力的影响。应结合工程特点，考虑各影响因素来修正岩体基本质量指标，作为不同工程岩体分级的定量依据。主要软弱结构面产状影响修正系数 K_2 按表 5-26 确定，地下水影响修正系数 K_1 按表 5-27 确定，天然应力影响修正系数 K_3 按表 5-28 确定。

表 5-26 主要软弱结构面产状影响修正系数（K_2）表

结构面产状及其与峒轴线的组合关系	结构面走向与峒轴线夹角 $\alpha \leqslant 30°$ 倾角 $\beta = 30° \sim 75°$	结构面走向与峒轴线夹角 $\alpha > 60°$，倾角 $\beta > 75°$	其他组合
K_2	0.4~0.6	0~0.2	0.2~0.4

表5-27 地下水影响修正系数（K_1）表

K_1　　　　BQ 地下状态	>450	450~350	350~250	<250
潮湿或点滴状出水	0	0.1	0.2~0.3	0.4~0.5
淋雨状或涌流状出水，水压≤0.1MPa 或单位水量 10L/min	0.1	0.2~0.3	0.4~0.6	0.7~0.9
淋雨状或涌流状出水，水压>0.1MPa 或单位水量 10L/min	0.2	0.4~0.6	0.7~0.9	1.0

表5-28 天然应力影响修正系数（K_3）表

BQ K_3 天然应力状态	>550	550~450	450~350	350~250	<250
极高应力区	1.0	1	1.0~1.5	1.0~1.5	1.0
高应力区	0.5	0.5	0.5	0.5~1.0	0.5~1.0

注：极高应力指 $\sigma_{CW}/\sigma_{max}<4$，高应力指 $\sigma_{CW}/\sigma_{max}=4~7\sigma_{max}$ 为垂直峒轴线方向平面内的最大天然应力。

对地下工程修正值［BQ］按下式计算：

$$[BQ] = BQ - 100(K_3 + K_1 + K_2) \tag{5-55}$$

根据修正值［BQ］的工程岩体分级仍按表5-25进行，各级岩体的物理力学参数和围岩自稳能力可按表5-29确定。

表5-29 各级岩体物理力学参数和围岩自稳能力表

级别	密度 $\rho/(g\cdot cm^{-3})$	抗剪强度		变形模量	泊松比	围岩自稳能力
		$\phi/°$	c/MPa			
I	>2.65	>60	>2.1	>33	0.2	跨度≤20m，可长期稳定，偶有掉块，无塌方
II	>2.65	60~50	2.1~1.5	33~20	0.2~0.25	跨度10~20m，可基本稳定，局部可掉块或小塌方； 跨度<10m，可长期稳定，偶有掉块
III	2.65~2.45	50~39	1.5~0.7	20~6	0.25~0.3	跨度10~20m，可稳定数日至1个月，可发生小至中塌方； 跨度5~10m，可稳定数月，可发生局部块体移动及小至中塌方； 跨度<5m，可基本稳定

级别	密度 $\rho/(g \cdot cm^{-3})$	抗剪强度		变形模量	泊松比	围岩自稳能力
		$\phi/°$	C/MPa			
Ⅳ	2.45~2.25	39~27	0.7~0.2	6~1.3	0.3~0.35	跨度>5m，一般无自稳能力，数日至数月内可发生松动、小塌方，进而发展为中至大塌方，埋深小时，以拱部松动为主，埋深大时，有明显塑性流动和挤压破坏；跨度≤5m，可稳定数日至1月
Ⅴ	<2.25	<27	<0.2	<1.3	<0.35	无自稳能力

注：小塌方：塌方高<3m，或塌方体积<30m³；中塌方：塌方高度3~6m，或塌方体积30~100cm³；大塌方：塌方高度>6m，或塌方体积>100cm³。

对于边坡岩体和地基岩体的分级，目前研究较少，如何修正，标准未作严格规定。

五、岩体质量评价及其分类的发展趋势

为了全面地考虑各种影响因素，又使分类形式简单、使用方便，岩体质量评价及其分类将向以下方向发展：

（1）用多因素综合指标的岩体分类。在分类中，力求充分考虑各种因素的影响和相互关系，许多分类都很重视岩体的不连续性，把岩体的结构和岩石质量因素为影响岩体质量的主要因素和指标。

（2）向定性和定量相结合的方向发展。

（3）利用简易岩体力学测试（如钻孔岩心，波速测试，点荷载试验等）研究岩体特性，初步判别岩类，减少费用昂贵的大型试验，使岩体分类简单易行。

（4）重视新理论、新方法在岩体分类中的应用。电子计算机等先进手段的迅速发展，使一些新理论、新方法（如专家系统、模糊评价等）相继应用于岩体分类中，出现了一些新的分类方法。

（5）强调岩体工程分类与岩体力学参数估算的定量关系的建立，与工程岩体处理方法、施工方法相结合。

第六章　库坝区渗漏问题

库坝区渗漏是指库水沿岩石孔隙、裂隙、断层、溶洞等向库盆以外或通过坝基（肩）向下游渗漏水量的现象。水库的作用是蓄水兴利，在一定的地质条件下，水库蓄水期间及蓄水后会产生渗漏。对任何一座水库来说，在未采取有效的工程处理措施的情况下，如果存在严重的渗漏现象，将会直接影响到该水库的效益。而坝区的渗漏，在不少情况下往往导致坝基产生渗透变形，威胁到大坝的安全。所以，库坝区渗漏问题，是非常重要的工程地质问题，也是最常遇到的问题。国内外都有不少水库，由于渗漏严重，蓄不住水而成干库；因坝基出现渗透变形而不得不投入大量人力物力来进行处理。当然，水库蓄水后，水域面积比较大，自然条件又千差万别，十分复杂，如果要求每座水库都滴水不漏，显然不现实。在工程设计中，一般都要求使水库的渗漏量小于该河流段平水期流量的 1%~3%。由此可见，在水库工程规划设计中，应充分重视库坝区周围地形地质条件的调查研究，不仅要选择好坝址，而且应该选择好库址。

第一节　库区渗漏

一、水库渗漏的类型

（一）水库渗漏的种类

水库渗漏可分为暂时性渗漏和永久性渗漏两种。

1. 暂时性渗漏

水库蓄水初期，由于库水位逐渐抬高，因湿润、饱和库水位以下岩土层的孔隙、裂隙和空洞，导致库水量损失，这种方式的渗漏损失称为暂时性渗漏。一般情况下，这部分漏失的水量，不会渗到库外，而且经过一段时间后就会停止，不构成对水库蓄水的威胁，更不致于影响水库的效益。暂时性渗漏量的大小，取决于被饱和岩层的体积及其空隙率，以及库区的地质条件和水文地质条件。例如，库盆若由空隙率高的岩层构成，地下水位又很深，或者是在干旱地区，暂时性渗漏损失的水量就会相对较大。

2. 永久性渗漏

永久性渗漏是指水库蓄水后，库水通过库岸或库盆底部的岩土体中的孔隙、裂隙、断层及溶隙、溶洞等渗漏通道，向库外邻谷、低地或远处低洼排水区持续不断的渗水现象。这种向库区以外的渗漏，必将直接影响水库蓄水，还可能造成浸没、沼泽化、盐渍化等不良现象。

永久性渗漏，大多沿下列部位发生：

（1）通过库岸分水岭向邻谷或低地渗漏（图 6-1（a））。

171

（2）坝下游河道是弯道，库水通过库岸向下游河道渗漏（见图 6-1（b））。

（3）库水通过库底向远处低洼排泄区渗漏（见图 6-1（c））。

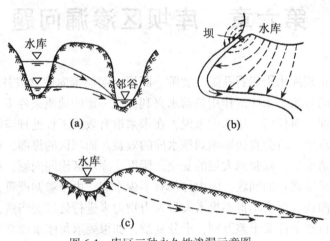

图 6-1　库区三种永久性渗漏示意图

（a）邻谷渗漏　（b）河弯处绕坝渗漏　（c）向远处低地渗漏

（二）水库渗漏的类型

水库发生渗漏的条件主要有三个：一是构成库盆的岩体是透水的，如果水库坐落在黏土岩地区，或库盆被厚层黏土所覆盖，这种水库基本上是不漏水的；二是库外存在有比库水位低的排泄区；三是库水位高于库岸的地下水位，库水才能向库外渗漏。由此可见，水库渗漏的发生主要与岩性和地质构造、地形及水文地质条件有关。具备上述三个条件的水库，就可能发生渗漏。

水库渗漏的类型，按渗漏通道的性质，一般可划分为以下几种类型。

（1）孔隙渗漏型。库水主要通过第四纪松散土层发生渗漏，例如黄土、各种粒径的砂层及砾石等。这一类型的渗漏量主要取决于土层的孔隙率及空隙直径的大小和土层分布的范围。

（2）裂隙渗漏型。库水主要通过岩、土体内的裂隙进行渗漏，包括可透水的各种原生裂隙、次生裂隙以及断层破碎带的裂隙。裂隙型渗漏量的大小取决于断层性质、规模、充填物及填胶程度及裂隙的张开度和密集程度等。

（3）溶洞渗漏型。喀斯特地区的水库，库水通过各种规模的溶洞发生渗漏。

除了以上三种基本类型外，尚有孔隙-裂隙渗漏型和裂隙-溶洞渗漏型等混合型渗漏。

各个水库区的地质条件不同，其渗漏的类型，既可以是单一的，也可以是多样的。例如，一个库段既可能存在孔隙渗漏，又可能发生溶洞型渗漏。因此，水库区的渗漏问题，要在工程地质勘察的基础上按不同库段作具体分析。

二、发生水库渗漏的地质条件

水库渗漏的情况基本上有两种：一种是集中渗漏；另一种是面状渗漏，其范围比较宽广。不同的地质地貌条件可能形成不同种类的渗漏，因此，应对库区的地质地貌等条件进行全面的调查研究，才能正确地评价水库渗漏问题。

（一）地形地貌条件

水库渗漏与不同的地貌单元密切相关。

如果库区周围的地形是山峦重叠、峰岭连绵的，那么，这类地形产生渗漏的可能性就很小。相反，库岸山体单薄，又有邻谷存在且下切较深，库水外渗的可能性就大。

若水库修建在基岩山区河谷急剧拐弯处，河湾之间的山脊有的地方可能会很狭窄，这样的地形条件，就有可能产生水库渗漏。

平原地区河谷一般切割较浅，库区与邻谷常相距很远，库水若要穿过河间地块向邻谷渗漏，一般是不容易的。但在河曲发育地段，河间地块比较单薄，则属可能产生渗漏的地形。

地形地貌虽然不是水库渗漏的通道，但在许多情况下，地质方面大的集中渗漏通道，在地形地貌上总有一定的反映。因此，找出地形对渗漏的不利地段，就可以提供一些相关现象和应该注意的环节，使之能够进一步从地质和水文地质方面去调查产生水库渗漏的可能性。

（二）岩性条件

不同的岩性，对水库渗漏有着决定性的影响。按岩石性质，岩层有透水的和隔水的两大类，在分析水库渗漏问题时，对岩层的透水性能都要着重加以分析，因为强透水层可以导致水库渗漏，隔水层的存在则可以起到防渗作用。

能够起防渗作用的是微弱透水或基本不透水的岩层，如黏土类岩中的黏土岩、页岩和黏土质沉积层，以及完整致密的各种坚硬岩层。如果库盆或水库周围有隔水层存在，就能够起挡水作用，使库水不致向库外渗漏。因此，凡是可以起隔水层作用的岩层，都要查明其厚度、分布范围、产状、裂隙发育程度等，以确定其是否能起防渗作用以及防渗程度和效果。

基岩一般比较坚硬致密，孔隙率小。库水如果要通过基岩发生渗漏，主要取决于各种裂隙和溶洞的存在情况，以及沉积岩的层面充填情况。

在第四纪的松散沉积层中，对水库渗漏有重大意义的是未经胶结的砂砾（卵）石层，这些砂砾石、砾石、卵石层空隙大、透水性强，如果库区存在这些强透水层并沟通库区内外，就可以成为水库渗漏的通道。例如，北京市郊十三陵水库，由于水库右岸大宫门附近存在古河道（见图6-2），古河道由强透水的砂砾石层构成，当水库蓄水达到一定高程时，就形成集中渗漏，大量漏水，这是工程竣工后一个相当长的时期内未能满库运行的一个重要原因。后经处理，才保证了水库正常蓄水。

如果在河间地块存在砂砾石层，水库一岸又毗连另一条河流，且两河之间相距不远，或河间地块比较单薄，当这种河间地块是由强透水的砂砾石层构成，又具备一定的水文地质条件时，则会产生渗漏。库水沿砂砾石层渗漏，大多发生在平原地区的水库。

（三）地质构造

与水库渗漏有密切关系的地质构造，主要有断层破碎带或断层交汇带、裂隙密集带、背斜及向斜构造、岩层产状等。

断层的存在，特别是未胶结或胶结不完全的断层破碎带，都是水库渗漏的主要通道。

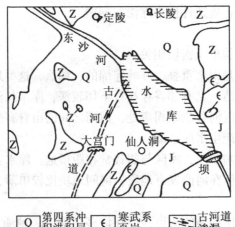

图 6-2　十三陵水库右岸古河道水库示意图

有的断层贯通大坝上下游（见图 6-3 中的 F_1），有的则从库区延伸至库外低谷（见图 6-3 中的 F_2），造成水库渗漏。

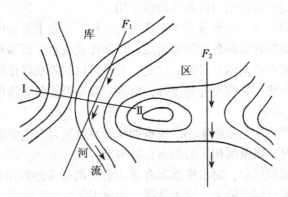

图 6-3　库水沿断层渗漏示意图

　　背斜构造和向斜构造与水库渗漏的关系，主要应从两个方面来分析。一是背斜和向斜核部伴生的节理密集带或层间剪切带可能成为渗漏的通道；另一方面主要由透水层与隔水层相互配合和产状情况来决定。例如图 6-4（a）为背斜构造，透水的石灰岩层倾角较小，且被邻谷切割出露，在这种情况下，可导致库水沿溶蚀通道向邻谷渗漏。图 6-4（b）的情况则不同，透水的石灰岩层倾角较陡，未被邻谷切割出露，其下为隔水的页岩，上部砂岩虽被邻谷切割出露，但因其透水性微弱，故库水不致向邻谷渗漏。图 6-5 是向斜构造与水库渗漏的关系，图 6-5（a）为有隔水层阻水的向斜构造，库水被页岩所阻，这种情况一般不会产生渗漏。而图 6-5（b）虽然是向斜构造，但透水的石灰岩因无隔水层阻水，且又与邻谷相通，在这种情况下库水一般会沿喀斯特通道渗漏。

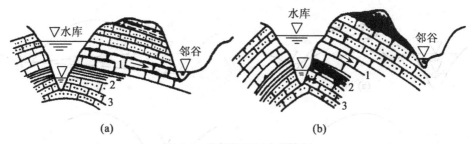

图 6-4 背斜构造与水库渗漏

（a）渗漏 （b）不渗漏

1—透水石灰岩 2—隔水页岩 3—透水性小的砂岩

图 6-5 向斜构造与水库渗漏

（a）不渗漏 （b）渗漏

1—透水石灰岩 2—隔水页岩

（四）水文地质条件

库区的水文地质条件是水库能否发生渗漏的重要条件之一，尤其是库岸有无地下水分水岭，以及地下水分水岭的高程，对水库的渗漏具有决定性的意义。而地下水的某些特征，则可以用来直接判断库区渗漏问题。一般可从以下几方面入手：

1. 分水岭的地下水位

当确证分水岭两坡均有由潜水补给的泉时，表明分水岭山体内有地下水分水岭。根据地下水分水岭脊线的高程与水库正常高水位的关系，可判断水库是否有向邻谷渗漏的可能。此时（见图 6-6）有四种情况：

（1）建库前的地下水分水岭高于水库正常高水位，建库后一般不会产生向邻谷渗漏，如图 6-6（a）所示。

（2）建库前的地下水分水岭低于水库水位，则蓄水后将会向邻谷渗漏，如图 6-6（b）所示。

（3）建库前地下水就从库区河谷流向邻谷，蓄水后水头更大，渗漏更严重，如图 6-6（c）所示。

（4）建库前邻谷河水经地下流向库区河谷，邻谷水位低于建库后的库水位，建库后库水将向邻谷渗漏如图 6-6（d）所示。

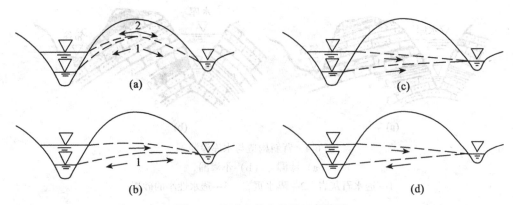

图6-6　地下水分水岭的四种情况

（a）地下水分水岭高于库水位　（b）地下水分水岭低于库水位　（c）地下水受库区河水补给
（d）地下水向库区河谷排泄，但水面低于库水位

有时，地下水分水岭虽略低于水库正常高水位（见图6-6（b）），但由于蓄水后库水的顶托作用，地下水分水岭最后可能略高于库水位，库水不致外漏。在分水岭很宽厚、岩土体的透水性较小时，库水更不会外漏。

2. 隔水层和透水层的组合及潜水和承压水的状态

很多情况下，潜水和承压水不一定是互相连通的，这时就不能单纯利用图6-4所示情况来判断库水外渗的可能性，而需要对承压水（或建库后可能出现的承压水）的作用单独进行分析。只要透水层穿过了分水岭，而其两端分别在库区和邻谷（或低洼地）出露，且其出露高程均低于水库正常高水位，则库水就能沿透水层以承压水形式流向邻谷。当建坝前库区有承压水露头时，只要泉水口高程超过水库正常高水位且其内部通道没有与低处泉水串通，则库水就不会沿该承压含水层漏走。若泉水口高程低于库水位，库水能否沿承压含水层漏走，则应根据承压水含水层的补给区和排泄区的具体情况确定。

3. 水库漏水的水文地质特征

不少水库的漏水，会在渗漏的排泄出水点形成泉水。根据所产生的泉水，可以帮助我们分析库水漏失的去向。但有的水库渗漏，其排泄出水点很明显，而有的则不明显。这种差别与库区地质和水文地质特征有关。例如在云南有几个水库漏水就可明显分成两类：

（1）排泄出水点明显的，例如图6-7，水库是向邻谷和向下游渗漏。在邻谷（盆地）以及下游河谷地带，发现沿岸泉水流量增加，出现新的泉水，泉水流量动态与水库水位有密切的关系。由于水库渗漏，使邻谷村庄、田地地下水位显著抬高而出现沼泽。云南某水库，除了顺岩层走向向西南方向的某盆地（距水库约2.5～3km）渗漏外，还顺着岩层倾向向西往金沙江边的龙潭沟（距水库约15km）渗漏，该处出现新泉水，其流量为 $0.616m^3/s$。

（2）排泄出水点不明显的。水库修在透水层上，透水层很厚，很深才有隔水层。这时库水将漏向地下深部，成为区域性含水层的补给来源（见图6-8）。

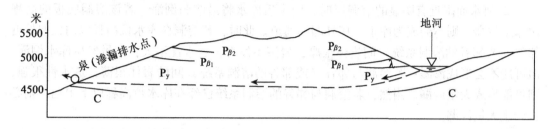

图 6-7　某水库库区渗漏图

$P_{\beta2}$—二叠系峨眉山玄武岩　$P_{\beta2}$—二叠系火山砾岩夹凝灰岩　λ—辉绿岩　P_y—二叠系厚层灰岩

及含煤地层　C—石炭系白云质灰岩及石灰岩

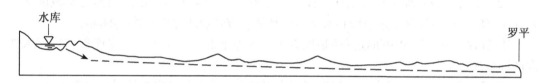

图 6-8　某水库渗漏途径示意图

（五）岩溶库区渗漏分析

岩溶地区水库漏水问题的分析，关键是：

（1）查清该区地形、地层、岩性、构造和水文地质等情况；

（2）在以上基础上进一步查清岩溶发育程度和岩溶形态的延伸分布规律。有关内容前已述及，这里仅结合水库渗漏问题，进一步研究和补充。

单层岩溶地层区（即分水岭全由岩溶地层组成，隔水层在河谷下很深处）和多层岩溶地层区（即岩溶岩层与非岩溶岩层交互的地层区）情况有差别，但岩溶发育规律有共同之点。现以单层岩溶地层区为主，适当涉及多层岩溶地层区予以分析。

1. 渗漏通道的分析

岩溶渗漏通道按其规模可分：① 大型的，如溶洞、暗河和落水洞等；② 中型的，如被溶蚀而加大了空隙的断层和大型溶隙；③ 小型的，如溶孔和小型溶隙等。其中以第①类渗漏规模最大，第③类渗漏规模最小。三者往往互相串通。因此，从实际意义而言，查清岩溶渗漏通道主要是指查清①、②类通道而言。

（1）建坝河谷是地下水排泄区

在这种情况下应注意：

① 水平循环带和谷底循环带是最易出现岩溶渗漏的位置。岩溶潜水的流向总的归宿是河床，但有的地段可能有局部异常。河床两岸地下水接近垂直方向流入河床的叫横向径流地段，平行河水流向的方向流入河床的叫纵向径流地段。纵向径流地段容易发育纵向的岩溶形态，成为库水外渗的通道。易出现的地段：a. 河流纵坡由平缓突变为较陡的地段，在这个转折点处易发育谷底的纵向岩溶形态；b. 河流的凸岸，特别是河湾间或河曲间地

177

段河岸，易发育岸边纵向岩溶形态。

② 河水面附近有明显的溶洞层时，回水后库水将沿溶洞倒灌。若该溶洞底板的高程比库水位高，则不会成为库水直接外漏的通道。此时，若溶洞在库水位高程以内，但最近邻谷（或邻谷的溶洞系统）间岩体很厚，岩溶不发育，透水性不大，则虽发生库水倒灌，但可能不会形成渗漏；若溶洞与邻谷（或邻谷的溶洞系统）间的岩体很薄，透水性很强，则可能形成大量渗漏。当然，若溶洞与邻谷的溶洞系统已经在库水位高程以下串通，则必将产生大量渗漏。

③ 岩溶形态是地下水从补给区流向排泄区，沿岩体内各种结构面溶蚀而成的通道。因此对穿越分水岭的断层破碎带、节理密集带、不整合面、褶皱轴面等，应特别注意查清是否已形成岩溶渗漏通道。

④ 多层岩溶地层与非岩溶地层交互地带的渗漏问题。在查清岩溶地层的透水性以后，可按一般沉积岩地区隔水层和透水层互层的分析原则，判断其漏水的可能性。

（2）建库河谷是地下水补给区，此最为不利，易产生大量渗漏。当河谷是该区地下水补给区时，往往具有下述地形和水文地质特征，应特别注意库水外漏的问题。

① 盲谷：河谷突然中断处往往是地表水转入地下的入口位置，系水库蓄水后库水外漏的通道入口。

② 谷底落水洞：若谷底落水洞发育，修建水库，落水洞是库水外漏的通道入口。

③ 谷底溶洞：谷底若有溶洞口是入水口，亦属大型渗漏通道。

当河谷是地下水补给区时，必须查清外漏通道，采取有效措施，否则水库漏水是很难避免的。

2. 地下水的分析

岩溶地区当确证有类似上述一般地层区的地下水分水岭时，可按前述相似情况判断库水是否渗漏。此外，岩溶地区还有两种特殊情况：

（1）地下水分水岭与地形分水岭的不协调

在一般地层区，地下水面往往随地形的起伏而起伏，地下水分水岭脊线大体与其所在山脊线平行，平面位置也大体相当。在岩溶地层区，当岩溶不甚发育时，这种相关现象是存在的。但岩溶比较发育以后，这种相关关系往往遭到破坏，出现地下水分水岭与地形分水岭十分不协调的现象。地下水分水岭往往偏离地形分水岭的一侧，而且常出现横穿分水岭山体的地下水分水岭。

当分水岭山体的两侧谷坡岩溶发育程度相差悬殊，岩溶发育一侧的地下水面往往较分水岭另一侧的要低，则地下水分水岭脊线将向岩溶不发育一侧偏离。

当有几条通向河流的大型溶洞系统，则每两条溶洞系统间必出现地下水分水岭，其岭脊线方向大体与溶洞方向平行而与河流斜交或直交，亦即与分水岭山体的延伸方向斜交或直交。因此，在判定地下水分水岭脊线位置时，不能按一般地区地下水的分布规律考虑。

（2）纵向径流

一般地层区地下水的纵向径流情况比较少，即使出现时规模也不会太大，因而地层区地下水从分水岭脊线开始，水面逐渐下降直接流向河床中。在岩溶地区，若岸边出现强烈的岩溶地带，则地下水流到该处后，平行于河流方向流动而成为纵向径流，该处地下水面有可能很低，甚至与河水面平齐，有的情况下还可能低于河水位。若这种纵向径流地段从坝上游通向下游，则将产生强烈的岸边绕坝渗漏问题。

　　若河谷底、河床以下岩溶十分发育，则可能出现两岸地下水不流入河床，而直接流向河床以下的岩溶发育部位。该处河水也直接向下补给，形成一种"悬托河"（见图6-9和图6-10）。在这种情况下，应注意坝下和岸边的渗漏问题。选择坝址时若能及早发现，可考虑挪动坝址位置来解决。

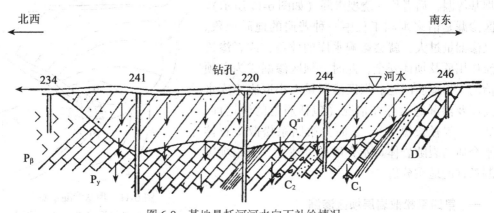

图6-9　某地悬托河河水向下补给情况

C₂—中石炭世石灰岩　　D—泥盆纪砂岩　　C₁—下石炭世白云岩　　P_β—下二叠世玄武岩

P_y—下二叠世灰岩　　Q^{al}—第四系冲积层

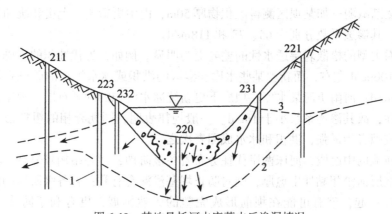

图6-10　某地悬托河水库蓄水后渗漏情况

1—钻孔　2—建坝前地下水水位线　3—建坝后地下水水位线

　　水库渗漏量的计算一般是在选定的穿越分水岭的有代表性的剖面上进行。计算前，应通过勘察工作，详细查明渗漏边界条件，确定计算参数，尔后用地下水动力学的公式或其它方法估算，请读者参考有关教科书，这里不作赘述。

第二节 坝区渗漏

水库蓄水后，坝上、下游形成一定的水位差（压力水头），在该水头作用下，库水将从坝区岩土体内的空隙通道向坝下游渗出，称其为坝区渗漏。

坝区渗漏分别产生于坝基或坝肩部位，前者称为坝基渗漏，后者称为绕坝渗漏（如图6-11所示）。坝区渗漏是诸多水利工程中一种普遍的地质现象。一旦渗漏量过大，就会影响水库的效益，或者渗透水流作用危及坝体安全，此时，坝区渗漏成为必须防治的工程地质问题。坝区渗漏量大小取决于库水位高度及渗漏通道存在情况（包括通道的渗透性、连通性、渗径长短等）。下面分第四系松散土石体透水介质与裂隙岩体透水介质两种情况，介绍坝区渗漏条件的地质分析。

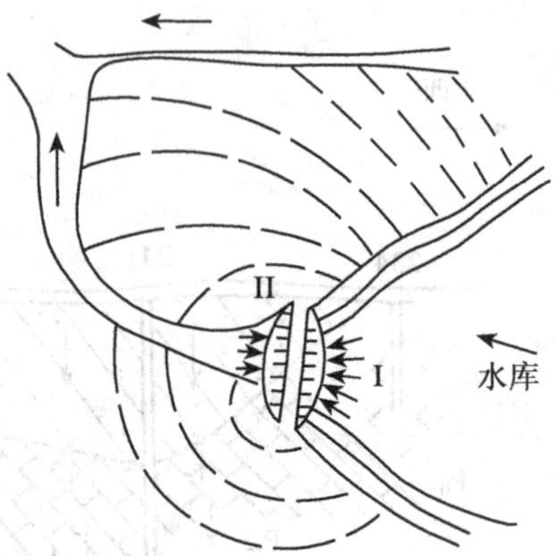

图6-11　坝基渗漏示意图
Ⅰ—坝基渗漏　Ⅱ—绕坝渗漏

一、第四系松散岩层坝区渗漏

控制第四系松散岩层渗漏条件的主要因素是沉积年代、成因类型、地形地貌特征、岩性、地层结构等。这些因素相互联系、相互影响，共同控制着整个坝区渗漏的边界条件，以及局部岩层透水性的变化特征。

（一）地层的沉积年代、成因类型和地形地貌特征

沉积时代不同的同类松散岩层，透水性往往具有明显差异。其透水性一般随沉积时代由新到老而逐渐减弱。如某坝区测得沉积物厚50m，由中更新统、上更新统和全新统三层砂砾石组成，其渗透系数分别为65、78和118m/d。

不同成因类型的松散岩层透水性的差异更为明显。例如，近代冲积的砂砾层，其渗透系数一般在100m/d左右，而新疆某些水库和灌区的洪积或冰水沉积的砂砾石层，渗透系数多小于10m/d；河南伊河某水库左坝肩下更新统冰水沉积的砂砾石层，因结构紧密，并具一定胶结性，故其渗透系数小于1m/d。一般规律表明，同期异相的粗粒松散层，其透水性以冲积成因者为最强，洪积和冰水成因者次之。

一般在河流的中游段，河床两岸往往分布着各级阶地，河谷结构较复杂。具二元结构的阶地，其上层河漫相黏性土愈厚，则对防止坝基渗漏愈有利；若各级阶地的河漫滩相物质互相搭接在一起，就有可能在坝前形成完整的天然铺展，更有利于防渗（见图6-12(a)）。各级阶地的下层河床相强透水砂卵（砾）石层，常互相沟通，是坝基渗漏的主要通道。此外，阶地的组合形式对坝基渗漏也有影响，内叠阶地与上叠阶地，其渗透性在横向上变化趋势相似，而在垂向上差异甚大（见图6-12）。下游平原区段的河流，河床中分布着中到弱透水的中细砂层，两岸由粉细砂和黏性土组成，河床频繁变迁，常有古河道分布，地层结构更为复杂；单层厚度较小，但总厚度却很大，与中、上游河段相比，渗漏条件更具特殊性。

不同的地貌单元，常具有不同时代、不同成因和不同透水性的第四系松散岩层。因

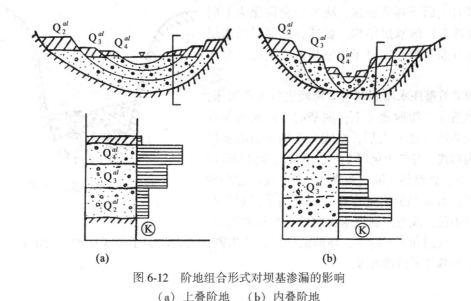

图 6-12 阶地组合形式对坝基渗漏的影响
（a）上叠阶地 （b）内叠阶地

此，不同地貌单元的分界线，往往是渗漏条件的区划边界。例如，阶地与阶地的界线、阶地与洪积扇的界线往往是强透水层与弱透水层的界线。在一些宽阔的阶地之下埋藏的古河床，也常是渗漏的主要通道。

此外，坝区内的地形切割情况对于渗漏条件也有重要影响。坝前坝后的旧河道、冲沟、洼塘能为入渗和排泄创造有利条件。

（二）地层结构特征

第四系松散岩层的结构特征与地貌发育情况关系十分密切。一般山区河流，上游河床覆盖层多由厚度较小的粗粒物质组成，地层结构单一；中、下游河床覆盖层多由厚度较大的粗、细粒物质组成，呈多层结构形式。

单一结构的河床覆盖层往往由砾卵石夹砂组成，其透水性强，沉积厚度不大，下伏基岩常为相对隔水层，因而其渗透边界条件较简单。

多层结构的河床覆盖层往往由砂砾石层、砂层、黏土层等相间组成，其透水性很不均一，垂直方向受隔水层影响，渗透性很小，而水平方向则较大。

为有利于研究坝区渗漏边界条件，结合河谷地貌特征，下面将按河流松散堆积物的地层结构所划分的三种模型分别表述如下：

1. 单一结构型

主要由卵砾（漂）石组成，透水性强而均一，但厚度一般不大。下伏基岩可作为相对隔水底板，渗漏边界条件较简单，易于确定（见图 6-13），上游河段多此形式。由于谷坡高陡，松散堆积物多分布于谷底，所以渗漏主要发生于坝基。此种形式可引起严重的渗漏，但易于处理。

2. 多厚层结构型

由多层厚度较大的粗、细粒物质组成，可分为两种情况：

（1）自上而下颗粒组成逐层变粗的多层结构。透水性自上而下逐渐变强，故可把它简化为上弱下强（透水）的双层结构。显然，上部弱透水层的透水性和完整程度对于控制坝区渗漏有重要作用。

河北黄壁庄水库的副坝横跨晚更新世古河床，主要坐落在二级阶地之上，坝基的上更新统黏性土层和砂卵（砾）石层，组成为上细下粗的多厚层结构形式。黏性土层厚21m，下伏的砂层和砂卵（砾）石层总厚约35m（见图6-14）。在砂层与砂卵（砾）石接触面附近存在一中渗漏带，它分布于坝区中段，成为控制坝基渗漏的一个重要因素。

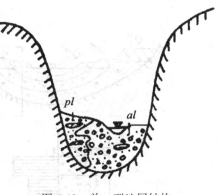

图6-13 单一型地层结构

由于冲沟切割和人工取土，坝前的砂层大片出露，大大削弱了阻渗能力。为防止严重渗漏，对坝基作了防渗处理。

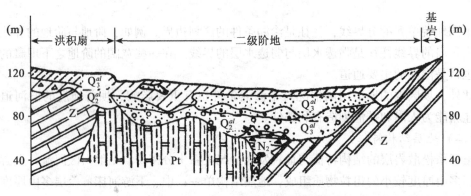

图6-14 黄壁庄水库副坝轴线地质剖面图

（2）粗、细粒互层结构。透水层强弱相间，因此对渗漏条件的控制取决于细粒弱透水层的延续性和完整性。若弱透水层能有效地阻隔上下粗粒强透水层之间的水力联系，则有利于坝基的防渗。

上述两种情况均以基岩作为相对隔水底板。若在岩溶地区，则下部边界需移到岩溶漏水带以下。

多厚层结构型在山区河流中、下游河段多见，河谷宽阔，阶地发育，河谷的地貌和地质结构复杂多变，故渗漏边界条件复杂。严重的坝基渗漏和绕坝渗漏均可能发生，随之产生的渗透变形将危及坝体安全。

3. 多薄层结构型

常由透水性较弱的中、细砂或极细砂组成，并与厚度不大的黏性土层交互相间，属于平原河流的沉积模式，黏性土层往往呈透镜体状，延续性差，因而各透水层之间具有一定的水力联系，当其叠加厚度较大时，同样可构成严重的渗漏条件。其下部常以早期沉积的地层作为不透水边界（见图6-15）。

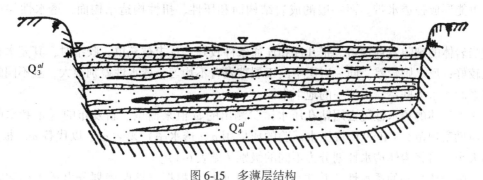

图 6-15　多薄层结构

（三）岩层组织结构特征

第四系松散岩层，特别是粗粒岩层的透水性，主要由岩层的组织结构特征——颗粒级配和细粒充填物的含量、分选程度，构成砾卵石颗粒的岩性以及胶结特性等因素所决定。岩层透水性的不均一，正是其结构特征差异的反映。如前所述，一般的规律是，时代较老的松散岩层，因为经过较长时间的压密或胶结过程，岩层的密实度随之增加而减弱其透水性，同样，洪积和冰水沉积的松散岩层，因为堆积条件间歇多变，分选性差，大量细粒物质充填于颗粒之间，减小了岩层的孔隙度，增加了密实度，从而减弱其透水性。

综上所述，第四系松散岩层的沉积时代、成因类型、地貌特征和地层结构特征等因素，起着控制坝区渗漏边界条件的主要作用，岩层的组织结构特征则主要控制着岩层（或地段）的透水性。它们之间联系紧密，相互依存。

（四）第四系松散岩层坝区渗漏的计算

松散岩层坝区渗漏的计算方法较多，也相对成熟一些，如水力学方法、流体力学方法、实验室方法等，其基本原则大多是首先对渗漏条件进行详尽的分析研究，以此为基础来确定边界条件和计算参数，最后选择合适的计算公式进行计算。这方面内容可参看相关的教科书，这里不作介绍。

二、裂隙岩体坝区的渗漏条件

坝区裂隙岩体的渗漏条件，除岩体的岩性特征外，起主导作用的是岩体中各种成因类型结构面的发育程度和溶蚀空隙（洞）及其开启性、充填情况、连通情况。河谷地貌特征也是影响透水性强弱和入渗、排泄条件的重要因素。

（一）岩性及地质结构特征

裂隙岩体在形成和演化过程中，受岩性、构造变动和表生地质作用等的控制和影响，结构面网络的发育往往错综复杂，致使其渗透性呈现非均一性和各向异性。

一般地说，厚层、坚硬性脆的岩石，受各种应力作用易产生破裂结构面，裂隙延伸长而张开性较好，故透水性较强，如石灰岩、石英砂岩和某些岩浆岩；薄层、塑性较强的软岩石所产生的破裂结构面往往短而闭合，透水性较弱，如泥页岩、凝灰岩等；可溶盐岩类的各类结构面又控制了岩溶发育，使岩体透水性更为强烈，且非均一性和各向异性更为显著。

不同成因类型的破裂结构面其透水性也不相同。未充填、胶结的张性构造结构面，喷出岩的成岩节理，风化裂隙、卸荷裂隙等次生结构面透水性较强；岩浆岩与围岩的接触面有时也能形成强透水带。而一般的成岩结构面和压性、扭性构造结构面，透水性往往较弱。

当岩体的裂隙发育均匀，张开性和连通条件较好，且未被充填、胶结时，其充水和透水性较好；反之则较差。同一岩层中由于裂隙发育不均匀，透水性差别很大，且不同的裂隙体系间无水力联系，无统一的地下水面。

裂隙岩体的透水性过去用钻孔压水试验测出的 ω 值来衡量。新发布的《水利水电工程地质勘察规范》（1999）将压水试验的成果用 q（透水率）来表示，以代替 ω。根据 q 值的大小，可将岩体透水性划分为不同的级别（见表 6-1）。

裂隙岩体坝基的透水性，并非如松散土体那样可根据岩性明确划分出透水层和隔水层，多是根据 q 值绘制出透水性剖面图（见图 6-16）。

表 6-1　　　　　　　　　　　　　岩土透水性分级表

透水性等级	标　准		岩　体　特　征	土　类
	渗透系数（cm/s）	渗透率 q（Lu）		
极微透水	10^{-6}	<0.1	完整岩石，含等价开度小于 0.025mm 的裂隙岩体	黏土
微透水	$10^{-6} \sim 10^{-5}$	0.1~1	含等价开度 0.025~0.05mm 裂隙岩体	粉质黏土
弱透水	$10^{-5} \sim 10^{-4}$	1~10	含等价开度 0.05~0.1mm 裂隙岩体	粉土
中等透水	$10^{-4} \sim 10^{-2}$	10~100	含等价开度 0.1~0.5mm 裂隙岩体	粉砂-粗砂
强透水	$10^{-2} \sim 10^{0}$	>100	含等价开度 0.5~2.5mm 裂隙岩体	砂砾-碎石、卵石
极强透水	>100		含等价开度大于 2.5mm 的裂隙的岩体	粒径均匀的漂砾

注：等价开度指假定试段内，每条裂隙均平直、光滑、壁面平行、开度相同。

裂隙岩体的透水性及其渗流具有明显的方向性。为表示渗透系数 K 值的各向异性，有人建议用渗透系数极图表示，即将 K 视为一矢量（K），在某一平面上以某一点为中心，K 为极半径，环射一周时此矢量端点的轨迹即为极图，它是一封闭曲线。若极图为圆形，说明 K 在各方向上大小一致，表示各向同性，否则是各向异性。根据渗透系数极图可获得最大、最小和平均渗透系（K_{max}、K_{min}、K_e）的大小和方向。坝区渗漏途径往往由各类透水结构面组合而成，故其渗透系数极图也是由各类结构面极图叠加而成的。

（二）河谷地貌条件

河谷地貌对坝基渗漏的影响，主要表现在岩层产状与河谷方向的关系方面。在倾斜层状岩层区，纵谷、斜谷和横谷具有不同的入渗和排泄条件，它们主要影响渗径的长短（见图 6-17）。

1. 纵谷

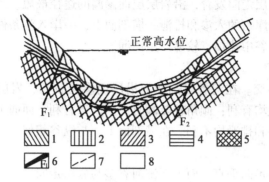

图 6-16　坝轴线渗透剖面示意图

1—$q>100$　2—$q=100\sim10$　3—$q=10\sim5$　4—$q=1\sim5$　5—$q\leqslant1$　6—断层

7—地层界线　8—冲积砂卵石层（q 单位：Lu））

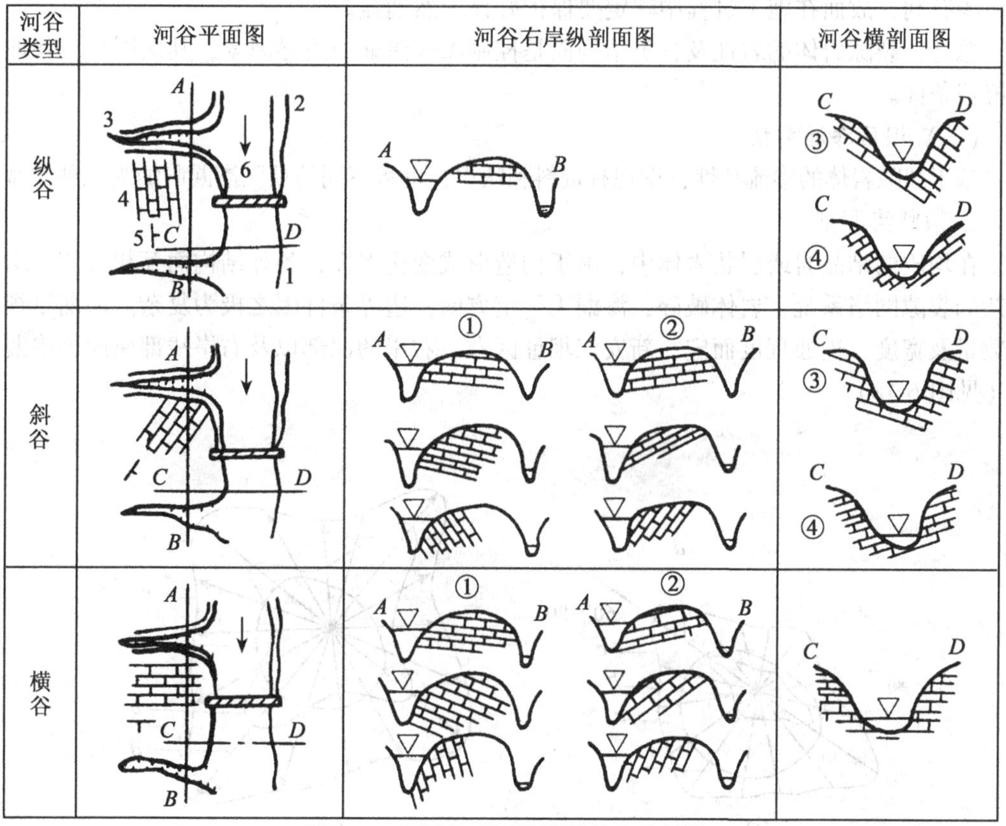

河谷类型	河谷平面图	河谷右岸纵剖面图	河谷横剖面图
纵谷			
斜谷			
横谷			

图 6-17　不同类型河谷渗漏条件示意图

①②—岩层倾向下游和上游，倾角自上而下为缓倾、中等倾斜和陡倾岩层

③④—横剖面上岩层各向一岸倾斜

1—河谷　2—水库回水线　3—沟谷　4—岩层　5—岩层产状

A—B 为纵剖面线　C—D 为横剖面线

185

坝址处的河段沿岩层走向发育，沿岩层层面渗漏的途径最短，当上下游有沟谷垂直岩层走向发育时，更有于库水的入渗和排泄。横剖面上，一岸入渗条件较好，排泄条件则另一岸相反。因此，在纵谷中建坝，较易产生渗漏。

2. 斜谷

河流与岩层走向斜交。在河谷纵剖面上沿层面渗径较长、岩层倾向下游且小于30°时，对库水入渗和排泄均有利；倾角较陡倾时，则入渗有利，而向下游对排泄不利。当岩层倾向上游时，对入渗和排泄均不利。在横剖面上，与纵谷相似。

3. 横谷

坝址处河段与岩层走向垂直。而上下游河谷多与岩层走向平行。在河谷纵剖面上渗径很长，故入渗和排泄条件均较纵谷和斜谷为差，对防渗有利。尤其当岩层倾向上游时，更不利于坝基渗漏。横剖面上，两岸的入渗和排泄条件相同。因而，大多数坝址选择在横谷河段上，这是其重要原因之一。

若河谷中覆盖层分布稳定，且具有一定厚度的黏性土时，可起到天然铺盖作用，对坝区防渗有利，故而在施工过程中一定要保护好该天然铺盖。

总之，裂隙岩体的岩性及各类结构面是控制坝区渗漏的主导因素，其次则是河谷地貌和覆盖条件。

（三）坝区渗漏类型

基于裂隙岩体的渗流特性，据现有资料和认识，可将不同的坝区渗漏归纳为三种类型：

1. 散状渗漏型

在均质的结晶岩或层状岩体中，由于构造形式变化多样，各种结构面互相交切，组成复杂的裂隙网络系统，岩体破碎，渗漏无一定方向，边界条件因之极为复杂。渗漏量视裂隙数量及宽度、连通程度而定，新安江坝址区左、右岸的深部以及右岸浅部属此种渗漏形式（见图 6-18）。

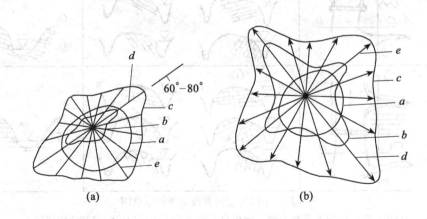

图 6-18　新安江坝址区渗漏极图

（a）右岸浅部　　　　（b）左岸和右岸深部

a—仅考虑岩层产状的水平极图　b—仅考虑两组正交断裂的水平极图

c—上述两者叠合的水平极图　d—主导渗流方向　e—次要渗流方向

2. 带状渗漏型

在各种岩层中，由于某组结构面发育（如顺河的断层或裂隙密集带），此组结构面（带）就成为集中渗漏通道。这种渗漏形式简单、明显，边界条件易确定。当各种结构面组合成为规模较大的带状渗漏通道时，边界条件较复杂，渗漏量大。黄河干流上的天桥电站坝址区有两组构造结构面，一组为走向北东80°，正的压性断层；另一组为走向近南北的张性断层，规模较大，也最发育，形成一组平行的断裂带。由此形成了正交型集中渗漏通道，渗漏方向以近南北向为主，北东东向次之（见图6-19）。

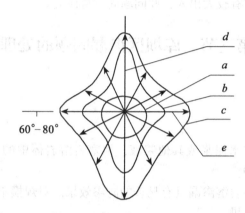

图 6-19　天桥电站坝址区渗流极图（说明同图 6-18）

3. 层状渗漏型

层状结构的水平或缓倾岩体中，透水层与隔水层交互成层，连续性较强的沉积结构面发育，可沿层状透水岩体明显地渗漏；当泥页岩与灰岩互层时，灰岩可构成规模较大的渗漏通道。这种情况下构造结构面对渗漏不起主导作用。当多层的透水层与隔水层交互成层时，则形成多层状渗漏通道，规模较大。此种渗漏形式的渗漏带明显，边界条件易确定。

三、裂隙岩体坝区渗漏的定量评价问题

裂隙岩体渗漏问题的研究，当前从理论到实践尚处于探索阶段，因此裂隙岩体坝区渗漏的定量评价问题很不成熟。目前国内外水电和地质部门在坝区渗漏计算中，按照裂隙岩体渗漏的流态及其边界条件，一般都引用松散土石体坝区渗漏计算公式进行近似、粗略的估算，显然与实际情况差别较大，计算结果会产生很大的误差。

根据实际的工程经验，对裂隙岩体坝区渗漏的定量评价应注意以下三个问题：

1. 关于渗漏边界条件的分析

应在地质定性研究的基础上，正确判定渗漏形式，划定边界条件，由此对坝区岩体进行水文地质分段（分区、带、层），作为渗漏计算的依据。确定了各计算段的边界条件后，渗流段的厚度和宽度也就确定了。

2. 关于渗透系数的获取

裂隙岩体的渗透系数是借助于勘探、试验工作获取的。在工程实践中一定要尽可能布

置较多的勘探钻孔并通过试验获得大量的数据，然后进行统计，并结合坝区具体的地质条件选定计算参数，"一孔之见"乃工作之大忌。当坝区有局部断裂、裂隙及岩溶发育时，尤须注意。

渗透系数 K 值一般可通过抽水试验直接获取，也可通过压水试验所求得的 q 值换算得到。

3. 关于计算方法的选择

裂隙水的流态比较复杂，流态边界条件的取得比较困难，故选择比较切合实际的计算方法不太容易。目前所采用的石松散土石体坝区边界条件的地下水动力学计算公式近似计算，其结果与实际情况常有较大出入，此问题尚有待研究。

第三节　库坝区渗漏问题的处理

一、处理措施

(一) 灌浆帷幕

通过钻孔向地下灌注水泥浆或其他浆液，填塞岩溶岩体中的渗漏通道，形成阻水帷幕，可以达到防渗的目的。

灌浆帷幕用于裂隙性岩溶渗漏具有显著的防渗效果。对规模不大的管道性岩溶渗漏采用填充性灌浆也有一定效果。

一般在坝基和坝肩部位都设置有灌浆帷幕，以防止绕坝渗漏。坝肩帷幕的布置方法是：在无相对隔水层分布的坝址，以垂直（或有较大的交角）谷坡地下水等水位线及岸坡地形线为宜，在利用相对隔水层防渗的坝址，帷幕在深入岸坡一定距离后，即转向相对隔水层，与相对隔水层连接。帷幕深度及向两岸的延伸范围则根据防渗处理范围确定。

坝基灌浆帷幕最好能深入基础的相对不透水层岩层中构成接地式帷幕，这是截断渗流比较彻底的办法。如坝基下透水层的厚度不大，帷幕应穿过透水层，深入不透水层 $1 \sim 3m$，将不透水层以上的岩基完全封闭。当坝基不透水层埋藏很深时，则应作悬挂式帷幕。幕深可根据对帷幕的削减水头值的要求，用计算方法或视坝高、作用水头和地质条件选用经验公式来确定。

帷幕灌浆压力、孔距、排距、排数等，根据壅水高度、建筑物特点、岩溶发育特点和灌浆试验结果确定。对有泥质填充的裂隙岩体，可试用高压灌浆处理。另外一种观点则主张采用一般灌浆压力，起压密填充作用，不会再被渗透水流带走。过高的灌浆压力会使岩体产生宽 $0.5 \sim 08mm$ 的细微裂隙，故应首先对其进行研究。

(二) 截水墙

当地基下面透水层深度不大时，常用截水墙防渗，这是一种比较可靠的防渗措施。防渗墙有黏土墙、混凝土墙和大口径钻孔造孔回填混凝土等形式。

黏土截水墙多用于土坝基础，将透水层截断与心墙或斜墙相连接（如图 6-20 所示），要求截水墙应有足够的厚度和严格的反滤措施，以保护截水墙不致产生管涌和冲刷。

混凝土截水墙多用于截断岩石基础的表部透水带，如溶蚀带、岸坡风化带等（见图6-21）。

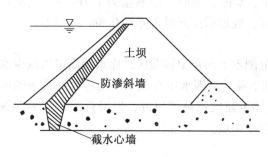

图 6-20　黏土截水墙示意图

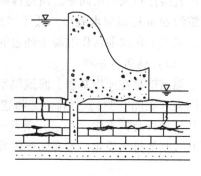

图 6-21　混凝土截水墙示意图

大口径造孔回填混凝土，指用冲击钻在砂砾石基础中用泥浆护壁，每孔之间互相连接（见图 6-22）。然后回填混凝土，形成一个连续的混凝土墙。此法可以大量减少开挖量，但需要机械施工，设备要求较多。

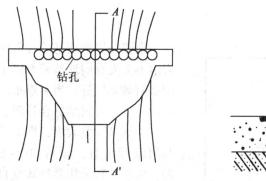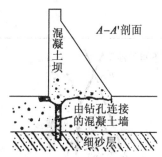

图 6-22　大口径造孔回填混凝土示意图

（三）铺盖

在坝上游或水库的某一部分，以黏土层或钢筋混凝土板做成铺盖，覆盖漏水区，以防止渗漏。铺盖防渗主要适用于大面积的孔隙性或裂隙性渗漏。库底大面积渗漏，常用黏土铺盖，对于库岸斜坡地段的局部渗漏，用混凝土铺盖。为防止坝基、坝肩渗漏而设置的铺盖，最好使坝体与上游的隔水岩层相衔接，或将铺盖的范围扩大，把绕过铺盖的水流比降和流量控制在允许限度以内。

一般情况下，铺盖工程应在蓄水前或水库放空以后施工，以保证质量。但有些情况下，用水中抛土方法形成铺盖，也可起到一定的防渗作用。

铺盖厚度，黏土厚可为 1/8~1/10 水头，最小 1m。有承压水时，不宜用黏土做铺盖。例如，法国布旺德（Bouvante）水库坝高 38m，水库的主要部分位于相对不透水岩层上，但在近坝部位分布有岩溶化石灰岩层，并顺向斜底部延伸到下游河道。水库蓄水后，库水沿该岩溶化石灰岩层向下游河道渗漏。渗漏库段以岩溶裂隙和小溶洞为主。渗漏水流在坝下游约 6km 远以泉水流出，低于坝址约 300m。水库蓄满时，渗漏量为 $1.1m^3/s$。发现漏水后采用了在渗漏区作混凝土铺盖的防渗处理，处理后渗漏量下降到 $0.3m^3/s$ 以下。

（四）隔离与导排

隔离就是在库岸基岩上修筑隔水围坝。范围不大的集中渗漏区，库水隔离可以减少水量损失（见图 6-23）。导排则是将建筑物基础下及其周围承压水或泉水通过反滤设备的减压井、导管及排水沟（廊道）等将承压水引导至建筑物范围以外，以降低渗透压力。减压井或其他排水设施一般在防渗帷幕后面和两岸山坡。

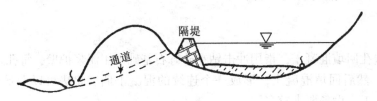

图 6-23　隔离示意图

（五）岩溶地区渗漏处理

1. 灌浆

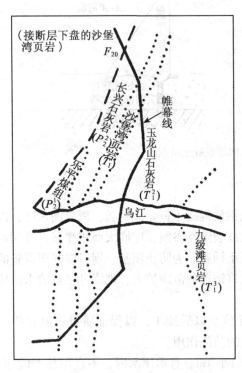

图 6-24　乌江渡坝址防渗帷幕布置示意图

灌浆是岩溶地基处理常用的方法，对岩溶不太发育的地基或有隔水层与帷幕相衔接时效果较好。当无隔水层且岩溶较发育时，应结合封堵综合处理。

例如乌江渡大坝，坝基石灰岩层走向与河流近垂直，倾角 50°～65°，倾向上游。防渗工程采用悬挂式垂直水泥灌浆帷幕（见图 6-24），结合溶洞挖填及右坝肩局部混凝土防渗墙。帷幕在不同部位和高程上选用的排数为 1~3 排，排距 1.5m，灌浆孔距 2m。帷幕总长 1020m，面积达 18.9 万 m^2，灌浆钻孔总深度 18.8 万 m。坝址岩溶多有黏土及砂充填或半充填，通过测定不同压力下的灌浆耗灰量，发现在 $60kg/cm$ 的压力下，耗灰量有明显增加。此外，在灌浆后，经大口径钻孔检查，高压灌浆对岩溶中充填黏土的处理效果良好，充填黏土全为水泥结石所包围，并有大量水泥结石成脉状侵入黏土中，与黏土相间成层，黏土密实，具有一定强度，透水性很小。

2. 铺盖

铺盖是处理地表面状或带状分散性裂隙岩溶渗漏通道，特别是水库渗漏经常采用的方法。一般使用黏土铺盖防渗，局部基岩裸露的地段也可以采用混凝土盖板护面防渗。

当水库区采用黏土铺盖防渗时，铺盖层的厚度的要求与前述相同，但最大厚度通常不超过 10m。

铺盖的长度应根据作用水头及地质条件而定，一般不小于作用水头的 5~6 倍。水库的天然淤积及前述的水下抛土也可起到一定的防渗作用。当采用黏土铺盖防渗时，除表部清理外，应注意有无集中渗漏处，防止蓄水后因渗水引起铺盖塌陷造成大量漏水。铺盖下面如有集中渗漏洞穴，宜另作专门防漏处理。

3. 截

与前述的截水墙有相同之处。系指在地下岩溶管道集中渗漏处或比较狭窄的渗漏段修建截水墙，以截断渗流通道。当岩溶浅埋且下部有隔水层时，可将截水墙与隔水层相衔接。

对于沿构造破碎带发育的岩溶通道，当难以对岩溶通道进行个别处理时，用截墙办法亦较适宜。例如贵州花溪坝址（重力坝，坝高 45m）在左坝端溢洪道施工中发现落水洞进口，其高程低于水库水位，落水洞出口位于库内；蓄水后可能由出口倒流，形成虹吸管道式渗漏。落水洞内支洞较多，后选在洞内支洞交会、洞径较狭窄处修筑混凝土截水墙，防漏效果良好。

4. 堵洞

选择集中漏水的洞口用适当的建材堵塞，是防止岩溶通道渗漏的有效方法。对裸露基岩中的漏水洞，只要清除其充填物和洞壁的风化松软物质，然后用混凝土封堵，即可获得良好效果。在覆盖型岩溶河段，由于基岩中岩溶管道埋藏于覆盖层之下，要消除覆盖层，应找到基岩中岩溶管道的入口，加以封堵。如因覆盖层太厚，彻底清除确有困难，也应尽可能深挖扩大，清除其中的松软物质，然后加以堵塞。一般的堵洞结构是下部做反滤层，上部以混凝土封堵，再以黏土回填。在覆盖层中堵洞，有时要进行多次才能成功。

例如云南水槽子水库的主要漏水库段冲积层厚 30 余米，在蓄水后第一次放空时，发现在冲积层上出现 45 个漏水洞，均作了堵洞处理。再蓄水后，部分地段在老洞旁边又出现新洞口，又进行了处理。但一般漏水洞在处理两三次后，由于天然淤积物的铺盖，大量漏水问题会基本解决。

水槽子水库堵洞的方法是，对漏水洞适当开挖扩大，尽量挖至洞底不见明显通道时为止。在洞底抛一层块石，然后浇筑 1~2m 厚的混凝土，上部再用黏土回填，对较小的漏水洞，只以块石黏土回填即可。

国内外的经验表明，堵洞后封存在溶洞中的空气在水位变动时会产生不利的影响。当地下水位迅速上升时，空洞的空气压力升高，高压气体可能突破管道的薄弱部分或堵洞工程，向外排气。随后，这一排气洞可能成为水库的漏水洞。而当地下水位迅速下降时，被封闭的溶洞又成为负压区，也可能导致上部盖层或堵洞工程的破坏，成为漏水洞。因此堵洞时，应留有高出水库水面的排气孔、排气管或排气活门。

二、防渗处理方案选择

防渗处理措施要在查清渗漏边界条件的前提下，因地制宜地选定。对复杂的处理工程，事先还要进行试验（如灌浆试验），以取得必要的技术资料，作为防渗处理设计的依据。此外，不少国内外的工程实例表明，岩溶渗漏的防渗处理往往要进行几次处理后才能达到预期的效果，因此在工程设计中，最好能预留放空底孔或有大幅度降低水库水位的措施，以便给进一步的防渗处理留有余地。

防渗处理方案主要根据渗漏类型和工程对象选择。对于管道性集中漏水，多选择堵、截的防渗方案。对于裂隙性分散渗漏，多选择帷幕、铺盖或天然淤积的防渗方案。多数的情况是，既有集中的管道漏水，又有分散的裂隙渗漏，因此防渗也应采用综合处理方案，例如铺盖与堵洞相结合，帷幕与截水墙相结合，帷幕与堵洞相结合等。

对于坝址的防渗处理，一般以灌浆帷幕和排水结合为主，辅以堵、截等方法，有时也可采用铺盖方案。

库区的防渗处理，对集中的漏水通道，多用堵、截或隔离方案；对于分散的大片漏水，可考虑铺淤方案。

第七章　坝基岩体稳定性的工程地质分析

第一节　概　　述

在江河上修建的水工建筑物大多要综合考虑防洪、发电、灌溉、供水、航运、渔业、卫生等多方面的要求。要修建多种水工建筑物组成一个水利枢纽，坝是其中最重要的水工建筑物，它拦蓄水流，抬高水位，承受着巨大的水压力和其他各种荷载。为了维持平衡稳定，坝体又将水压力和其他荷载以及本身的重量传递到地基或两岸的岩体上，因而岩体所承受的压力是很大的。通常100m高的混凝土重力坝，传到地基岩体上的自重压力即可达2MPa以上。另外，水还可渗入岩体，使某些岩层软化、泥化、溶解以及产生不利于稳定的扬压力。因此，大坝建筑对地基岩体的稳定条件有着很高的要求。岩体的稳定常是坝体稳定的关键因素。在绪论中已经谈到，在大坝发生毁坏的事故中，因地质问题而引起的最多，因此在大坝的设计和施工中，对坝基或坝肩的岩体进行工程地质条件的分析研究是非常重要的。

水利水电建设的实践表明，工程地质条件不仅影响到坝址、坝型的选择，而且关系到工程的投资、施工工期、工程效益和工程安全。1974年国际大坝失事和事故委员会的统计表明，由坝基地质缺陷而引起的大坝失事约占40%。另据 D. H. Stadlepon 的资料，1900~1965年期间全世界建造的9000座大坝中，已经破坏的大坝占1%，还有2%的建筑物受到严重破坏，它们50%以上都与地质原因有关。例如，美国圣法兰西斯重力坝的垮坝，是由于坝基中泥质胶结并穿插有石膏细脉的红色砾岩的崩解、溶蚀和云母片岩的滑动。法国马尔帕塞双曲薄拱坝的崩溃，主要是左拱座片麻岩沿软弱结构面的滑动引起的。解放以后，我国的水利水电事业发展迅速，取得很大成绩，至1983年已建成大、中、小型水库8.65万座，库容4 208亿 m³，水电装机2 416万 kW，建成水闸2.49万座，在这些水利水电建设中，工程地质工作取得了巨大的进展，但也经历了曲折的道路。由于种种原因，自1953年黄坛口重力坝西坝头因滑坡问题被迫停工以来，类似的事件仍有发生。据不完全统计，正建和拟建的90余座大中型混凝土坝中，由于坝基内软弱夹层而导致改变设计，降低坝高，增加工作量，延期施工和做后期加固的就有30余座。这就告诉我们，除了精心设计、精心施工外，必须十分重视前期的工程地质勘察工作，从而为正确评价坝基的稳定性提供充分的地质依据。

第二节　各种坝型对工程地质条件的要求

为了给坝型选择提供充分的地质资料，我们应当对各类坝型的特点有一定的了解，特别是应当了解不同坝型对地质条件的适应性和对工程地质条件的要求。

一、土石坝对工程地质条件的要求

土石和堆石坝是由黏土、黄土、砂土、砾石、碎石、块石料散体堆积而成的，上下游边坡与堆筑材料的稳定坡角应相适应，以保持坝坡的稳定。这类坝坝坡平缓，体积庞大，底宽较大，对地基底压应力较小。同时坝体堆筑材料之间没有胶结材料，坝体是柔性的，允许产生较大的变形，故与混凝土坝相比，它对坝基工程地质的要求较低，可以在软基和工程地质条件复杂的地基上兴建。但是，对下列地质情况的研究和处理需特别注意：

（1）深厚砂砾石层；

（2）软土；

（3）湿陷性黄土；

（4）疏松砂土及少黏性土（黏粒含量小于15%）；

（5）岩溶；

（6）断裂破碎、透水性强或有不稳定泥化夹层的岩体；

（7）含有大量可溶性岩类的岩土体；

（8）透水坝基下游坝趾处有连续的透水性较差的覆盖层。

坝基中如有软黏土、淤泥、泥炭、粉细砂层呈不均匀分布，对修土坝也是不利的，它们的承载力低，抗剪强度弱，压缩性大，会引起坝体裂缝，沿软弱层滑动。砂砾石地基承载力高，同时透水性强，要注意渗漏和承压水以及渗透变形问题。土石坝抗震稳定性好，但在强震区要尽量避开厚层的易震动液化的粉细砂层。土石坝的缺点是不许坝端宣泄洪水，所以，坝址附近在地形上最好有天然垭口以便布置溢洪道，或是有利于布置侧槽式溢洪道、溢洪洞的地形地质条件。土石坝是当地材料坝，坝区附近有足够数量的、合乎质量标准又易于开采运输的黏土、砂砾石或堆石料，是修建土石坝的必要条件。

二、重力坝对工程地质条件的要求

重力坝包括混凝土重力坝，浆砌石重力坝。宽缝重力坝、腹孔重力坝、梯形坝、硬壳坝等，这些坝主要依靠坝身自重与地基间产生足够大的摩阻力来保持其稳定。重力坝对地基要求比土石坝高，一般多修在岩基上，低坝也可修在较好的软基上。

1. 具有足够的抗滑能力，能满足抗滑稳定要求。大坝与基岩接触面抗剪强度大、坝基岩体内没有软弱结构面和可能引起滑动的岩体或其抗剪强度满足抗滑稳定的要求，不致在水的推力作用下沿之产生滑动，否则要采取阻滑措施。

2. 坝基应有足够的抗压强度和与坝体混凝土相适应的弹性模量，其均匀性和完整性也应较好，能承受坝体传来的巨大压力，不致产生过大的变形或不均匀变形，否则坝体内会产生较大的拉应力，使坝体裂开，甚至毁坏。高度为140m的重力坝空库和满库时的主应力线和应力大小如图7-1所示。重力坝对坝基岩体承载力的要求低于拱坝。有的低坝可建在均匀密实的卵砾石层上。

3. 坝基（肩）应有良好的抗渗性，在库水上下游水头差作用下不发生大量渗漏，不产生过大的扬压力，也不会产生岩体的软化、泥化和软弱夹层、断层破碎带的渗透变形。

4. 重力坝对地形适应性好，几乎可以在任何形状的峡谷中修建，但两岸山坡岩体必须稳定，没有难以处理的滑坡体和潜在的不稳定的滑移体。

5. 重力坝可以从坝顶宣泄大量洪水，下游河床岩体应具有对高速水流的抗冲能力，以免冲刷坑向上游扩展，威胁大坝安全。

6. 坝区附近应有足够的、合乎要求的混凝土骨料或石料。

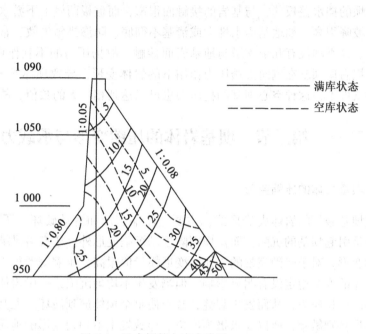

图 7-1　重力坝的主应力线图

三、拱坝对工程地质条件的要求

拱坝的外荷载主要是通过拱的作用传递到坝端两岸，所以拱坝的稳定性主要是依靠坝端两岸岩体维持，而不像重力坝主要靠自重维持。一般地讲，拱的作用越强，坝身体积也就越小。与重力坝比较，拱坝对两岸岩体的要求较高，而对河床坝基岩体的要求相对来说要低一些。两端拱座岩体应该坚硬、新鲜、完整，强度高而均匀，透水性小、耐风化、无较大断层，特别是顺河向断层、破碎带和软弱夹层等不利结构面和结构体，拱座山体厚实稳定，不致因变形或滑动而使坝体失稳。滑坡体、强风化岩体、断层破碎带、具软弱夹层的易产生塑性变形和滑动的岩体均不宜作为两端的拱座。

修建拱坝比较理想的河谷断面形状应是比较狭窄的、两岸对称的"V"字形河谷，其次是"U"形和梯形。河谷的宽高比值在 1.5~2 比较理想，最好不超过 3.5。目前，因设计、施工和坝基处理技术水平的提高，对坝基地形地质条件的要求有所放宽。有些国家在河谷宽高比为 10~12，河谷不对称，地质条件较差、较复杂的坝址修建了高拱坝，不过其处理措施要求得极为严格，也比较费时费工。

四、支墩坝对工程地质条件的要求

平板坝、连拱坝、大头坝都属于支墩坝，它是由向上游倾斜的挡水盖板和支撑盖板的多个支墩组成的。水压力由盖板经支墩传给地基。正是由于利用可盖板上的水压力来维持稳定，所以坝的体积比重力坝小得多，坝对地基的荷载低于同等高度的重力坝，所需天然建筑材料数量也相应减小，对地质条件的适应性较强，但仍需注意防止相邻支墩产生过大的不均匀沉陷。

这类坝的挡水盖板薄，与基岩的接触面很窄，而盖板两侧上下游水位差很大，所以坝基的水力坡降很高。如地基透水性大或清基不彻底、防渗措施失效，常因渗透变形而使坝体破坏等。这类坝仅有几个支墩与地基岩面接触，故扬压力的不利作用也就很小。但是，梅山连拱坝右岸坝基在侧向渗透压力作用下的岩体变形，导致坝体裂缝的事实告诉我们，在一定的条件下，这种空心坝基的扬压力也可以达到相当大的数值，故必须予以重视。

第三节　坝基岩体的压缩变形与承载力

一、坝基岩体的压缩变形

导致坝基破坏的岩体失稳形式，主要是压缩变形和滑动破坏。压缩变形对重力坝来说，主要是引起坝基的沉陷，而拱坝则除坝基沉陷变形外，还有沿拱端推力方向引起的近水平向的变形。对于坚硬完整的岩体，变形模量值很高，压缩变形很小，当变形均匀一致时，对坝体的安全稳定没有明显影响。但当发生不均匀沉陷或一岸岩体变形较大时，则可使坝体中产生拉应力，从而发生裂缝，甚至使整个坝体遭到破坏。尤其拱坝对两岸岩体的不均一变形特别敏感，所以要求极为严格。导致发生不均匀变形的地质因素主要有下列三个方面。

1. 岩性软硬不一，变形模量值相差悬殊。如图7-2所示，某坝基岩体由不同岩层组成，变形模量相差很大，结果引起较大的不均匀沉陷，导致坝体发生裂缝。一般情况下黏土页岩、泥岩、强烈风化的岩石以及松散沉积物，尤其是淤泥、含水量较大的黏性土层等，都是容易产生较大沉陷变形的岩层。

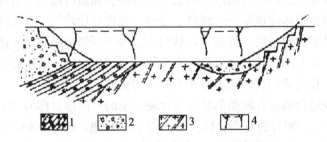

图7-2　岩性不均一的坝基面横剖面图
1—含砾黏土岩　2—砂砾石　3—花岗片麻岩　4—沉陷及裂缝

如佛子岭水库的连拱坝，在12~14号垛基下，有强、全风化花岗岩未被清除，其变形模量仅为相邻新鲜完整岩体的3.3%，致使发生不均匀沉陷，导致拱圈、拱垛发生大量裂缝并渗水，危及大坝安全，虽经两次处理，仍未彻底根除。

2. 坝基或两岸岩体中有较大的断层破碎带、裂隙密集带、卸荷裂隙带等软弱结构面，尤其当张开性裂隙发育且裂隙面大致垂直于压力方向时，易产生较大的沉陷变形。

3. 岩体内存在有溶蚀洞穴或潜蚀掏空现象，产生塌陷而导致不均匀变形。

上述软弱岩层和软弱结构面的产状和分布位置对岩体变形也有显著影响，如软弱岩层分布在表层时，就容易发生较大的沉陷变形；分布在坝趾附近时（见图7-3），则容易导致坝身向下游歪斜倾覆；而分布在坝踵附近时，则容易导致岩体的拉裂。

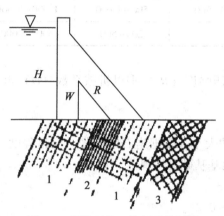

图 7-3　岩性不均一的坝基纵剖面
1—砂岩　2—页岩　3—断层岩

二、坝基岩体承载力

坝基岩体承载力是指在保证建筑物安全稳定的条件下，地基能够承受的最大荷载压力，所以也称为容许承载力。它既包括不允许因过大沉陷变形所引起的破坏，也包括不允许地基岩体发生破裂或剪切滑移而导致的破坏，所以它是一个综合性的指标，多用在设计的初期阶段或小型工程且地质条件较简单的情况。对于大、中型或重要水工建筑，则需根据变形试验或抗剪断试验指标，分别计算其沉陷变形和抗滑稳定等数值。

岩石地基承载力的确定主要有：现场荷载试验、经验类比以及根据抗压强度进行折减等三种方法。

1. 现场荷载试验。这是按岩体实际承受工程作用力的大小和方向进行的原位测试。它较符合实际情况，试验可测出岩体的弹性模量、变形模量及泊松比等指标，用于计算坝基沉陷量。这种方法准确可靠，但试验较复杂、费用较高，多在大中型工程中采用。

2. 经验类比法。这是根据已建成的工程经验数据、工程特征和地质条件进行比较选取。"工程岩体质量分级标准"及《港口工程地质勘察规范》中列有经验数值，见表7-1和表7-2。

表 7-1 坝基承载力基本值 (f_0)

岩体级别	I	II	III	IV	V
f_0（MPa）	>7.0	7.0~4.0	4.0~2.0	2.0~0.5	<0.5

表 7-2 岩石容许承载力表（kPa）

风化程度 岩石类别	全风化	强风化	中等风化	微风化
硬质岩石	200~500	500~1 000	1 000~2 500	2 500~4 000
软质岩石		200~500	500~1 000	1 000~1 500

3. 以岩石单轴饱和抗压强度（R_b）乘以折减系数（ψ）求承载力的方法是广泛应用的简便方法，其计算式为：

$$f = \psi R_b \tag{7-1}$$

式中折减系数（ψ）取值的大小，要据岩石的坚硬、完整程度、风化程度以及基岩形态、产状等因素确定。《建筑地基基础设计规范》规定：

微风化岩石为 0.2~0.33；

中等风化岩石为 0.17~0.25。

这个规定只考虑了风化因素，且只有两个档次，应用时不易掌握。《岩石坝基工程地质》中介绍了在水电工程中常用的、较详细具体的折减系数取值方法，见表 7-3。

表 7-3 确定坝基容许承载力的经验方法

岩石名称	节理不发育 （间距>1.0m）	节理较发育 （间距 1~0.3m）	节理发育 （间距 0.3~0.1m）	节理极发育 （间距<0.1m）
坚硬和半坚硬岩石 （R_b>30MPa）	1/7 R_b	(1/7~1/10) R_b	(1/10~1/16) R_b	(1/16~1/20) R_b
软弱岩石 （R_b<30MPa）	1/5R_b	(1/5~1/7) R_b	(1/7~1/10) R_b	(1/10~1/15) R_b

抗压强度乘以折减系数是比较粗略的方法，仅适用于初期设计阶段或中、小型水利工程。另外，对折减系数的取值概念含义目前还有分歧，岩石的坚硬程度与 ψ 值大小是正比关系还是反比关系，即岩石越坚硬 ψ 值是越大还是越小，认识也不一致。最近，谷安成的研究认为，ψ 值与抗压强度应为正比关系，并认为 ψ 值是包括安全系数在内的，由抗压强度转换为地基容许承载力的转换系数。以 ψ 值换算的承载力常较保守，如不能满足设计要求时，按现场三轴抗压试验或荷载试验计算确定，往往可得到较高的承载力值。

第四节　坝基（肩）岩体的抗滑稳定分析

一、坝基岩体滑动破坏的类型

坝基岩体滑动破坏常是混凝土坝、砌石坝等坝型设计时的主要控制因素。根据滑动破坏面位置的不同，可分为表层滑动、浅层滑动和深层滑动三种类型。

1. 表层滑动

表层滑动指坝体沿坝底与基岩的接触面（通常为混凝土与岩石的接触面）发生剪切破坏所造成的滑动（见图 7-4（a）），所以也称为接触滑动。滑动面大致是个平面。当坝基岩体坚硬完整不具有可能发生滑动的软弱结构面，且岩体强度远大于坝体混凝土强度时，才能出现这种情况。另外，地基岩面的处理或混凝土浇筑质量不好也是形成这种滑动的因素之一。它的抗剪强度计算指标应采用混凝土与岩石接触面的摩擦系数（f）和黏聚力（c）的值。在正常情况下这种破坏形式较少出现。

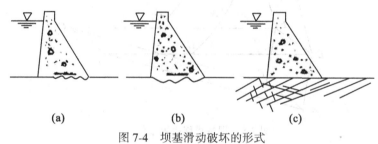

图 7-4　坝基滑动破坏的形式

（a）表层滑动　　（b）浅层滑动　　（c）深层滑动

2. 浅层滑动

当坝基岩体软弱，或岩体虽坚硬但表部风化破碎层没有挖除干净，以致岩体强度低于坝体混凝土强度时，则剪切破坏可能发生在浅部岩体之内，造成浅层滑动（见图 7-4（b））。滑动面往往参差不齐。一般较大型的混凝土坝对地基处理要求严格，所以浅层滑动不是控制设计的主要因素。而有些中、小型水库，坝基发生事故则常是由于清基不彻底而造成的。

计算浅层滑动的抗剪强度指标要采用软弱或破碎岩体的摩擦系数（f）和黏聚力（c）的值。由于滑动面埋藏较浅，其上覆岩石重量和滑移体周围的切割条件可不予考虑。

3. 深层滑动

深层滑动发生在坝基岩体的较深部位，主要是沿软弱结构面发生剪切破坏，滑动面常由两三组或更多的软弱面组合而成（见图 7-4（c）），但有时也可局部剪断岩石而构成一个连续的滑动面。深层滑动是高坝岩石地基需要研究的主要破坏形式。

除上述三种形式外，有时也可能出现兼有两种或三种的混合破坏形式。

二、坝基岩体滑动的边界条件分析

坝基岩体的深层滑动，其形成条件是较复杂的，除去需要形成连续的滑动面以外，还必须有其他软弱面在周围切割，才能形成最危险的滑动岩体。同时在下游具有可以滑出的空间，才能形成滑动破坏。

如图 7-5 所示，坝基下的岩体被三组结构面所切割，形成了不稳定的楔形岩体 *ABCDEF*。在坝基传来的推力作用下，此楔形体将沿 *ABCD* 面向下游滑动，并顺两侧陡立的 *ADE* 面和 *BCF* 面，由 *HDCG* 面滑出。*ABFE* 是被拉开的张裂面，*ABCD* 面称做滑动面，*ADE*、*BCF* 和 *ABFE* 称做切割面，*HDCG* 称做临空面。它们是根据受力条件区分的，这三种特性条件的界面构成了滑移岩体的边界条件。

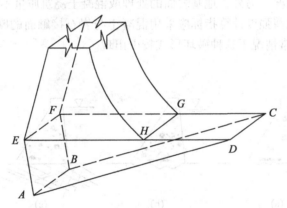

图 7-5　坝基滑移边界条件之一

切割面是将岩体切割开来，形成不连续岩体的结构面。它通常是由较陡的软弱结构面构成的，如各种陡倾的断层和裂隙等。其中，走向垂直于坝轴的陡倾结构面，常是滑移体的侧向切割面，见图 7-6 中的 F_2、F_3。它大致平行于向下游的推力方向，在其上没有法向应力或法向应力很小，所以在分析和计算中常不考虑它的抗滑作用。走向平行于坝轴线且靠近坝踵附近的陡倾结构面，走向大致垂直于水平推力，见图 7-5 中的 *ABFE* 及图 7-6 中的 F_1。当岩体下滑时它承受拉应力而被拉裂，所以也称做拉裂面或横向切割面。

临空面是滑移体与变形空间相临的面，变形空间是指滑移岩体可向之滑动而不受阻碍或阻力很小的自由空间，图 7-5 的 *HDCG* 面是河床地面，它是最常遇到的水平临空面。当坝趾附近河床中有深潭、深槽，溶洞或是溢流冲刷坑等时，则可形成陡立的临空面（见图 7-6）。另外，若在滑动岩体的下方存在有可压缩的大破碎带、节理密集带、软弱岩层时，也可因发生较大的压缩变形而起到临空面的作用。

滑动面常是由平缓的软弱结构面构成的，例如缓倾的页岩夹层、泥化夹层、节理、卸荷裂隙、断破碎带等。它们的抗滑能力显著地低于坝基底面基岩接触面的抗剪强度，也低于岩体中其他界面或部位的抗剪强度（在大致平行于岩体中最大剪应力方向的范围内）。滑动面可以是单一的，也可以是由两组或更多组的结构面组成楔形、棱柱形、锥形或是阶梯状的滑移体，见图 7-7。滑动面的产状对滑体的稳定性影响很大，根据其产状和切割

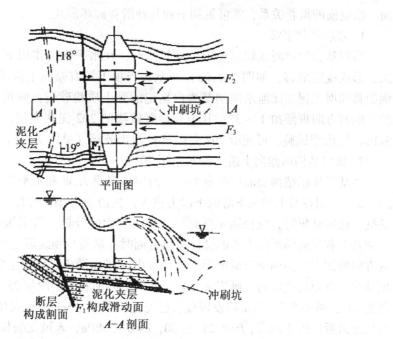

图 7-6 坝基滑移面边界条之二

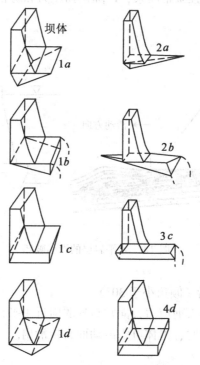

图 7-7 坝基滑移形状示意图

1—楔形体 2—锥状体 3—棱形体 4—板状体

面、临空面的组合关系，常可见到下列几种滑移破坏形式。

1. 岩层产状平缓

当坝基岩性软弱或软弱夹层埋藏较浅时，在水平推力作用下，下游岩层容易穹起弯曲，形成浅层滑移，如图7-8（a）所示。当坝下游有倾向上游的断裂面时，更易滑出。例如葛洲坝工程二江泄水闸闸基为白垩纪的黏土质粉砂岩，倾角$4°\sim8°$，倾向左岸偏下游，顺河方向视倾角$1°\sim3°$。其中有埋藏较浅的202泥化夹层，厚数毫米，$f=0.2$，$c=5kPa$。经模型试验，可能沿202夹层及f_{45}滑出破坏（见图7-8（b））。

2. 软弱结构面倾向上游（倾角小于30°）

坝基下软弱结构面的产状愈平缓，由坝体自重力W和水平推力H组成的合力R（见图7-3）作用在其上的向下游的下滑力愈大，抗滑力愈小，对稳定愈不利。所以在进行坝基抗滑稳定分析时，应特别注意对缓倾角结构面的分析。所谓缓倾角系指倾角小于30°。当坝基下有贯通的倾向上游的缓倾角结构面时，最易与坝踵附近的横向切割面和平行于河流方向的侧向切割面组合成楔形体，直接由河床面滑出。例如上犹江水电站，坝高68m，坝基为泥盆纪石英砂岩、砾岩夹板岩，倾向上游偏右岸，倾角$25°\sim30°$，顺河方向的视倾角为14°，见图7-9。施工后发现板岩已泥化，厚$5\sim15cm$。在丙坝块坝踵处埋深$7\sim13m$。在坝趾附近出露于河床，$f=0.24\sim0.30$，$c=0\sim30kPa$，未风化的板岩与板岩的f值为0.5，经计算不能满足稳定要求。后将坝基中部戊、己、庚三个坝块下的泥化夹层全部挖除，丙、丁、辛坝块下挖除一部分，回填混凝土。其他坝块，因泥化夹层埋藏较深，且已近岸边，未予挖除。后又进行补强帷幕灌浆，以降低扬压力和防止潜蚀。大坝建成40多年来，运行正常。

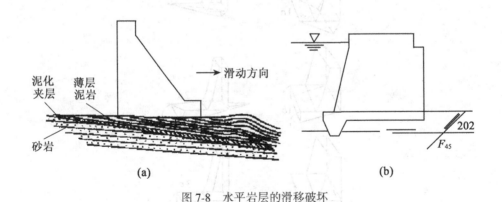

图7-8　水平岩层的滑移破坏

3. 软弱结构面倾向下游（倾角小于30°）

在这种情况下，坝基最大剪应力方向常与软弱面近于平行，所以是最危险的。当坝趾附近有深槽、洞穴或冲刷坑时，滑体可沿滑动面直接滑出。

4. 陡倾层状岩体

坝基岩体倾角较陡或是软弱结构面陡倾时，一般不利于形成单一的滑动面，但可与层间法向裂隙或延续性差的缓倾裂隙组成阶梯状，或近似弧形的滑动面。由于滑动面起伏不平，其抗剪强度较平滑面高。

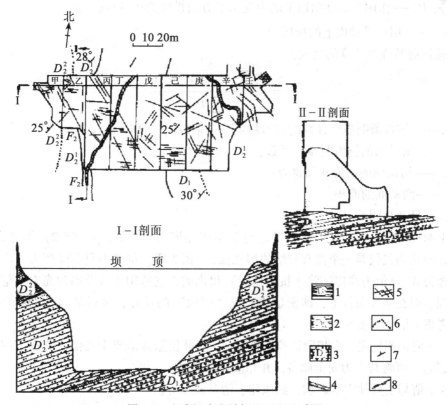

图 7-9　上犹江水电站坝址工程地质图

1—中泥盆统砂岩与板岩互层　2—中泥盆统石英砂岩夹板岩　3—下泥盆统石英砾岩
4—板岩破碎泥化夹层　5—节理　6—岩层界限　7—岩层产状　8—断层

第五节　坝基岩体抗滑稳定计算与抗剪强度指标的确定

一、坝基岩体抗滑稳定计算

坝基岩体抗滑稳定计算方法有极限平衡法、有限单元法和地质力学模型试验法。由于极限平衡法计算简明方便，又具有一定的精确度，所以得到广泛的应用。

（一）表层滑动的抗滑稳定计算

1. 按抗剪强度计算的公式：

$$K = \frac{f(\sum W - u)}{\sum P} \tag{7-2}$$

式中：K——按摩擦强度计算的抗滑稳定安全系数，一般取值为 1.0~1.1；

　　　f——滑动面的抗剪摩擦系数；

　　　$\sum W$——作用在滑动面以上的力（坝体、岩体的自重及荷载等）在铅直方向投影的代数和（见图 7-9）；

$\sum P$——作用在滑动面以上的力在水平方向投影的代数和；

u——作用在滑动面上的扬压力。

2. 按抗剪断强度计算的公式：

$$K' = \frac{f'(\sum W - u) + c'A}{\sum P} \qquad (7\text{-}3)$$

式中：K'——按抗剪断强度计算的抗滑稳定安全系数，一般取值 ≥ 2.5；

f'——滑动面的抗剪断摩擦系数；

c'——滑动面的抗剪断黏聚力；

A——滑动面的面积。

其他符号意义同前。

以上两种计算公式的区别在于考虑与不考虑黏聚力 c 的值。式（5-2）不考虑 c 值，是把滑动面认为仅仅是一个没有胶结的接触面，c 值为零。抗滑力只有摩擦力，所以此式也称摩擦公式。f 值为摩擦试验（抗剪试验）得出的，它适用于滑动面为光滑平整的结构面的情况。但在实际条件下，即便是磨光成"镜面"的试样，进行试验时仍然有 c 值存在。不考虑 c 值，主要是因为：

（1）c 值很不稳定，在相同试验条件下，c 值可相差数倍或十几倍，使选值困难，因此不考虑它，可将其作为安全储备，并相应降低 K 值。

（2）c 值易受其他因素影响，如风化、清基质量等。

（3）c 值在式中所占比重随法向力的变化而变化，在法向力小时，c 值比重就大，反之则小。所以 c 值对低坝所起的作用大，对高坝则小。

式（7-3）考虑了黏聚力值，是认为滑动面上有黏聚力，适用于混凝土与基岩的胶结面及较完整的基岩。由于考虑了 c' 值，故安全系数 K' 值较大。

（二）浅层滑动抗滑稳定计算

浅层滑动时，滑动面埋藏很浅，岩体自重可略去不计，将滑动面简化成一个水平面，仍按表层滑动公式计算，但要求用坝基软弱岩体或风化破碎岩体的抗剪强度指标。

（三）深层滑动抗滑稳定计算

深层滑动的抗滑稳定计算，随滑移边界条件而异，且主要受滑动面的产状及结构面的组合形式所控制。我们主要研究楔形滑移体，而且不考虑岩体的天然应力、侧向切割面和横向切割面的作用以及滑动面的凝聚力，为此取坝轴线的单宽剖面进行计算。

1. 单滑动面倾向下游，下游有陡立临空面（图 7-10）：

$$K = \frac{f\left[(\sum W + G)\cos\alpha - u - \sum P\sin\alpha)\right]}{\sum P\cos\alpha + (\sum W + G)\sin\alpha} \qquad (7\text{-}4)$$

2. 单滑面倾向上游时：

$$K = \frac{f\left[(\sum W + G)\cos\alpha - u + \sum P\sin\alpha)\right]}{\sum P\cos\alpha - (\sum W + G)\sin\alpha} \qquad (7\text{-}5)$$

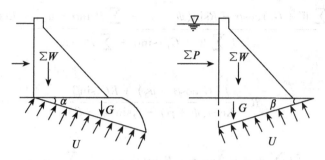

图 7-10　单滑面计算简图

3. 双滑面或仅有倾向下游的滑动面，下游无陡立临空面时：

（1）剩余推力法（见图 7-11）：

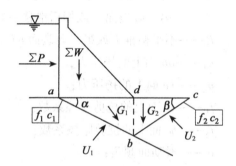

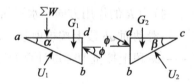

图 7-11　剩余推力法计算简图

$$R = \frac{(\sum W + G_1)\sin\alpha + \sum P\cos\alpha - f_1[\sum W + G_1)\cos\alpha - u_1 - \sum P\sin\alpha]}{\cos(\psi - \alpha) - f_1\sin(\psi - \alpha)} \quad (7\text{-}6)$$

$$K_2 = \frac{f_2[R\sin(\psi + \beta) + G_2\cos\beta - u_2]}{R\cos(\psi + \beta) - G_2\sin\beta} \quad (7\text{-}7)$$

（2）被动抗力法

利用尾岩抗力体的被动抗力作用，令 $K<1.0$，求 ab 段上的 K 值，其计算公式为：

$$R = \frac{f_2(G_2\cos\beta - u_2) + G_2\sin\beta}{\cos(\psi + \beta) - f_2\sin(\psi + \beta)} \quad (7\text{-}8)$$

$$K_1 = \frac{f_1\left[\left(\sum W + G_1\right)\cos\alpha - R\sin(\psi - \alpha) - \sum P\sin\alpha - u_1\right] + R\cos(\psi - \alpha)}{\left(\sum W + G_1\right)\sin\alpha + \sum P\cos\alpha} \quad (7\text{-}9)$$

（3）等稳定法

$$R = \frac{f_2(G_2\cos\beta - u_2) + KG_2\sin\beta}{K\cos(\psi + \beta) - f_2\sin(\psi + \beta)} \quad (7\text{-}10)$$

$$K = \frac{f_1\left[\left(\sum W + G_1\right)\cos\alpha - R\sin(\psi - \alpha) - \sum P\sin\alpha - u_1\right]}{\left(\sum W + G_1\right)\sin\alpha - R\cos(\psi - \alpha) + \sum P\cos\alpha} \quad (7\text{-}11)$$

式（7-6）～式（7-11）中，$\sum P$——作用在滑动面以上坝体和坝基的水平荷载；

$\qquad\sum W$——作用于坝体上的垂直荷载（不包括扬压力）；

$\qquad G_1$——滑动面 ab 以上的岩体重量；

$\qquad G_2$——第一破裂面（或坝后滑移面）bc 以上的岩体重量；

$\qquad R$——不平衡推力或第二破裂面 bd 上的抗力；

$\qquad u_1$——ab 面上的扬压力；

$\qquad u_2$——bc 面上的扬压力；

$\qquad f_1$——ab 面上的抗剪摩擦系数；

$\qquad f_2$——bc 面上的抗剪摩擦系数；

$\qquad \alpha$——滑动面倾角；

$\qquad \beta$——第一破裂面与水平面夹角；

$\qquad \psi$——抗力 R 的作用方向与水平面的夹角；

$\qquad K_1$——滑动面 ab 段上按抗剪强度计算的抗滑稳定安全系数；

$\qquad K_2$——bc 段上按抗剪强度计算的抗滑稳定安全系数。

二、抗剪强度指标的确定

上述公式在坝基抗滑稳定计算中，f 及 f'、c' 值的大小对稳定影响很大。如果选取数值偏大，对坝基稳定性没有保证；反之，则偏于保守，造成浪费。一般的混凝土重力坝如将 f 值提高 0.1，则工程量可节省 10%～15%。如新安江大坝，若 f 值减少 0.01，就会增加 2 万多方混凝土的工程量。

对于大、中型水电工程，f、f'、c' 值原则上以原位抗剪（断）试验或室内中型抗剪（断）试验成果为主要依据，当夹泥厚度较大时，可据室内试验资料为依据。混凝土坝对试验成果的取值标准，可按下述原则进行。

（1）坝基底面与基岩、坝基下基岩岩体之间的抗剪（断）强度指标，可按下述原则考虑：

① 当试件呈脆性破坏时，抗剪（断）强度以峰值强度（极限强度）的小平均值、抗

剪强度以比例极限强度作为标准值。

② 当岩体破碎，具有碎裂结构或隐裂隙发育，试件呈塑性破坏时，以屈服强度作为标准值。

（2）岩体中结构面的抗剪（断）强度指标，可按下述原则考虑：

① 当结构面试件呈剪断破坏，即结构面的凸起部分被剪断或胶结充填物被剪断时，以峰值强度的小平均值作为标准值。

② 当试件呈剪切（摩擦）破坏时，以比例极限强度作为标准值。

（3）软弱夹层、断层带的抗剪（断）强度指标，可按下述原则考虑：

① 当试件呈塑性破坏时，以屈服强度或流变强度作为标准值。

② 当黏土含量大于30%，并以蒙脱石矿物为主时，采用流变强度。

据试验得出的上述各种情况的标准值，应根据试验时剪切变形和破坏情况、裂隙发育和充填胶结情况、裂隙面粗糙程度、起伏差、岩体风化情况，以及地应力等地质条件，分析判断试验成果的代表性，进行调整和修正，然后提出地质建议值。建议值通常比标准值稍低一些，但根据具体情况也有稍高的，如湖南双牌水库大坝坝基岩体抗剪强度，现场原位试验 $f=0.38$，地质建议值 $f=0.42$。

三、地质因素对 f、c 值的影响

f、c 值的确定除考虑上述试验成果的选值原则外，尚应考虑各种地质因素的影响。因为不管是室内试验还是野外现场试验，其试件尺寸与整个坝基面积相比总是一个很小的数值，常难以代表滑动面的全部特征。另外从时间因素上考虑，大坝建成后地质条件可能发生变化，因而 f、c 值也要受到影响。所以，必须结合坝基的各种地质条件全面分析后确定 f、c 值，才能达到既经济又安全的目的。

一般选择 f、c 值时需考虑的地质因素主要有下列几点：

1. 滑动面的特征

滑动面的平整、光滑程度、密集程度、连续性、延展性，软弱夹层的组成物质和厚度及其成因类型等特征，对 f、c 值均有明显影响。其中尤以起伏差和软弱夹层或泥化夹层的厚度影响最为显著。

如前所述。滑动面的起伏差愈大，愈粗糙不平，软弱夹层愈薄，抗剪强度就愈高。但是在一定条件下，决定泥化夹层抗剪强度变化的另一主要因素是充填厚度（J）与起伏差（A）的比值（称作充填度）及爬坡角的大小。充填度（J/A）愈小，爬坡角愈大，结构面的力学强度愈高；反之，则愈低。

图7-12是根据朱庄水库试验资料绘制的 f~J/A 关系曲线，由此可以看出，当充填厚度小于起伏差时（即 $J/A<1$），随着 J/A 值的减小，f 值迅速增大；而当 J/A 值>1.4时，对 f 值的影响迅速减小。

表7-4是下桥水库工程起伏差与夹泥层现场试验成果。它表明起伏差大、夹泥薄，夹泥厚度对 f 值的影响就大；层面平直，夹泥厚，其影响就小。表中 f 值相差可达3倍，c 值相差更多。

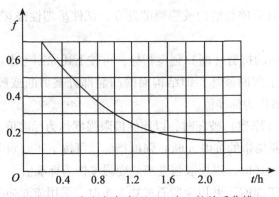

图 7-12　朱庄水库 坝基 J/A 与 f 的关系曲线

表 7-4　　　　　　　下桥水库工程起伏差与夹泥厚度对 f 值的影响

起伏差 （cm）	夹泥层 （cm）	f	c （kPa）
0.5~4	0.05~2	0.82	57
0.5~2	0.5~2	0.63	52
层面平直	0.5~1	0.42	6
层面平直	2~10	0.27	10

表 7-5 说明了不同的爬坡角和不同夹泥比例对 f 值的影响。从表中可看出，在相同的夹泥比例条件下，f 值相差约 1 倍。

2. 水循环渗流的条件

地下水的渗入可直接降低滑动面上的 f、c 值，或促使软弱夹层泥化、软化。在确定 f、c 值时应考虑这一因素。例如，盐锅峡水库蓄水数年后由于库水的渗入，坝基岩体中的软弱夹层发生了泥化现象，f、c 值显著降低。

表 7-5　　　　葫芦口水库工程泥化夹层爬坡角和泥化夹层比例对 f 的影响

爬坡角	夹泥比例（%）		
	25	50	100
	f 值		
17°20′	0.62	0.60	0.55
9°6′	0.45	0.42	0.38
4°17′	0.34	0.32	0.28

3. 岩性不均时 f、c 值的选定

208

当坝基岩体由软硬性质不同的岩层组成时（见图7-13），其f、c值大小不一，如何合理地选定f、c值来计算抗滑稳定是个比较复杂的问题。

通常采用面均加权法求出平均的f、c值来计算抗滑稳定，即将各种不同性质的岩石在某坝段所占面积分别乘以各自的抗剪指标，再将这些乘积的和除以该坝段的总面积。f值计算式如下：

$$f = \frac{A_1 f_1 + A_2 f_2 + A_3 f_3 + \cdots + A_n f_n}{A_1 + A_2 + \cdots + A_n} \tag{7-12}$$

式中：f为加权平均后的摩擦系数值；

　　　A_1，A_2，$\cdots$，A_n为各种岩层在某坝段所占的面积；

　　　f_1，f_2，$\cdots$，f_n为各相应岩层的摩擦系数。

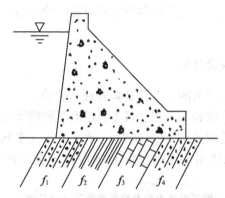

图7-13　由多种岩层组成的坝基剖面图

同理也可求出c的加权平均值。

由于岩性软、硬不同和在坝基所处部位不同，岩体中的应力分布也不一样。坚硬岩石和在坝趾附近的岩体所承受的应力都较大，所以，用面积加权平均的f、c值去计算坝基的抗滑稳定，是不能完全符合实际情况的。因此，尚有应力加权法计算坝基岩石的f值，即考虑各类岩石所处部位的应力，其式如下：

$$f = \frac{\sigma_1 A_1 f_1 + \sigma_2 A_2 f_2 + \cdots + \sigma_n A_n f_n}{\sigma_1 A_1 + \sigma_2 A_2 + \cdots + \sigma_n A_n} \tag{7-13}$$

式中：σ_1，σ_2，$\cdots$，σ_n为各岩层滑动面上的法向应力，其他符号同上式。

式（7-13）虽考虑了应力条件的不同，但还存在变形不一致的问题，即在同一位移变形值作用下，岩层所处的应力状态是不同的。如图7-14所示，当位移变形处于一个较小的数值时，如图中为0.5mm，坚硬岩石已达峰值，而裂隙岩石和软弱岩石却远未达到。而当裂隙岩石或软弱岩石达到峰值时，坚硬岩石却早已被剪断破坏。因此，又有人提出用变形一致的原则计算，即选取各种岩层在所处部位的应力作用下，用同一特定变形值时的各自抗剪强度（f，c）计算坝基抗滑稳定。无疑这种方法较准确，较符合实际。

由上可知，由多种岩层组成的坝基，其抗滑稳定计算是复杂的。采用这些方法计算，对地质勘察工作的要求很高，不仅要查明坝基各类岩石的分布面积、部位、产状、厚度，

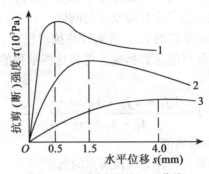

图 7-14　不同岩石的 $\tau \sim s$ 曲线

1—坚硬完整岩石　2—裂隙岩石　3—软弱岩石

尤其是软弱岩石的厚度，而且还要提供各类岩石有关的物理力学性质指标，以及坝基应力分布情况等。

四、抗剪强度指标的经验数据

岩石的抗剪试验是比较复杂的，尤其是野外现场试验，需要较长的时间和大量人力物力。对于一些没有条件进行试验的工程，可参照已有工程的试验数据和选值经验，结合工程地质条件的分析对比来选取 f、c 值。表 7-6、表 7-7 是《水利水电工程地质勘察规范》（GB 50287—99）中提供的适用于规划、可行性研究设计阶段的参考数据。

表 7-6　　　　　　　　　坝基岩体力学参数参考值表（建议值）

岩体分类	混凝土与岩体		岩　体		变形模量
	f'	c'（MPa）	f''	c'（MPa）	$E_0 \times 10^4$（GPa）
Ⅰ	$1.5 \geqslant f' > 1.3$	$1.5 \geqslant c' > 1.3$	$1.6 \geqslant f' > 1.4$	$2.5 \geqslant c' > 2.0$	> 2.0
Ⅱ	$1.3 \geqslant f' > 1.1$	$1.3 \geqslant c' > 1.1$	$1.4 \geqslant f' > 1.2$	$2.0 \geqslant c' > 1.5$	$2.0 \geqslant E_0 > 1.0$
Ⅲ	$1.1 \geqslant f' > 0.9$	$1.1 \geqslant c' > 0.7$	$1.2 \geqslant f' > 0.8$	$1.5 \geqslant c' > 0.7$	$1.0 \geqslant E_0 > 0.5$
Ⅳ	$0.9 \geqslant f' > 0.7$	$0.7 \geqslant c' > 0.3$	$0.8 \geqslant f' > 0.55$	$0.7 \geqslant c' > 0.3$	$0.5 \geqslant E_0 > 0.2$
Ⅴ	$0.7 \geqslant f' > 0.4$	$0.3 \geqslant c' > 0.05$	$0.55 \geqslant f' > 0.40$	$0.3 \geqslant c' > 0.05$	$0.2 \geqslant E_0 > 0.02$

注　1. 表中岩体即坝基基岩，f'、c' 为抗剪断强度。

　　2. 表中参数限于硬质岩，软质岩应根据软化程度进行折减。

表 7-7　　　　结构面、软弱层和断层抗剪断强度值参考表（建议值）

类　型	f'	c'（MPa）	类　型	f'	c'（MPa）
胶结的结构面	0.8～0.6	0.25～0.10	岩屑夹泥型	0.45～0.35	0.10～0.05
无充填的结构面	0.7～0.5	0.15～0.05	泥夹岩屑型	0.35～0.25	0.05～0.02
岩块岩屑型	0.55～0.45	0.25～0.10	泥	0.25～0.18	0.005～0.002

注1. 限于硬质岩中无充填或胶结的结构面。

　2. 软质岩中的结构面应进行折减。

　3. 胶结或无充填的结构面抗剪断强度，应根据结构面的粗糙程度选取大值或小值。

第六节　降低坝基岩体抗滑稳定性的作用

水库蓄水后，坝基在有压渗透水流的作用下，引起坝体颗粒或裂隙充填物颗粒移动、结构变形甚至破坏的现象，称为渗透变形。严重的渗透变形不仅影响工程效益，而且危及大坝的稳定。

一、渗透水流对坝基岩体稳定性的影响

大坝建成蓄水后水位升高，坝基或坝肩岩体中渗透水流的压力也随着增高，流量增大，对岩体稳定将产生很不利的影响，主要有：对坝基岩体产生渗透压力，发生机械潜蚀或化学潜蚀，使某些岩石软化或泥化等。

渗透压力是指渗透到坝基下的水流在上下游水头差（H）的作用下对岩体产生的水压力，其大小等于该作用点的水头高度乘以水的重度（γ_w）。图 7-15 表示当坝下游水位为零时，渗透水流能从滑动岩体 ABC 的 C 点排出时，作用在横向切割面 AB 及滑动面 BC 的渗透压力图形。在滑移面的上的渗透压力是扬压力的主要组成部分（扬压力包括浮托力和渗透压力）。它抵消一部分法向应力，因而降低了抗滑力。而作用在 AB 面上的渗透压力，则使下滑力增大。

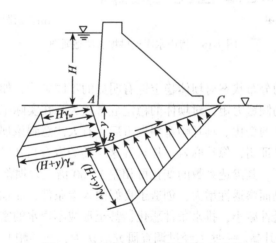

图 7-15　坝基滑动岩体渗透压力示意图

若坝肩岩体有良好的渗入条件，而又没有很好的排水通路，就容易产生较大的渗透压力。有时这种压力可以是侧向的（即沿坝轴线方向），使坝体承受侧向压力，这对拱坝的稳定十分有害，我国梅山水库就是一个典型的实例。该坝为一连拱坝，两端各有一重力坝段，坝基坝肩均为坚硬的燕山期细粒花岗岩，右岸坝肩上游附近有冲沟，沟深坡陡，构成良好的入渗条件（图 7-16），岩体中断层裂隙发育并有夹泥。1956 年建成后在 1962 年 11 月于 14～16 号拱一带发生了多处渗水现象，其中 14 垛左侧有一钻孔最高水头达 31m，说明当时渗透压力很大。后来，右岸岩体沿裂隙发生了轻微的滑移及张裂现象，使14、15、16号拱圈发生多条裂隙，拱垛也发生了偏斜，使大坝处于非常危险的状态。后经及时处理才保证了大坝的安全运行。

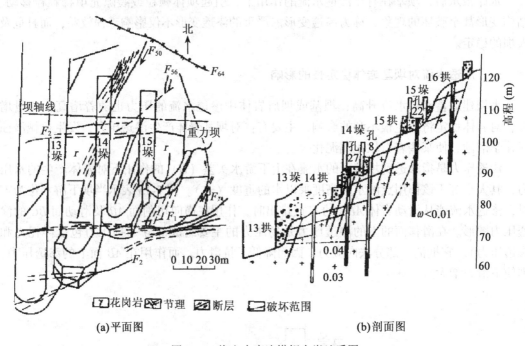

图 7-16　梅山水库连拱坝右岸地质图

另外，渗透压力的分布状态对坝体稳定性有明显的不同影响，如在坝踵附近渗透压力较高，则会增大坝体的倾覆力矩，对坝体的稳定危害校大。在实际工作中还应注意到在蓄水前后坝基岩体渗透性的变化。马耳帕塞坝失事后，有人注意到该坝坝基片麻岩发育有很细微的裂隙，通过试验证明，像片麻岩、片岩等这一类的岩石当其发育有细微裂隙时，在压应力和拉应力作用下，其渗透系数的变化可相差 1 000 倍。大坝蓄水后，坝踵附近可出现拉应力，使横向切割面渗透性增大，创造了良好的入渗条件，而坝趾附近压应力高度集中，使裂隙压密，渗透性减小，排水条件恶化，甚至形成不透水的密封点。这时渗透压力（或扬压力）将会显著升高。一些人经过调查研究后认为，马耳帕塞坝的失事实际上就是由这个原因引起的。

二、坝基渗透变形的表现形式

1. 管涌（或潜蚀）

充填于砂基大颗粒之间的小颗粒，在渗透水流形成动水压力的作用下，随渗透水流运动，常在坝基下游产生"砂沸"现象，形似管涌，亦称"机械潜蚀"。在基岩地区，若裂隙被可溶性盐（如石膏、方解石等）充填，或裂隙充填物为可溶盐胶结时，由于地下水的化学溶蚀作用和水流水压力的作用，往往形成"化学潜蚀"。如位于四川省某水库的坝基，曾因化学潜蚀产生了较大的洞穴。我国南方红层（含可溶性物质的红色砂岩、砾岩、页岩等）地区，常出现"似喀斯特"地貌景观，皆与化学潜蚀有关。此外，穴居动物（如各种田鼠，獾、蚯蚓、蚂蚁等）有时也会破坏土体结构，若在堤内外构成通道，亦可形成管涌，或谓之"生物潜蚀"。如我国的黄河大堤就曾出现过这种现象。

2. 流土

一般发生在以黏性土为主的地带。因土体比较致密，颗粒间具有一定的黏结力，在渗透水流动水压力作用下，细颗粒不易被水带走，而是整体的同时移动或隆起，这种现象称为"流土"。坝基若由河流沉积的二元结构土层组成，特别是上层为黏性土，下层为砂性土的地带，下层渗透水流的动水压力如超过上覆黏性土体的自重，就可能产生流土。这种渗透变形常会使下游坝脚处渗透水流出逸地带，出现成片的土体破坏、冒水或翻砂现象，如不处理将直接威胁大坝的安全。

三、坝基渗透变形的原因分析

据大量试验原始资料证明，产生上述各种潜蚀和流土现象的原因，实质上是渗透水流的动水压力对岩（土）体作用的结果。当动水压力大于岩（土）体的阻抗力时，就会产生渗透变形。这里岩（土）体本身的粒度成分、裂隙性质、结构构造、致密程度、胶结情况，以及透水性能等物理化学特性是根本的内在因素，而动水压力的大小则是外在因素。外因通过外因起作用，二者缺一不可。

1. 岩（土）体结构因素分析

坝基面产生渗透变形的实例表明：岩（土）体的结构，特别是颗粒组成的不均匀性，是形成潜蚀和流土的主要原因。其中影响因素如下：

（1）土中占多数的粗、细颗粒的平均直径相差较大时易产生管涌。从理论上讲，均匀球形颗粒之间的孔隙直径为颗粒直径的 1/6，凡小于此孔隙直径的颗粒都能通过，如图 7-17 所示。但在天然条件下，由于细颗粒周围存在着结合力，加之颗粒形状也不可能是理想的球形，据资料证明，只有 $\frac{d_{大}}{d_{小}}>20$ 时，才能产生管涌。

（2）土的颗粒级配的不均匀系数的影响。如 $\eta<10$ 的土，易产生以流土为主要形式的渗透变形；$\eta>20$ 的土，易产生以管涌为主要形式的渗透变形；$10<\eta<20$ 的土，则可能产生流土，也可能产生管涌。

（3）如果土层具二元结构或呈多层状结构，则应根据土层的埋藏条件具体分析。在二元结构的情况下，当黏性土在上，砂性土在下，且黏性土厚而完整时，则不易产生渗透变形。但当黏性土薄或不完整时，就容易在坝的下游产生流土隆起，并相继产生下层土管涌；如果有尖灭层、透镜体等土层存在，且黏性土层一度由上游向下游逐渐变薄，亦即其下的砂砾石层逐渐变厚，则渗透压力至下游会因过水断面的加大而有所削弱。相反，如果砂砾石层向下游尖灭，则渗透压力会有很大增加，这些地方就易产生流土或管涌。

2. 动水压力

渗透压力是渗透水流作用在单位土体上的压力，其大小主要与渗透水流的水力坡降和水的容重有关，即

$$D_{动} = \gamma_{\omega}I \tag{7-14}$$

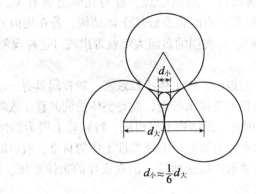

图 7-17 均匀球形颗粒直径与孔隙直径间的关系

式中：$D_{动}$——动水压力，t/m^3；

  γ_ω——水的容重，t/m^3；

  I——渗透水流的水力坡降。

若取水的容重 $\gamma_\omega = 1t/m^3$，则在数值上 $D_{动} = I$，即岩（土）中的任一点的动水压力与该点处的渗透水流的水力坡降值相等。因 $I = \frac{1}{L}\Delta H$（ΔH 为水头差，L 为渗流距离），故 ΔH 越大或 L 越小，则 I 值越大，产生渗透变形的可能性亦越大。

渗透水流在坝前入渗段（主要是在坝前坡脚处）是由上向下的，使土体压实；在坝基，渗透水流自上游向下游，呈水平状，动水压力方向与水流方向一致，也是水平的，此时如果土体颗粒对动水压力的阻抗力小于动水压力，则会沿动水压力方向，顺水流向下游。坝下游坡脚处是渗透水流的逸出段，水流及其动水压力方向则是由下向上的，故此处最易产生渗透变形（见图 7-18）。

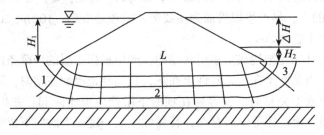

图 7-18 坝基渗流示意图

1—坝基上游渗流方向向下 2—坝基渗流方向水平 3—坝基下游渗流方向向下

H_1—上游水深 H_2—下游水深 L—渗流距离 ΔH=水位差（$\Delta H = H_1 - H_2$）

分析渗透水水力坡降与土层临界水力坡降间的关系，是确定能否产生渗透变形的主要方法。所谓临界水力坡降就是渗透水流使土体刚刚发生渗透变形时具有的水力坡降，其值用式（7-15）表示：

$$I_{\mathrm{cp}} = \gamma' = (1 - n)(\Delta - 1) \qquad (7\text{-}15)$$

式中：I_{cp}——临界水力坡降；

　　γ'—土的浮容重，t/m^3；

　　n—土的孔隙比；

　　Δ—土粒比重。

一般情况下，当渗透水流的实际水力坡降值大于土体的临界水力坡降值时，则将产生渗透变形；反之，若渗透水流的实际水力坡降值小于土体的临界水力坡降值，则不会产生渗透变形。在实际应用中，因考虑到土体具有一定的黏结强度，故将式（7-15）予以修正：

$$I_{\mathrm{cp}} = \gamma' = (1 - n)(\Delta - 1) + 0.5n \qquad (7\text{-}16)$$

应当指出，上述公式虽然理论概念清晰，但由于地质条件复杂多变，土体的临界水力坡降值各处不一，差异颇大，因此，最好是通过现场试验后，再根据水工建筑物的等级，考虑相应的安全系数，最后予以确定。

第七节　坝基处理

天然存在的岩体是自然历史的产物，它长期经历各种地质作用的侵袭与变化，所以任何一个坝址的地质条件都不会是完全合乎建筑设计的理想要求的，都会存在着这样或那样不良的地质问题。但是，对于各种不良的地质条件，只要事先查清楚，一般情况下都是可以处理的，并能保证达到安全稳定的要求。对于不良地质问题的处理，可分为下列三个方面：清基、岩体加固及防渗排水。

一、清基

清基就是将坝基表部的松散软弱、风化破碎及浅部的软弱夹层等不良的岩层开挖清除掉，使坝体放在比较新鲜完整的岩体上。大坝地基开挖深度，即建基面标高的确定，是设计和施工中的一个重要问题。它对整个工程的投资、工期以及安全稳定都会产生很大的影响。因为大型的水电工程基坑开挖往往要达数十米深，挖方量可达数百万 m^3，而挖除的部分将来都要再回填起来。此外，尚有基坑排水、基坑边坡稳定及地应力等问题。例如，雅砻江二滩水电站，坝基为二叠系玄武岩及正长岩侵入体，经专题研究对建基面提出了四个比较方案；

方案 I 为以新鲜和微风化岩体为坝基，坝基平均嵌深 64.6m；

方案 II 为弱风化下部，平均嵌深 53.7m；

方案 III 为弱风化中段，平均嵌深 46.1m；

方案 IV 为在充分利用弱风化中段的基础上，小部分放在弱风化上段岩体上，平均嵌深 38.6m。

经比较，IV 方案较 III 方案（初步设计方案）少开挖 7.5m 深，减少石方开挖 80 万 m^3，减少混凝土浇筑 37 万 m^3，节约投资 6 117 万元（按 1986 年定额计），工期也可缩短 11 个月。如与方案 I 比较，节约数字还要大。

近年已有不少人对大坝建基面的高程进行了许多专门研究和论证。目前在实际工作中，都是以风化程度或岩体质量级别为依据来确定坝基开挖深度的。一般情况下，高坝可建在坚硬岩石的微风化或弱风化带的下部，经过充分论证和处理，也可建在（或部分建在）弱风化带的中部。中坝则可在弱风化带的中部或部分建在上部。两岸地形较高部位可适当放宽。但当有软弱结构面等不良的特殊情况或大坝有特殊要求时，应作专门的研究和处理。

另外，有人提出，在不考虑坝体结构特殊要求和深层软弱结构面抗制其抗滑稳定的情况下，中、高坝最低要求为：岩块饱和抗压强度 $R_b \geqslant 30\text{MPa}$；声波纵波速 $v_p \geqslant 3\,000\text{m/s}$；变形模量 $E_0 \geqslant 5\,000\text{MPa}$。低坝和中坝较低者，上述三项指标分别为：$R_b \geqslant 15\text{MPa}$，$V_p \geqslant 2\,000\text{m/s}$；$E_0 \geqslant 2\,000\text{MPa}$。

土石坝的清基要求，要较混凝土坝低。因为它可以以松散沉积层为地基，所以清基时只需将表层的腐殖土、淤泥、高塑性软土，流砂层等压缩性大、抗剪强度很低的岩层、土层清除掉即可。

对于风化速度较快的岩层，当基坑暴露时间较长时，应预留保护层或采取其他保护措施。此外，建基面应略有起伏并尽可能向上游倾斜。在边岸附近开挖时，应注意坡脚被挖后是否危及边坡稳定。

二、坝基岩体加固

建基面以下的岩体，往往存在或多或少的裂隙、孔隙及断层破碎带等。为提高岩体的强度和减少压缩变形，可以采取一些加固措施，这样也可减少基坑开挖量。通常有下列一些措施。

（一）固结灌浆

固结灌浆是通过在基岩中的钻孔，将适宜的具有胶结性的浆液（大多为水泥浆）压入到基岩的裂隙或孔隙中，使破碎岩体胶结成整体，以增加基岩的强度。我国几乎所有的混凝坝基都采取这种措施，甚至有的土、石坝也采用固结灌浆来加固坝基。在一般情况下均能取得良好效果，但当裂隙中有泥质充填时，需要用一定的压力压入清水，进行冲洗。

根据实践经验，灌浆孔一般布置成梅花形，孔距 $1.5 \sim 3.0\text{m}$，视浆液扩散的有效范围而定。孔深根据加固岩体的要求而定。浅孔固结灌浆一般为 $5 \sim 8\text{m}$，最深不大于 15m。特殊情况下，如裂隙分布较深，也可进行深孔固结灌浆。灌浆孔一般为直孔，有时为提高效果，也可布置成大致垂直于主要裂隙或其他软弱面的斜孔。

（二）锚固

当地基岩体中发育有控制岩体滑移的软弱面时，为增强岩体的抗滑稳定性，可采用预应力锚杆（或钢缆）进行加固处理。其方法为先用钻孔穿过软弱面，深入坚硬完整的岩体，然后锚入预应力钢筋或钢缆，再用水泥砂浆灌入孔内封闭（图5-19）。条件允许时，也可采用大口径钢筋混凝土管柱进行锚固。1964年在梅山连拱坝右坝肩首次使用了这种方法，共设锚固孔250孔，山坡170孔，13号拱重力墩80孔。孔距 $2 \sim 3\text{m}$，孔深 $25 \sim 40\text{m}$，钢缆直径为 5mm（图5-20）。以后在猫跳河三级电站和鲁布革水电站均采用过这种方法，来锚固坝肩岩体。

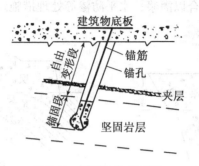

图 7-19　锚固结构示意图

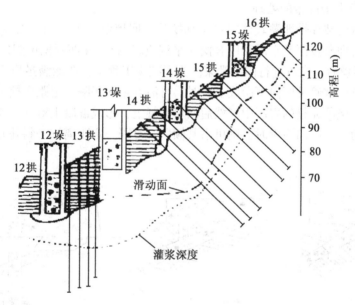

图 7-20　梅山水库坝右岸锚固剖面图

（三）槽、井、洞挖回填混凝土

当坝基下存在有规模较大的软弱破碎带（如断层破碎带、软弱夹层、泥化层、囊状风化带、裂隙密集带等）时，需要进行特殊的处理。

1. 高倾角软弱破碎带的处理

高倾角软弱破碎带主要处理方法有混凝土塞、混凝土梁、混凝土拱等。混凝土塞是将软弱破碎带挖除至一定深度后回填混凝土，以提高地基的强度（见图 5-21（a））。

通常沿破碎带挖成倒梯形断面的槽子，开挖深度应根据坝基应力大小、破碎带宽度等因素计算确定，一般情况下可取宽度的 1.0~1.5 倍。

当软弱破碎带岩性疏松软弱、强度很低且宽度较大时，若采用混凝土塞的办法，开挖和回填土方量很大，则可采用混凝土梁或拱的结构形式，将荷载传至两侧坚硬完整的岩体上（图 5-21（b））。当坝基河床存在覆盖层深槽、风化深槽时，由于深挖困难，也可采用梁或拱的形式跨过，再配合以灌浆、水平防渗等处理措施。

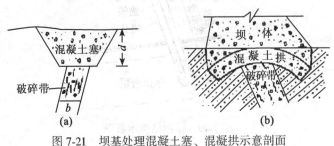

图 7-21　坝基处理混凝土塞、混凝拱示意剖面

（a）混凝土塞　　（b）混凝拱

2. 缓倾角软弱破碎带的处理

当缓倾的软弱破碎带埋藏较浅时可全部挖除，回填混凝土（图 7-22（a）），这样做最安全可靠。若埋藏较深时则需采用洞挖（平洞或斜洞）。深部开挖可配以竖井（图 7-22（b））。挖除回填后，尚可进行固结灌浆。为了减少工程量，在能满足稳定的条件下也可部分挖除。当软弱破碎带倾向下游或上游时，可沿其走向每隔一定距离挖一平洞，洞的顶部和底部均嵌入坚硬完整的岩层中，然后回填混凝土，形成混凝土键（图 7-22（c））以提高其抗滑能力。当倾向两岸时，则可沿其倾向，每隔一定距离挖一斜井并回填混凝土。

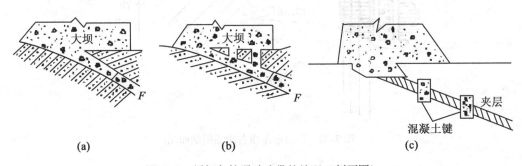

图 7-22　缓倾角软弱破碎带的处理（剖面图）

三、防渗和排水措施

大坝地基的防渗与排水措施十分重要，它是防止地基渗透变形和降低扬压力的重要手段。一般原则是，在大坝迎水面或其上游部位设置防渗措施，如灌浆帷幕，尽量降低坝基的渗透水流。而在迎水面下游（即防渗帷幕后面）的坝基部分则设置排水措施，如排水井、孔等，以便降低渗透压力。

1. 帷幕灌浆

在大坝的上游面地基中布置 1~2 排钻孔，以一定的压力将水泥浆压入基岩的裂隙或断层破碎带中，使其形成一道横穿河床的不透水帷幕（图 5-23）。帷幕的深度，原则上应灌到透水层。但若透水层不很深时，则可灌到相对隔水层 3~5m 处。对于高坝，相对隔水层单位吸水率 $\omega<0.01$ ［L／（min·m·10^4Pa）］；对于中坝，$\omega<0.01~0.03$。如果相对隔水层也很深，帷幕深度可灌到 0.3~0.7 倍坝高的深度。

帷幕的厚度主要据其所能承受的水力坡降而定。一般情况下高坝可设两排钻孔，中、低坝设一排钻孔即可。孔距一般为 1.5~4.0m。当岩体中存在有微细的裂隙或裂隙中充填有黏土等物质时，采用通常的灌浆方法难以取得良好效果，因此需要提高灌浆压力和改进浆液的成分。

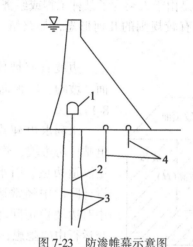

图 7-23　防渗帷幕示意图

1—灌浆廊道　2—帷幕灌浆钻孔　3—浆液扩散范围　4—排水孔及排水廊道

20 世纪 80 年代初，在处理乌江渡水电站坝基下岩溶洞穴及红色黏土充填物时，成功地采用了高压灌浆技术，灌浆压力达到 8MPa，取得了良好的效果。在浆液成分方面，近年来研制成功的改性灌浆水泥，是在硅酸盐水泥熟料的基础上加入膨胀剂、促凝剂，并经细磨而成。水泥粒径小于 30μm，改性水泥浆的流动性和稳定性好，因而可灌性好。对细微裂隙灌入能力强。在硬化过程中体积还有微小的膨胀。克服了单纯磨细水泥可灌性差和硬化收缩的缺点，同时黏结强度和抗渗性均有提高。在砂砾石地基上，近年成功地引进和研究了高压喷灌技术，有效地降低了砂砾石层的渗透性。

2. 排水措施

坝基岩体虽设置了防渗帷幕等防渗措施，但仍会有少量绕渗或穿过帷幕的渗透水流。为降低坝基下的渗透压力及渗流可能造成的不利影响，通常在帷幕下游坝基中设排水孔，一般为 2~3 排，并可设排水管道、廊道或集水井，将水排出坝体以外。

除上述各项坝基处理措施外，尚可在坝的基础部分设计中采取一些结构上的措施，如加大坝体断面、扩大基础，设立支撑墙、坝肩加设重力墩、加深齿墙，对于土坝设置与斜墙连接的防渗铺盖等。这些内容将在专业课中讲述。

第八章　边坡岩体稳定问题

边坡系指地壳表部一切具有侧向临空面的地质体。它包括自然边坡和人工边坡两种。前者是在一定地质环境中，在各种地质应力作用下形成和演化的自然历史过程的产物，如山坡、海岸、河岸等。后者则是由于人类为了某种工程或经济目的而开挖的，往往在自然边坡基础上形成，其特点是具有较规则的几何形态，如路堑、露天矿坑边帮、运河（渠道）边坡等。

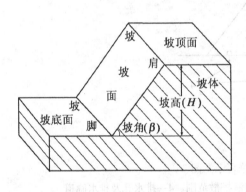

图 8-1　边坡要素图

边坡具有坡体、坡高、坡角、坡肩、坡面、坡脚、坡顶面、坡底面等各项要素（图8-1）。

水利水电建设的水库岸坡、坝肩边坡、电站厂房边坡、管道边坡、隧洞进出口边坡、溢洪道边坡、引水渠道边坡等，都是在各个设计阶段中经常遇到的问题。如果勘测过程中对边坡稳定问题注意不够，往往形成施工与运行中的隐患，造成巨大损失。纵观中外，由于边坡失稳造成事故的例子举不胜举。

追溯到 20 世纪，水利水电工程中因边坡失稳而造成的灾难当数意大利瓦依昂水库左岸发生的大滑坡。1963 年 10 月 9 日，体积为 2.7~3.0 亿 m³ 的滑坡体以 28m 每秒的速度发生整体下滑，激起的涌浪高达 250m，有 1 200~1 500 万 m³ 的水被挤过坝顶冲向下游，右坝肩漫流水深达 200m，左坝肩 100m，下游一个村镇被冲毁，约 2 400 人死亡，当时正在电厂工作的 60 名工作人员无一幸免。尽管设计安全余量较大，施工质量较好，该拱坝除坝顶左肩外，基本未受严重破坏，但滑坡体将坝前 1.8km 的一段水库完全填满，使得该水库不得不废弃。

在国内，湖南柘溪水库蓄水仅 18 天，即发生塘岩光大滑坡，165 万 m³ 的土石突然滑落库内，形成高达 21m 的涌浪，造成人员重大伤亡。凤滩大坝附近左岸剌桐溪滑坡、乌江渡电站库岸大、小黄崖不稳定岩体，都曾给工程造成威胁，带来危害。

边坡在各种内、外地质营力作用下，不断地改变着坡高和坡角，使坡体内应力分布发生变化。当组成坡体的岩土体强度不能适应此应力分布时，就产生了边坡的变形破坏作用。尤其是大规模的工程建设，使自然边坡发生急剧变化，边坡的稳定程度也变化极大，往往酿成灾害。边坡的变形与破坏，实质上是由边坡岩土体内应力与其强度这一对矛盾的发展演化所决定的。

显然，在水利水电工程建设中，对边坡的变形与破坏进行详尽的工程地质研究，是一项重要且必不可少的工作。

边坡按其组成物质划分，有岩质边坡和土质边坡之分别，这里主要讨论岩质边坡。

第一节 边坡中的应力分布特征

边坡中的应力分布特征决定了边坡变形破坏的形式和机制，对边坡稳定性评价和合理防治措施也有一定意义，所以首先要了解边坡形成后坡体中应力分布的特征。

一、边坡岩体应力状态的变化

天然岩体中应力分布是比较复杂的，除普遍存在的自重应力外，有时还有构造应力、热应力、地下水应力等。一般认为：在仅存在自重应力的情况下，未形成斜坡前岩土体中的主应力（初始应力）是呈铅直与水平状态的，即铅直应力为最大主应力，水平应力为最小主应力。此时岩体内的最大剪应力与最大、最小主应力多呈45°交角。根据有限元分析和光弹试验，坡体在未发生明显的变形或破坏之前的应力状态，总的来说，有以下4个方面的特征：

1. 坡体中主应力方向发生明显偏转（图8-2）。坡面附近的最大主应力（σ_1）与坡面近于平行，最小主应力（σ_3）与坡面近于正交；坡体下部出现近乎水平方向的剪应力，且总趋势是由内向外增强，愈近坡脚处愈强，坡体内部逐渐恢复到原始应力状态。

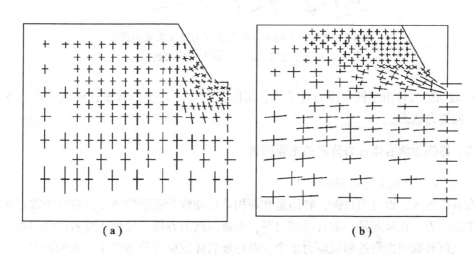

图8-2 用有限单元法解出的主应力迹线图

2. 坡体中产生应力集中现象。

坡脚附近形成明显的应力集中带，坡角愈陡，集中愈明显。坡脚应力集中带的主要特点是最大主应力（σ_1）与最小主应力（σ_3）的应力差达到最大值，出现最大的剪应力集中，形成一条最大剪应力增高带。坡面或坡顶的某些部位，由于水平应力明显降低而可能出现拉应力，形成张力带，如图8-3、图8-4所示。

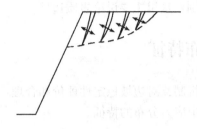

图 8-3　坡肩附近的张力带

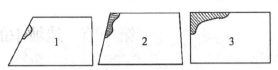

图 8-4　坡面和坡顶张力带的分布（$\sigma_L = 0$）

1—$\alpha = 60°$　2—$\alpha = 75°$　3—$\alpha = 90°$

图中阴影部分表示张力带

3. 由于应力偏转，坡体内的最大剪应力迹线也发生变化，由原来的直线变成凹向坡面的圆弧状（图 8-5）。

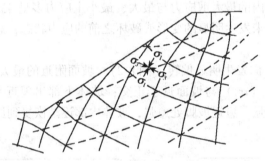

图 8-5　边坡中剪应力迹线与主应力迹线关系示意图

实线—主应力迹线　虚线—最大剪应力迹线

4. 坡面的岩体由于侧向压力近于零，实际上变为两向受力状态，而坡体内部逐步地变为三向受力状态。

二、影响边坡岩体应力分布的主要因素

（一）岩体初始应力的影响

在有些地区，地应力较强，特别是在新构造运动较为强烈的地带，岩体中常存在较大的水平地应力。在隆起带，常有深切河谷，形成高陡的谷坡。这种边坡岩体内的水平初始应力常在河谷临空面附近形成应力集中，对边坡岩体的应力分布产生很大的影响。主要表现在使应力分异现象加剧，增强了坡脚附近的应力集中及坡面和坡顶张力带的发展，加剧了边坡变形破坏的程度和范围。岩体水平初始应力愈大，这种影响愈大。各点上应力值的增加与初始应力的增加成正比关系。在图 8-6 中，侧向水平剩余应力为 $\sigma_L = 3\gamma H$，因而使边坡在 30°时即出现张力带。而在岩体不具侧向水平剩余应力时 $\sigma_L = 0$，45°的边坡尚无张力带的出现，60°边坡才开始有张力带（见图 8-4）。两者进行比较，即可理解岩体水平初始应力对斜坡稳定性的意义。

（二）坡形的影响

坡形包括边坡的坡角、坡底宽度和平面形态等几方面，它们对边坡岩体应力分布均有

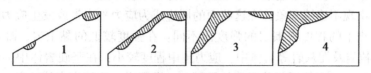

图 8-6 侧向水平残余应力 $\sigma_L = 3\gamma H$ 时坡面和坡顶的张力分布

1—$\alpha = 30°$ 2—$\alpha = 45°$ 3—$\alpha = 60°$ 4—$\alpha = 75°$

显著的影响。坡角的影响主要表现在应力在坡脚的集中和坡顶坡面张力带的变化（见图 8-4）。坡脚应力集中，最大剪应力也随之增高。坡角与最大剪应力（坡脚处）的关系示于图 8-7。

谷底（或矿坑底）宽度的影响表现在谷两岸边坡相互挤压的关系。这种影响主要在坡脚附近较大。对面斜坡的挤压使坡脚应力值增大，变形加剧。坡脚的最大剪应力随谷底宽度的增加而降低，但当 $W = 0.8H$ 时，这种影响就减弱，以至不发生变化，如图 8-8 所示。

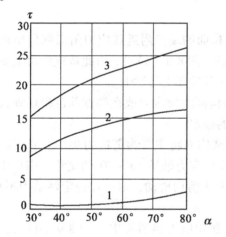

图 8-7 坡角对坡脚最大剪应力的影响

1—$W \geqslant 0.8H$，$\sigma_L = 0$ 2—$W \geqslant 0.8H$，$\sigma_L = 3\gamma H$

3—$W = 0$，$\sigma_L = 3\gamma H$ α—坡角 τ—坡脚最大剪

应力 W—谷底宽 H—坡高

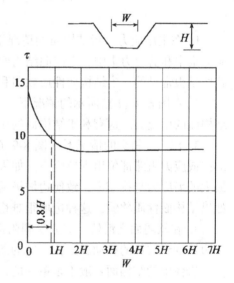

图 8-8 谷底宽对坡脚最大剪应力的影响

边坡在平面图上的形状可分为内凹形、外凸形及直线形等。内凹坡常见于滑坡后缘陡壁、冲沟的沟脑、支谷源头以及露天矿坑的转弯处等。这种边坡由于受到走向方向上两侧的支撑作用，坡脚处的应力集中现象会有所减缓，最大剪应力值因此而明显降低，并且曲率半径愈小，剪应力减缓的趋势也愈加显著。凸形坡则与此相反，甚至在走向方向上也受到拉力，不利于稳定。

（三）边坡岩体结构的影响

岩性对边坡力分布的影响不很突出，岩体的弹性模量对此表现不出影响，泊松比的大小则影响岩体各点的水平应力值（σ_L）和剪应力值。岩体结构对边坡应力特征有明显的影响。岩体的不均一性和不连续性造成应力局部集中。不连续面或软弱面的存在使斜坡岩体中应力分布出现不连续现象，在这些面的周边成为应力集中带或发生应力阻滞现象，软弱面周边应力集中的程度视围岩的强度而不同：在强度较低的黏土岩、凝灰岩、碳质页岩、板岩、千枚岩及泥灰岩等岩体中，应力集中程度较小；在坚硬岩体中，应力沿软弱面附近集中程度较高，在软硬两种岩体的界面上，沿硬岩一侧的应力值较高。应力集中的特点与结构面或软弱面的产状与主压应力的方向密切相关，如图8-9所示。

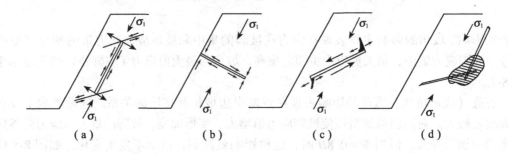

图8-9　边坡岩体结构面上应力集中的特点

1. 在主压应力平行结构面的情况下，将在结构面的端点附近或应力阻滞部位出现拉应力集中和剪应力集中，引起向结构面两侧的张裂（图8-9（a）），由此造成的边坡变形破坏是很常见的。当结构面性质软弱和夹泥时，这种破坏更易发生。

2. 在图8-9（b）所示的情况下，将出现沿结构面的拉应力或在端点部位出现垂直于结构面的压应力。这有利于结构面的压密和斜坡的稳定。

3. 在二者斜交的情况下（图8-9（c）），沿结构面将主要为剪应力集中，并于端点部位或应力阻滞部位出现拉应力。如果结构面与主压应力轴呈$30°\sim40°$的交角，则将出现最大的剪应力与拉应力，致使边坡极易沿结构面发生剪切滑动，对边坡稳定性最为不利。如果结构面性质软弱，这种边坡很难稳定。

4. 在软弱面交汇处，应力受到阻滞，压应力和拉应力强烈集中（图8-9（d）），形成边坡变形破坏的移动源，在一定的条件下逐步扩展为滑移面，使边坡破坏。

岩体中的结构面一般不是单一的，而是几种产状的结构面组合在一起，因而边坡岩体内的应力分布也很复杂，需作综合分析，但又要区别主要的和次要的，全面了解其相互配合的关系。当其在空间构成不利组合时将引起变形。

第二节　边坡变形与破坏的类型

边坡岩体的变形以未出现贯通性的破坏为特点，尤其是在坡面附近也可能出现一定程度的破裂与错动，但从整体看，并未产生滑动破坏，主要表现为拉裂松动和蠕动。

当边坡岩体中出现了连续、贯通的破裂面时，被分割的坡体便以一定的加速度滑移或崩落，脱离母体，此即为边坡的破坏。这种破坏是由变形发展而形成的。边坡的破坏形式很多，这里主要介绍崩塌与滑坡。

一、边坡岩体的变形

（一）拉裂松动

边坡形成初始阶段，坡体表部往往出现一系列与坡向近于平行的陡倾角张开裂隙，被这种裂隙切割的岩体便向临空方向松开、移动。这种过程和现象称为松动。它是一种边坡卸荷回弹的过程和现象。

存在于坡体的这种松动裂隙，可以是应力重分布中新生的，但大多是沿原有的陡倾角裂隙发育而成。它仅有张开而无明显的相对滑动，张开程度及分布密度由坡面向深处而逐渐减小（图 8-10）。在保证坡体应力不再增加和结构强度不再降低的条件下，边坡变形不会剧烈发展，坡体稳定不致破坏。

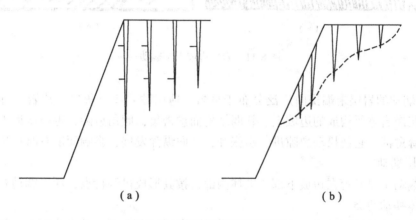

（a）　　　　　　　　　　　　　　（b）

图 8-10　拉裂松动形成的裂隙

边坡常有各种松动裂隙，实践中把发育有松动裂隙的坡体部位称为边坡卸荷带，在此，可称为边坡松动带。其深度通常用坡面线与松动带内侧界线之间的水平间距来度量。

边坡松动使坡体强度降低，又使各种应力因素更易深入坡体，加大坡体内各种应力因素的活跃程度，它是边坡变形与破坏的初始表现。所以，划分松动带（卸荷带），确定松动带范围，研究松动带内岩体特征，对论证边坡稳定性，特别在确定开挖深度或灌浆范围，都具有重要意义。

边坡松动带深度除与坡体本身的结构特征有关外，主要受坡形和坡体原始应力状态控制。显然，坡度愈高、愈陡，地应力愈强，斜坡松动裂隙便愈发育，松动带深度也便愈大。

（二）蠕动

边坡岩（土）体在重力作用下沿滑移面或软弱面局部向临空方向的缓慢剪切变形，使岩体的个别部分有少量的移动、弯折，这就是蠕动。拉裂松动还易于鉴定，而蠕动则较难判定，因为标志不很明显，只有细心的观察研究才能加以认识。

边坡蠕动大致可分为表层蠕动和深层蠕动两种基本类型。

1. 表层蠕动

边坡浅部岩体在重力的长期作用下，向临空方向缓慢变形构成一剪变带，其位移由坡

225

面向坡体内部逐渐降低直至消失，这便是表层蠕动。

岩质边坡的表层蠕动，常称岩层末端"挠曲现象"，系岩层或层状结构面较发育的岩体，在重力长期作用下，沿结构面错动和局部破裂而成的屈曲现象（图8-11）。

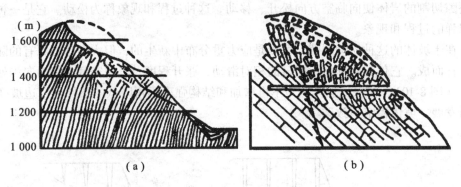

图8-11　岩质边坡表层蠕动

表层蠕动的岩层末端挠曲广泛分布于页岩、薄层砂岩或石灰岩、片岩、石英岩，以及破碎的花岗岩体所构成的边坡上。软弱结构面愈密集，倾角愈陡，走向愈近于坡面走向时，其发育愈甚。它使松动裂隙进一步张开，并向纵深发展，影响深度有时竟达数十米。

2. 深层蠕动

深层蠕动主要发育在边坡下部或坡体内部，按其形成机制特点，深层蠕动有软弱基座蠕动和坡体蠕动两类。

坡体基座产状较缓且有一定厚度的相对软弱岩层，在上覆层重力作用下，使基座部分向临空方向蠕动，并引起上覆层的变形与解体，是"软弱基座蠕动"的特征。软弱基座塑性较大，坡脚主要表现为向临空方向蠕动、挤出（图8-12）；而软弱基座中存在脆性夹层，它可能沿张性裂隙发生错位（图8-13）。软弱基座蠕动将引起上覆岩体变形与解体，上覆岩体中软弱层会出现"揉曲"，脆性层又会出现张性裂隙。当上覆岩体整体呈脆性时，则产生不均匀断陷，使上覆岩体破裂解体。上覆岩体中裂隙由下向上发展，且其下端因软弱岩层向坡外牵动而显著张开。此外，当软弱基座略向坡外倾斜时，蠕动便进一步发展，使被解体的上覆岩体缓慢地向下滑移，且被解体的岩块之间可完全丧失联结，如同漂浮在下伏软弱的基座上。

坡体沿缓倾软弱结构面向临空方向的缓慢移动变形，称为坡体蠕动。它在卸荷裂隙较发育并有缓倾结构面的坡体中比较普遍（图8-14）。有缓倾结构面的岩体又发育为其他陡倾裂隙，构成坡体蠕动基本条件。缓倾结构面夹泥，抗滑力很低，便会在坡体重力作用下产生缓慢的移动变形。这样，坡体必然发生微量转动，使转折处首先遭到破坏。这里首先出现张性羽裂，将转折端切断；继续破坏，形成次级剪裂面，并伴随有架空现象；进一步便会形成连续的滑动面（滑面形成）。滑面一旦形成，其下滑力超过抗滑力，便导致边坡破坏。

四川大渡河陈山滑坡（图8-15），其下部为奥陶纪页岩，上部为二叠纪灰岩。下部页岩（软岩）的不均匀沉陷和蠕滑，使得上部的灰岩（硬岩）解体，裂隙由下往上发展，

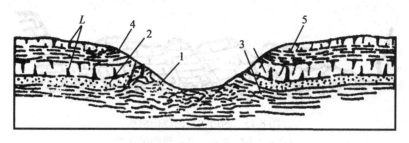

图 8-12　软弱基座挤出

1—黏土层　2—砂岩　3、5—灰岩　4—页岩　L—张性裂隙面

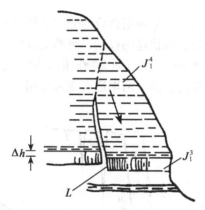

图 8-13　软弱基座蠕变引起上部岩层的张裂

J_1^3—煤系　J_1^4—砂岩　Δh—错距（50cm）　L—张性裂隙面

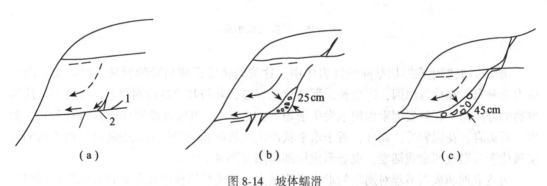

图 8-14　坡体蠕滑

（a）切角滑移　（b）次级剪裂面开始形成　（c）滑面形成

下部张开显著。而下部软岩又向临空方向倾斜，蠕滑得以进一步发展，使已解体的坚硬块体加速了滑移，并使块体相互脱离得更远，一个个像孤石一样漂浮在塑流的软岩基座上。

图 8-15　四川大渡河陈山滑坡
①—二叠纪灰岩　②—奥陶纪页岩

二、边坡岩体的破坏

（一）崩塌

陡坡前缘部分为张裂缝和节理裂隙组合成的分割面将岩土体分隔出单独的岩块或大小不等的土石块体，受重力作用，以快速的移动，突然脱离母体，翻滚跳动崩坠崖底或塌落而下，称为斜坡的崩塌（图 8-16）。根据崩塌物质的不同，可分为土崩和岩崩；按其规模的不同有山崩和坠石。发生在海、湖、河岸边者则称岸崩。

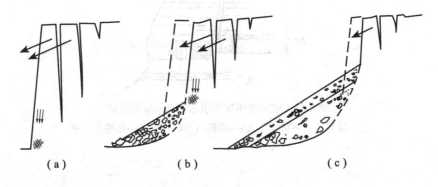

（a）　　　　　　（b）　　　　　　（c）

图 8-16　崩塌过程示意图

崩塌一般发生在厚层坚硬脆性岩体中。这类岩体能形成高陡的斜坡，斜坡前缘由于应力重分布和卸荷等原因，产生长而深的拉张裂缝，并与其他结构面组合，逐渐形成连续贯通的分离面，在触发因素作用下发生崩塌（图 8-17）。组成这类岩体的岩石有砂岩、灰岩、石英岩、花岗岩等。此外，近于水平状产出的软硬相间岩层组成的陡坡，由于软弱岩层风化剥蚀形成凹龛或蠕变，也会形成局部崩塌（图 8-18）。

构造节理和成岩节理对崩塌的形成影响很大。硬脆性岩体中往往发育有两组或两组以上的陡倾节理，其中与坡面平行的一组节理常演化为拉张裂缝。当节理密度较小，但延展性、贯通性较好时，常能形成较大体积的崩塌体。此外，大规模的崩塌（山崩）经常发生在新构造运动强烈、地震频发的高山区。

崩塌的形成又与地形直接相关。崩塌一般发生在高陡斜坡的前缘。发生崩塌的地面坡度往往大于 45°，尤其是大于 60° 的陡坡。地形切割愈强烈，高差愈大，形成崩塌的可能

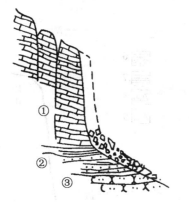

图 8-17 坚硬岩石组成的边坡崩塌示意图
①—灰岩 ②—砂页岩互层 ③—石英岩

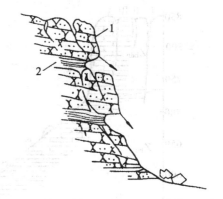

图 8-18 软硬岩性互层的陡坡局部崩塌示意图
1—砂岩 2—页岩

性愈大，并且破坏也愈严重。

风化作用也对崩塌形成有一定影响，因为风化作用能使斜坡前缘各种成因的裂隙加深加宽，对崩塌的发生起催化作用。此外，在干旱、半干旱气候区，由于物理风化强烈，导致岩石机械破碎而发生崩塌。高寒山区的冰劈作用也有利于崩塌的形成。

在上述诸条件制约下，崩塌的发生还与短时的裂隙水压力以及地震或爆破震动等触发因素有密切关系。尤其是强烈的地震，常可引起大规模崩塌，造成严重灾害。

湖北省远安县境内的盐池河磷矿灾难性山崩，是崩塌形成诸条件制约的典型实例。该磷矿位于一峡谷中。岩层为上震旦统灯影组（Z_{bdn}）厚层块状白云岩及上震旦统陡山沱组（Z_{bd}）含磷矿层的薄层至中、厚层白云岩、白云质泥岩及砂质页岩。岩层中发育两组垂直节理，使山顶部的灯影组厚层白云岩三面临空。地下采矿平巷使地表沿两组垂直节理追踪发展张裂缝。1980 年 6 月 8~10 日连续两天大雨的触发，使山体顶部前缘厚层白云岩沿层面滑出形成崩塌，体积约 100 万 m³，崩塌堆积物平均厚约 20m，最厚处达 40m，盐池河被堵塞，矿区办公楼、职工宿舍全部被摧毁埋没在堆石中，造成生命财产的重大损失（图 8-19）。

（二）滑坡

边坡岩体沿连续、贯通性的剪切破坏面发生整体滑移的现象，称为滑坡。它是边坡破坏形式中分布最广，危害最大、最严重的一种，因而也是边坡稳定性问题研究的主要对象和内容。

1. 滑坡的形态要素

滑坡有明显的边界和地形特征（图 8-20），在野外是可以识别的。滑坡地区常形成一种特殊的滑坡地形，即在较平整的坡面上出现低于周围原始坡面的环谷状洼地，后缘顶部有围椅状陡崖的滑坡后壁；洼地中往往坡状起伏，裂隙、错台等普遍分布；前部则有稍为隆起且缓坡向前延伸的滑坡舌。它可使河流阶地变位，阶面突陷、错断，甚至将河流推弯曲，逼向对岸。滑坡体的两侧常形成冲沟，它们呈现"双沟同源"现象。此外，滑坡体上还会出现醉汉林、马刀树，常有地下水大片出露而成为沼泽、池塘。这些现象可做为判

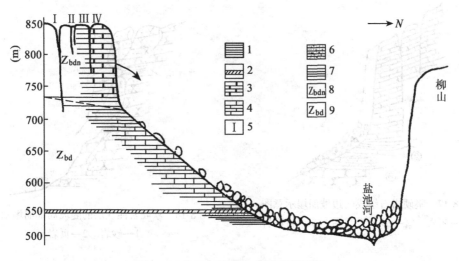

图 8-19　盐池河崩塌山体地质剖面图

1—灰黑色粉砂质页岩　2—磷矿层　3—厚层块状白云岩　4—薄层至中、厚层白云岩　5—裂缝编号　6—白云质泥岩及页岩　7—薄层至中、厚层板状白云岩　8—震旦系上统灯影组　9—震旦系上统陡山沱组

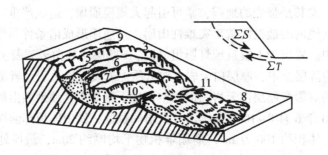

图 8-20　滑坡形态要素示意图

1—滑坡体　2—滑床面　3—滑动周界　4—滑坡床　5—滑坡后壁
6—滑坡台地　7—滑坡台坎　8—滑坡舌　9—后缘拉张裂隙
10—鼓张裂隙　11—扇形张裂隙

定滑坡的存在及其周界位置的依据。

以上是滑坡形态的总轮廓，有关滑坡的各部分结构和形态简介如下：

（1）滑床面：也有称滑动面或滑面，即上述的贯通性破坏面。滑床面一般较光滑，有时可见到擦痕，犹如断层面。滑床面上土石破坏比较强烈，发生片理化和糜棱化现象，其厚度较大时可形成滑动带。

（2）滑坡体：依附于滑床面下滑的那部分坡体，它常可保持岩体的原始结构，内部相对位置基本不变。

（3）滑坡床：滑床面下伏未动的岩石主体。它完全保持原有的结构，但在滑动周界处可出现不同性质的裂隙。

（4）滑坡台地：滑坡体因各段下滑的速度和幅度不同而形成一些错台，出现数个陡坎和高程不同的平缓台面。

（5）滑坡舌：滑坡体前缘伸出部分，常呈舌状，故名之。其根部隆起部分称为滑坡鼓丘。

与崩塌相比较，滑坡对边坡的破坏不局限于边坡前缘，也可涉及深层的破坏。滑床面可深入坡体内部，甚至到坡脚以下，可分为坡上、坡脚、坡基等滑动类型（图 8-21）。滑坡的移动速度一般较为缓慢，但有很大差异，它主要取决于滑床面的力学性状、外营力作用强度以及边坡岩土体的性质和结构特征等。当滑床面位于塑性较大的岩土中或沿着残余摩擦面滑动时，滑速往往缓慢；相反，当滑床面切过弹脆性岩体或沿着抗剪强度较大的结构面滑动时，可表现为突发而迅猛的滑动。滑坡有较大的水平位移，它在滑动过程中虽也发生变形和解体，但一般仍能保持相对的完整性。所以根据上述特征，滑坡可与崩塌相区别。

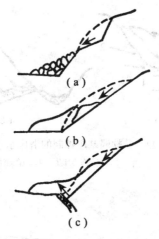

图 8-21　滑动类型
（a）坡上滑动　（b）坡脚滑动　（c）坡基滑动

2. 滑床面形成机制

滑坡的发生和发展，主要受滑床面形成机制的制约，主要有三种情况：

（1）滑床面的形成不受已有结构面的控制

均质完整坡体或虽已有结构面尚不成为滑动控制面的坡体中，滑床面的形成主要受控于最大剪应力面。但在坡顶，它与张性破裂面重合，所以滑床面实际上与最大剪应力面有一定的偏离（有一定夹角），其纵断面线近似于对数螺旋线。为研究方便，常把滑床面近似地视为圆弧。这种滑床面多出现在土质、半岩质（如泥岩、泥灰岩、凝灰岩）或强风化的岩质坡体之中，均由表层蠕动发展而来。

（2）滑床面的形成受已有结构面的控制

坡体中已存在的结构面强度较低，而又能构成这些有利于滑动的组合形式时，它将代替最大剪力面而成为滑动控制面。岩质边坡的破坏大都沿着边坡内已有的软弱结构面而发生、发展，自然营力因素的影响也常常通过这种面而发生作用。

实践表明，倾向临空方向的结构面倾角在 10°左右便有产生滑动的可能，15°～40°范围内最多见。

（3）滑床面的形成受软弱基座的控制

受软弱基座控制的滑床面是由软弱基座的蠕动发展而来的。它可以分为两部分：软弱基座中的滑面一般受最大剪应力面控制，而上覆岩体中滑面受断陷或解体裂隙或结构面控制。当上覆岩体已被分割解体而丧失强度时，滑动主要受软弱基座的控制，通常这种滑坡滑动较缓慢（图 8-22（a））。当上覆岩体中裂隙仍具有较大强度时，一旦滑动，通常为突发而迅猛的崩滑，它常见于软弱基座层很薄的条件下（图 8-22（b）），河谷侵蚀或挖方，可使软弱基座被暴露，易造成基座蠕动挤出。变形初期，往往出现一系列小的局部滑面，很少被注意。变形后期，局部滑面逐渐联成一连续滑床面，产生缓慢滑动，一定条件下，也可沿该滑床面产生急剧滑动。安加拉河谷中这种块体滑坡，延向斜坡的距离达1.5km，单个块体长度达 150～250m，解体裂隙总宽竟达 115m（图 8-23）。

图 8-22　受软弱基座控制的滑床示意图
1—软弱基座蠕动　2—沉降裂隙　3—单薄的软弱基座

图 8-23　西伯利亚安加拉河谷中块体滑坡
1—灰岩　2—黏土岩　3—辉绿岩　4—亚黏土砾质充填　5—砂质砾石层

大部分滑坡在发生破坏之前，往往会经历一个漫长的孕育和发育过程。在这一过程中，边坡岩体以缓慢的变形为主，并伴以局部、小规模的破坏。如向临空方向的缓慢剪切变形（蠕滑），边坡上出现拉张裂隙等。这种过程可持续数年甚至数十年。意大利瓦依昂滑坡，从 1960～1964 年产生滑动，经历了 4 年左右的时间，发生位移 5m 以上。我国长江三峡里的新滩滑坡，从变形到发生整体滑动破坏，经历了 20 多年的时间。

（三）滑坡的分类

滑坡分类的目的在于对滑坡作用的各种环境和现象特征以及形成滑坡的各种因素进行概括，以便反映各类滑坡的特征及其发生、发展的规律，从而有效地预防滑坡的发生，或在滑坡发生之后有效地治理它，减少它的危害。目前滑坡的分类方案很多，各方案所侧重的分类原则不同。有的根据滑坡的形态特征，有的根据滑坡的动力学特征，有的根据规模、深浅，有的根据滑动面与斜坡岩层层面的关系，有的根据斜坡的结构，有的根据斜坡岩土的类型和性质，有的根据滑动面形状，有的甚至根据滑坡的时代，等等。下面重点介绍几种分类。

1. 按滑动面与层面关系的分类

这种分类应用很广，是较早的一种分类。分为均质滑坡（无层滑坡）、顺层滑坡和切层滑坡三类。

（1）均质滑坡

这是发生在均质的没有明显层理的岩体或土体中的滑坡。滑动面不受层面的控制，而是决定边斜坡的应力状态和岩土的抗剪强度的相互关系。滑坡面呈圆弧形，如陕西省阳（平）安（康）铁路中段的西乡路堑滑坡（图8-24）即属此类滑坡。这种滑坡也称同类土滑坡，因为斜坡的岩土是单一的。在黏土岩、黏性土和黄土中较常见。

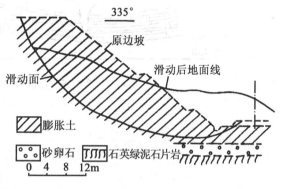

图8-24　西乡滑坡纵剖面图

（2）顺层滑坡

沿着岩层的层面发生滑动。多发生在岩层走向与边坡走向一致，以小于坡角的倾角向坡外倾斜的条件下。特别是有软弱岩层存在时，其顶面易成为滑坡面。沿着断层面，大裂隙面的滑动也属于顺层滑坡。当坡脚受河流冲刷或人工开挖使软弱面被切断时，其上的岩体就失去了支持，而仅靠沿层面的摩阻力保持稳定。由于各种因素的影响，特别是空隙水压力加大时，抗滑能力削弱，滑坡就会顺弱面发生（图8-25）。斜边上的残坡堆积物顺其与下部基岩的不整合面下滑，也是顺层滑坡。顺层滑坡是自然界分布较广的滑坡，有时岩层倾角仅10°左右，即可造成滑坡。

（3）切层滑坡

滑坡面切过岩层面而发生滑坡。多发生在岩层接近水平的情况下，滑坡面一般呈圆弧形或对数螺旋曲线（图8-26）。这种滑坡主要是受坡脚冲刷及斜坡内地下水等因素的控制。

2. 按滑动力学性质分类

主要以始滑位置所引起的力学特征进行分类。这种分类，对滑坡的防治有重要意义。一般分为牵引式滑坡、推动式滑坡和混合式坡滑，有的还增加一类"平移式滑坡"。

（1）推动式滑坡

主要是由于上部张开裂缝发育或因堆积重物或在坡上部进行建筑等，引起上部不稳从

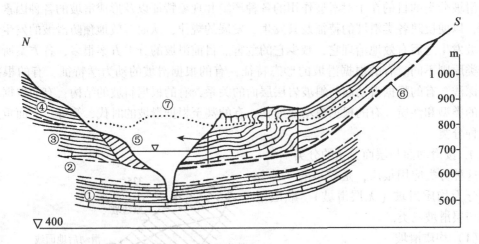

图 8-25　瓦依昂水库滑坡剖面图

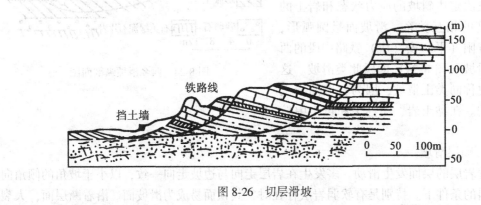

图 8-26　切层滑坡

而使下部的下滑力加大造成的。始滑部位示于图 8-27（a）。

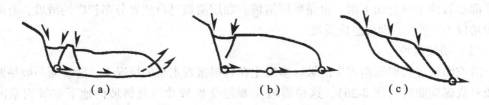

图 8-27　始滑部位不同的各类滑坡

（2）牵引式滑坡

首先是在斜坡的下部发生滑动，引起由下而上依次下滑，逐渐向上扩展，如图 8-28 所示。这主要是由于斜坡底部受河流冲刷或人工开挖，以致坡脚应力集中过大，又有岩性和水文地质条件的配合，造成这种滑动。始滑部位如图8-27（c）所示。

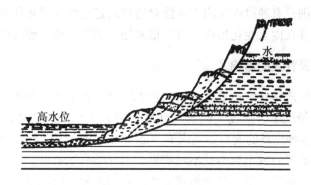

图 8-28　牵引式滑坡

（3）混合式滑坡

始滑部位上、下结合，共同作用，这种情况比较多。

（4）平移式滑坡

始滑部位分布于滑动面的许多点，同时局部滑移，然后逐渐发展连接起来，如图8-27（b）所示。

3. 按岩土类型划分

边坡的物质成分不同则其滑坡动力学特征随之不同，形态特征也就不一样，特别是表现在滑动面的形状、滑坡体的结构等有所不同。所以按岩土类型来划分滑坡能够综合反映其特点，是比较好的分类方法。但是结合滑坡如何划分岩土类型，还是值得研究的问题，目前尚无确切的细分方案。我国铁道部门分为：堆积层滑坡、黄土滑坡、黏土滑坡、顺层滑坡和切层滑坡等。

除上述分类外，还有按滑坡面形态的分类、按滑坡深度的分类、按滑动面的曲直和滑动形式的分类以及按滑坡发生的时间（年代）的分类等。

第三节　影响边坡稳定的因素

影响边坡稳定的因素十分复杂，其中最主要的是边坡岩土性质和结构、水文地质条件，还有岩石风化、水的作用、地震及人类工程活动等。边坡在重力作用下，具有不断受到改造而降低其高度的倾向。在这一总趋势中，各种因素从两个方面影响着边坡的稳定。一方面是改变边坡的形状，使边坡应力状态发生变化，例如河流冲刷坡脚或人工开挖边坡，增大了边坡的滑动力。另一方面由于岩土遭受风化、雨水渗入、地下水的作用等，使岩土的强度降低，削弱了抗滑阻力。斜坡下滑力的增强，或使岩土抗滑力削弱，都能使边坡变为不稳定，逐渐发生变形，最后遭到破坏。从长远来看，边坡总是要遭到破坏的，但是在工程使用年限内则需要结合各种因素分析它的稳定性，以免受其威胁。影响边坡稳定的因素可分为两个方面：内在因素和外在因素。内在因素包括：边坡岩土的类型和性质、岩土体结构（包括岩体初始应力）等。外在因素包括：水文地质条件及水的作用、岩石风化、地震，以及人为因素等。当然，对边坡的稳定性有影响的最根本因素为内在因素，它们决定边坡变形破坏的形式和规模，对边坡的稳定性起着控制作用，对岩石边坡其影响尤为明显。外在因素则只有通过内在因素才能对边坡的稳定性起破坏作用，促进边坡变形的发生和发展。但是外在因素变化很快，有时很强烈，而成为边坡破坏的直接原因。

一、岩土类型及性质的影响

边坡岩土体的性质是决定边坡抗滑力的根本因素，在土质斜坡更是如此。在坡形（坡高和坡度）相同的情况下，强度大的岩土和软弱的岩土组成的边坡，其稳定性是极不相同的。反过来说，坚硬完整的岩石如花岗岩、砂岩及石灰岩等能够形成很陡的高边坡而不失其稳定，但是软弱岩石或土根本就不可能形成那样的高陡斜坡，而只能维持低矮缓和的稳定边坡。例如同为砂岩，由于其物质成分和性质的差异，所能维持的自然稳定坡度是很不相同的，硅质石英砂岩可维持 60°~80° 的坡角，而钙质细粒石英砂岩的自然稳定坡角则只有 40°~60°，泥质粉砂岩则更小，只有 35°~40°。

由沉积岩组成的边坡最大的特点是具有层理。层理面具有控制边坡稳定性的作用，尤其是较软弱的层面，对边坡稳定性的影响更为显著。而且沉积岩层常夹有软弱岩层，例如厚层的坚硬砂岩或灰岩中夹有薄层页岩、泥灰岩等，表现了明显的各向异性力学性质。所以在研究沉积岩构成的边坡稳定性时，一定要注意它的层状结构特点和各向异性力学性质，分析层面的性质及其与其他结构面以及边坡面等的相互组合关系，并结合岩石的水理性质和抗风化能力，分析其对边坡稳定性的影响。

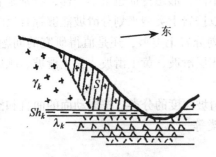

图 8-29 乌溪江滑坡示意剖面图
γ_K—流纹斑岩 Sh_K—凝灰页岩
λ_K—凝灰岩 S—滑坡体

火成岩的边坡稳定性一般较好，新鲜、完整的花岗岩边坡定性很少存在问题，但是原生节理发育如被切割成岩块，也常有崩塌、滑坡发生。当有断层存在时，则边坡稳定性受其控制，火山岩原生节理和构造裂隙十分发育，对边坡的稳定性不利，而且凝灰岩夹层常成为滑坡控制面，例如乌溪江滑坡即是沿凝灰页岩滑动的（图 8-29）。白垩纪流纹斑岩垂直节理发育，岩体受到切割，下面为一层厚约 2m，以 10° 倾角倾向河谷的凝灰质页岩，浸水软化泥化，呈塑性状态，抗剪强度很低，成为滑坡的滑动面，滑坡体岩石破碎，厚 60~70m，为一古滑坡。

在凝灰岩为主的火山岩系中，由于风化和地下水的作用，边坡很不稳定，常有滑坡发生。凝灰质页岩性质更差，往往成为滑坡面，依附于其上的一系列山坡均不稳定，滑坡成群出现。

火成岩的最大问题是风化强烈，风化壳很厚。不同风化带的岩石所能维持的稳定坡度是大不相同的。在设计边坡时必须根据各风化带的性质和厚度，分别采用合适的边坡角。

变质岩的边坡稳定性一般比沉积岩为好，尤其是深变质岩，如片麻岩、石英岩等，其性质与火成岩相近。片岩类的最大特点是片理发育，各向异性显著，沿片理面抗剪强度较小，加上风化及地下水的作用，边坡稳定性就较差。但由于石英矿物成分变化较大，工程地质性质有着极大的差异。石英片岩、角闪片岩等的强度很高，能维持较高的陡坡。而滑石片岩、绢云母片岩、绿泥石片岩等强度很低，但风化后还不易泥化，这类岩石边坡一般还是较为稳定的。千枚岩、泥质板岩则性质软弱，且有泥化可能，因而边坡不稳。软弱片岩、千枚岩及板岩等边坡最易发生表层挠曲或弯折倾倒等蠕滑变形。宝成铁路阳灵岩寺至响岩子段，片岩经风化后在斜坡上广泛出现这类现象。襄渝线沿汉江河谷由绿泥石千枚岩、片岩组成的斜坡，普遍有滑动现象，多属崩坍性滑坡。宝成线沿嘉陵江的青白石地段，绿泥石英片岩因风化破碎，加上断层和地下水活动，在路堑开挖后产生了巨大的崩坍性滑坡，约 20 万 m^3 的岩石滑落，前缘部分拥入嘉陵江，如图 8-30 所示。

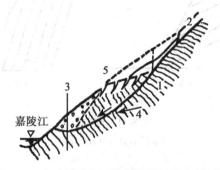

图 8-30　宝成线青白石崩塌性滑坡示意剖面图

1—片岩　2—坡积层　3—路基中线　4—地下水浸入　5—崩塌滑坡体

二、岩体结构及地质构造

（一）结构面及其与边坡方向的关系

对岩质边坡来说，其变形破坏多数是受岩体中软弱面控制的。所以结构面的成因、性质、延展特点、密度以及不同方向结构面的组合关系等的研究是相当重要的。有关这方面的问题，已在有关章节作过讨论，这里不再赘述。

在边坡稳定性研究中，主要软弱面与边坡临空面的关系非常重要，可以分为如下几种基本情况：

1. 一组结构面

（1）平叠坡

主要软弱结构面是水平的。这种边坡一般比较稳定，但厚层软硬相间岩层会形成崩塌破坏（见图 8-18），厚层软弱岩（如黏土岩）会发生像均质土那样的无层滑坡。

（2）反向坡

主要软弱结构面的倾向与边坡倾向相反，即岩层倾向坡内。这种边坡是最稳定的，有时有崩塌发生，而滑坡的可能性很小。

（3）横交坡

主要软弱结构面的走向与边坡走向正交。这类边坡的稳定较好，很少发生滑坡。

（4）斜交坡

主要软弱结构面的走向与边坡走向斜交。这类边坡，当弱面倾向坡外、其交角小于 40° 时稳定性较差。

（5）顺向坡

主要软弱结构面的倾向与边坡临空面倾向一致。根据其倾角与坡角的相对大小，稳定性情况是不相同的。当坡角 β 大于弱面倾角 α 时（图 8-31（a）），边坡稳定性最差，极易发生顺层滑坡。自然界这种滑坡最为常见。当 $\alpha>\beta$ 时（图 8-31（b）），边坡稍稳定。但因还有其他结构面存在，特别是与向坡外缓倾的结构面相组合，也可能产生滑坡。

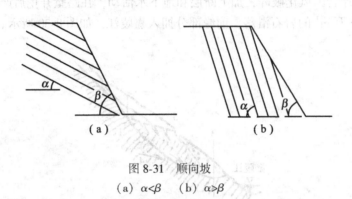

图 8-31 顺向坡

(a) $\alpha<\beta$ (b) $\alpha>\beta$

坡积、残积层与基岩不整合面的产状与边坡基本一致，而且基岩表面常较湿润，有时有地下水，因而不整合面成为软弱结构面，沿此面经常发生顺层滑动。图 8-32 即为花岗闪长岩的风化残积层及坡积物沿不整合面顺层滑动的情况。残积层的滑动部分中仍含有母岩球状风化残块，坡积红黏土中含有碎石角砾。

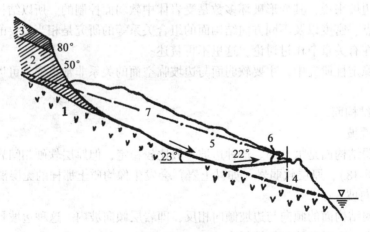

图 8-32 坡积、残积层滑坡示意图

1—花岗闪长岩 2—残积黏性土层 3—坡积红黏土 4—老滑坡体残留部分

5—新滑坡体 6—摧毁的挡墙 7—地下水位线

2. 两组结构面

边坡岩体具有两组结构面时（如断层面和软弱层面），其组合情况对边坡稳定性的影响比较复杂，总的说来，稳定性较差。

（1）结体面走向与边坡走向平行

两组软弱结构面均平行于边坡时，其情况与上述相似。当其均内倾时，斜坡稳定性较好；一组内倾一组外倾时，则外倾者起控制作用；若两者均外倾，且一组倾角较陡一组倾角较缓，这对斜坡的稳定性最为不利。根据前面所述，滑动面常为曲面，上部较陡，下部较缓。两组软弱结构面恰好组合成这样的潜在滑移面，因而易于使斜坡失稳。

（2）结构面走向与斜坡走向斜交

两组软弱结构面均与斜坡斜交时可分为三种情况（图8-33）：

① 两者均内倾：两个软弱面必然相交，它们的交线倾向与边坡的倾向是相反的，如图8-33（a）所示。因而边坡是稳定的，一般不会产生受这两个软弱面控制的滑坡。

② 两者均外倾，且其交线倾角大于坡角，如图8-33（b）所示。边坡较稳定，情况与单个软弱面倾向坡外、倾角大于坡角者相似。

③ 两者均外倾，但交线倾角小于坡角（图8-33（c））。这种边坡的稳定性很差，分离岩体易沿交线方向发生滑动，同时由于这些软弱面的延展性较广，抗滑力较低，所以危害性较大。

三组软弱结构面的边坡岩体在自然界也常见，例如由软弱夹层、不同方向的断层或夹泥裂隙等组成的岩体在构造复杂地区并不罕见。在此情况下，边坡分离岩体除具有抗滑力较低的滑移面之外，还具有易滑的侧切面，因而其边界条件较差，总的抗滑能力很低，这种边坡的稳定性自然比较差。

多组结构面的边坡岩体在节理裂隙十分发育的构造部位并不少见，但全系软弱结构面者则不多。在多组结构面的情况下，岩体支离破碎，结构体形态比较复杂，无一定的几何形状，形成网状结构，这种岩体的边坡稳定性较差，往往形成较大范围的带有塌滑性质的滑坡。

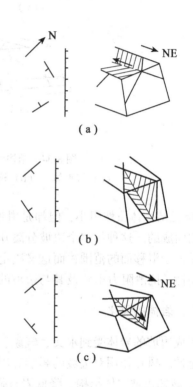

图 8-33　两组结构面与边坡斜交的稳定情况
（a）两者均内倾　（b）两者均外倾，交线倾角大于坡角　（c）同（b），但交线倾角小于坡角

（二）结构体

边坡岩体中各种成因和性质的结构面互相交错，构成了不同形态和大小的结构体。结构体的形态取决于结构面的组合形式。结构面的组合形式很多，由此形成的结构体也很多，可分为以下几种基本形态：

1. 锥形体：由两组互相斜交的结构面构成（图8-34（a））。

2. 楔形体：由三组陡立的结构面相交而构成（图8-34（b））。

3. 棱形体：两组结构面相交，又同时与底部缓倾结构面相交构成（图 8-34（c））。

4. 槽形体，底部缓倾结构面与两组相互近平行陡倾结构面共同组合而成（图 8-34（d））。

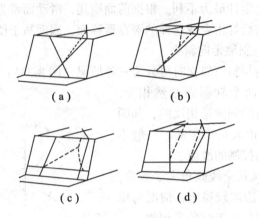

（a）　　　　　　　　（b）

（c）　　　　　　　　（d）

图 8-34　结构面组合（结构体）类型示意图
（a）锥形体　　（b）楔形体　　（c）棱形体　　（d）槽形体

单元结构体虽然很小，但却是滑坡体或崩塌体的缩影，因为它们还是由那几组结构面切割而成的。这种从整个边坡分离开来的滑坡体或崩塌体可称为分离体。分离体的大小主要受控于滑移面的范围，而这又决定于下滑力与滑移面抗滑力的关系。必须根据结构面的软弱性（抗滑阻力小）及其与边坡的空间关系来确定滑移控制面。

三、岩体的风化

组成边坡的岩体受到水文、气象、生物等作用，产生物理和化学风化，从而降低边坡的稳定性。风化作用对边坡的影响有以下几种情况：

1. 破坏边坡岩体结构，降低岩石强度，使岩块松动脱落。

2. 构造裂隙扩大，产生风化裂隙，增大岩体透水性。

3. 岩体孔隙度增加，含水量增多，加速亲水软化，寒冷地区的冻融作用，也加剧岩体的机械破坏能力。

4. 长石、绿泥石、云母等矿物，经风化后产生水铝硅酸盐新矿物，改变岩石原有特性。

不同风化带对边坡稳定的影响如下：

1. 全风化带

边坡稳定取决于风化土的抗剪强度和天然湿度，边坡变形以滑动为主。一般自然边坡坡角多小于 30°，边坡稳定性差。

2. 强风化带

边坡稳定取决于裂隙间充填物的抗剪强度和风化夹层的产状、性质，一般边坡稳定性较差。

3. 弱风化带

边坡稳定性一般较好。在结构面存在的情况下，边坡稳定性取决于结构面的性质、产状和组合关系。

4. 微风化带

边坡稳定性良好。如有结构面分布时，仍须研究结构面的性质、产状和组合关系。

四、水的作用

地表水和地下水对边坡有冲刷、溶解、软化、潜蚀等多种作用，因此水的作用是影响边坡稳定的一个重要因素。水对边坡稳定的影响，一般有以下几种情况：

1. 地表水冲刷岸坡，使边坡岩体失去支撑，导致边坡失稳。一般水库蓄水初期，库岸坍滑极为普遍，都是地表水冲刷岸坡的结果。

2. 地表水渗入岩体，地下水位升高，使岩体重量增加或因库水顶托。水下岩体失重，导致边坡失稳。

3. 岩石浸水软化，降低岩石的抗剪强度，使阻滑力降低，形成边坡失稳。如泥岩或页岩饱水时，抗剪强度比天然状态下的抗剪强度减少 30%~40%。红土的抗剪强度会减低60%以上。

4. 地下水位升高后，增大静水压力，地下水坡降加大，水库水位骤降，地下水来不及排泄，形成动水压力，导致岸坡失稳。

5. 易溶矿物或软弱夹层，由于地下水的溶滤作用，造成化学管涌或机械潜蚀。如粉细砂层、石膏、硬石膏等。在地下水循环作用下，逐渐溶解或潜蚀，造成空穴，使上覆岩体失稳、变形。有时因水的长期化学作用，而引起边坡岩土物理力学性质的变化。

五、地震

地震是边坡失稳的触发因素，强烈地震使岩体结构发生破坏。强震中心，常常造成大量山体塌方。弱震或强震波及区，由于震动冲击使原处于极限状态的边坡，增加外荷载，而触发边坡失稳。在含水粉细砂、粉质壤土地区，因震动而产生液化现象。在已建水库，由于地震作用，使水库震荡冲击造成坝坡或库岸的变形。

一般认为，距震中愈近，地震震级愈大，高陡边坡的破坏程度也愈大。例如 1973 年2月四川炉霍地震时，沿鲜水河河谷两岸发生了 13 处边坡坍滑，其中 70% 都发生在 45°以下的斜坡段。1974 年 5 月云南大关-永善地震时，其中 28 个滑坡中，有 22 个是发生在坡度 45°以下的山坡上。1976 年 7 月唐山地震时，距震中 150 公里左右的 6 度地区，也曾发生边坡坍滑。

地震引起的边坡变形类型有坠落、坍塌、滑坡和裂纹等，其中以滑坡和裂纹最多。

岩石愈坚硬，地震对边坡的破坏性愈小；反之，岩石愈疏松，地震对边坡的破坏愈大。

六、地应力

地应力对边坡稳定的影响，实例较少，仅在少数工程地区发生过，且还有争论，目前已逐渐引起工程地质工作者的注意。地应力分布与近代区域构造活动有关，挤压构造带附近，坚硬岩体内一般情况下应力易于集中，产生岩爆、卸荷、回弹、碎裂、鼓突，在软弱岩体中一般以蠕变方式释放，产生弯曲倾倒现象。地应力对边坡稳定可造成不利的影响。

七、地形地貌

地形地貌对边坡稳定的影响是比较直观的，也是不容忽视的因素，主要有下列几方面：

1. 临空面

临空面是边坡失稳的基本条件，岩体临空面数量愈多，边坡稳定性愈差。由于河流、支沟切割，其边坡走向、高度、坡度对稳定影响显著。

2. 地貌单元

边坡所处的地貌单元部位与边坡稳定有一定关系。例如陡坡、陡崖、阶地前缘、河流凹岸等地带的边坡稳定性较差。

3. 边坡形态

横向边坡形态一般有凸型、直线型、凹型、阶梯型。顺河方向有平直、弯曲、折线型等。边坡表面有平整的、起伏的。不同的边坡形态，其稳定性也不一样。

八、人类活动

人类活动对边坡稳定的影响包括：

1. 开挖爆破影响。施工中爆破震动造成岩体破坏、松动及裂隙的扩大，其影响程度随炸药量的多少、爆炸距离的远近而异。

例如，福建某工程左岸隧洞出口明渠深挖方施工时，采用大爆破施工，一次装药量为 4.5t，爆破后，使边坡发生坍滑，方量约 4 000m³。河北省王块水库溢洪道开挖，采用洞室大爆破，装药量为 500~1 400kg，在爆破后半小时左右，先后发生多处崩坍和滑坡。

2. 人工水补给。由于大量施工用水，水库、引水渠道渗水等补给地下水，使地下水位壅高，泥化软弱岩层引起边坡变形。

3. 人工削坡角设计不合理，使边坡坡脚被掏，或超过结构面天然坡角，以及在边坡上增加附加荷重，以致边坡失稳。

第四节　边坡稳定性的工程地质评价

评价边坡稳定性的目的是合理设计人工边坡，使之既能稳定安全，又不致浪费开挖工程量，而且工程活动对天然边坡的稳定性影响也应予以评价。

边坡稳定性的工程地质评价常用的方法有工程地质类比法、图解法、图表法、力学计算法、模拟实验等。近年来，有限元方法在边坡的稳定分析评价中得到了广泛应用。此外，模糊信息优化理论、人工神经网络理论等在边坡的稳定分析评价中，也开始逐渐得到应用。

严格地讲，上述方法都还不是很成熟，远未达到炉火纯青的程度。各种方法有其各自的独到之处，但也各有缺点。因此在实际应用中应将几种方法结合使用，互相补充。自然界的条件相当复杂，且影响边坡稳定的因素又多，力学计算所考虑的参数非常有限。所以，这种表面看起来很严格的定量评价方法，往往受简化条件的限制，其准确性必须加以认真的检验。应该在深入研究地区工程地质条件及边坡形成的自然历史的基础上，选择应用。

这里主要简单介绍图解法中赤平极射投影法，工程地质类比法、模拟实验和基于极限平衡理论的力学计算法，主要以岩质边坡为讨论对象。

一、工程地质类比法

工程地质类比法，又称工程地质比拟法，属于定性分析，其内容有历史分析法、因素类比法、类型比较法和边坡评分法等。其优点是综合考虑各种影响边坡稳定的因素，迅速地对边坡稳定性及其发展趋势作出估计和预测。缺点是类比条件因地而异，经验性强，没有数量界限。在地质条件复杂地区，勘测工作的初期缺乏资料时，都常使用工程地质类比法，对边坡稳定性进行分区并作出相应的定性评价。

1. 边坡稳定的历史分析法

历史分析法是利用地质、地貌、调查或访问的方法，对边坡发育历史进行全面的调查分析，从边坡的演变历史推测未来的发展趋势，并与工程地区的情况相比较，得到有关边坡稳定性的评价资料。历史分析法的内容有：

（1）边坡的地质情况及其演变历史；

（2）边坡的地貌情况及其发育历史；

（3）岸边的稳定性历史，主要是实地调查和访问；

（4）岸边的物理地质现象；

（5）工程改造边坡的形式及参数。

2. 因素类比法

因素类比法是在大量调查研究的基础上，对边坡的地质条件进行充分分析，根据分析结果与其他类似稳定边坡进行对比，并推测未来发展趋势。对比的对象可以是本区的稳定边坡，也可以是外地的稳定边坡。因素类比方法的内容大致有：

（1）边坡稳定的历史情况，了解历史上，尤其是近百年来边坡破坏的地点、现象、原因、规模及影响等。

（2）边坡地貌类型、发育阶段、地形相对高度、坡度、临空面、冲沟发育情况。

（3）边坡岩石名称、时代、风化情况及其物理力学性质。

（4）各种结构面（层面、片理面、断裂面、接触面、不整合面）的性质产状、分布及组合情况。

（5）物理地质现象。

（6）地表水和地下水的水位、露头及冲刷、潜蚀情况。注意间歇性泉水出露的位置。

（7）当地的地震情况及基本烈度。

（8）人为影响边坡稳定的因素等。

上述各种因素不一定每一个边坡都具备，但在调查时，应尽量搜集有关边坡稳定分析的资料，以供对比分析用。

3. 类型比较法

该法是对调查地区按自然边坡的变形类型及稳定性分类（如稳定边坡、不稳定边坡、暂时稳定边坡、危险边坡等）对建筑物地区的边坡稳定性进行工程地质评价。首先对调查地区已经发生过坍滑的边坡进行调查研究，分析发生坍滑的因素和条件，并进行分类，据此对比建筑物涉及的边坡主要因素和条件，如：（1）高陡边坡的地貌结构；（2）边坡的岩石组成；（3）岩层产状及岩体中断裂结构面的分布和组合情况；（4）地面水和地下水的分布及影响。

4. 边坡评分法

边坡评分法是一种利用统计资料推测边坡危险程度的一种方法，首先在日本国营铁路方面试用。边坡评分法的基本观点是：对影响边坡稳定的各种条件进行评分，再根据总分数和允许日降雨量必须的标准分数作比较分析。据此得出是否需要设置防护设施。

日本铁路方面，根据全国 970 个边坡调查资料所作的研究情况如下：

为了使边坡在设计降雨强度下处于稳定状态，必须满足：

$$K > P$$

当 $K = P$ 时，为临界边坡；$K < P$ 时，为不稳定边坡。

式中：K——边坡评分数（$K = C + N + F + Y$）；

C——基本分数；

N——原因分数，根据多种原因评定的分数之和；

F——防护分数，根据边坡面上防护设施类型确定的分数；

Y——判断分数，根据当地实际情况，考虑到除上述影响因素之外的其他影响因素，由防护工程管理负责人评定的修正分数；

P——铁路线设计年限的概率日降雨量所必要的标准分数（表 8-1）。

表 8-1 路堑边坡评分表

条 件		分 数			
基本分数（C）		+10			
地 区 分 数		北海道、东北等 0	关东、关西、中部等 +40	四国、九州 +60	
原因分数（N）	地质	第三纪地层、火山岩、变质岩 −40	洪积层、深成岩 0	火山岩、中生、古生代地层 +40	
	土质	软岩 −20	砂质土 −10	黏性土 0	
	坡高	5m 以下 +20	5~10m 0	10~20m −20	20m 以上 −40
	坡度	陡于标准坡度 −5	标准坡度（1∶1） 0	缓于标准坡度 +5	
	涌水	干燥 0		湿润 −5	
	坡肩附近的环境	自然斜坡 0		易集水的地形 −5	

续表

条　　件	分　　　　　数
防护分数（F）	1. 喷浆、干砌护坡　+5 2. 边坡排水工程措施、植被防护　+10 3. 混凝土护坡、格状框条护坡　+20 4. 格状框条混凝土护坡　+70 5. 护墙　+100
判断分数（Y）	维修负责人可根据现场的实际情况，以及过去的实际情况，鉴定在±10 的范围内予以增减

根据 970 个不稳定边坡的调查资料分析，得出路堑边坡评分表修正草案（表 8-2）。

表 8-2　　　　　　　　　　　　　　　　　降雨量评分表

容许日降雨量（mm）	450	400	350	300	250	200	150	100	50
评分数（P）	100	90	80	70	60	50	40	30	20

5. 应用工程地质类比法应注意的问题

工程地质类比法是常用的地质分析方法，这些方法具有经验性和地区性的特点，它是以已有的天然斜坡或已有工程的稳定边坡为基础的。定性判断常常与地质工作者的实践经验密切相关，在下列情况下，应该注意边坡稳定问题的调查研究。

（1）边坡表面不平整，有较多的大小台阶，树木歪斜，坡脚有泉水出露，中部有凹地或水坑。

（2）山坡有泉水露头，有时呈线状分布，成为高处地下水排泄带。星点状不规则地下水露头，可能是山坡位移，将地下水通道切断所致。

（3）覆盖层与基岩接触面倾向坡外，若前端被切断，则上部覆盖层的稳定性较差。

（4）火成岩侵入岩体的边缘地带，易产生坍滑。

（5）河流的凹岸，因水流冲刷，易发生塌方、滑坡。

（6）凝灰岩、玄武岩、片岩、页岩、泥岩的风化层，在饱水的情况下易产生滑坡。

稳定边坡的特征：

（1）山坡呈自然状态，滑坡地貌不明显，原滑坡平台宽大且已夷平，土体密实，没有不均匀沉陷现象。

（2）滑坡后壁齐整，长满树木，找不到擦痕或其他活动迹象，壁面稳定。

（3）目前河道已远离滑坡体，有时滑坡体已被侵蚀成漫滩阶地。

（4）滑坡两侧的自然沟谷切割很深，有的达基岩。

稳定性差，可能再活动的滑坡有下列特征：

（1）滑坡地貌明显，边坡较陡且长，一般坡角大于 30°。

（2）滑坡平台面积较小，且向下缓倾，坡面凹凸不平。

（3）滑坡区内地表有湿地、水泉、新冲沟发育。

（4）树木歪斜，"醉汉林"或"马刀树"普遍分布。

（5）滑坡前端土体松散，甚至有小规模坍塌现象。

在自然边坡中存在有软弱结构面时，应注意调查软弱结构面的产状、性质及其对边坡稳定的影响，例如：

（1）坡面走向与软弱岩层走向的夹角愈大愈稳定。

（2）坡面倾向与软弱面倾向相反，如平行或同倾向，对边坡稳定不利。

（3）坡面倾角（α）与软弱岩层倾角（β）及其内摩擦角（ϕ）三者的比较，可以定性判断斜坡的稳定性。

（4）单一软弱结构面的情况：

当 $\phi>\beta$ 时，一般是稳定的。

当 $\alpha>\beta$ 时，一般是稳定的。

当 $\alpha>\beta,\phi>\beta$ 时，在震动情况下可能造成边坡破坏。

在 $\alpha>\beta>\phi$ 的情况下，边坡呈不稳定状态。

如有多组结构面时则需另行分析。

二、模拟试验

为了探讨边坡变形的破坏机理、破坏规模和影响，验证计算成果，对大型的不稳定边坡或失稳边坡需要进行模拟试验。

1. 自重力模拟试验

自重力模拟试验有时称自重应力场边坡结构模拟试验，常用于自重力作用下坚硬岩石边坡的变形特性和破坏机理的研究。有人曾对具规则节理的岩体陡边坡进行模拟试验，得出层面倾角 α 和层面摩擦角 ϕ 与边坡稳定的关系如下：

当 $0<\alpha<\phi$ 时，岩体保持稳定，能测得的岩块位移很小。

当 $0<\alpha<90°$ 时，边坡一旦挖出后，层面以上的岩体立即滑落。

当 $\alpha=90°$ 时，岩层直立，垂直层面的节理系统的微小不同就会影响岩层的倾倒趋势。

当 $90°<\alpha<90°+\phi$ 时，层面向山体内倾斜，边坡变形最为复杂。

当 $90°+\phi<\alpha<180°$ 时，节理系统垂直层面，其倾角大于摩擦角，这类组合形式存在潜在的滑动面。如果这个方向上的阻力不够大时，就会出现整体滑动。

2. 底面摩擦模拟试验

该种试验是利用相对材料底面与承托板之间的摩擦力。若摩擦系数不变，则模拟材料愈重，摩擦力愈大。用不同容重或不同摩擦系数的模拟材料，也可得到不同大小的模型自重力，这种试验可以模拟边坡破坏变形机制和变形的动力特性。

3. 光弹试碰

光弹试验是研究边坡岩体在一定的工程荷载作用下，岩体内应力的变化的试验。

试验利用光弹应变计测定边坡模型上各部位的应力情况，一般采用石膏模型来模拟岩体主要断裂层理。

边坡模拟试验，都在试验室中进行。对地质工作来说，主要是提供正确的地质资料，作为试验依据，例如，地质图、剖面图和有关边坡稳定的地质数据等。并参与试验资料的分析讨论,作出边坡稳定性的评价,提出相应的防护处理的意见。

三、赤平极射投影法

(一)基本原理

赤平极射投影是表示物体几何要素(点、线、面)的角距关系的平面投影。赤平极射投影的作图包括两个步骤:

1. 作球面投影就是利用一个球体作为投影工具(称投影球),将物体的几何要素从投影球中心投影到球面上去,得到球面投影。

2. 化球面投影为赤平投影。就是由球极向球面投影发出射线(叫极射),它们与投影球的赤道平面(亦称赤平面)的交点就是赤平极射投影。

如图 8-35 所示,外圆为投影球,经过球心的平面与上半球球面的交线为圆弧 NAS,它就是该平面的球面投影,该面法线与球面的交点 Q 为法线的球面投影。自投影球下半球球极 D,向上半球球面投影 NAS 发出射线,这些射线与赤道平面 $ESWN$ 的交点构成圆弧 NBS。这圆弧就是 NAS 面的赤平极射投影。同样,由下半球球极向法线的球面投影 Q 发出的射线与赤平面的交点 P,即为该面法线的赤平极射投影(亦称 NAS 面的极点投影)。这里采用上半球作球面投影,下半球球极发出射线,是常用的方法。但是,也有相反的做法,取下半球投影,由上半球球极发出射线,不过所得的赤平极射投影处于相反的对称位置,必须注意区别。

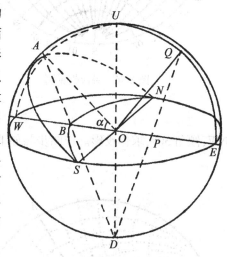

图 8-35　赤平极射投影立体示意图

由上所述,我们可了解到赤平极射投影有如下特征:

(1)空间中的一个平面,其赤平极射投影为一圆弧(图 8-35 中 NBS),这条圆弧的弦 NS,表示该平面的走向,弧凹方向,即 BO 方向,为该面的倾向,线段 BO 的长短表示该面的倾角的大小,显然,BO 越长,倾角越小(图 8-35)。

(2)空间中直线的赤平极射投影(图 8-35 中 AO)为一线段(图 8-35 中 BO),BO 所指方向为 AO 的倾向。同上所述,BO 的长短代表了该线的倾角。当 $\alpha = 90°$ 时,$BO = 0$,AO 的赤平极射投影为一个点(O);$\alpha = 0$ 时,$BO = WO$,此表明赤平面的半径可以表示空间线段的倾角。

(二)赤平极射投影的基本作图方法及读图

应用赤平极射投影表示空间上点、线、面的几何要素,包括根据已给出的赤平投影图,测读它们的产状,以及根据它们的空间方位和产状作出它们的赤平极射投影两个方面。

实际工作中,按赤平极射投影原理预先做好网格,使作图工作大为简化。图 8-36 是俄国人吴尔夫创立的“吴氏网”。该网的外圆表示投影球的赤平面,网格由经线和纬线构成。经线是南北走向、倾向东或西的一组不同倾角平面的投影;纬线是东西走向的铅直平面的投影。

1. 基本作图法

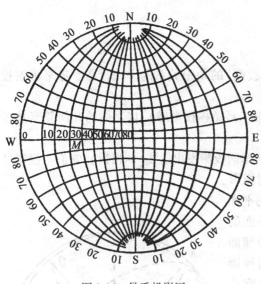

图 8-36　吴氏投影网

（1）已知直线产状，求作投影

已知一直线产状为倾向 N30° E，倾角 30°，求作投影。作图步骤如下：

① 将透明纸复于网格上，在透明纸上作一基圆，其直径等于吴氏网直径，O 为圆心，在基圆上标出 E、W、S、N 方位和方位角分度，这张带有基圆和方位的透明纸我们称为投影图，吴氏网称为投影网，如图 8-37 所示。

② 在基圆上根据已知直线的倾向（N30° E）标出倾向点 A，转动投影图，使 AO 与投影网的东西线（注意区别投影图与投影图的 EW）重合，延长 AO，找到与已知直线的倾角（30°）一致的经线，将它与投影网的 EW 线的交点绘于投影图上，为 P 点。

③ 连接 PO，即为已知直线的投影。

（2）已知面的产状，求作投影

已知一平面的产状为走向 N40° E，倾向 NW，倾角 30°，求作投影。作图步骤如下（图 8-38）：

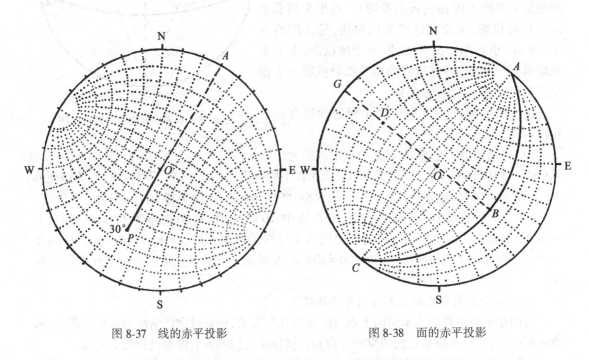

图 8-37　线的赤平投影　　　　　图 8-38　面的赤平投影

① 如基本作图法(1)，在透明纸上做好投影图基圆，标出已知平面的走向方位点 A（N40° E）和倾向方位点 G（N310° W），如图 8-38。

② 转动透明纸使标出的走向点 A 与投影网格上南北线的北端重合，倾向点 G 与网格上

东（或西）重合。然后，在与倾向点相对的半部找出与已知面倾角一致的经线（倾角30°），描在透明图上，该弧（ABC）便是已知面的投影。

（3）已知两结构面，求作它们的交线

已知两结构面的产状分别为N20°E，倾向NW，倾角60°；N320°W，倾向NE，倾角40°，求作它们的交线。作图步骤如下：

① 首先按作图法（2），作出两已知结构面的投影，如图8-39，为ABC及DBF弧。此两弧线的交点为B（图8-39）。

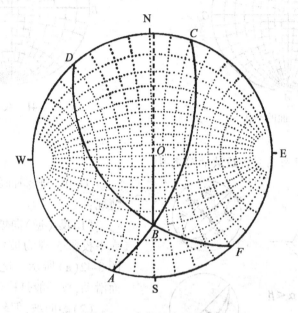

图8-39　交线的赤平投影

② 连接BO，即为两已知结构面的交线，其产状可由读图法（2）读出。

2. 应用投影网读图

对已经给出的投影图进行读图时，如果有透明的投影网即可将网格覆于图上进行判读。如果投影网不透明，则要将描在透明纸上的投影图覆于投影网上判读。总之，两者之一为透明的即可。

（1）面的产状

投影图上绘就圆弧ABC，为面的投影，求其产状（图8-40）。为此，将透明的投影图复于网格上，使圆心重合。转动投影图，直至AC与网格上的NS（即网格的南北经线）重合。自圆弧的外侧点D向圆心方向读DB段所代表的角度，为该面的倾角。OG方向（或是BO方向）为倾向，BO为倾向线，AC为走向。图8-40所示结构面的产状为走向N40°E，倾向SE，倾角40°。

（2）线的产状

投影图上绘成AO，表示线段投影，求其产状（图8-41）。将透明的投影图覆于投影网上，转动之，使AO与网格的东西线（注意区别网格EW与投影图EW）重合。延OA至投影网外圆得B点，读BA段所代表的角度，便是该线段的倾角。同时，AO所指的方向就是它的倾向。图 8-41 所示的 *AO* 线段产状为倾向 S150°E,倾角 30°。线段可以代表结构面法线、倾向线、结构面上擦痕、结构面交线、作用力方向等,所以正确读出线段产状也很重要。

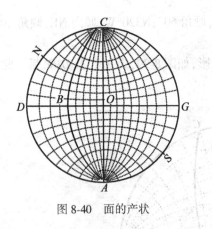

图 8-40　面的产状

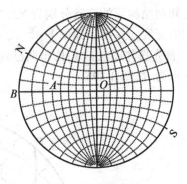

图 8-41　线的产状

(三)利用赤平投影图分析边坡的稳定性

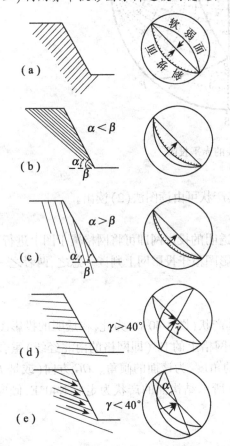

图 8-42　单一软弱面边坡的赤平投影及稳定情况

1. 单一软弱面斜坡:可分以下几种情况:

(1)反(逆)向坡,软弱面倾向坡内,赤平投影表现为坡面与软弱面相对,如图 8-42(a)所示。这种斜坡不易沿软弱面滑动,故一般是稳定的。

(2)顺向坡,但软弱面倾角 α 小于坡角 β,赤平投影为结构面和坡面在同一侧,但坡面投影弧在软弱面投影弧的内侧(图 8-42(b))。软弱面临空,边坡分离岩体易沿之滑动,故不稳定。

(3)顺向坡,但 α 大于 β,赤平投影表现为坡面弧位于软弱面弧外侧(图 8-42(c))。在这种情况下,滑动可能性较小。边坡比较稳定,但若有其他缓倾结构面配合时,还是常常会发生破坏。

(4)斜交坡,其赤平投影图如图 8-42 中的(d),(坡面与软弱面交角 $\gamma > 40°$)和(e)图($\gamma < 40°$),这种边坡是比较稳定的,且 γ 角愈大,其稳定性愈高。

2. 两组软弱面边坡

(1)滑动方向的分析

层状结构边坡或其他的单滑动面边坡,它们在纯自重作用的情况下,沿滑动面的倾向方向的滑移势能最大,即自重力在滑动面的倾向方向上的滑动分力最大。因此,对于单滑面边坡,滑动面的倾向方向就是它的滑移方向。

边坡受两个相交的结构面切割时,构成的可能滑移体多数是楔形体,它们在自重力作用下的滑移方向,一般由两个结构面的组合交线的倾斜方向控制,但也有例外。下面是根据结构面赤平极射投影判断这类边坡的滑移方向的一般方法。

在赤平极射投影图上,作出边坡面和两个结构面 J_1、J_2 的投影,绘出两结构面的倾向线 AO 和 BO 以及两结构面的组合交线 IO(图 8-43),则边坡的滑动方向有下列几种情况:

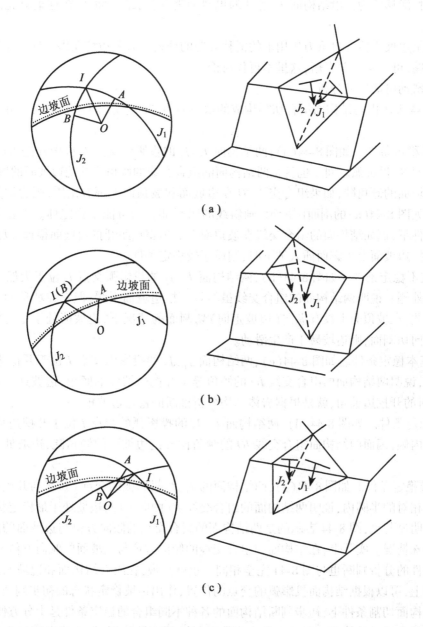

图 8-43 滑动方向的分析

① 当两结构面的组合交线 IO 位于它们的倾向线 AO 和 BO 之间时,IO 的倾斜方向,即为滑移体的滑动方向。这时,两结构面都是滑动面,如图(8-43(a))。

② 当两结构面的组合交线 I 与某一结构面的倾向线重合时(如图 8-43(b),IO 与 J_2 结构面的倾向线 BO 重合),IO 的倾斜方向也代表滑移体的滑动方向,但这时结构面 J_2 为主要滑动面,而结构面 J_1 为次要滑动面。

③ 两结构面的组合交线 IO 位于它们的倾向线 AO 和 BO 的一边时,则位于三者中间的那条倾向线的倾斜方向为滑移体的滑动方向,如图 8-43(c),结构面 J_1 的倾向线 AO 为滑动方向,这时,滑移体为只沿结构面 J_1 滑动的单滑面滑移体,结构面 J_2 在这里只起侧向切割面的作用。

以上是边坡岩体在自重力作用下的滑移方向的分析。有关边坡在多种外力作用下的滑移方向问题,可参考有关书籍,这里不再作讨论。

(2)滑动可能性的分析

图 8-44 表示由两结构面组合切割构成的双滑面边坡的稳定条件的分析,可分为五种情况。

① 不稳定条件。如图 8-44(a),两结构面 J_1、J_2 的投影弧交点 I,位于开挖边坡面 S_c 与天然边坡面 S_n 投影弧之间。也就是两结构面的组合交线的倾角比开挖边坡面的倾角缓,而比天然边坡面的倾角陡,如果组合交线 IO 在边坡面和坡顶面上都有出露,则边坡处于不稳定状态。如图 8-44(a)的剖面图所示,画斜线的阴影部分为可能不稳定体。但在某些结构面组合条件下,例如结构面的组合交线在坡顶面上的出露点距开挖边坡面很远,以致组合交线未在开控边坡面上出露而插入坡下时,则属于较稳定条件。

② 较不稳定条件。如图 8-44(b),两结构面 J_1、J_2 的投影弧交点 I,位于天然边坡面 S_n 的投影弧外侧。说明两结构面的组合交线虽然较开挖边坡面平缓,但它在坡顶面上没有出露点。因此,在坡顶面上没有纵向(边坡走向)切割面的情况下,边坡能处于稳定状态。如果存在纵向切割面,则边坡易于产生滑动。

③ 基本稳定条件。如图 8-44(c),两结构面 J_1、J_2 的投影弧交点 I 位于开挖边坡 S_c 的投影弧上,说明两结构面的组合交线 IO 的倾角等于开挖边坡面的倾角,边坡处于基本稳定状态,这时的开挖边坡角,就是根据岩体结构分析推断的稳定边坡角。

④ 稳定条件。如图 8-44(d),两结构面 J_1、J_2 的投影弧的交点 I 位于开挖边坡面 S_c 的投影弧的内侧,因而两结构面组合交线 IO 的倾角比开挖边坡面的倾角陡,边坡处于更稳定状态。

⑤ 最稳定条件。如图 8-44(e),两结构面的 J_1、J_2 投影弧的交点 I 位于与开挖边坡面 S_c 的投影弧相对的半圆内,说明两结构面的组合交线 IO 倾向坡内,边坡处于最稳定状态。

为了明显起见,图 8-44 表示的是两结构面的组合交线的倾向方位与边坡面的倾向方位一致的特殊情况。实际上,在结构面的组合交线的倾向方位与边坡面的倾向方位不同时,边坡稳定条件的分析判断也与图 8-44 完全相同。也就是说,在绘有结构面和边坡面的赤平极射投影图上,可以根据结构面投影弧的交点的位置,作出边坡稳定状态的初步判断。这对于在多组结构面切割条件下,初步判断结构面的各种不同组合的稳定条件是十分方便的。

上面讨论了受结构面切割的边坡中岩体稳定性的定性分析,但要确定边坡失稳还要根据软弱结构面的强度进行稳定性计算。因此,不稳定岩体的形状和大小就显得十分重要,由

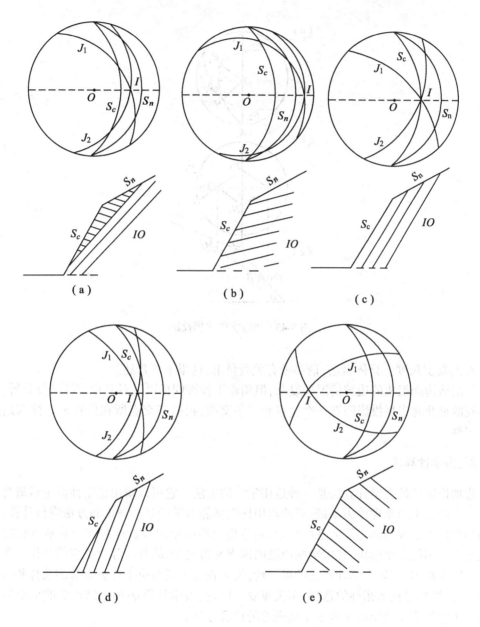

图 8-44 双滑面边坡的稳定条件分析

两组以上软弱结构面构成的边坡,可用实体比例投影表示(图 8-45)。

　　该方法是根据已知的边坡方位和两个软弱面的产状,求不稳定岩体(分离体)的形状和大小。其做法是先作出边坡坡面和软弱面的赤平投影(图 8-45(a)),再根据实测的两软弱面在坡肩上出露的距离及相对位置,采用适当的比例尺,作出不稳定岩体的平面投影图(图 8-45(b)),此时就可由平面投影图作出边坡的剖面图(图 8-45(c))。图 8-45(c)中的 O_2DM_2 即为不稳定岩体(分离体),其形状、大小一目了然,而且还可求出分离体的体积、

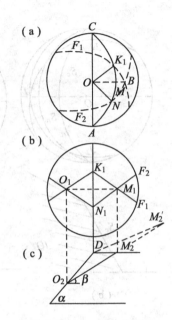

图 8-45　边坡实体比例投影

M_2O_2D 的真实长度。具体做法,请参考有关教科书,这里不再赘述。

三组结构面组成的边坡情况较复杂,但用赤平投影同样可以对其稳定性进行分析,与上述不同的是此时赤平投影图有三个交点和三条交线,根据其交点所在位置来定性判别边坡的稳定性。

四、力学计算法

边坡稳定性的力学计算法是一种运用很广的方法。它可以得出稳定性的定量概念。这种方法多以岩土力学理论为基础,有的运用松散体静力学的基本理论和方法进行计算;有的采用弹塑性理论或刚体力学的某些概念,去分析边坡的稳定性。这些方面的基本假定目前从理论上还不能完全解决,且因影响边坡的因素又很复杂,故其实际上更多的是作一些近似估算。需要指出的是,力学计算法的可靠性,很大程度上还取决于计算参数的选择和边界条件的确定,特别是抗剪指标的选择,至关重要。因此,力学计算法必须以正确的地质分析为基础。下面仅简单介绍基于极限平衡理论的计算方法。

(一)单一结构面的边坡

1. 仅为重力作用下的边坡

应用平面课题的研究方法,设边坡上的不稳定滑动岩体由单一的结构面构成(图 8-46)。岩体在自重作用下的稳定性,取决于岩体重力所产生的下滑力(S)与滑动面的抗滑力(F)之比值,即

$$S \leqslant F$$

其稳定系数 K 为

$$K = \frac{F}{S} = \frac{W\cos\alpha\tan\phi + cL}{W\sin\alpha} \tag{8-1}$$

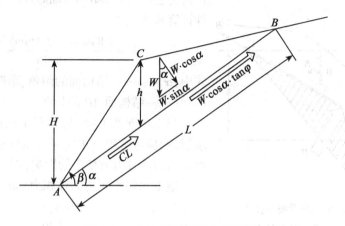

图 8-46 边坡稳定计算示意剖面图

式中：$W = \dfrac{\gamma}{\alpha} hL\cos\alpha$

代入(8-1)并化简得

$$K = \frac{\tan\phi}{\tan\alpha} + \frac{4c}{\gamma h \sin 2\alpha} \tag{8-2}$$

式中：W——滑体重量；

h——滑面以上滑体高度；

α——滑面倾角；

L——滑面长度；

γ——岩体重度；

ϕ——滑面摩擦角；

c——滑动面凝聚力。

根据该式，便可计算这种边坡的稳定性。

2. 考虑其他自然因素作用下的边坡

影响边坡稳定的自然因素很多，这里着重介绍计算中考虑地下水静水压力、动水压力和地震力时的估算方法。

在河谷或水库水位上涨的情况下，若结构面 AB 上侧为局部隔水层，边坡稳定计算中应考虑地下水静水压力(P)(图 8-47)。

作用在 AB 面上的静水压力，取决于边坡中水位变动差(h)，按滑体单宽计，则

$$P = \frac{1}{2}\overline{AC}\gamma_\omega h$$

式中：P——静水总压力；

AC——结构面 AB 的水位变幅度范围内的长度(m)；

γ_ω——水的重度。

设 AB 面上覆岩体重为 W，则下滑力为

$$\sum S = W\sin\alpha$$

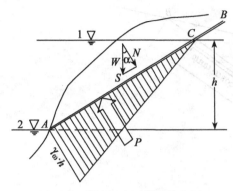

图 8-47　静水压力对滑坡体作用

1—蓄水时水位　2—退水时水位

抗滑力 $\sum F=(W\cos\alpha-P)\tan\phi+cL$。此时,斜坡稳定性计算式为

$$K = \frac{(W\cos\alpha - P)\tan\phi + cL}{W\sin\alpha} \tag{8-3}$$

式中:α、ϕ、c——结构面的倾角、摩擦角和凝聚力;

　　　L——结构面 AB 的长度。

当水位骤然下降时,如果结构面 AB 上侧为透水层,则应考虑地下水向河谷水库渗流过程中的动水压力(D)对边坡稳定的影响(图 8-48)。

地下水动水压力为体积力,即

$$D=\gamma_w VI$$

式中:V——渗流部分的体积;

　　　I——平均水力坡度。

将滑体剖面分为 F_1 和 F_2 两部分,分别代表地下水位以上和以下岩体在剖面上的面积,当取滑体单宽计算时,它便相当 V_1 和 V_2 两部分岩体的体积。γ_1 和 γ_2 分别表示两部分岩体的重度和浮(水下)重度。则滑体重量 $W=F_1\gamma_1+F_2\gamma_2$。如果将动水压力的作用方向近似地按平行于结构面 AB 考虑,则边坡稳定计算式为

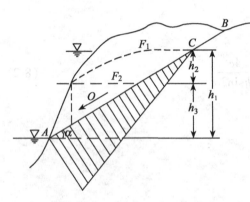

图 8-48　动水压力对滑体的作用

$$K = \frac{(F_1\gamma_1 + F_2\gamma_2)\cos\alpha\tan\phi + cL}{(F_1\gamma_1 + F_2\gamma_2)\sin\alpha + D} \tag{8-4}$$

地震区边坡稳定还应考虑地震波所传递的地震力(P_d)。当该力平行坡面倾向且为水平力时(图 8-49),则

$$P_d=KW$$

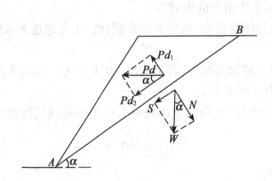

图 8-49　地震力对滑体的作用

式中:K 为地震系数,由设计地震烈度确定。边坡稳定计算式为:

$$K = \frac{(W\cos\alpha - P_d\sin\alpha)\tan\phi + cL}{W\sin\alpha + P_d\cos\alpha} \tag{8-5}$$

式中可见,地震力使下滑力增大,抗滑力减小,不利于边坡稳定。应该指出,岩体中结构面和岩体含水性等,对地震波传播速度和地震力的强度也有一定的影响。

(二)两组结构面构成滑体的边坡

两组结构面 AD 和 DC 的倾角分别为 α 和 β,构成双滑面滑体(图 8-50),重力作用下的稳定性,可做如下验算。

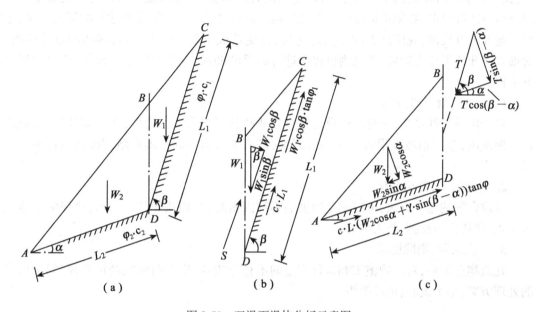

图 8-50 双滑面滑体分析示意图

过结构面交点 D 作铅直线 DB,将滑体 $\triangle ADC$ 分成两部分:

$$\triangle ADC = \triangle ABD + \triangle DBC$$

设 $\triangle ABD$ 和 $\triangle DBC$ 的岩体重分别为 W_1 和 W_2。滑动过程中,$\triangle DBC$ 沿 CB 面滑动,并以推力 T 沿 CB 方向作用在其下方的三角体 $\triangle ABD$ 上。

抗阻 $\triangle DBC$ 下滑的力有 c_1L_1 和 $W_1\cos\beta\tan\phi_1$(图 8-50(b)),促使 $\triangle DBC$ 下滑的力为 $W_1\sin\beta$。当 CD 面上下滑力大于抗滑力时,则推力

$$T = W_1(\sin\beta - \cos\beta\tan\phi_1) - c_1L$$

根据图 8-50(c),可得出促使 $\triangle ABD$ 的下滑力为

$$W_2\sin\alpha + T\cos(\beta - \alpha)$$

$\triangle ABD$ 的抗滑力为

$$[W_2\cos\alpha + T\sin(\beta - \alpha)]\tan\phi + c_2L_2$$

边坡稳定计算式为

$$K = \frac{[W_1\cos\alpha + T\sin(\beta - \alpha)]\tan\phi + c_2L_2}{W_2\sin\alpha + T\cos(\beta - \alpha)} \tag{8-6}$$

257

式中符号见图 8-50。

第五节　边坡变形破坏的防治

一、防治原则

边坡失稳的发生与发展,多属综合因素作用的结果。在复杂的多种因素中,应经过分析,找出影响边坡稳定的主要因素,采取适当的处理措施,以确保施工与运行中的安全。在勘测与设计过程中,必须贯穿以防为主的原则。对坝址、引水线路、泄水建筑物等的选定,尽可能避开难以处理、规模巨大的不稳定边坡,以免造成工程在施工、运行期间的被动局面。对难以避开的不稳定边坡,除勘测过程中进行必要的勘探、试验与稳定分析外,还要做好以下工作:

1. 加强观测,及时预报

对于地质条件复杂,一时难以摸清或直接威胁到工程安全的边坡,在勘测过程中,应进行长期观测,掌握边坡变形规律与突发因素,以便制订恰当的处理措施,及时防治,不留后患。

2. 合理施工,避免恶化

采取合理的施工方法,可以避免边坡的不利因素恶化,如疏导施工用水,严格防止地表水渗入,严禁掏坡挖脚、放大炮等。

3. 一次根除,消除隐患

建筑物选定后,对影响施工和运行安全的不稳定边坡,应及时研究经济合理、安全可靠的处理方案,早下决心,消除隐患。

二、防治方法

防治方法,一般可分为以下三个方面:①排除不利外因,如地面水渗入等;②改善力学条件,如削坡减重、支撑、排水;③提高或保持滑动面的力学强度,如锚固等。各种处理方法应综合应用。

(一)减载与反压

减载与反压是常用的简易处理方法,对于一般方量不大的岩质或土质滑坡、塌方、蠕动等各种类型的边坡均可使用。

减载的作用在于降低滑动体的下滑力,其主要方法是将滑坡体后部的岩土体削去一部分。但是单纯的减重不能起到阻滑的作用,最好和反压结合起来进行。反压即是在坡脚之外和之上等抗滑地段堆筑岩土体,起到反压作用,提高阻滑力。把减压削下的土石堆于下部的阻滑部位,使之起反压作用,就使二者很好地结合起来,共同达到降低下滑力,增加抗滑力,使边坡得到稳定的目的。这一方法也可称为削头补足。

减重和反压措施在推动式滑坡中用得较多。对于滑动面为上陡下缓(图 8-51)的滑坡尤为适宜。减重适合于紧靠后壁的滑坡头部进行,这里是滑动面较陡、滑动力较强的部位,减重的效果最好。而反压则是在滑坡的前缘,滑动面较平且略有反倾的阻滑部位。但应注意,不能在滑坡的主滑部位填方,以免促进滑动。同时,在填方时还必须做好地下水排水工

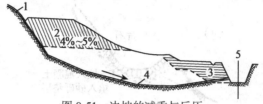

图 8-51　边坡的减重与反压

1—滑坡后壁　2—合理的减重部分　3—反压部分

4—滑动面　5—铁路中心线

程,不要使填土堵住地下水出口,以免造成不利条件。

（二）排水

1. 地面排水

不论是岩质边坡还是土质边坡,排除地面水常对边坡稳定起着重要作用。地面排水的设置原则,一方面是截断外部流入的沟泉水源和施工水源另一方面疏导坡面上的降水,使其尽快入沟排出,防止渗入边坡内部(图 8-52、图 8-53)。

排水沟应予以衬砌,同时对边坡较大的裂缝进行堵塞,在靠近建筑物附近,有时用喷浆护面。

顺坡排水沟间距一般为 50~60m。

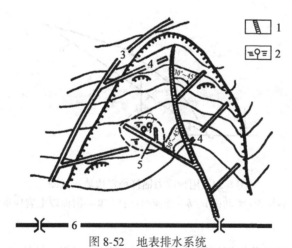

图 8-52　地表排水系统

1—自然沟的铺砌与利用　2—泉水与湿地　3—截水沟　4—排水明渠

5—引水渗沟　6—铁路线

2. 地下排水

降低和保持不稳定的地下水位,以避免水库或周围岩体地下水渗入,对岩体稳定意义很大。在有软弱夹层组成的滑动面,可防止长期浸水恶化,降低抗剪强度。

排除地下水,可使坡体含水量及其中的空隙水压力降低,增加抗滑力,提高边坡的稳定性。其防治办法很多,主要有截水沟、盲沟、集水井、水平钻孔等。

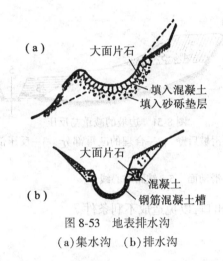

图 8-53　地表排水沟

(a)集水沟　(b)排水沟

（三）锚固

锚固是用锚杆或锚索将滑动面两侧的岩体联系起来，以增强滑动面的抗滑力，借以稳定边坡，应用于防治崩塌和滑坡均有很好的效果。锚索或钢缆可以更好地施加预应力，以提高滑动面上的正应力，对增加抗滑力更为显著。铺固是先进行钻孔，然后将锚杆或锚索（端部散开）插入钻孔，并施以预应力，然后向孔内进行水泥灌浆。可以用若干个平行的锚杆组成锚杆系统（图 8-54）。

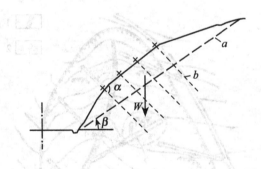

图 8-54　用预应力锚杆稳定边坡示意图

a—岩层面(滑动面)　b—预应力锚杆　W—滑面以上岩体重量

在用锚杆加固边坡时常与挡墙联结起来成为"锚杆挡墙"，具体由三部分组成，即锚杆、肋柱和挡板。其结构形式如图 8-55 所示。滑坡推力作用在挡板上，由挡板传到肋柱，再由肋柱传到锚杆上，最后通过锚杆传到滑动面以下的稳定地层中，靠锚杆的锚固力来维持整个结构的稳定性。

（四）抗滑工程

1. 抗滑挡墙

挡墙也叫挡土墙，是目前较普遍使用的一种抗滑工程。它位于滑体的前缘，借助于自身的重量以支挡滑体的下滑力，且与排水措施联合使用。按建筑材料和结构形式不同，有抗滑

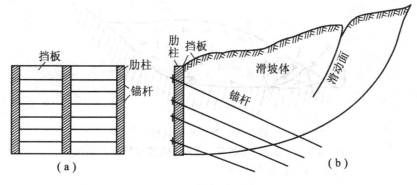

图 8-55 锚杆挡墙结构

（a）挡板正视图 （b）剖面图

片石垛、抗滑片石竹笼、浆砌石抗滑挡墙、混凝土或钢筋混凝土抗滑挡墙等。挡墙的优点是结构比较简单，可以就地取材，而且能够较快地起到稳定滑坡的作用。但一定要把挡墙的基础设置于最低滑动面之下的稳固层中，墙体中应预留泄水孔，并与墙后的盲沟连接起来（图8-56）。

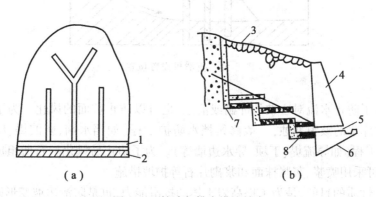

图 8-56 挡墙与排水措施结合

（a）挡墙与支撑暗沟布置 （b）支撑暗沟与抗滑挡墙联合结构

1—纵向暗沟 2—抗滑挡墙 3—干砌块石片石 4—挡墙
5—泄水孔 6—滑面 7—反滤层 8—浆砌石

2. 抗滑桩

抗滑桩是用以支挡滑体的下滑力，使之固定于滑床的桩柱。它的优点是：施工安全、方便、省时、省工、省料，且对坡体的扰动少，所以也是国内外广为应用的一种支挡工程。它的材料有木、钢、混凝土及钢筋混凝土等。施工时可灌注，也可锤击贯入。抗滑桩一般集中设置在滑坡的前缘部位，且将桩身全长的1/3～1/4埋置于滑坡面以下的稳固层中（图8-57、图8-58）。

（五）其他措施

其他措施指护坡、改善岩土性质、防御、绕避等。

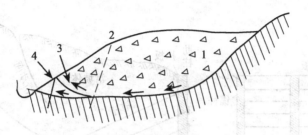

图 8-57　抗滑桩的设置
1—滑动面　2—合适桩位　3—可能越过桩顶的新滑
动面　4—不合适的桩位

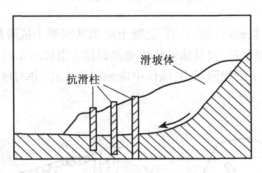

图 8-58　抗滑桩设置位置

护坡是为了防止水流对边坡的冲刷或浪蚀,也可以防止坡面的风化。为了防止河水冲刷或海、湖、水库水的波浪冲蚀,一般修筑挡水防护工程(如挡水墙、防波堤、砌石及抛石护坡等)和导水工程(如导流堤、丁坝、导水边墙等)。为了防止易风化岩石所组成的边坡表面的风化剥蚀,可采用喷浆、灰浆抹面和浆砌片石等护坡措施。

改善岩土性质的目的,是为了提高岩土体的抗滑能力,也是防治边坡变形破坏的一种有效措施。常用的有化学灌浆法、电渗排水法和焙烧法等。它们主要用于土体性质的改善,也可用于岩体中软弱夹层的加固处理。

第九章　水工地下洞室围岩稳定问题

水利水电工程中的各种地下洞室,主要有地下厂房和各种水工隧洞,如发电引水隧洞、压力斜管、尾水隧洞(图9-1)以及泄洪隧洞、灌溉或城市供水用的输水隧洞、施工导流隧洞和交通隧洞等。

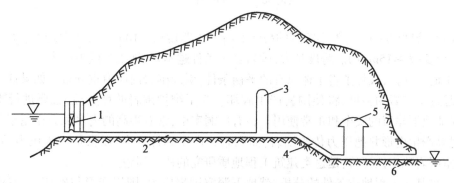

图 9-1　地下式水电站洞室布置剖面示意图
1—进口闸门井　2—引水隧洞　3—调压室　4—压力斜管
5—地下电站厂房　6—尾水隧洞

这些地下洞室,各具有一定的断面形状和尺寸,类型很多,规模也相差极大。归纳起来,水工地下洞室大致有如下的几种分类:

1. 按洞室是否过水分

从围岩稳定观点来看,地下洞室应分过水的(例如引水隧洞)和不过水的(例如人行交通隧洞)两大类。前者的围岩稳定因素中多了一个水的作用。

2. 按洞室有否内水压力分

地下洞室可分无压的和有压的。不过水隧洞均属无压的,过水隧洞当洞中水并不充满或刚刚充满时属无压的。当洞中水具超静水压力水头时则属有压的或称有内水压力的(图9-2)。

有压洞室与无压洞室不同,内水压力作用到衬砌和围岩上,对围岩稳定产生影响。

3. 按洞室横剖面分

中小型地下洞室横剖面一般有:①矩形和方形的;②圆形的;③城门洞形(洞顶呈拱形,洞侧壁直立);④马蹄形(洞顶和侧壁均连成一个拱形,且洞上部比洞底要宽)。矩形、方形的施工较方便,而其他带拱形洞壁的能抵抗拱顶方向围岩的压力,对岩体稳定有利。

4. 按洞室跨度分

263

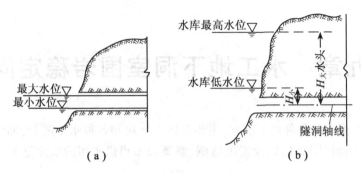

图 9-2　过水隧洞的两种情况

（a）无压的　（b）有压的

按洞室跨度（B）可分：①小跨度的（$B \leqslant 5m$）；②中跨度（$5 \sim 10m$）的；③大跨度（$10 \sim 15m$）的；特大跨度（$B \geqslant 15m$）的。跨度越大，围岩稳定条件越不好，施工难度也越大。

由于地下开挖，破坏了岩土体原有的平衡条件，引起围岩内应力重分布。如果这种重分布应力超过了围岩的强度，将使围岩产生破坏。为了维护围岩的稳定性，就要进行支护衬砌，以保证地下建筑的安全和正常使用。在有压洞室中，常有很高的内水压力作用于洞室内壁，使衬砌产生变形并把压力传给围岩，而围岩将产生弹性抗力，以抵抗内水压力的作用。地下洞室围岩稳定性评价，是这类建筑工程地质研究的核心问题。

本章将基于工程地质条件的分析，就地下洞室围岩应力、围岩变形与破坏、洞室围岩稳定性的影响因素、洞室位址的选择、洞室围岩参数的选择及保证洞室围岩稳定的措施等问题进行讨论。

第一节　洞室围岩的稳定分析

一、地下洞室围岩的应力分布

研究地下洞室围岩应力应包括：开挖前存在于岩体中的天然应力、开挖后围岩内的重分布应力以及支护衬砌后围岩内的应力改善等三个方面，这里重点讨论前两者。

（一）岩体中的天然应力

地下开挖前存在于岩体中的应力，称为天然应力或初始应力。它是在岩体建造和改造过程中，各种地质作用综合作用形成的。一般认为：天然应力主要由自重应力和构造应力两部分组成，两者的叠加构成了岩体天然应力的主体。

自重应力是由重力场引起的，在地表近水平的情况下，重力场在岩体内任意点形成的铅直自重应力等于其上覆岩体的重量；而水平自重应力则等于铅直自重应力与侧压力系数的乘积。

构造应力是地壳运动形成的应力，又可分为活动的和残余的两类。活动的构造应力即狭义的地应力是地壳内现代正在积累的、能够导致岩层变形和破裂的应力。这种应力明显地存在于地壳各大板块边界及板块内的新构造活动区，常控制着建筑地区的区域稳定性。

残余构造应力则是古构造运动残留下来的应力。构造应力场的基本特征是具有较高的水平压应力,且在一般情况下大于铅直应力,同时具有明显的方向性。已有的实测资料表明,多数地区的天然应力以水平压应力为主,这表明构造运动在岩体天然应力形成中起着主导作用。

有时岩体内还有因岩石膨胀引起的应力,它一般涉及的范围小,不像自重应力和构造应力那样属区域性的。

(二)围岩中的重分布应力

由于地下开挖,使洞室周围的岩体失去了原有的支撑,破坏了原来的受力平衡状态,围岩将向洞内产生松胀位移。其位移的结果,又改变了邻近岩体的相对平衡关系,从而引起围岩一定范围内应力、应变及能量的调整,以达到新的平衡,形成新的应力状态。我们把地下开挖后由于围岩质点应力、应变调整而引起天然应力大小、方向和性质改变的作用,称为应力重分布作用。经应力重分布作用后新的应力状态,称为重分布应力状态。并把重分布应力影响范围内的岩体称为围岩。围岩内重分布应力状态与岩体的力学属性、天然应力及洞室断面形状密切相关。下面主要讨论圆形水平洞室围岩的重分布应力。

1. 开挖后围岩保持弹性时的重分布应力

在弹性岩体中开挖一圆形洞室,设天然铅直与水平应力分别为 σ_v 和 σ_H,洞室半径为 R_0,如图 9-3 所示。由弹性理论推导,围岩中任一点 $M(r,\theta)$ 的应力状态可表示如下:

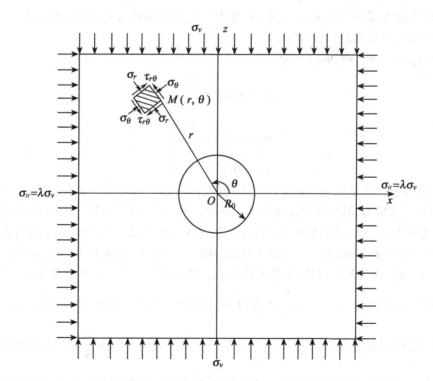

图 9-3　圆形洞室围岩重分布应力计算简图

$$\left.\begin{array}{l}
\sigma_r = \dfrac{\sigma_H + \sigma_v}{2}(1 - \dfrac{R_0^2}{r^2}) + \dfrac{\sigma_H - \sigma_v}{2}(1 + 3\dfrac{R_0^4}{r^4} - 4\dfrac{R_0^2}{r^2})\cos 2\theta \\[3mm]
\sigma_\theta = \dfrac{\sigma_H + \sigma_v}{2}(1 + \dfrac{R_0^2}{r^2}) - \dfrac{\sigma_H - \sigma_v}{2}(1 + 3\dfrac{R_0^4}{r^4})\cos 2\theta \\[3mm]
\tau_{r\theta} = \dfrac{\sigma_H - \sigma_v}{2}(1 - 3\dfrac{R_0^4}{r^4} + 2\dfrac{R_0^2}{r^2})\cos 2\theta
\end{array}\right\} \tag{9-1}$$

式中:σ_r——M 点的径向应力;

$\quad\sigma_\theta$——M 点的切向应力;

$\quad\tau_{r\theta}$——M 点的剪应力;

$\quad\theta$——M 点的极角,自水平轴(x)起始,逆时针方向为正,顺时针方向为负;

$\quad r$——极距;

$\quad R_0$——隧洞半径。

由(9-1)式可知,当天然应力 σ_v、σ_H 和洞室尺寸一定时,重分布应力 σ_r、σ_θ 和 $\tau_{r\theta}$ 是极坐标(r,θ)的函数。令 $r=R_0$,则洞壁上的应力由(9-1)式变为

$$\left.\begin{array}{l}
\sigma_r = 0 \\[2mm]
\sigma_\theta = \sigma_H + \sigma_{v-2}(\sigma_H - \sigma_v)\cos 2\theta \\[2mm]
\tau_{r\theta} = 0
\end{array}\right\} \tag{9-2}$$

(9-2)式说明,洞壁上的应力 $\tau_{r\theta}$ 和 σ_v 都为 0,仅有切向应力 $\tau_{r\theta}$ 作用,其大小与洞室尺寸(R_0)无关,仅与计算点的位置(θ)有关。

若令 $\sigma_H = \sigma_v = \sigma_0$,则(9-1)变为

$$\left.\begin{array}{l}
\sigma_r = \sigma_0(1 - \dfrac{R_0^2}{r^2}) \\[4mm]
\sigma_\theta = \sigma_0(1 + \dfrac{R_0^2}{r^2}) \\[4mm]
\tau_{r\theta} = 0
\end{array}\right\} \tag{9-3}$$

(9-3)式说明,天然应力为静水压力状态时,圆形洞室围岩内的重分布应力中,$\tau_{r\theta}$ 为 0,而 σ_r、σ_θ 均为主应力,其分布特征如图 9-4 所示。当 $r = R_0$(洞壁)时,$\sigma_r = 0$ 为最小主应力,$\sigma_\theta = 2\sigma_0$ 为最大主应力;随着离洞壁距离(r)的增大,σ_θ 逐渐减小,而 σ_r 逐渐增大。当 $r = 6R_0$ 时,$\sigma_r \approx \sigma_\theta \approx \sigma_0$,即接近于天然应力状态。因此,一般认为,地下开挖引起围岩重分布应力的范围为 $6R_0$,在该范围以外,不受开挖影响。这一范围内的岩体就是常说的围岩。

由(9-2)式,取 $\sigma_H/\sigma_v = \lambda$ 为 $\dfrac{1}{3}$、1、2、3 等不同数值时,可求得洞壁$(r=R_0)$上 θ 为 0°、90°、180°、270°等四点处的切向应力 σ_θ(表 9-1)。结果表明:当 $\lambda < \dfrac{1}{3}$ 时,洞顶底都将出现拉应力;当 $\dfrac{1}{3} < \lambda < 3$ 时,洞壁围岩内的 σ_θ 全为压应力;当 $\lambda > 3$ 时,洞两侧壁将出现拉应力,洞顶底则出现较高的压应力集中的现象。

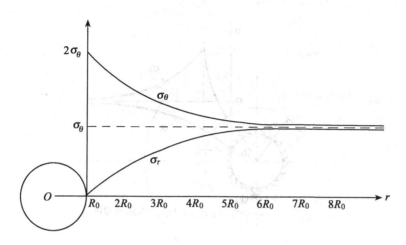

图 9-4　圆形隧洞周边应力分布图

表 9-1　　　　　洞壁（$r=R_0$）θ 上为 $0°$、$90°$、$180°$、$270°$四点处切向应力 σ_θ 值

$\lambda = \dfrac{\sigma_H}{\sigma_v}$　　σ_θ　　θ	$0°,180°$	$90°,270°$
0	$3\sigma_v$	$-\sigma_v$
$\dfrac{1}{3}$	$8/3\sigma_v$	0
1	$2\sigma_v$	$2\sigma_v$
2	σ_v	$5\sigma_v$
3	0	$8\sigma_v$
4	$-\sigma_v$	$11\sigma_v$
5	$-2\sigma_v$	$14\sigma_v$

2. 开挖后围岩中出现塑性圈时的重分布应力

由前面围岩应力分析可知，地下开挖后洞壁的应力集中最大，当围岩应力超过了岩体的屈服极限时，围岩就由弹性状态转化为塑性状态，形成一个塑性松动圈。但是，这种塑性松动圈不会无限扩大。因为随着距洞壁距离的增大，σ_r 由 0 逐渐增大，应力状态由洞壁的单向应力状态逐渐转化为双向应力状态，围岩也就由塑性状态逐渐转化为弹性状态，最终在围岩中形成塑性松动圈和弹性圈。

塑性松动圈的出现，使圈内应力释放明显降低，被称为应力降低区；而最大应力集中则由原来的洞壁转移至塑性松动圈与弹性圈的交界处，使弹性区的应力明显升高，该区称为应力升高区；弹性区以外是应力未产生变化的天然应力区。各区应力变化如图 9-5 所示。

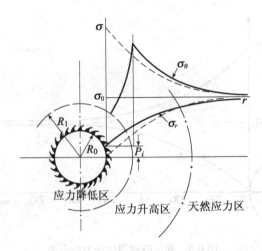

图 9-5　洞室围岩中出现非弹性变形区后应力的重分布

- - - - 未出现塑性分布区时的应力曲线

———— 出现塑性分布区时的应力曲线

R_1—非弹性区半径　P—支架反力

二、围岩的变形与破坏特征

地下开挖以后,洞壁围岩由于失去了原有的岩体的支撑而向洞内松张变形,如果变形超过了围岩本身所能承受的能力,围岩就要产生破坏。围岩的变形破坏程度常取决于围岩应力状态、岩体结构及洞室断面形状等。

下面将讨论各类围岩的变形破坏特征。

（一）坚硬岩体

这类岩体本身具有很高的力学强度和抗变形能力,并存在有较稀疏且延伸较长的结构面,含有极少量的裂隙水。在力学属性上可视为均质、各向同性的连续介质,应力与应变呈直线关系。这类岩体围岩的变形破坏形式主要有岩爆、脆性开裂及块体滑移。

岩爆是在高地应力地区,由于开挖后围岩中高应力集中,使围岩产生突发性破坏的现象,随着岩爆的产生,常伴随有岩块弹射、声响及气浪产生,对地下开挖及建筑物造成危害。

脆性开裂常出现在拉应力集中部位,如洞顶或岩柱中。当天然应力比值系数 $\lambda < \frac{1}{3}$ 时,洞顶常为拉应力集中,在拉应力超过围岩抗拉强度的情况下,常产生拉张破坏。尤其是当岩体中发育近直立的构造裂隙时,即使拉应力集中较小也可产生垂向张裂缝。这时洞顶岩体很不稳定,在存在近水平裂隙交切的情况下,易形成不稳定块体塌落,造成拱顶塌方。

块体滑移是块状岩体中常见的破坏形式之一。这类破坏常以结构面组合交切形成的不稳定块体滑出的形式出现。其破坏规模与形态受结构面的分布、组合形式及其与开挖面的相对关系控制。典型的块体滑移形式如图 9-6 所示。

（二）层状岩体

这类岩体常呈软硬岩层相间的互层形式出现。岩体中的结构面以层理面为主,并有层

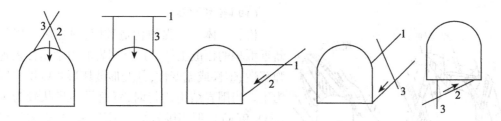

图 9-6　坚硬岩体中的块体滑移

间错动及泥化夹层等软弱结构面发育。层状岩体的变形破坏主要受岩层产状及岩层组合等因素控制。典型破坏形式主要有:沿层面张裂、折断塌落、弯曲内鼓等。不同产状围岩的变形破坏形式如图 9-7 所示。在水平层状围岩中,洞顶岩层可视为两端固定的梁板,在顶板压力作用下,梁板将产生下沉弯曲、开裂。当岩层较薄时,如不支撑,任其发展,则将逐层折断而塌落,最终形成如图 9-7(a) 所示的三角形塌落体。在倾斜层状围岩中,常表现为沿倾斜方向一侧岩层弯曲塌落、另一侧边墙岩块滑移等破坏形式,形成不对称的塌落拱,这时将出现偏压现象(图 9-7(b))。在直立层状围岩中,当天然应力比值系数 $\lambda < \dfrac{1}{3}$ 时,由于洞顶受拉应力作用,使顶板发生沿层面的纵向拉裂,在自重作用下岩柱易被拉断塌落。侧墙则因压力平行于层面,常发生纵向弯折内鼓,进而危及拱顶的安全(图 9-7(c))。但当洞轴与岩层走向有一定交角时,围岩稳定性就会大大改善。经验表明,当这一交角大于 20°时,边墙不易失稳。

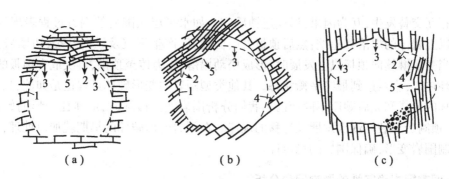

图 9-7　层状围岩变形破坏特征

(a) 水平层状岩体　(b)倾斜层状岩体　(c)直立层状岩体

1—设计断面轮廓线　2—破坏区　3—弯曲、张裂及折断

(三)碎裂岩体

碎裂岩体是指断层、褶曲、岩脉穿插挤压和风化破碎加次生夹泥的岩体。这类围岩的变形破坏形式常表现为崩塌和滑动(图 9-8)。破坏规模和特征主要取决于岩体的碎裂程度和含泥量多少。在夹泥少、以岩块刚性接触为主的碎裂围岩中,由于变形时岩块互相挤压、错动,将产生一定的阻力,因而不易大规模塌方。相反,当夹泥量很高时,由于岩块间失去刚性

接触,则易产生大的塌方,如不及时支护,将愈演愈烈,直至冒顶。

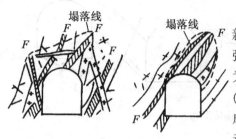

图 9-8　碎裂围岩塌方示意图

（四）松软岩体

松软岩体是指强烈构造破碎,强烈风化岩体或新近堆积的松散土体。这类围岩的力学属性表现为弹塑性、塑性或流变性,其变形破坏形式以拱形冒落为主。当围岩结构均匀时,冒落拱的形状较为规则（图 9-9(a)）,但当围岩结构不均匀或松软岩体仅构成局部围岩时,则常表现为局部塌方、塑性挤入及滑动等变形破坏形式（图 9-9(b)、(c)、(d)）。

应当指出:任何一类围岩的变形破坏都是逐次发展的。其逐次变形破坏过程表现为侧向变形与垂

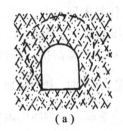 

（a）　　　　　（b）　　　　　（c）　　　　　（d）

图 9-9　松散围岩变形破坏形式
(a)拱形冒落　(b)局部塌方造成偏压　(c)侧鼓　(d)底鼓

向变形相互交替发生,互为因果,形成连锁反应。如水平层状围岩的塌方过程表现为:首先是拱脚以上岩体的塌落和超挖;然后顶板沿层面脱开,产生下沉及纵向开裂,边墙岩体弯曲内鼓。当变形继续向顶板以上发展时,形成松动塌落,压力传至顶拱,再次危害顶板的稳定。如此循环往复,直至达到最终平衡状态。其他类型围岩的变形破坏过程也是如此,只是各次变形破坏的形式和先后顺序不同而已。我们分析围岩变形破坏时,应抓住变形的始发点和关键点,预测变形破坏逐次发展及迁移的规律。在围岩变形破坏的早期就加以处理,才能有效地控制围岩变形,确保围岩的稳定性。

三、洞室围岩稳定性的影响因素分析

地下洞室围岩稳定性受一系列因素的影响,其中起控制作用的主要因素有如下几个:

（一）岩性

岩性是影响地下洞室围岩稳定性的最基本的因素。如坚硬完整的岩体为地下洞室围岩稳定提供了基本保证,围岩一般是稳定的,不需支护,能适应各种断面形状及尺寸的洞室。而软弱岩体如黏土岩类、破碎及风化岩体、吸水易膨胀的岩体等,通常具有力学强度低及遇水软化、崩解、膨胀等不良性质,最不利于洞室稳定,围岩易产生变形破坏,断面尺寸较大的洞室更难以修建,非采取复杂的支护措施不可。软硬相间的岩体,由于其中软岩层强度低,有的则因层间错动成为软弱夹层或层间破碎带,破坏了岩体完整性。因此,这类岩体的力学

性质一般较差,围岩稳定性也是比较差的。

(二)地质结构的影响

1. 地质构造

(1)层状岩体

围岩常是强度不等的坚硬和软弱岩层相间的岩体。软弱岩层强度较低,容易变形破坏。构造变动中,常沿坚硬和软弱岩层接触处错动,形成厚度不等的层间破碎带,大大破坏了岩体的完整性。洞室通过坚硬和软弱相间的层状岩体时,易在接触面处变形或坍落。若洞室轴线与岩层走向近于直交,可使洞室通过软弱岩层的长度较短;若与岩层走向近于平行而不能完全布置在坚硬岩层里,断面又通过不同岩层,则应适当调整洞室轴线高程或左右变移轴线位置,使围岩得有较好的稳定性。洞室应尽量设置在坚硬的岩层中,或尽量把坚硬岩层作为顶围(图 9-10)。

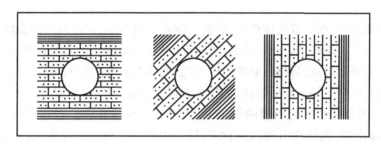

图 9-10　层状岩体中的洞室

(2)褶皱的影响

褶皱的形式、疏密程度及其轴向与洞室轴线交角的不同,围岩的稳定性也不同。图 9-11 表示隧洞与岩层走向和褶皱轴垂直的情况。这是有利的。褶皱轴部岩层断裂比较发育,岩体切割比较严重,褶皱愈紧密,破碎愈严重,从这方面说,平缓舒展的褶皱一般要比紧密褶皱有利。在通过背斜轴部时(图 9-11(b))可能遇到楔形岩块塌落。当通过向斜轴部时(图 9-11(c)),则常遇到地下水问题,尤其是在透水层与隔水层交互成层时。在岩层倾向开挖面的部位(图 9-11(a))也有岩块坠落的危险。最有利的部位是岩层倾向与隧洞开挖前进方向一致的翼部。

洞室轴向平行于岩层走向,条件则较差。隧洞位于翼部(图 9-12a),会出现支护受到不对称压力及大量冒落等问题。在洞轴与背斜轴重合的情况下(图 9-12c),岩层倾角很关键。倾角不大时岩层有如顶拱可防止过大的山岩压力;岩层陡倾时则拱的作用不明显,压力不能很好地传递至侧墙,结果全部山岩压力由洞顶承担,不利于稳定。洞轴沿向斜轴(图 9-12b)也是不利的,应当避开。因为两侧岩块易顺层面向洞内滑落,更主要的是透水岩层的导水问题。洞轴沿直立或陡倾岩层走向对洞室稳定危害最大,围岩极易冒落,整个上伏围岩压力都将落在支衬结构上。当褶皱形态复杂时,如倒转褶皱、平卧褶皱等,条件就更复杂,其对洞室稳定性的影响,必须结合具体情况进行分析。

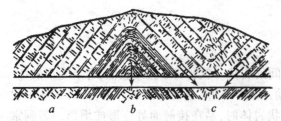

图 9-11　垂直岩层走向穿过褶皱地区的隧道
a—岩层向开挖面倾斜　b—洞室穿过背斜轴部
c—洞室穿过向斜轴部

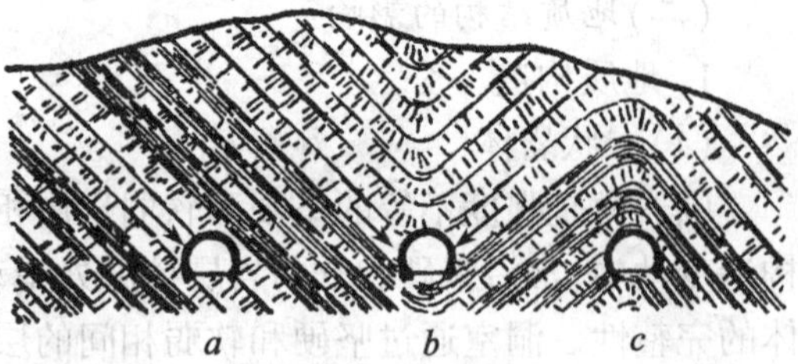

图 9-12　褶皱地区平行岩层走向的隧洞
a—洞室位于翼部　b—洞室沿向斜轴；
c—洞室沿背斜轴

（3）断层

洞室通过断层时，断层带宽度愈大，走向与洞轴交角愈小，它在洞内出露便愈长，对围岩稳定性影响便愈大。断层带破碎物质的碎块性质及其胶结情况也会影响围岩稳定性。破碎带组成物质如为坚硬岩块，且挤压紧密或已胶结，便比软弱的断层泥与组织疏松的糜棱岩或未胶结的压碎岩要稳定些。断层带构造岩（如断层泥、糜棱岩、角砾岩、压碎岩、碎块岩与片状岩带）在同一断层带中一起出现的很少见，大多只有其中几种。它们多沿断层走向呈带状分布，或连续出现，或断续出现；它们在断层带中相互出现的组合形式、宽度和物质特性等，与构造运动强度和原岩性质有关，应详细研究其特性和变化规律。此外，在断层带还应特别注意以下几点：①断层泥、未胶结的糜棱岩、片状岩或揉皱带，一般在构造岩带中起"软弱层"的作用，要特别注意其分布特点和力学性质。②胶结的角砾岩和紧密的压碎岩，具有一定强度，稳定性尚好；未胶结或疏散的，稳定性很差。③断层带地下水的影响更应注意。各类构造岩的透水性差异很大，地下水运移方式和富集情况也各异。构造岩带地下水的水动力条件常是分析围岩稳定的重要依据。洞室通过大断裂带视为散粒结构体来对待，这里围岩稳定性很差。此外，隧洞通过裂隙密集带或挤压破碎带，也应按照上述方法进行研究，以论证围岩的稳定性。

2. 岩体结构

岩体结构对围岩变形破坏起着控制性作用。松散结构及碎裂结构岩体的稳定性最差，薄层状岩体次之，而厚层状及块状结构岩体的稳定性最好。对于脆性的厚层状及块状岩体，其强度主要由软弱结构面的分布特点所控制。结构面对围岩稳定性的影响，不仅取决于结构面本身的特征，还与结构面的组合关系以及这种组合与临空面的交切关系密切相关。即使是完整的岩体，若软弱结构面形成不利于岩体稳定的分离体，洞室围岩仍有塌落的可能。

（1）围岩中的三类分离体（图 9-13）

① 柱形分离体有四方柱、三角柱、多边柱，还可分长柱形和短柱形（薄板状）。当岩体内主要是陡立结构面和平缓结构面时，即形成此类分离体（图 9-13B 中的（a））。

② 楔形分离体。常见的是屋脊形、半屋脊形，当岩体内有走向相同倾向不同，或走向、倾向相同，但倾角不同的结构面时，即形成此类分离体（图 9-13B 中的（b））。

③ 锥形和断头锥形分离体。当岩体内有三种以上走向的倾斜结构面时，即可形成此类

分离体(图 9-13B 中的(c))。此外还有上述三种类型的歪曲和过渡形状。

结构面的组合有三种情况:① 节理面、层面组合,出现的分离体将均布于整个围岩中;② 断层、不整合面组合,分离体仅出现于它们与围岩的交汇部位;③ 以上两类结构面的混合组合。一般来说,上述情况中以②和③对围岩稳定最不利。

(2)分离体的稳定性

对洞顶分离体而言,洞顶壁即临空面。除歪曲形状外,在图 9-13 的情况下,平缓结构面是拉裂面,陡立结构面是滑动面。而倾斜结构面既具拉裂面又具滑动面的性质。软弱结构面的抗拉强度小,且其值不稳定而极易下降,对分离体稳定持久起作用的主要是滑动面。

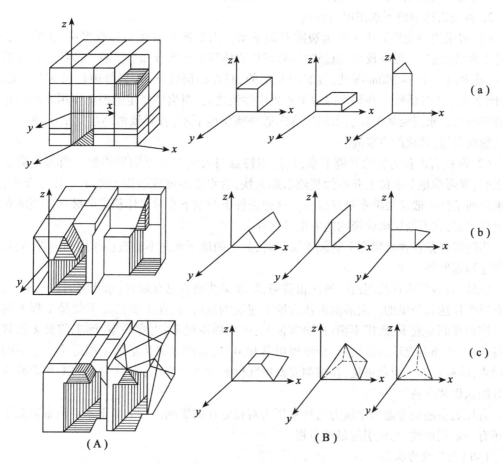

图 9-13　三类典型的分离体

(A)立体图　(B)坐标位置图

(a)柱形分离体(立方体、板状、三角柱)　(b)楔形分离体(屋脊形、半屋脊形、沿洞轴向屋
脊形)　(c)锥形分离体(断头锥、四面锥、三面锥)

(三)水文地质

1. 地下水的作用

地下水的作用主要有静水压力、动水压力、水的溶解和软化作用。

(1)地下水静水压力作用到衬砌上,使衬砌承受了水柱压力。末作衬砌前,若洞顶围岩中有分离体,地下水能顺畅地流入平缓结构面(拉裂面)中,则拉裂面上作用着一个地下水压力,这个压力促使分离体往下滑塌。同时地下水若能顺畅地流入陡立结构面(滑动面),则滑动面上作用着一个张力,其值亦相当于拉裂面上那么大的地下水压力。这个地下水压力值最大时可等于洞顶以上地下水的厚度,且往往是促使围岩分离体塌落的主要力量。

(2)地下水渗流过程的动水压力,可促使岩块往水流方向移动,其作用力大小等于水的水力坡降。这个力不仅冲刷和带走岩体内的细小物质,而且也促使分离体岩块往前移动。

(3)地下水溶解可溶盐,软化岩石,从而使岩体强度降低。

地下水的上述作用往往是岩体内分离体失稳的主要原因。

2. 各类岩体中地下水作用的特点

(1)岩浆岩与变质岩中主要为裂隙型地下水。雨季地下水面上升得很快,能形成很厚的地下水含水层,且埋藏较浅,但裂隙具有越往岩体深部越闭合和数量越少的特点。在不少地区,地表以下100~200m深处,隧洞内是干的,只在断层破碎带、岩脉破碎带和其他破碎带,地下水才十分活跃。在洞室内地下水集中渗流之处,对岩体稳定的破坏作用才比较充分地表现出来。永定河某工程引水洞导坑内遇到断层地下水,曾导致两断层间的尖顶块分离体顺断面滑塌,造成严重事故。

(2)沉积岩内若为裂隙型地下水,其作用特点与火成岩和变质岩相似。当为孔隙型地下水时,则雨季地下水位上升不像裂隙水那么快,含水层厚度比裂隙型地下水往往要小,地下水连通条件一般比裂隙水要好得多。这种条件下的地下水对岩体稳定的破坏作用能充分地表现出来,在有断层破碎带的地方更是这样。

当隧洞开挖在含水层之下的隔水层中时,其上的地下水并不能直接作用到围岩,但若有裂隙连通则例外。

此外,岩溶洞穴在我国西南地区很普遍,华北某些地方也有发育;东北溶洞数量不多,但也有单个长达几公里的。大溶洞可作为地下建筑的场所,但在不少情况下却是工程上的威胁。溶洞在洞室底下,底围不稳;在洞室顶上,影响顶围稳定;直穿洞室,施工前又无预料和准备,有泥砂卵石充填的溶洞处,会出现坍落和滑塌;处理溶洞又增加工程造价。溶洞的突然涌水,威胁更大。由此可见,在溶洞发育地区修筑地下洞室时,对其带来的不利影响应有充分的认识和准备。

有压洞室还应考虑内水压力与外水压力对稳定性的影响。有的地下水对洞室混凝土衬砌还有一定侵蚀性,也应引起足够重视。

(四)天然应力状态

天然应力的影响主要取决于垂直于洞轴方向的水平应力(σ_H)的大小及天然应力比值系数(λ)。它们是决定围岩内重分布应力状态的主要因素。例如,对圆形洞室来说,当$\lambda = 1$时,围岩中不出现拉应力集中,压应力分布也较均匀,围岩稳定性最好。而$\lambda < \frac{1}{3}$或$\lambda > 3$时,围岩内将出现拉力,压应力集中也较大,对围岩稳定不利。最大天然主应力的量级及与洞轴的关系,对洞室围岩的变形破坏特征也具有明显的影响。因为在最大主应力方向上围岩破坏的概率及严重程度比其他方向大。因此,估算这种应力的大小并设法消除或者利用之是非常重要的。由于最大主应力多系水平的,在洞轴选择时应尽量使两者一致而不要垂直,最优方向一般应与最大主应力一致。甘肃某矿区构造应力的主轴方向为 NE 向,距地表 400m 西风井的巷道走向为 N30°W 左右,巷道发生了严重的变形与破坏,巷道断面明显变小,以致不能继续使用。据此,将深度为 500m 的另一巷道走向改为 N23°E,使之与构造主应力方向近似一致,巷道稳定性大大改善,即使通过散体结构的断层破碎带,也没发现明显变形。

（五）工程因素

主要指地下洞室的断面形状、规模、施工及支护衬砌方法等对围岩稳定性的影响。它主要通过影响围岩中重分布应力状态及变形分布等,进而影响围岩的稳定性。

第二节　地下洞室位址的选择

从工程地质角度出发选择洞室位址,应考虑工程特点和设计要求,从地形、地质、水文地质分析入手,把洞室选在稳定的岩体内。

一、地形地貌

地形地貌反映了一部分地质和水文地质条件。因此,分析地形地貌应和判断岩体地质情况结合起来。

1. 洞口

洞口应选在稳定的边坡上。边坡稳定分析已在前面作过论述,这里仅补充几点。隧洞洞口应尽可能放在新鲜、完整、坚硬的岩石边坡上。若条件不具备,应选择风化层薄些、完整程度好些的位置。一般来说,较陡的边坡往往是岩石抗风化能力强,松散覆盖土亦薄的地段。这不仅反映了边坡岩体较稳定,而且"切口"小,对施工有利。断层和其他破碎带以及滑坡在地形上往往反映明显,洞口应尽量避开这些地段。

2. 洞身

从地形选择洞身位置主要考虑:(1)围岩应有一定厚度;(2)不要把洞身放在不稳定岩体内。傍山隧洞和地下厂房山坡一侧围岩应有一定厚度,山坡有御荷裂隙、风化裂隙组成的不稳定带时,更应注意这个问题。在图 9-14 的情况下,隧洞选在 1 处不太合适,应选在 2 处。

从围岩稳定的观点考虑,无压洞室两侧和洞顶围岩厚度最好为:

$$h_{围} \geqslant 3d \qquad (9\text{-}4)$$

式中:$h_{围}$——洞室侧壁和洞顶围岩厚度(m);

d——洞室直径(m)。

否则,若围岩厚度($h_{围}$)小于 3 倍隧洞直径,可能导致应力重分布过于强烈,对围岩稳定不利。但对新鲜(或微风化)、完整、坚硬岩体,围岩厚度小于 3 倍洞径仍能十分稳定。有压隧洞由于有内水压力作用,围岩厚度要求有时远远超过公式(9-4)所规定的下限值。

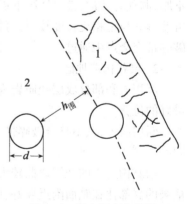

图 9-14　傍山洞室位置图
1—风化破碎带　2—新鲜岩石区

地面见到的地形急剧变化之处,如山脊突然直角拐弯,山顶的深切垭口和山谷、冲沟往往是断层和其他破碎带位置。浅埋隧洞不要选在这些地方,以免出现洞顶围岩太薄、岩体风化破碎太厉害、雨季地面大量渗水的不利情况。

二、地层岩性

好的洞室位置关键在于好的地质条件,其中岩性对围岩稳定的重要性前已叙及。总的原则是洞室应尽量选在坚硬岩石中。岩浆岩和大部分均质的变质岩均属坚硬岩石。如新的鲜花岗岩、闪长岩、辉长岩、流纹岩、安山岩、致密玄武岩及变质岩中的均质、块状未风化的片麻岩、石英片岩、变质砾岩等均是良好的建洞岩石。对建筑埋深不超过 $300\sim500\text{m}$ 的中小型洞室,只要构造应力不大,岩石强度方面是不成问题的。变质岩中有部分岩石如黏土质片岩、绿泥石片岩、泥质板岩、千枚岩等属软弱岩石,洞室尽量不选在其中。例如某地一引水隧洞挖在千枚岩中,开挖后千枚岩即碎裂成薄片而坍落。又如某隧洞穿过辉长岩、蛇纹岩和千枚岩,坍方即发生在长 40m 的千枚岩中,坍方量达 800m^3。

沉积岩比岩浆岩和变质岩复杂些,总的来说,岩石强度要低些。厚层白云岩,石灰岩,钙质胶结的砂岩、砾岩一般系坚硬的岩石。而泥岩(黏土岩)、凝灰岩(熔岩含量小于 10%)、石膏、盐岩、软煤层、泥质胶结的砾岩、砂岩等常系软弱岩石。东北某地修建发电引水隧洞,几个线路比较方案均得通过花岗岩、闪长岩和红色砂岩。红色砂岩胶结不好,岩性接近软弱的。有一条比较方案就是因为比其他路线要多穿越 700m 砂岩而放弃。因为当时估计,在这种软弱的砂岩中修建隧洞,施工过程围岩可能容易坍塌或虽围岩暂时稳定,但加固费用也是很高的。

三、地质构造

1. 块状构造地区

岩浆岩、块状均质变质岩和混合岩地区,主要应避免将洞室选在未胶结的断层破碎带、不整合破碎带、岩脉破碎带和节理密集带中。这些地方围岩破碎,地下水活跃,在洞顶围岩不厚,洞顶有冲沟、垭口情况下更应注意。将洞轴线方向改为与这些破碎带直交或斜交,则可使隧洞与之相交长度较短,可减少破碎带对隧洞稳定影响的范围。千万避免隧洞从这些破碎带交会点中通过。

2. 层状构造地区

沉积岩和部分成层变质岩为层状构造,应从破碎带、褶皱和成层产状三方面去考虑洞室最好的位置。

断层破碎带、不整合破碎带、节理密集带的作用和选线的考虑方法与块状构造岩体是相同的。

褶皱构造中的地层弯曲较大的地段应该注意,一般情况下把洞室摆在直立褶皱和倾斜褶皱的翼部比在轴面附近要好,因为轴面附近往往比较破碎。箱形和屉形褶皱两翼岩层由平缓急转为陡立的部位比较破碎,褶皱轴面反而较完整。当地形条件相同时,向斜轴部比背斜轴部建洞条件差,因为向斜轴部不仅岩体破碎,而且有可能地下水十分活跃,对施工十分不利。

成层产状的岩层层面和节理面均布于整个岩体内,为减少它们在围岩内形成不利组合

的危险性,应考虑下述原则:

(1)当岩体内主要软弱结构面只有一组(例如层面)时,则洞室轴线应取为与之垂直的方向。

(2)当岩体内有两组比较软弱的结构面时,则洞室轴线应取两结构面走向交角的平分线方向(图9-15)。当洞室系统各部位长轴方向不同时,上述两条原则可优先满足重要洞室工程(例如优先照顾厂房和大跨度隧洞),其他部位隧洞可采用工程措施解决。

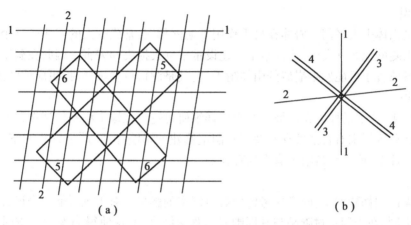

图9-15　为减少结构面的不利作用洞室方向选取图
(a)地下厂房的合适方向　(b)隧洞的合适方向
1—1、2—2—软弱结构面方向　3—3、4—4—隧洞方向　5—5、6—6—地下厂房位置

有关倾斜岩层中的洞室围岩稳定问题,本章第一节实际上已提及,倾斜产状岩层当岩层很薄且系软弱与坚硬岩石互层时,洞室轴向垂直岩层走向比平行走向要好。若非平行岩层走向,则应将隧洞放在较坚硬的岩层中。围岩失稳一般最易发生在洞顶,其次于洞侧壁。故可在设计允许范围内,适当挪动洞轴线位置和调整洞轴线位置高程,使洞顶为较坚硬岩石,洞底为软弱岩石,这对隧洞围岩稳定是有利的。不论对倾斜、平缓或陡立岩层都应采用这个原则(参见图9-10)。

四、地下水

地下洞室干燥无水时,有利于围岩稳定。因此,在位址选择时,最好选在地下水位以上的干燥岩体或地下水量不大、无高压含水层的岩体内,尽可能避开饱水的松散土层、断层破碎带及岩溶化碳酸岩层。

对于向斜轴和背斜轴的破碎带(尤其是向斜轴),大的断层破碎带、岩脉破碎带,大的不整合面,松散物充填的岩溶地区,往往由于水的触发作用,造成堵洞、坍方的事故。尤其是当它们与地表水体相沟通时,则洞室应尽量避开它们,或选择较高的位置,否则不但会造成严重的涌水淹洞事故,而且还对岩体起着恶化作用。同时还应看到,不是所有位于地下水位以下的洞室都有很大的破坏作用。在洞室稳定的条件下,对引水隧洞(低压)可以补偿水源,增加水量,在厂房地段可以作为供水水源。当洞室中地下水化学成分含有有毒的化合物时(如硫酸、硫化氢、二氧化碳、亚硫酸等),会对衬砌的材料产生侵蚀作用。

由上述可见,在洞室选址过程中,必须对洞室所在深处岩体及地表附近的水文地质条件加以研究,提出洞室涌水量、水质及防治措施的建议。

五、不良地质现象、地温和有害气体

各种不良地质现象同样是洞室工程地质工作研究的内容之一。如果在选址时没有注意到这些现象可能发生或调查研究得不够清楚,有可能在洞室修建以后及开挖过程中,带来很大危害。

1. 崩塌

崩塌是山体失去平衡。岩体在自重作用下崩落翻倒,常成巨大的岩块或整个岩体崩毁。在许多高山陡峻地区常发生,往往给工程建设带来巨大损失和灾害。因此在洞室选址时,应当避免洞室放置于可能发生崩塌的山体附近,尤其是洞口位置选择时,更应该注意。

2. 滑坡

滑坡发生、发展的原因在边坡一章中已详细研讨过。在地下洞室位址选择时,尤其应当调查判断在洞区周围有否滑坡存在及其对洞室修建的影响如何,严格禁止洞室进出口地段放置在滑坡体上,或在洞口附近有滑坡存在。

3. 地震

在地震区内修建洞室,同样应考虑地震对洞室的影响。对于抗震能力来说,洞室与地面建筑物之不同,在于洞室衬砌是与其周围岩体紧密结合的,这使得当发生地震时,岩体与衬砌发生同样的震动,而不易发生相对位移。此外,洞室结构型式(拱形)及其具有较小的高度,对于抗震是比较有利的。所以通常在六级以内的地震区设计洞室时,一般可不考虑地震的影响,不需采取防震措施,在 7~9 级地震区,则应考虑地震影响。在九级以上地震区,可使岩体断裂,故洞室亦随之损坏,应进行特别研究处理,一般应该放弃在该区修建洞室。

4. 地温和有害气体

(1) 地温

预先估计开挖洞室时可能遇到的最高温度,对于洞室施工和使用具有重要的意义。对地下洞室进行通风设计时,洞室地温是主要资料之一,所以在选址和勘测时应对洞室地温进行预测。

地下温度增加的测定值通常用地温梯度(即温度升高 1℃ 时需要下降的深度——以 m 计)及地温增减率(即每加深 100m 岩层温度升高的度数)来表示。地温梯度和地温增加率有下列关系:

$$T_2 = 100/T_1 \tag{9-5}$$

式中: T_2——地温增加率;

T_1——地温梯度。

地壳岩体温度的升高只是在地面以下某一深度才开始的,这一深度值称为常温层。常温层的温度与当地多年平均气温相当,在常温层以上地层中温度受气候变化的影响,时高时低,而在这以下,由于地热的影响,深度愈深则地温愈高。

地温增加率、地温梯度和常温层深度及温度受复杂因素的影响,如地形起伏、切割深度、岩层导热率、含水量、地下水温度、近代火山活动和矿泉存在等,因而各地都不相同。要想准确地预测洞室温度数值是比较困难的,一般是近似地加以估算。地下某一深度岩层的温度

可用下式计算：

$$t = t_0 + \frac{H_1}{H_2} \tag{9-6}$$

式中：t——地下某一点的温度；

　　t_0——地下常温层的温度；

　　H_1——该点所处的地下深度；

　　H_2——常温带的深度。

（2）有害气体

洞室开挖时常会遇到各种有害的地下气体，这些有害气体对人体健康、洞室衬砌极为不利，特别是一些易燃性及爆炸性的气体，对施工安全带来很大危害。常见的有害气体是：

①二氧化碳（CO_2）。是一种无色的气体，微带酸味和酸臭，相对密度为 1.52，有毒，但毒性不强，对于眼睛、嘴、鼻的黏膜有一定刺激作用，当其浓度达到 6%时（按体积计），就会使人发生严重的喘息和疲劳，达到 10%时，可使人处于昏迷状态；如果达到 20%~25%时，则将有致人死亡的危险，通常规定其含量不超过 0.5%。在含碳地层中开挖洞室，常会遇到 CO_2 气体，由于 CO_2 比空气重，故多聚集在洞室坑道的底部岩石裂隙中，当洞室开挖时突然大量溢出，将会造成施工人员因缺氧而死亡。

②硫化氢（H_2S）。是一种毒气强烈的有毒气体，它能刺激眼膜、呼吸系统与神经系统，其在空气中的含量达到 0.1%即可致人死亡。按规定在空气中含量不能超过 0.00066%。当其浓度达到 6%时，常引起爆炸。H_2S 易溶于水，能形成对衬砌的侵蚀作用，它破坏灰浆，尤其是石灰浆。在洞室通过硫化矿床或其他含硫地层时，将会遇到这种气体。

③甲烷（CH_4），又称沼气。其相对密度为 0.554，比空气轻，故常聚集于坑道顶部，是一种可燃性气体，当其含量达到 5%~15%时，即形成爆炸性瓦斯（爆炸力量最大是在含量为9.6%时）。按规定，在空气中之含量不能超过 1%。当洞室通过煤系、含油、含碳和沥青地层时，可能有甲烷气体溢出。

第三节　洞室围岩参数的选择

一、山岩压力的基本概念

地下洞室围岩在重分布应力作用下产生塑性变形和破坏，从而引起施加于支护衬砌上的压力，此即为山岩压力（也有称围岩压力）。它是围岩与支护间的相互作用力，与围岩应力不同，围岩应力是岩体中的内力，而山岩压力是针对支护衬砌而言的，是作用于支护衬砌上的外力。因此，如果围岩强度足够，完全能够承受住围岩应力的作用，就不需要设置支护衬砌，也就不存在山岩压力问题。只有当围岩适应不了围岩应力的作用，而产生塑性变形或破坏时，才需要设置支护衬砌以维持围岩稳定，因而就形成了山岩压力。山岩压力的大小，是支护衬砌设计的主要依据。据山岩压力的形成机理，其可划分为形变山岩压力、松动山岩压力及冲击山岩压力三种。

形变山岩压力是由于围岩塑性变形如塑性挤入、膨胀内鼓、弯折内鼓等形成的，它具有随时间增长的特点，主要发生在黏土质岩类，特别是含蒙脱石多的岩石中。当围岩应力超过岩体屈服极限时,围岩产生塑性变形或在易引起塑性流动变形的岩石中的深埋洞室,在围岩受压力过大的条件下,也可产生这种山岩压力。

松动山岩压力是由于围岩拉裂塌落、块体滑移及重力坍塌等破坏引起的。这是一种有限范围内脱落岩体的自重施加在支护衬砌上的压力,其大小取决于围岩性质、结构及地下水活动和支护时间长短等因素。

冲击山岩压力是由于岩爆形成的。它是弹脆性围岩过度受力后突然发生岩石弹射变形所引起的山岩压力现象。冲击山岩压力的大小与天然应力、围岩的力学属性密切相关,并受到洞室埋深,施工方法及地形等因素的影响。

以上三种山岩压力的确定方法有所不同,下面重点介绍松动围岩压力的确定方法。

二、松动山岩压力的确定

国内外确定松动山岩压力的方法较多,这里仅介绍几种国内常用的方法。

(一)用平衡拱理论确定山岩压力值

平衡拱理论认为:岩体被断层、节理、裂隙切割成类似松散介质的物体,洞室顶部出现拱形的分离体,分离体将从稳定母岩中脱落而压在洞顶衬砌上,拱形分离体重量即洞顶山岩压力值,而拱外岩体仍保持平衡,形成的拱称为自然平衡拱。

1. 坚固性系数(f_k)

又称为岩石的普氏系数,它是计算山岩压力的一个参数。关于它的意义,普罗托季杨可诺夫认为,平衡拱呈二次抛物线,故平衡拱内岩土体重量(图9-16)即洞顶山岩压力,可用下述公式求得:

$$P = \frac{2}{3}\gamma bh \tag{9-7}$$

$$P' = \gamma bh' \tag{9-8}$$

$$h = \frac{b}{2f_k} \tag{9-9}$$

$$h' = \frac{b'}{2f_k} \tag{9-10}$$

式中:P——洞侧壁稳定时洞顶山岩压力(kN/m);

P'——洞侧壁不稳定时洞顶山岩压力(kN/m);

γ——岩石重度(kN/m³);

b——隧洞开挖跨度(m);

b'——洞侧壁不稳定时平衡拱底宽度(m);

h、h'——平衡拱高度(m);

f_k——岩石坚固性系数。

式(9-7)至式(9-10)中,关键是岩石坚固性系数(f_k)。岩石越软弱,岩石坚固性系数(f_k)越小,围岩山岩压力越大。洞室工程地质工作中一项重要任务就是确定岩石坚固性系数。

2. 坚固性系数的确定

普氏认为土的坚固性系数与土的黏聚力(c)和内摩擦角(φ)有关,岩石的坚固性系数约

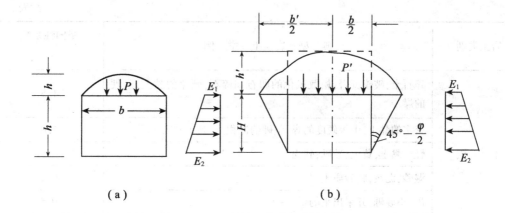

图 9-16　平衡拱理论求山岩压力

（a）洞侧壁稳定　（b）洞侧壁不稳定

b、b'—平衡拱底宽　h、h'—平衡拱高　P、P'—洞顶山岩压力　H—洞室高

E_1、E_2—洞侧壁单位面积上山岩压力　φ—岩石的内摩擦角

相当其抗压强度（R_c）的 1/100，即

$$f_k = \frac{R_c}{100}$$

不同岩石和土的坚固性系数见表 9-2。

表 9-2　　　　　　　　　　　　　各类岩土的坚固性系数

岩土类别	典　型　岩　土　举　例	坚固性系数 f_k
最坚硬岩石	最坚硬的、致密的石英岩和玄武岩，最坚硬的其他岩石	20
	很坚硬的花岗岩、石英斑岩、硅质岩，最坚硬的砂岩及石灰岩	15
坚硬岩石	致密的花岗岩，很坚硬的砂岩和石灰岩，石英岩脉，坚硬的砾岩，很坚硬的铁矿	10
	坚硬的石灰岩，不坚硬的花岗岩，坚硬的砂岩，大理岩，黄铁矿，白云岩	8
较坚硬岩石	普通砂岩，铁矿	6
	砂质页岩，片状砂岩	5
普通岩石	坚硬的黏土质页岩，不坚硬的砂岩和石灰岩，软的砾岩	4
	不坚硬的页岩，致密的泥灰岩	3
软弱岩石	软弱的页岩，软的石灰岩，冻土，白垩土，石膏，普通泥灰岩，破碎砂岩，胶结的卵石和碎石	2

岩土类别	典 型 岩 土 举 例	坚固性系数 f_k
土　　层	碎石土,破碎页岩,松散风化的卵石和碎石,硬化的黏土,坚硬的煤	1.5
	密实的黏土,中等硬度的煤,坚硬的冲积土,黏土质土	1.0
	轻亚黏土,黄土,砂砾,软煤	0.8
	湿砂,泥炭,轻砂质土	0.6
	砂,小砂砾,开采出来的煤	0.5
	流砂,沼泽土,含水的黄土及其他含水土	0.3

普氏平衡拱理论有一定的优点,把坍落体的重量视为山岩压力,直观、易理解,也有理论依据,但把所有围岩坍落体均视为拱形,其局限性就比较大了。实际上,岩体中的坍落体大多不呈拱形。因此确切地说,该理论较适用于土体或松散岩体,对岩体尤其是坚硬岩体则不太适用,而且普氏理论完全没有考虑岩体结构、构造应力,特别是围岩应力重分布的影响。尽管如此,该理论在工程实践中仍得到广泛应用,但在确定岩体的坚固系数时,则应根据经验和实际情况予以修正。

3. 坚固性系数的修正

土体和软弱岩体,可按表9-2选取 f_k 值,其他岩石则根据经验在表9-2的基础上进行调整,按下式确定 f_k 值:

$$f_k = A \cdot \frac{R_C}{100} \tag{9-11}$$

式中:A 为修正系数,根据经验选定,其余符号同前。

例如,甘肃某工程选取 A 的标准是:

(1)工程地质条件很好的岩体,$A \geqslant 0.6$;

(2)工程地质条件良好的岩体,$A = 0.45 \sim 0.55$;

(3)工程地质条件较差的岩体,$A = 0.2 \sim 0.4$;

(4)工程地质条件不好的岩体,$A \leqslant 0.25$。

永定河某电站规定:

(1)微风化完整岩体,$A = 0.5 \sim 0.6$;

(2)弱风化岩体,$A = 0.4 \sim 0.5$;

(3)裂隙发育的岩体,$A = 0.3 \sim 0.4$;

(4)断裂较发育但规模较小,$A = 0.2 \sim 0.3$;

(5)断裂较发育且规模较大,有地下水,$A = 0.1$。

(二) 经验系数法

我国水电部门在总结了国内外一些工程所采用的山岩压力值的基础上,提出用下式来计算围岩压力,即

$$p = S_y \cdot \rho \cdot g \cdot B \qquad (9\text{-}12)$$

$$q = S_x \cdot \rho \cdot g \cdot H \qquad (9\text{-}13)$$

式中:p、q——均匀分布的铅直山岩压力和水平的山岩压力;

$\quad$ S_y、S_x——铅直山岩压力系数和水平山岩压系数,可查表 9-3 获取;

$\quad$ ρ——岩石的密度;

$\quad$ g——重力加速度;

$\quad$ B、H——隧洞的跨度和高度。

表 9-3　　　　　　　　　　　水平与铅直山岩压力系数值

岩石坚硬程度	代表的岩石名称	节理裂隙多少或风化程度	围压系数	
			S_y	S_x
坚硬岩石	石英岩、花岗岩、流纹斑岩、安山岩、玄武岩、厚层硅质灰岩等	节理裂隙少,新鲜	0~0.05	—
		节理裂隙不太发育,微风化	0.05~1	—
		节理裂隙发育,弱风化	0.1~0.2	—
中等坚硬岩石	砂岩、石灰岩、白云岩、砾岩等	节理裂隙少,新鲜	0.05~0.1	—
		节理裂隙不太发育,微风化	0.1~0.2	—
		节理裂隙发育,弱风化	0.2~0.3	0~0.05
软弱岩石	砂页岩互层、黏土质岩石、致密的泥灰岩等	节理裂隙少,新鲜	0.1~0.2	—
		节理裂隙不太发育,微风化	0.2~0.3	0~0.05
		节理裂隙发育,弱风化	0.3~0.5	0.05~0.1
松软岩石	严重风化及十分破碎的岩石、断层破碎带等		0.3~0.7 或更大	0.05~0.5 或更大

注:表列数据适用于 $H \leqslant 1.5B$ 的隧洞断面。

(三)块体极限平衡理论法

坚硬块状岩体常被各种结构面切交成许多具有一定几何形状、大小不一的块体。地下开挖后,有些块体由于临空面而成为不稳定分离体向洞内滑移。这时作用于衬砌上的山岩压力等于这些滑移体的重量或它的分量,并可采用块体极限平衡理论进行分析计算。

采用块体极限平衡理论计算山岩压力时,首先应从岩体结构分析着手,找出洞壁围岩中不稳定分离体的形态和位置,然后对不稳定分离体进行稳定性校核。分离体处于稳定状态时,则不产生山岩压力。

当不稳定分离体位于洞顶上时,所引起的山岩压力(P_v)为

$$P_v = \frac{\rho g V}{F} \qquad (9\text{-}14)$$

式中:V 为不稳定分离体的体积;F 为分离体与支衬结构的接触面积,其余符号意义同前。

当不稳定分离体位于侧壁上时(如图 9-17 所示),由此引起的水平围岩压力(P_H)为

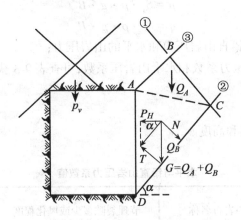

图 9-17　侧壁山岩压力计算图

$$P_H = \frac{(T - N\tan\phi_j)\cos\alpha}{F} \qquad (9-15)$$

式中：$T = (Q_A + Q_B)\cos\alpha$；

$\quad N = (Q_A + Q_B)\sin\alpha$；

$\quad Q_A$、Q_B——分离体 ABC 和 ACD 的重量；

$\quad \phi_j$——滑动面的摩擦角；

$\quad F$——分离体与支衬的接触面积；

$\quad \alpha$——滑动面倾角。

三、岩体的抗力

1. 岩体抗力的概念

岩体的抗力是指衬砌在内水压力作用下向外扩张,向周围岩体方向发生变形,受到围岩抵抗而施加于衬砌的反作用力。在有压隧洞中,岩体的抗力明显,它能帮助衬砌分担一部分内水压力,对衬砌安全有利。

岩石(体)的抗力系数(K)或岩石(体)单位抗力系数(K_0)是计算岩石抗力的主要参数,它们的相互关系如下式：

$$P = Ky \qquad (9-16)$$

$$K_0 = \frac{r}{100} \cdot K \qquad (9-17)$$

式中：P——围岩某点的抗力(MPa)；

$\quad y$——洞壁的径向变形(cm)；

$\quad K$——岩石(体)的抗力系数(MPa/cm)；

$\quad K_0$——岩石(体)的单位抗力系数,亦即半径为 100cm 的隧洞围岩的抗力系数；

$\quad r$——隧洞半径(cm)。

显然,一般情况下,$K_0 > K$,K_0 或 K 值越大,对衬砌稳定越有利。

2. 影响岩体抗力系数大小的因素

坚硬、新鲜和完整岩石(体)的单位抗力系数(K_0)比软弱的、风化的和破碎岩体的单位抗力系数大得多。有压隧洞衬砌与围岩结成一个整体,在结合很紧密的情况下,围岩的抗力才能充分发挥出来。岩石(体)单位抗力系数与内水压力大小有关。内水压力越小,单位抗力系数越大。因此,我们选用已有经验值时,一定要注意是在多大水头压力下的数值。而岩石(体)抗力系数(K)则与隧洞半径有关。隧洞半径越小,岩石(体)抗力系数越大。

3. 确定岩石(体)抗力系数的条件和方法

(1)确定岩石抗力系数的条件

对有压洞室,一般在下述条件下才考虑岩体的抗力:

① 围岩内无不利的滑动面,在内水压力作用下不致产生滑动;

② 围岩厚度大于0.4倍内水压力水头(高水头隧洞,当有充分论证时可适当减少);

③ 围岩厚度大于8倍隧洞开挖直径。若只符合①、②两条,而不具备第③条,则应适当降低围岩的K_0值。

若围岩厚度小于15%~20%倍隧洞直径,则不要考虑岩石(体)的抗力系数K值。当满足①、③两条,而不满足②条时,应对围岩承载能力进行校核。如果围岩不稳定或超过允许强度,应加强衬砌或降低K值。凡具备以上三个条件的隧洞地段,均可按下面方法确定围岩的抗力系数。

(2)确定岩石(体)抗力系数的方法

① 从已有经验数据中选定(表9-4)。

表9-4 岩石抗力系数表

岩石坚硬程度	代表性岩石	节理裂隙和风化情况	有压隧洞单位抗力系数 K_0（MPa/cm）	无压隧洞单位抗力系数 K_0（MPa/cm）
坚硬岩石	石英岩、花岗岩、流纹斑岩、安山岩、玄武岩、厚层硅质灰岩	节理裂隙少,新鲜 节理裂隙不太发育,微风化 节理裂隙发育,弱风化	100~200 50~100 30~50	20~50 12~20 5~12
中等坚硬岩石	砂岩、石灰岩、白云岩、砾岩	节理裂隙少,新鲜 节理裂隙不太发育,微风化 节理裂隙发育,弱风化	50~100 30~50 10~30	12~30 8~12 2~8
较软岩石	砂页岩互层、黏土质岩石、致密的泥灰岩	节理裂隙少,新鲜 节理裂隙不太发育,微风化 节理裂隙发育,弱风化	20~50 10~20 小于10	5~12 2~5 小于2
松软岩石	严重风化及十分破碎的岩石、断层带		小于5	小于2

注:1. 本表不适用于竖井即埋藏特别深或特别浅的洞室。

   2. 表中用于无压隧洞的K_0值指用于开挖宽度为5~10m的隧洞,当开挖宽度大于10m时,K_0值适当降低。

②用下述半理论半经验公式计算:

$$K_0 = \alpha \cdot \frac{E}{100(1 + \mu)} \quad\quad\quad (9\text{-}18)$$

$$K_0 = \alpha \cdot \frac{E}{100\left(1 + \mu + \ln \dfrac{R_0}{r}\right)} \quad\quad\quad (9\text{-}19)$$

式中:E——岩石的弹性模量(MPa);

μ——岩石的泊松比;

R_0——隧洞围岩体裂隙区半径(cm);

α——修正系数。

其他符号意义同前。

对于坚硬、完整的岩体可采用公式(9-18)计算 K_0。式中修正系数(α)决定于参数 E 的实验方法:若系室内实验取得的 E 值,则 $\alpha = 1/2 \sim 1/3$,若系野外试验成果,则 $\alpha = 1.0$。

对于裂隙发育的岩体可采用公式(9-19)计算 K_0,式中$\dfrac{R_0}{r}$值可按裂隙发育程度而定。裂隙较少,可取$\dfrac{R_0}{r} = 30$,即 $\ln \dfrac{R_0}{r} = 1.1$。当裂隙较发育,岩体较破碎时,可取$\dfrac{R_0}{r} = 300$,即 $\ln \dfrac{R_0}{r} = 5.7$。修正系数亦取决于参数 E 的实验方法:若 E 是室外实验成果,则 $\alpha = 1.0$;若 E 是室内实验成果,当岩石坚硬,裂隙间距 $10 \sim 20\text{cm}$ 地段,裂隙多呈闭合时,则 $\alpha = 1/5 \sim 1/6$;当岩石坚硬,裂隙多张开或有泥质充填时,$\alpha < 1/10$。

四、外水压力

外水压力即指衬砌上所受的地下水的静水压力,它与山岩压力一起作用到衬砌上,有时其数量远远超过山岩压力值。

1. 外水压力的计算公式

外水压力大小可按下式确定,

$$P_{外} = \beta H_{水} \quad\quad\quad (9\text{-}20)$$

式中:$P_{外}$——外水压力(m);

$H_{水}$——洞顶点以上地下水的厚度(m);

β——折减系数,一般为 $0.25 \sim 1.0$。

工程地质工作首先应确定出地下水位,然后再进一步考虑折减系数(β)的大小。

2. 外水压力两个参数的选定

外水压力两个参数,即洞顶点以上地下水的厚度($H_{水}$)和折减系数(β),可根据下述情况选定。

(1)地下水厚度($H_{水}$)

在确定地下水厚度时,应注意以下几种情况:

①不能取旱季枯水位,而应取雨季的高水位;

②要考虑最高库水位使地下水位抬升的影响;

③当洞室以上为含水层与隔水层交互相间时,则应取洞室所在含水层的水位(或水压

面）。若含水层已被断层连通而有很密切的水力联系,则应取洞室以上最上面那层地下水位。

（2）折减系数(β)

在选取 β 值的大小时,应注意以下条件:

① 在岩浆岩、变质岩地区,一般以裂隙型地下水为主。由于裂隙的频率和裂隙、断层宽度不同,折减系数相差很大。一般裂隙岩层,若透水性弱,β 可取为 0.2~0.4 甚至更小;若洞室围岩系致密不透水的,β 可取为零。在断层破碎带以及地下水集中渗流地带,β 可取 1.0。

沉积岩中透水性良好的地段,例如松散砂砾石层和岩溶发育地层,可取 $\beta=1.0$。沉积岩的页岩层、致密不透水砂页岩层多系裂隙型地下水,取值可按岩浆岩、变质岩地区情况考虑。

② 衬砌透水与否对 β 值影响很大,在衬砌透水段,β 值可取低些。在调压井与压力管道段,若用钢板衬砌,隔水性很好,β 值可取高些。

五、上覆岩层的最小厚度

内水压力所产生的附加径向应力对洞顶部围岩具有顶托作用,相当于产生了一个上托力。在高压输水隧洞中,这种顶托作用尤为显著。当上托力达到或超过上覆岩层的自重和摩擦阻力时,岩层就有被掀起的危险。因此,在有压洞室围岩稳定性评价中,必须确定上覆岩层不致被抬动的最小厚度。

设洞室半径为 R_0,岩体天然应力为 $\sigma_v = \rho \cdot g \cdot h$,$\sigma_H = \lambda \sigma_v$,作用于洞壁的内水压力为 p_a,则有压洞室洞壁上的重分布应力为

$$\left. \begin{aligned} \sigma_r &= P_a \\ \sigma_\theta &= \rho \cdot g \cdot h[(1-2\cos\theta) + \lambda(1-2\cos\theta)] - p_a \end{aligned} \right\} \tag{9-21}$$

假定围岩满足莫尔强度条件

$$\sin\phi = \frac{\sigma_r - \sigma_\theta}{\sigma_r + \sigma_\theta + 2C\cot\phi} \tag{9-22}$$

将(9-21)式代入(9-22)式,可求得上覆岩层的最小厚度为

$$h_{\min} = \frac{2(p_a - C\cos\phi)}{\rho g(3\lambda - 1)(1 + \sin\phi)} \tag{9-23}$$

式中:ρ 为岩体密度,g 为重力加速度,λ 为天然应力比值系数;C、ϕ 为岩体剪切强度参数。

除(9-23)式外,还有一些确定 $h_{\min}$ 的方法,如拉裂理论。它根据洞壁围岩内是否允许出现拉应力或围岩内是否允许出现一定的拉裂区来确定 $h_{\min}$。

当不允许围岩内出现拉应力时,设岩体天然应力 $\sigma_H = \sigma_v = \rho \cdot g \cdot h$,内水压力为 p_a。根据厚壁筒理论,洞壁上的应力为 $\sigma_\theta = 2 \cdot \rho \cdot g \cdot h - p_a$。因为不允许洞壁上有拉应力产生,则有 $2 \cdot \rho \cdot g \cdot h - p_a = 0$。因此,可求得洞顶上覆岩层的最小厚度 $h_{\min}$ 为

$$h_{\min} = \frac{p_a}{2\rho g} \tag{9-24}$$

当 $\rho = 2.5$ 时,$h_{\min} = 0.2 p_a$。

当洞壁围岩内允许一定范围的拉裂区存在时,假定该拉裂区厚度等于覆盖层的 1/3,则

要求上覆岩层的最小厚度 h_{min} 为

$$h_{min} = 3\sqrt{\frac{p_a R_0}{2\lambda\rho g}} \tag{9-25}$$

式中符号意义同前。当围岩 $\rho = 2.5$ 时,不同 λ 值要求的 h_{min} 值如表9-5所示。

实际运用时,洞顶部岩层厚度应大于 h_{min} 才能保证有压隧洞围岩的稳定性。

表9-5　　　　　　　　当围岩 $\rho = 2.5$ 时,不同 λ 值要求的 h_{min} 值

天然应力比值系数(λ)	0.3	0.4	0.5	0.75	1.00
上覆岩层最小厚度(h_{min})	$2.45\sqrt{p_a \cdot R_0}$	$2.12\sqrt{p_a \cdot R_0}$	$1.9\sqrt{p_a \cdot R_0}$	$1.55\sqrt{p_a \cdot R_0}$	$1.34\sqrt{p_a \cdot R_0}$

第四节　保障洞室围岩稳定性的措施

研究洞室围岩稳定性,不仅在于正确地据以进行工程设计与施工,也为了有效地改造围岩,提高其稳定性,这是至关重要的。

保障围岩稳定性的途径有二:一是保护围岩原有稳定性,使之不至于降低;二是赋予岩体一定的强度,使其稳定性有所增高。前者主要是采用合理的施工和支护衬砌方案,后者主要是加固围岩。

一、合理施工

围岩稳定程度不同,应选择不同的施工方案。施工方案选定合理,对保护围岩稳定性有很大意义。其所遵循的原则,一是尽可能先挖断面尺寸较小的导洞,二是开挖后及时支撑或衬砌。这样就可以缩小围岩松动范围,或制止围岩早期松动,防止围岩松动,或把松动范围限制在最小限度。针对不同稳定程度的围岩,已有不少施工方案。归纳起来,可分为三类:

(一)分部开挖,分部衬砌,逐步扩大断面

围岩不太稳定,顶围易塌,那就在洞室最大断面的上部先挖导洞(图9-18(a)),立即支撑,达到要求的轮廓,作好顶拱衬砌。然后在顶拱衬砌保护下扩大断面,最后做侧墙衬砌。这便是上导洞开挖、先拱后墙的办法。为减少施工干扰和加速运输,还可以用上下导洞开挖、先拱后墙的办法(图9-18(b))。

围岩很不稳定,顶围坍落,侧围易滑。这样可先在设计断面的侧部开挖导洞(图9-18(c)),由下向上逐段衬护。到一定高程,再挖顶部导洞,做好顶拱衬砌,最后挖除残留岩体。这便是侧导洞开挖、先墙后拱的方法,或称为核心支撑法。

(二)导洞全面开挖,连续衬砌

围岩较稳定,可采用导洞全面开挖、连续衬砌的办法施工。或上下双导洞全面开挖,或下导洞全面开挖,或中央导洞全面开挖。将整个断面挖成后,再由边墙到顶拱一次衬砌。这样,施工速度快,衬砌质量高。

(三)全断面开挖

围岩稳定,可全断面一次开挖。施工速度快,出渣方便。小尺寸隧洞常用这种方法。

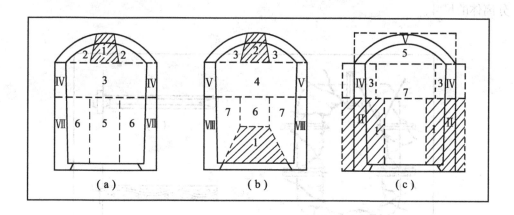

图 9-18　分部开挖、逐扩断面示意图
（a）上导洞先拱后墙　（b）上下导洞先拱后墙　（c）侧导洞先墙后拱
1，2，3……开挖顺序　Ⅳ、Ⅴ……衬砌顺序

二、支撑、衬砌与喷喷加固

支撑是临时性加固洞壁的措施，衬砌是永久性加固洞壁的措施。此外还有喷浆护壁、喷射混凝土、锚筋加固及锚喷加固等。

支撑手续简便，开挖后立即进行，可防止围岩早期松动，是保护围岩稳定性的简易可行的办法。

衬砌的作用与支撑相同，但经久耐用，使洞壁光坦。砖、石衬砌较便宜，钢筋混凝土、钢板衬砌的成本最高。衬砌一定要与洞壁紧密结合，填严塞实其间空隙才能起到良好效果。作顶拱的衬砌时，一般还要预留压浆孔。衬砌后，再回填灌浆，达到严实的目的，在渗水地段也可起防渗作用。

喷浆护壁、喷射混凝土、锚筋加固等，与前述衬砌有许多相同的作用，但成本低得多，又能充分利用围岩自身强度来达到保护围岩并使之稳定的目的，在我国应用日益广泛，国外采用也很普遍。

喷浆护壁较简便而又经济，对保护易风化围岩的稳定性效果较好。当洞室开挖后及时在洞壁上喷射水泥砂浆，形成保护层，保护围岩原有强度。

喷射混凝土与喷浆方法相仿，但作用大不相同。混凝土内加速凝剂，及时（越早越好）喷射到洞壁上，它便很快地凝固并有较大强度，可防止洞壁早期松动。

锚筋加固又称锚杆加固，目前大量采用。将锚筋插入围岩，使洞周松动围岩与稳定围岩固定，起到钉子的作用（图 9-19（a））。常用的有楔头锚筋（图 9-19（b））和砂浆锚筋（图 9-19（c））两种。砂浆锚筋是将钢筋放入围岩孔内，再用水泥砂浆将孔灌满。钢筋在孔内呈弯曲状，效果更好。楔头锚筋是把钢筋里端开一小缝，放上铁楔，将钢筋打入孔内，再用锤打紧。铁楔尖劈力便使里端张开成叉，将钢筋卡在孔内；外端用螺丝帽拧紧，便把可能松动的岩块固定在岩体上。有时也用砂浆灌孔，增加锚固效果。锚筋加固适用于比较坚固的岩体，一般

在 f_k>3~4 的岩体内效果较好。锚入深度应大于围岩松动带厚度,或大于平衡拱高度,或大于分离体的尺寸。

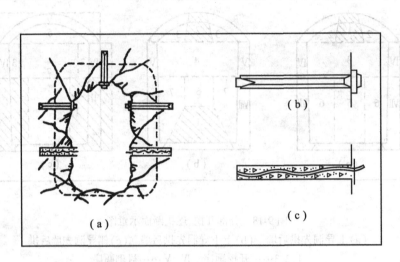

图 9-19　锚筋加固洞室围岩示意图
(a)加固断面　(b)楔头锚筋　(c)砂浆锚筋

三、灌浆加固

　　裂隙发育的岩体和极不稳定的第四纪堆积物中开挖洞室,常需要加固以增大围岩稳定性,降低其渗水性。最常用的加固方法就是水泥灌浆,其次有沥青灌浆、水玻璃(硅酸性)灌浆,还有冻结法,等等。通过这种办法,在围岩中大体形成一圆柱形或球形的固结层。

第十章　环境工程地质问题

　　环境工程地质学是研究人类工程-经济活动与地质环境之间相互作用、相互影响,从而更加科学合理地开发、利用和保护地质环境的一门科学。人类工程活动与地质环境的协调成为环境工程地质研究的核心,主要通过地质环境对工程建设的影响和制约以及工程建设造成的地质环境次生演化与恶化,引起地质灾害或病害,产生对工程建设地区的反馈影响和后果两个方面表现出来。前者可用地质环境对工程建设的适宜性来表达,后者可用地质环境对工程建设的敏感性来衡量。环境工程地质学认为自然地质环境(原生地质环境)是基础,只有通过对自然地质环境的演化历史来认识其特征,才能作出可靠的工程地质环境的预测和评价。由此可见,如果说传统工程地质评价是对工程建设地区工程地质条件的评价,那么环境工程地质评价、预测则是传统工程地质评价的继承和拓展,即不仅要对工程建设地区工程地质要素对工程建设适宜性进行综合评价,而且要对工程建设及工程运营过程中由于工程建设可能产生的地质环境效应作出评估和预测。

　　据1993年《世界水能资源》统计,全世界水能资源如表10-1所示,发达国家如日本、美国、加拿大,以及欧洲各国如法国、瑞士、瑞典、意大利、挪威等,都已开发可开发水能资源的50%以上,一些发展中国家如巴西、阿根廷、土耳其、印度、委内瑞拉等也已开发13%~22%。我国的水力资源十分丰富(见表10-1),但主要集中在西南地区,占全国总量的68%。据1997年统计资料,我国水资源总量为 $2.8124 \times 10^{12} m^3$,居世界第六位(人均占有量只有2 200m^3)。目前,我国已成功地在不同河流上兴建了许多大型和中、小型水利水电工程,充分发挥了拦洪、灌溉、航运以及发电效益,在国家经济建设中发挥了巨大的作用,但也因此而引起了许多新的环境地质问题,如坝址环境工程地质问题、水库环境工程地质问题以及由地下水开采而引起的环境工程地质问题等。这些问题都是水利水电工程建设和运行中重要的研究内容。

表10-1　　　　　　　　　　　世界与中国的总水能资源　　　　　　　　　(单位:10^4kW·h/a)

	理论水能蕴藏量	技术可开发量	经济可开发量	已开发量(1991年)
世界总量	35	15	9.35	2.27
中国	5.9222	1.9233	1.2600	0.1248

　　这一章我们主要讨论水利水电工程建设中常见的坝址区和库区的一些环境工程地质问题,如坝址区的渗漏、渗透稳定、雾雨、库岸稳定、水库浸没、淤积、水库地震等,尽管其中有些问题在有关章节作过讨论,但在这里我们是基于这些问题对环境所产生的影响来展开讨论的,亦即其内涵与已作过的讨论不同,因此其研究内容也不一样。

第一节　坝址环境工程地质问题

一、坝址环境的主要特征

水库大坝坝址是水利水电工程的枢纽,大坝建成后水库蓄水,坝址自然环境发生了明显的改变,工程地质环境也起了变化。坝址环境的主要特征是:

1. 人工湖的出现

大坝建成后出现了新的人工湖泊,形成新的自然生态环境。对山区来说,原来湍急的河流转变为稳定的静水湖泊,外营力地质作用相应发生了变化。水库为水生生物的繁衍提供了有利的条件,水库周边植被生长又为水库底层的有机物质的富集创造了条件,下层库水则是处于还原环境。对坝址来说,水库水是坝基地下水的主要补给源,补给源的水环境的变化必然导致坝基渗流过程中水与岩体(包括帷幕、混凝土等)间水文地球化学作用的进行,有可能出现化学管涌、软岩软化或泥化等问题。

2. 坝基岩体承受荷载的长期性

大坝新建后,坝基岩体即处于长期荷载状态,对坝基岩体来说,除考虑一般构造应力外,还要考虑大坝所受的水平推力及其垂直荷载对岩体的长期作用,这是与一般土建工程的最大不同之处。同时,在长期荷载中,有一部分荷载大体不变,如坝的荷重、水库正常压力等;另一部分是瞬时的、短暂的作用,如洪水、地震等引起的应力。相对而言,后一部分比前一部分更具破坏性和危害性。值得提出的是荷载作用的长期性与坝基岩体强度的可变性是不相适应的,而且坝基岩体强度及裂隙发育是不均匀的。因此,坝基岩体尤其是其中的软弱结构面,在长期浸泡后性状的改变,就可能影响大坝的稳定性,这正是工程技术人员所关心的事。

3. 水岩间的相互作用已成为引起坝址和环境工程地质问题的主要因素

在大坝建设过程中,为防止坝基渗漏,进行了大量的基础处理,如设置灌浆帷幕、坝前铺盖及防渗墙等。尽管如此,滴水不漏的大坝十分罕见,坝基渗漏依然会长期存在,从大坝安全与稳定考虑,在一定限度内的渗漏量并不构成威胁,然而坝基渗漏不仅仅有流失水量问题,而且可能引起扬压力的超限,影响大坝的稳定。水岩间相互作用的长期存在,就可能引起坝基软弱岩层和结构面的软化或泥化,从而产生机械和化学潜蚀,以及对帷幕和混凝土的腐蚀等,这又对大坝的稳定性构成威胁。

二、坝址常见的环境工程地质问题

(一) 渗漏及渗透稳定问题

1. 渗漏问题

渗漏及渗透变形是坝址环境工程地质的首要问题。坝基渗漏不仅会造成渗漏量过大,影响水库效益,也造成坝基扬压力超过设计值,从而对大坝稳定构成威胁,而且还可能造成坝基松散地层产生机械潜蚀。

在碳酸盐岩层上修建水库枢纽,由于库坝渗漏,造成水库不能正常蓄水运行,甚至成为干库,这在国内外均有实例。据广西壮族自治区初步统计,因喀斯特渗漏问题而影响正常蓄水甚至完全不能蓄水的水库约占总数的50%。

2. 坝基渗透稳定问题

松散土体坝基有一定的渗流是不可避免的,但必须控制渗透变形,以保证坝体的安全。据美国发表的资料,在破坏的土石坝中,有40%是坝基或坝体的渗透变形造成的。我国水利水电科学研究院于1974年调查了33座地质上有缺陷的土石坝,其中属渗透变形的约占60%。这说明土石坝的渗透稳定问题在国内外都是值得特别重视的工程地质问题。

坝基渗透水流是在一定的水头压力作用下流动的,渗透压力是坝址上下游水位差作用下产生的压力,包括静水压力和动水压力。坝基各部位渗透压力强度的分布是不均匀的,它既与坝基岩性和裂隙发育特征密切相关,还与所在部位有关。河床坝基只承受库水产生的渗透压力,岸坡坝基既承受库水产生的渗透压力,又承受来自岸坡地下水的侧向渗透压力。坝基地下水动力作用引起的环境工程地质问题主要是机械潜蚀和扬压力超值。

(1)潜蚀

在渗透水流的动水压力作用下,坝基松软沉积物、软弱夹层或坝体中的细颗粒物质产生移动或被水流带走,形成空洞,称之为"机械潜蚀",又称为"机械管涌"。形成渗透破坏的条件是渗透动水压力和岩土的性质、结构。为限制建坝后渗透压力和流速的增大,在坝基内设置了灌浆帷幕和排水系统,正常情况下是不会产生机械潜蚀和渗透变形的。但在水的长期作用下,由于局部地基的恶化和压力的积累,在坝基或坝体的某些部位渗透压力和流速仍可达到较大值,并产生破坏作用。

土石坝地基多为松散沉积物,土石坝本身也是用松散的土、砂、石料填筑的挡水建筑物。由于水库蓄水形成上下游水头差,水流必将通过坝体和坝基向下游渗透,由此产生的渗流破坏问题对土石坝的安全至关重要。据国内统计,从241座大型水库发生的1 000起事故分析,由渗透破坏而引起的占32%;从2 391座水库失事分析,由上述原因造成垮坝的占29%。因此,土石坝由于渗流破坏而造成事故或垮坝的占30%左右。据世界各国统计,如美国对206座土石坝事故分析,由渗透破坏而造成的占39%;日本对土石坝失事调查分析结果表明,由于这一原因造成的占44%;瑞士的土石坝由于上述原因造成失事的占40%。仅从上述三个国家的统计分析结果可以看出,土石坝由于渗流破坏发生事故或垮坝的占统计数的30%~40%,有的还超过40%,这也说明坝体或坝基渗流特征对土石坝安全的重要性。

我国山西省东榆林水库土石坝为砂质壤土均质坝,坝高为15.5m,副坝高8.5m,主坝设截水槽,切断松散细砂与黏土层接触,副坝未做防渗处理,下游排渗沟内挖至细砂层,未铺过滤层。1975年截流后,1976~1978年曾蓄水至1 033m(坝顶高程为1 043m),副坝有渗水,但无异常现象。1978年12月至1979年2月,蓄水至1 038.8m,副坝下游排渗沟渗水量增加并出现浑水;4月初蓄水至1 039.5m,排水沟渗水坍塌;4月25日晚,副坝溃决,溃口长129m,坝基冲深6m(见图10-1)。

基岩地区由于软弱夹层或裂隙中充泥也可产生机械潜蚀。如四川永川陈食大坝为条石连拱坝(图10-2),坝基为侏罗系沙溪庙组的泥岩、砂岩。当蓄水至23m高程时,3号拱基沿着走向近于平行岸坡的一组陡倾、张开达20cm宽并充泥的裂隙发生渗透破坏。开始拱坝基础出现泉眼,后来泉水流量明显增加,而且时浑时清,最后在坝基内扩大成洞,库水迅猛下泄,溃决成穴。十几分钟内,近百万方蓄水泄空,在坝基下形成一个7m多深,高15m、宽8m的冲蚀洞穴。

(2)坝基扬压力

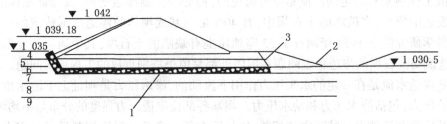

图 10-1　山西东榆林水库副坝溃决示意图

1—推测的管涌通道　2—施工边坡　3—冲刷坍塌后的边坡　4—砂质粉土

5—粉土　6—含砾粉土　7—龟裂状粉土　8—粉质黏土　9—粉砂

（图中标高单位：m）

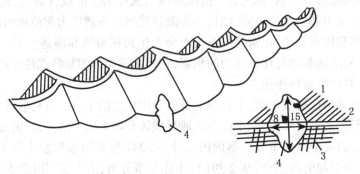

图 10-2　四川陈食水库连拱冲蚀洞穴

1—坝体　2—混凝土基　3—风化泥岩中的裂隙　4—冲蚀洞穴

坝基扬压力是坝基底面上某一点的渗透压力和浮托力之和,就混凝土重力坝而言,坝体重力、库水的平均推力以及扬压力是作用在大坝上的主要荷载。其中扬压力是垂直向上的作用力,也是作用在坝体内部的一种特殊的而且是重要的荷载。坝基扬压力还可降低坝基滑动面上的法向应力,这不利于坝基岩体的稳定。为了限制坝后的扬压力和渗透压力,一般在坝基内进行帷幕灌浆和设置排水系统。帷幕灌浆可以延长渗流途径,增加阻力,减少渗透流量;排水系统能及时排除渗水,削减渗透压力。但这样也有缺陷:灌浆帷幕形成后,在帷幕带上将承受较集中的水压力作用,对其下游岩体的稳定性影响应加以注意。排水系统设置也加剧了局部地区的水力坡降和软弱夹层中的管涌作用,并使渗透力更集中地作用在帷幕至排水系统间的狭窄地带内。由此可见,大坝的修建和帷幕、排水系统的设置将引起复杂的变化。

为了保证坝体的长期安全运行,必须采取合理的有效措施。依照设计规范,对重力坝而言,坝基混凝土与岩石接触面上的扬压力,随防渗帷幕及排气孔的设置而变化(图 10-3),其中帷幕渗透压力系数 α_1 一般为 0.4~0.5,排水孔渗透压力系数 α_2 一般为 0.2~0.3。从理论上说,对宽缝重力坝和支墩坝等轻型坝,空腔可以起到排水作用,坝基扬压力将消失,但从安徽等省轻型坝的实际资料看,不但坝基扬压力仍然存在,而且其值并不低于重力坝排水孔后的扬压力。这是由于基岩裂隙水分布不均造成的。当岩体透水结构面有一定方向性时,则形成渗透的各向异性,如河谷中顺河向裂隙较发育,垂直河向断裂发育较弱,渗入坝基下的水就不易向空腔排泄,因而在坝基下面出现较高的扬压力。

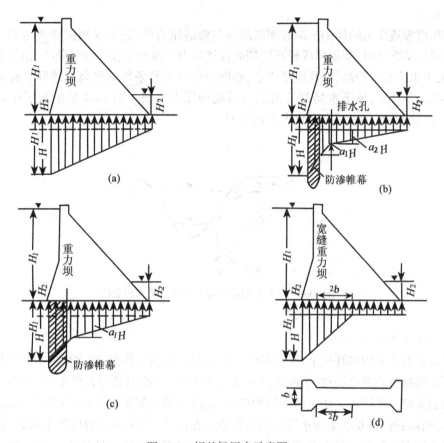

图 10-3 坝基扬压力示意图

坝基扬压力超限,即超过设计规定值,易引起坝体或坝基的不稳定。安徽梅山连拱坝于 1962 年右岸坝肩岩体向河床蠕动而使 13、14、15 支墩向河床位移,拱面产生裂缝。坝的上游面沿拱台前缘与基岩接触线附近,出现长 100m、宽 17cm 的裂缝。与此同时,右岸坝肩基础突然大量漏水,出现险情。经调查,引起这一事故的主要原因是右坝肩在库水推力、扬压力和侧向渗透压力作用下,坝基岩石裂隙进一步张开,风化夹泥裂隙面受到地下水浸润后,抗剪强度骤然降低,因而产生位移和大量漏水。

坝基扬压力超值是人们所关心的,它在分布上常常是局部的。引起的原因主要有以下两方面:

①帷幕的破损或缺陷。灌浆帷幕的设置造成在帷幕体上承受较集中的水压力作用,尤其是河床坝基部位,库水最深,承受动水压力可达几十米,甚至百米以上,而且库底水又为富含 CO_2 的弱酸性水。在水压力和弱酸性水的共同作用下,坝基裂隙发育段或帷幕薄弱部位易出现帷幕的破损,造成坝基扬压力超限。安徽陈村大坝坝基地质条件复杂,断裂裂隙发育,在河床坝段范围内,设置主、副、补强三排水泥灌浆帷幕,但坝基渗漏仍然较严重,部分孔

扬压力超值,幕后渗压系数 α 最大达 0.43,大大超过设计值 0.25。后经在主、副帷幕之间又增设一道丙凝帷幕,效果明显,扬压力超值孔水位明显下降,渗压系数在 0.223~0.227,符合设计要求。7~12 坝段排水廊道排水量由 45L/min 减少至 0。当然渗压系数的减小,还与坝基排水有关。

②坝肩渗透压力的作用。岸坡坝段除坝基渗透压力外,还出现侧向渗透压力。在有绕坝渗流或坝基渗流时,都能形成较高的侧向渗透压力。即使不存在绕渗条件,由于水库水位上升,地下水位相应抬高,以及坝基排水,亦能形成较天然条件下更高的坡降。在岩层裂隙分布不均的条件下,地下水局部受阻也可形成扬压力超限。图 10-4 显示断层带地下水位高,坝基距断层较近,局部出现较大的扬压力。

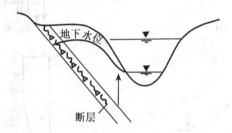

图 10-4   阻水断裂带引起的扬压力增大示意图

(二) 岩石的软化、泥化

坝基岩石在新的水环境下长期浸泡,一些软弱夹层或结构面,或含可溶盐的岩层中的易溶甚至难溶盐分别发生迁移,引起岩层的软化或泥化,导致坝基岩石强度的急剧降低,造成大坝失稳失事。美国圣·法兰西大坝的破坏,系由于坝基泥质胶结的砾岩浸水崩解,岩层中的石膏细脉溶解,以及坝基漏水等原因而失稳。在国内,由于坝基岩层产生软化或泥化,岩层力学强度明显降低也是有实例的。坝址环境下,软岩 (包括软弱夹层)的泥化将危及大坝的稳定与安全,这一直是工程地质人员所关心的问题。为防止坝基软岩泥化的进一步发展,在坝址勘察阶段就应进行现场和室内的渗水和浸泡试验,以预报坝址环境下软岩泥化发展的可能性。

国内外许多坝址试验结果都表明:软岩在水浸泡和水动力作用下是存在泥化的可能性的,这与渗流速度密切相关,在缓慢的渗流条件下,地下水中元素迁移也是缓慢的,要使软岩泥化必须经过相当长的历史过程。大量的水电站坝基处理资料调查也表明,透水性不大的软岩是不易产生渗透破坏的,但条件的改变如渗透压力和渗透速度较大、水质的变化(如酸性化)等,都可能导致坝基软岩泥化的发展。

坝址环境水作用下软岩泥化的标志目前还没有明确的规定,从软岩泥化的基本过程看,下列三个方面可作为坝基软岩泥化的基本准则:

1. 坝基水质和析出物的化学成分特征

软岩泥化必然导致岩石的化学成分、矿物成分发生变化,因此,首先要表现在坝基水质和析出物成分的变化上。

如安徽陈村水电站坝基断层发育,位于断层带附近的排水孔口常有黑色胶状析出物排出,曾怀疑是断层构造岩泥化的产物,但经化学分析,黑色析出物的主要成分为 MnO_2,硅、铝甚少(不到 10%),而断层构造岩和泥化物成分主要是硅、铝成分(80%以上),因此,可以说黑色胶状析出物的形成与断层泥化关系不大,并非断层构造岩泥化扩展的迹象。

2. 岩性的变化

即岩石由硬变软,呈塑泥状,含水量增加,表现在坝基排水孔孔壁坍塌,孔内淤塞,钻井过程中出现软泥等。

3. 软岩物理力学性质的改变

表现在软岩强度变弱,声波波速及弹性模量也相应减小,地震波波速出现低速带。在勘察方法上,可采取坝基水质及析出物成分的系统定期分析、物探(如地震波)测试及勘探取样等手段。

安徽纪村水电站坝基软岩泥化就是一个很好的实例。安徽纪村水电站为一引水式电站。挡水建筑物河床部位为混凝土重力坝,两侧以均质土坝与两岸相接,坝高 22.5m。坝基岩层为白垩系红层,岩性以紫红色黏土质粉砂岩为主,间夹灰白色疏松中粗粒长石砂岩和砂砾岩。紫红色黏土质粉砂岩胶结物以碳酸钙为主,岩石光性鉴定成果表明:粉砂岩碳酸盐含量占 40%~60%,化学成分分析,CaO 含量达 14.8%~17.5%,颗粒级配以细砂和粉砂为主,黏粒含量次之,黏土矿物经 X 射线衍射分析,以伊利石为主,蒙脱石含量在 30%左右。由于蒙脱石矿物具有亲水性强、分散性高、胀缩性大、晶格具活动性等特征,水溶液将会对红层物性变化起重要作用。在纪村大坝上游渠道内约 900m 处,有一黄铁矿矿化带,水质受此影响甚大,在低水头和停机不发电时,库水呈强酸性,水的 pH 值为 2.9~3.0,水质类型为 SO_4-CaMg 型水,显然这是黄铁矿氧化水解的结果。当酸性水渗入时,坝基红层将受到侵蚀破坏,但原设计勘测工作深度不够,对红层坝基遭受破坏的机理认识不足,没有采取切实有效的防渗措施,仅在坝前设置 6m 长的水平铺盖。1977 年 5 月蓄水发电,同年 9 月在 7# 坝段坝址钻倒垂孔时,发现孔深 12m 处有集中渗漏,最大渗漏量达 1 000mL/min,1987 年该孔实测扬压力水头超过设计值的 4.9 倍,1979 年超过设计值的 5.8 倍;7# 和 8# 坝段地基红层软化、泥化现象严重。

(三)水对帷幕、混凝土的腐蚀与破坏

水库下层水和坝基水质的酸性化,可造成防渗帷幕体和坝体混凝土的腐蚀。水质中硫酸根离子和氯离子含量丰富时,可促使混凝土产生结晶性侵蚀,如甘肃八盘峡水库大坝坝基下的地下水中 SO_4^{+2} 和 Cl^- 含量曾分别达 4 2461mg/L 和 22 810mg/L,造成坝体廊道地面混凝土的严重腐蚀,局部已成稀泥状,后经处理得以改善。

(四)坝址泄流区"雾雨"对周围地质环境的影响分析

大坝本身即将河水水位抬高,而泄流区即把除需蓄水量以外的多余水量排向下游。由于工程的修建运用改变了河流及建筑物场地的天然平衡状态,因而诱发出一系列环境工程地质问题,其中泄流区所产生的高强度"雾雨"对周围地区地质环境的影响就是一个必须予以重视的问题。

泄流区"雾雨"对周围地质环境的影响,主要表现在其影响范围内岩土体含水量的增大、物理力学性质的恶化及动、静水压力的升高等方面。

例如:龙羊峡坝下右岸泄流冲刷区的虎丘山,在导流洞底孔泄水后,山体表面裂缝在强大的水雾作用下,不断向下游发展,最终导致方量为 81 万 m^3 的滑体以近于垂直方向地急速滑落,堆积于岸坡和黄河内,并在其后形成了目前正在滑动的Ⅱ#不稳定体。

又如:在黄河小浪底水利枢纽工程中,泄流区的"雾雨"对消力塘上游边坡、溢洪道边坡及南岸东苗家滑坡体、4#公路滑坡群等部位的稳定性会产生严重的不利影响。因此,详细研究"雾雨"影响范围内岩土体动、静水压力及主要物理力学性质指标的变化趋势和特点,分析预测泄流区周围边坡的稳定性变化趋势,并提出相应的预防、处理措施,意义十分重大。

总之,在坝址环境下,水的作用已成为引起坝址环境工程地质问题的重要因素。

第二节　库区环境工程地质问题

新中国成立以来,随着我国水利水电事业的发展,在一些山区和平原区兴建了86400多座水库,这些水库为国民经济建设和农业发展起了巨大作用,并取得了显著效益。但由于兴建水库,使其周围的自然环境条件发生明显改变,甚至引起灾害,如湖南的柘溪水库、浙江的黄坛口等工程,曾因塌方和滑坡形成地质灾害和造成人身事故,影响了工程的进度,造成了巨大的损失。

总结国内外一些水利水电工程资料,因兴建水库和水利设施引发的地质问题主要有:

1. 水库蓄水会使库内一些城区和居民点、古迹、文物、工矿企业、铁路、公路和其他一些重要建筑物以及大片农田、森林等受到"淹没"。

2. 水库蓄水会使两岸地下水位抬高,使一些地区发生"浸没",甚至地上建筑物也受到危害,有些地区甚至发生沼泽化、盐渍化,导致农作物无法种植、土地荒芜、工矿企业排水困难。在低洼地区会引起土地充水、沼泽化、盐渍化或地下水淹没。

3. 水库若存在严重"渗漏",会影响水利枢纽正常运行。

4. 当水库受到冲刷和侵蚀时会引起"库岸再造",有些地段形成滑坡、崩塌和冲蚀。在有古滑坡存在的条件下会发生滑坡"复活"。

5. 水库淤积,库容体积减小,使农业、航运、渔业条件恶化,自然环境条件受到影响。

6. 泥炭层、垃圾场以及工厂污水废料排放到水库使水库水质变坏,卫生条件变差,导致生活用水、灌溉用水受到污染,引发一些疾病。

7. 有的水库会诱发地震。

治理以上水库环境工程地质问题对国民经济发展,对人类生存条件有着十分重要的意义。

一、库岸稳定问题

水库建成蓄水后,库岸自然条件发生急剧变化,使之处于新的环境和动力地质作用下,表现为:

①原来处于干燥状态下的岩土体,在库水位变化范围内的部分因浸湿而经常处于饱和状态,其工程地质性质明显恶化,f、c 值下降。

②岸边遭受人工湖泊波浪的冲蚀淘刷作用,较原来河流的侵蚀冲刷作用更为强烈。

③库水位经常变化,当水位快速下降时,原来被顶托而壅高的地下水来不及泄出,因而增加了岸坡岩土体的动水压力和自重压力。因之,使得原来处于平衡状态下的斜坡,有一部分发生变形破坏,直至达到新的平衡状态为止。

库岸的变形破坏,危及滨库地带居民点和建筑物的安全,使滨库地带的农田遭到破坏;

库岸的破坏物质又成为水库的淤积物、减小库容。近坝库岸大塌滑体的安然滑落,在水库中激起的涌浪,还能危及大坝安全,并给坝下游带来灾难性后果。

（一）库岸失稳破坏的类型

1. 塌岸

库岸土石体在库水波浪及其他外动力作用下,失去平衡而产生逐步坍塌,库岸线不断后移而进行边岸再造,以达到新的平衡的现象和结果,称水库塌岸(或称水库边岸再造)。可见,水库塌岸是不同于岩土体崩塌和滑坡的一种特殊的破坏形式。这种现象主要发生于土质岸坡地段。

水库蓄水最初几年内塌岸表现最为强烈,随后渐渐减弱,可以延续几年甚至十几年以上。因而,塌岸是一个长期缓慢的演变过程。最终塌岸破坏带的宽度可达几百米,如我国黄河三门峡库最大塌岸带宽度284m,最大单宽塌方量达7 000m³ 以上。在某一水动力条件和地质条件下,最终塌岸完成时间及塌岸带宽度总是一定的。塌岸的过程十分复杂,大致如图10-5 所示。

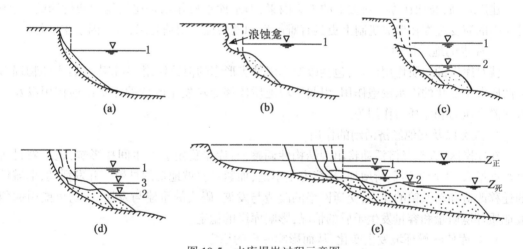

图 10-5　水库塌岸过程示意图

(a)水库岸坡的初期破坏　(b)浪蚀龛及浅滩的形成　(c)库水位下降时的塌岸作用

(d)库水位上升时的塌岸作用　(e)最后岸坡的形成

1、2、3—分别为库水位变化　$Z_正$、$Z_死$—分别为正常高水位及死水位

2. 滑坡

库岸滑坡在大部分水库蓄水后都会发生,只是规模不同而已,它往往是岸坡蠕变的发展结果。按库岸滑坡发生的位置,可分为水上滑坡和水下滑坡,以及近坝滑坡和远坝滑坡。近坝的水上高速滑坡危害尤大。如第九章述及的意大利瓦依昂水库左岸1963 年10 月9 日发生的超大型高速滑坡,举世震惊。我国湖南柘溪水库,在 1959 年的蓄水初期,大坝上游1.5km 的塘岩光发生大滑坡,165 万 m³ 土石以 25m/s 的速度滑入库中,激起高达21 米的涌浪,致使库水漫过尚未完工的坝顶泄向下游,损失巨大。国内外大型的库岸滑坡还有多起,在此不一一列举。

滑坡是库岸破坏的主要形式之一,由于危害较大,对山区水库来说,需重视研究近坝的库岸滑坡。我国的几座大型水坝,如龙羊峡和小浪底水库均存在此问题。

3. 岩崩

岩崩是峡谷型水库岩质库岸常见的破坏形式,它常发生在由坚硬岩体组成的高陡库岸地段。水库蓄水后,由于坡脚岩层软化或下部库岸的变形破坏,而引起上部库岸的岩体崩塌。

(二)库岸稳定的影响因素

影响库岸稳定的因素很多,一种划分为自然因素和人为因素;另一种划分为内在因素和外在因素。人为因素和自然因素的一部分属于外在因素。人为因素是本学科研究的重点。

自然因素有库岸地形地貌、水文、气象、地层岩性和地质构造等。库岸愈是高陡,则塌岸愈严重。弯曲的库岸较平直易发生塌岸,凸形坡较凹形坡塌岸更严重些。岩土的类型和工程地质性质不同,塌岸的宽度和速度是不相同的,一般由坚硬岩石组成的库岸地段,稳定坡角较大,不易发生塌岸,而松散软土组成的库岸除卵砾石外,所形成的库岸坡度较小,塌岸较严重。其中尤以黄土类土和砂土库岸更为严重。

建库兴坝,叠加在库岸斜坡上的人为因素,即水库地质作用是比较复杂和特殊的,它使得库岸的演变过程在形成机制上更具有难解性和复杂性。归纳起来,这些因素主要是:

1. 库水的地质作用

就对库岸的地质作用而言,包括改变库岸外表形态的浪蚀作用、引起库岸岩土体物理力学性质发生变化的库水浸泡作用、引起岸坡地质体渗流场发生改变的库水渗透作用以及库水的静水压力和浮托力作用等。

2. 人类以及其他经济活动的作用

在库岸区,人类经济活动将出现结构性调整,对库岸稳定会产生间接影响,包括农村居民密度增大,生产生活负荷增加,环境容量不足,加紧在斜坡地带的垦殖等开发活动;旧城镇的迁移改造和新城镇的建立,交通网络的改造与发展,码头的重建与发展等,均可能引起斜坡地质环境质量和容量发生矛盾的情况,影响库岸的稳定。

3. 兴库使气候环境发生变化,从而影响库岸的稳定

由于建库,库区的水热条件发生变化,污染作用将增加,可改变斜坡岩土体的水理、物理性质,促使库岸局部泥石流的活动。

(三)库岸失稳破坏的预测

为了对水库近岸土地、工矿、道路等作出短期利用和最近迁移的合理规划及防治措施,需根据库岸地质条件和库水位变化情况;对水库蓄水后某一短期内以及最终的塌岸宽度、塌岸速度、形成最终塌岸线的年限作出定量估算,以便采取防治措施。预测的方法很多,包括计算法、图解法、类比法、试验法等。20 世纪 50~60 年代常用的预测方法是苏联的 E. Г. 卡丘金法、卓洛塔廖夫图解法等。

目前,对库岸稳定性能的研究大体依次分为:进行宏观地质判断、静态系统分析、动态系统分析和失稳预报。

地质判断主要是对库岸进行工程地质条件分段,并进行分段稳态论证;对可能失稳库段,进行详细论证,分段论证,强调采用规范化格式。

动态系统分析是在查清边界条件和相应计算参数的基础之上,建立稳态分析计算式。

要强调的是,通常采用的方法是计算在确定边界条件和计算参数前提下的安全系数,并以此为依据判断库段的稳态。事实上,边界条件与计算参数并非都是完全稳定的,因此安全系数有一个置信度或可靠度的问题。所以,还要讨论边界条件与计算参数选择中的随机性与由此而得到的指标(安全系数)的可靠度问题,也就是要进行静态系统的概率论分析。

水库岸坡的大型滑坡并非防不胜防,因为滑坡发生前有其征兆,如岸坡变形、沉陷甚至裂缝等现象常常是很明显的。能捕捉到前兆,掌握趋势,就有可能对失稳库段进行预报。

开展库岸稳态的原位监测,掌握水库岸坡变形特征,以便及时采取预防和整治措施,是环境工程地质学的重要课题,有效地监测和完善的成果,是预防与治理的基础。

二、水库浸没问题

(一)水库浸没

水库蓄水后水位抬高,引起水库周围地下水壅高。当库岸比较低平,地面高程与水库正常高水位相差不大时,地下水位可能接近甚至高出地面,产生种种不良后果,称为水库浸没。

浸没对滨库地区的工农业生产和居民生活危害甚大,它使农田沼泽化或盐碱化;建筑物的地基强度降低甚至破坏,影响其稳定和正常使用;附近城镇居民无法居住,不得不采取排水措施或迁移他处(见图10-6)。浸没区还能造成附近矿坑渗水,使采矿条件恶化。因此,浸没问题常常影响到水库正常高水位的选择,甚至影响到坝址的选择。

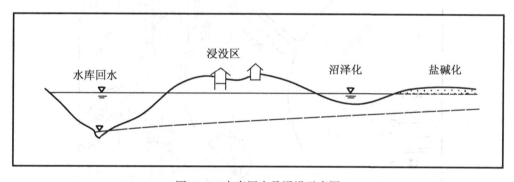

图 10-6　水库回水及浸没示意图

浸没现象的产生,是各种因素综合作用的结果,包括地形、地质,水文气象、水库运行和人类活动等。依地形地质的因素而言,可能产生浸没的条件是:

1. 受库水渗漏影响的邻谷和洼地,平原水库的坝下游和围堤外侧,特别是地形标高接近或低于原来河床的库岸地段,容易产生浸没。

2. 岩土应具有一定的透水性能。基岩分布地区不易发生浸没。第四纪松散堆积物中的黏性土和粉砂质土,由于毛细性较强,易发生浸没;特别是胀缩性土和黄土类土,浸没的影响更为严重。

不易发生浸没的地段是:

1. 库岸为相对不透水岩土层组成或研究地段与库岸之间有相对不透水层阻隔。

2. 研究地段与库岸间有经常水流的溪沟,其水位等于或高于正常蓄水位时。

对水库的淹没,一般可通过 1:10 000~1:50 000 地形图来圈定,在图上圈出正常高水位或最高壅水位的尖灭界线。

(二)预防浸没和淹没应采取的工程措施

为了保护一些工程免受浸没和淹没,可以采取一些防护措施。但是在某些环境工程地质条件下,仅借一种措施还难以预防浸没和淹没时,可安置降水和排水设备(见图 10-7),修建一些渠道,使河水绕过保护区引泄(见图 10-8)。

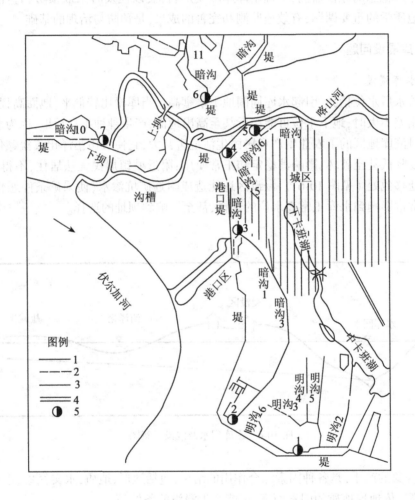

图 10-7　保护喀山城区免遭古比雪夫水库浸没的工程示意图
1—堤埝　2—暗排水沟网　3—明排水沟网　4—沟槽　5—水泵站

(三)浸没标准问题

所谓浸没标准是指地下水超过城市建筑、工矿企业、道路和各农作物等的安全埋藏深度。

建筑物的浸没标准等于基础埋深加基础下土的毛细上升高度。农作物的浸没标准是农作物的根系深度(一般不超过 0.5m)加根系下部土的毛细上升高度。如果壅水后的实际地

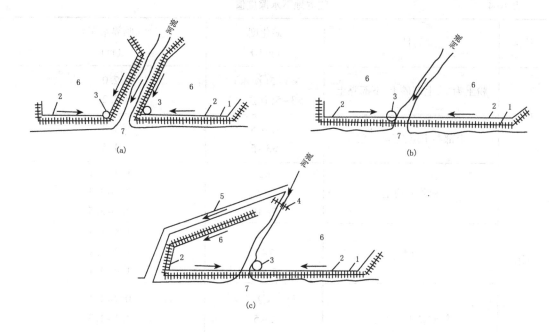

图 10-8　防护区域免遭淹没和浸没的典型工程示意图

1—保护堤埝　2—排水管道　3—水泵站　4—堤坝　5—排水渠道　6—被保护区　7—水库

下水位线还不到浸没水位,则不会产生浸没。

　　一般将产生浸没的地下水埋藏深度称为地下水临界深度。地下水临界深度与地下水的矿化度、岩性有关。矿化度与临界深度的关系如表 10-2 所示。一些土的毛细上升高度值列于表 10-3 中。部分地区一些土的临界地下水深度值列于表 10-4 中。

表 10-2　　　　　　　　　　矿化度与临界深度的关系

矿化度(g/L)	2	4	6	10
地下临界深度(m)	2	2.5	3	3.3

表 10-3　　　　　　　　　　毛细上升高度参考值

土的名称	粗砂	中砂	细砂	粉砂	粉土	黏土
毛细上升最大高度(cm)	2~4	12~35	25~250	120~250	300~350	500~600

表 10-4 临界地下水深度值

地区	岩性	矿化度 (g/L)	临界水深 (m)
山东	粉土为主,上部砂土,下部黏土	<3~5(淡水)	2.0
		>3~5(矿质水)	2.2
	上部黏土层,下部砂层	<3~5	1.3
		>3~5	1.5
河南	粉砂—粉土	<2	1.9~2.1
		2~5	2.1~2.3
		5~10	2.3~2.5
	粉土	<2	1.5~1.7
		2~5	1.7~1.9
		5~10	1.9~2.1
	粉质黏土—黏土	<2	0.9~1.1
		2~5	1.1~1.3
		5~10	1.3~1.5
河北	砂	1~3	1.5
	粉砂	1~3	1.8~2.1
	粉土	1~3	1.0~1.9
	粉质黏土	1~3	1.2~1.4

(四)浸没预测

一般通过地下水壅高计算预测地下水回水位高程。当回水位高程高于当地临界地下水时,则认为发生浸没。有关地下水回水高度计算公式可参考有关书籍,这里不作介绍。

三、水库淤积问题

(一)淤积问题

水库为人工形成的静水域,河水流入水库后流速顿减,水流搬运能力下降,所挟带的泥砂就沉积下来,堆于库底,形成水库淤积。淤积的粗粒部分堆于上游,细粒部分堆于下游,随着时间的推延,淤积物逐渐向坝前推移。修建水库的河流若含有大量泥砂,则淤积问题将成为该水库的主要工程地质问题之一。

水库淤积虽然可起到天然铺盖以防止库水渗漏的良好作用,但是大量淤积物堆于库底,将减小有效库容,降低水库效益;水深变浅,妨碍航运和渔业,影响水电站运转。严重的淤积,将使水库在不长的时间内失去有效库容,缩短使用寿命。例如,美国科罗拉多河上一座大型水库,建成 13 年后便有 95%的库容被泥砂充填。日本有 256 座水库平均使用寿命仅53 年;其中 56 座已淤库容的 50%,26 座已淤库容的 80%。我国黄河干流上的三门峡水库,若不采取措施,几十年后将全部淤满。山陕高原上有一些小水库,建成一年后库容竟全部被泥砂淤满。

有人对我国20座水库淤积状况作过统计,根据统计资料,在不到14年内,20座水库平均库容损失率为31.3%,年平均损失率为2.26%,相当于美国水库淤积速度的3.2倍。

(二)水库淤积对环境的影响

水库淤积不仅缩短水库使用寿命,而且会给上下游防洪、灌溉、航运、排涝治碱、工程安全和生态平衡带来影响。

水库的兴建,极大地改变了原河流的水动力条件和河流地质作用,使其侵蚀、搬运和沉积作用发生了大幅度的变化,并在自我调整中取得新的动态平衡。其间,库内沉积作用加剧,将影响水库的寿命、航运(包括航道和港口)的通畅、库尾的洪水位等;在坝下游,由于清水下泄,冲刷作用增强,底蚀显著,河道下切,河流变直,可导致部分河段岸坡稳定性下降,出现裂缝、坍塌等现象,河道还可能出现负比降,影响汛期行洪等。

影响水库淤积的环境因素很多,主要是上游入库的泥沙量(决定于流域上游的地质构造、地形、地貌以及水土保持、水利设施等),库岸地带的崩、滑、流发育状况,水库的形状特征以及水库调度特性等;影响下游河道冲刷的因素,主要是水库的运用特征和河岸性质。

对这一问题的研究,要在查清影响因素,分析、掌握冲淤基本规律的基础上,通过模拟试验、计算,对淤积和冲刷可能带来的种种危害性,进行预测和评价,并提出防治措施。对已建水库,要进行监测。

(三)防治水库淤积的措施

防治水库淤积的措施有:在固体径流来源地区开展水土保持、整治冲沟、植树种草、加固库岸不稳定地段等。也可以在水库上游固体径流来源最严重的支流、沟谷上修建拦沙库。此外,修建水库时应设置泄流排沙设施,以减小库内的淤积。

四、水库诱发地震

自1931年希腊马拉松水库首次诱发地震以来,已有70多年的历史。到1986年底已有29个国家报道了116座水库地震震例。我国20世纪60年代在广东省新丰江水库诱发了6.1级地震,震中烈度为8度,使右岸坝段顶部出现长达82米的水平裂缝,左坝段同一高程也有规模小些的不连续裂缝。到70年代又陆续出现湖北省丹江口水库、湖南省等水库诱发的地震。

(一)水库地震发生的条件

目前对水库诱发地震的机制有不同的观点,认为水库诱发地震的发生条件不完全一致,大体上有三个方面:

1. 地质构造条件

(1)易发震地区多数处于性脆,裂隙多,易向深部渗漏的灰岩地区,以及易发生膨胀、水化的岩体内。岩溶发育区的震型为坍陷坐落的波型,且震级小于4,震源不到一公里,与库水位关系较小。

(2)处于中、新生代褶皱带,断陷盆地和新构造活动明显的特殊部位,容易发震。

(3)易于发震的活断层,震中一般分布在断层弧形拐点、交叉部位及断陷盆地垂直差异运动较大的部位。

（4）易于发震的活断层多为正断层和走向断层，倾角大于 45°，发震多在正断层下盘。

（5）周围有温泉、火山活动或地热异常区，建库后易形成新的异常。

2. 水库蓄水

水的诱发作用与水库蓄水有明显的依赖关系，水位高时，活动性强，水位猛涨时，更常发生，且滞后现象明显，近则一月，长则几年。

（1）库水的静水压力使岩体变形。

（2）库水作用在深部剪切面上，促使极限平衡状态改变，造成岩体滑动。

（3）孔隙水压力增大，有效摩擦力降低。

（4）深部岩体软化作用加剧，岩体强度降低。

（5）亲水性矿物膨胀。

（6）下渗吸热产生气化，造成局部地热异常，热能积聚。

3. 地震强度特点

（1）震源浅、烈度高。震源深度大多在 $4\sim10km$，少数达到 $20km$，相应的震中烈度较高。三级地震时，烈度可达 $5\sim6$ 度，面波发育。

（2）震级小，一般都为小震、有感地震，破坏性小。个别最大震级达 6.5 级，发生在高坝水库，属应力型，延时较长，造成工程局部破坏。

（3）延续时间，一般序列为前震多，余震延时长短不一，最长可达 30 多年，有的仅几个月，主震大都不明显。岩溶区一般延时 $1\sim2$ 年。

（4）震源体小，影响范围小：震中多分布在水库周围。

（5）活动方式，有小群震逐步释放和应力集中释放两种，与震中附近介质性状有关。

另一种观点认为，水库地震与新构造活动关系不大，世界上很多高坝水库修建在新构造及地震活动区，没有诱发水库地震，个别水库在蓄水后地震活动减弱。

此外，水库水位高低与地震强度不成正比关系，水库地震较大时，水库水位也不是最高。这些现象也是客观存在，表明尚需深入地进行研究工作。

（二）水库诱发地震评价方法

目前水库诱发地震的评价尚未成熟，倾向于将新构造运动与发展可能统一分析的评价方法。一般原则是：

1. 危险区

库坝区有发震断层通过，小震活动频繁，蓄水后，可能引起地震断裂，造成山崩、滑坡、涌浪漫坝或堵塞水库，破坏水工建筑物。

2. 不利的地区

库区附近有发震断裂通过，即使发震，对建筑物不致造成威胁；有松散土分布地基可能产生液化、变形，但震级较轻。

3. 相对稳定的地区

库坝区无发震断层，地基坚实，透水性弱，基本烈度低，水库蓄水不会发生地震。

建筑物设计时基本烈度由地震部门正式提供，作为工程设防依据。国家建委规定没有专门论证不得任意提高设防烈度。同时可参考水工建筑物抗震规范。

根据部分工程实例，水库地震的判定标志有：

（1）坝高>100m，库容>10 亿 m^3。

（2）库坝区有新构造断裂带,活动断裂呈张、扭性,或张扭、压扭。

（3）库坝区为中、新生代断陷盆地或其边缘,升降明显。

（4）深部存在重力梯度异常或磁异常。

（5）岩体深部张裂隙发育,透水性强。

（6）库坝区有温泉。

（7）库坝区历史上曾有地震发生。

五、下游河道演化问题

由于水库蓄水使河流从上游挟带的泥沙在库内沉积,因而水库下泄清水会使水库下游河道水流含沙条件改变,河流会产生重新建立平衡的问题。

水库下游河道的变迁是千差万别的,有的河流筑坝以后下游河道演化强烈,有的甚微。如欧美一些河流由于修筑水坝,使下泄流量均匀化。在水库下游有泥沙补给的条件下,河槽的容积会减小。在我国,一些河流由于清水作用,河槽反而向加宽加深趋势发展。

总之,水库下游河道的变化,关键在于下游河道挟沙能力与水库下泄和支流入汇沙量的对比关系,以及水流冲刷能力与河床抗冲刷能力的对比关系。

（一）含沙量的变化

水库建成以后,下游河流含沙量一般会明显降低。导致这种情况的原因,一是由于水库落淤,下游河道缺乏泥沙补给,二是由于建库以后流量减小,洪峰调平,水流挟沙能力不如建库前。如汉江由于丹江口水库修建使下游输沙能力减少约41%。如图10-9,建库后下游6km的黄家港站含沙量几乎为零;到1967年皇庄和仙桃站（距坝分别240km和465km）含沙量降低到建库前的29.7%和39.6%。

（二）水库下游河道的冲刷

1. 冲刷河段的长度

水库下泄清水以后,下游河道将发生冲刷,冲刷的范围可达很长的距离,而且随着上段泥沙补给的减少,冲刷长度会不断下延。

冲刷距离与下泄流量大小有关,流量愈大,冲刷能力愈强,其冲刷距离就愈长。如三门峡水库在伊洛河河口以下以海平面为侵蚀基准面,该水库下泄流量达 $2\ 500m^3/s$。清水时,只要有足够的历时,冲刷可发展到整个黄河下游长800km（见图10-10）。

2. 冲刷侵蚀基准面

冲刷侵蚀基准面一般受河流地形、地貌条件的控制。如美国德克萨斯州内切斯河上汤布拉夫坝下游的冲刷止于海平面。俄克拉何马州北加拿大河上萨普莱堡坝下游有支流来汇,支流泥沙在来汇处淤积对干流上游河段起到局部侵蚀基准面的作用。

3. 冲刷深度的绝对值

曾有人对美国12座水库下游河道冲刷深度的绝对值进行过研究,结果表明:一般不超过2~3m,最大为7m左右。我国黄河河床冲刷深度可达20m左右。此外,河床在冲刷过程中具有分选性,导致河床粗化。另外在河床表层逐渐粗化过程中由水流冲起的泥沙越来越粗,这些粗颗粒被冲到下游,但不一定被当地水流带走,而与细颗粒交换,也会导致河床粗化。这种冲刷作用的结果,还会使得河流的断面形态及河槽容积发生不同的变化。

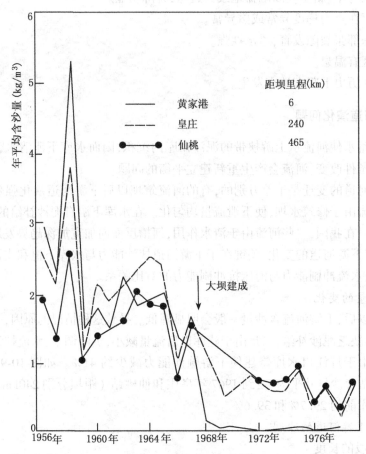

图 10-9　丹江口水库建库前后汉江含沙量沿程变化曲线图

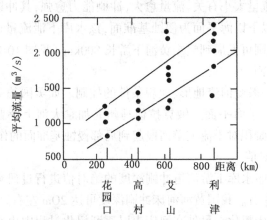

图 10-10　黄河三门峡水库下游清水流量与下游河道冲刷距离的关系图

六、泥石流问题

一般来说,建坝兴库对泥石流的发育无直接影响或影响不大,但对某些水库存在一定的间接影响。主要表现在以下几个方面:城镇迁建、人口密度增大、道桥工程的改造与发展,促使各种开挖弃石量大增,人类其他经济活动强度加剧;加上移民就地后靠之后,地质环境载入量猛增,常强化山区陡坡垦殖和砍伐活动,生态环境趋于恶化,水土流失、泥石流活动加剧。

此外,还发现由于库区环境水热条件的变化,污染作用加重,改变了斜坡土石的理化性状,促进了泥石流沟的活动。主要的防治措施是,调控人类活动这个主导环境因素。由于情况相差悬殊,泥石流问题并非水库环境工程地质的普遍性问题,对其研究要视需要而定。

七、移民工程的环境工程地质问题

水库移民工程,属于水库工程的有机组成部分,是一个十分重要的子系统。移民工程的环境工程地质问题,同样属于水库环境工程地质问题的内容。提出这一新概念的主要依据是,这些问题是因建库而引起的。移民工程地质作用,是水库地质作用的重要有机组成部分,解决这些问题与水库的兴建与运行密切相关。

移民工程是一个内容十分丰富的广义概念,凡是由于建库移民而引起的库区经济地理结构的调整所涉及的工程,均包含在移民工程的定义之中。移民工程的结果是,人口向库岸附近地域集中,库区单位地质环境负荷量增大,人类地质作用对地质环境的改造迅猛增强、加深等。对于水库,移民环境工程地质包括了城市环境工程地质、交通环境工程地质、旅游环境工程地质以及矿山环境工程地质等研究的内容。有时还涉及农业工程、水土保持、古文化遗址的保护、小气候变迁影响等诸多方面。由于这些问题的产生与解决,都与水库的兴建和运行密切相关,因而又带上"水库"特色而与一般的这类问题有所区别。

移民工程本身是一个十分庞大、复杂的系统工程。如三峡工程的水库移民,在贫困山区,涉及 10 多个县近 100 万人口的规模,在一个时间相对短暂、空间相对狭小集中的环境里实施,必将多方面、大规模地急剧影响地质环境,使之迅速大幅度进行调整,难免与地质环境的质量和容量发生尖锐矛盾。

移民环境工程地质研究尚属一个比较新的课题,长江三峡、黄河小浪底等大中型水利枢纽工程均全面开展了这方面的研究。研究中涉及到的环境工程地质问题主要包括滑坡、崩塌、泥石流、黄土塌岸、岩溶、采空区地表变形及塌陷、地震及地震效应、建筑物基础等诸多方面。但总体而言,上述研究均是围绕着库区移民城镇选址这一中心目的进行的。

附录 工程地质勘察

第一节 概 述

一、工程地质勘察的目的和任务

在水利水电工程建设中,工程地质勘察是一项基础工作,是为工程规划、设计和施工取得所需要的地质资料的必要手段。从事水资源规划与利用的工程技术人员,只有了解工程地质勘察的内容与方法,才能和地质人员配合,做好工程建设的各项工作。

工程地质勘察的目的,是查明水库和水工建筑物区的工程地质条件和天然建筑材料资源,在充分利用有利地质因素、避开或改造不利地质因素的前提下,为水利工程的规划、设计和施工提供可靠的地质依据。

工程地质勘察的主要任务如下。

(1)查明流域的工程地质条件,为选择好水库、坝址、引水路线和其他建筑物的位置提供地质依据。

(2)查明影响建筑物地基稳定和水库渗漏的工程地质问题,并为解决这些问题提供所需要的地质资料。

(3)预测在建筑物施工和使用过程中,可能产生的工程地质问题及其对建筑物安全和正常运行的影响,并提出改善不良工程地质条件的方案性建议。

(4)查明工程建设所需的各种天然建筑材料的产地、储量、质量和开采运输条件。

(5)查明地下水的类型、分布和埋藏条件,以及地下水的水质、储量和开采条件,以便为合理开发利用地下水资源提供水文地质资料和论证。

工程地质勘察工作按照由流域到场地,由地表到地下,由一般性调查到专门性问题研究,由定性到定量评价的原则进行。一般先进行工程地质测绘,在了解流域或场地地质条件的基础上,结合工程特点,因地制宜,综合使用各种有效的勘察手段。

地质工作是一项探索性的工作,目前使用的勘察技术和手段,尚不能满足查明某些复杂地质问题的需要。因此,经验判断仍然是目前工程地质评价的重要方法之一。

二、工程地质勘察阶段的划分

水利水电工程规划勘察阶段的地质勘察,主要任务是了解流域或河段各规划方案的地质条件,并初步勘察主要的工程地质问题,为规划方案的选定提供地质资料。

1. 规划勘察

规划勘察阶段的地质勘察,主要任务是了解流域或河段各规划方案的地质条件,并初步勘察主要的工程地质问题,为规划方案的选定提供地质资料。

2. 可行性研究勘察

可行性勘察是在河流或河段规划选定方案的基础上进行的,其目的是为选定坝址与引水路线,初步选择坝型和枢纽布置方案进行地质论证。

3. 初步设计勘察

初步设计勘察是对在可行性研究阶段选定的坝址和建筑物场地进行的勘察,目的是查明水库及建筑物区的工程地质条件,为选定坝型、枢纽布置进行地质论证,为建筑物设计提供有关资料。

4. 施工设计勘察

施工设计勘察即施工图勘察阶段,这一阶段的勘察工作主要是进行施工地质工作,解决施工过程中所遇到的专门性工程地质问题,并与施工配合,开展勘探、试验及观测工作。

第二节　工程地质测绘

工程地质测绘是地质勘察中最先进行的综合性基础工作,运用地质学原理,通过野外调查,将勘察区内的区域地貌、地层岩性、地质构造、物理地质现象等填绘在适当比例尺的地形图上,并对建筑场地有关的地质条件,作出初步评价,为下一步布置勘探、试验及长期观测工作打下基础。工程地质测绘贯穿于整个勘察工作的始终,只是随着勘察设计阶段的不同,要求测绘的范围、比例尺及研究的内容、深度不同而已。

一、工程地质测绘的范围和精度

工程地质测绘的范围不是随意决定的,应根据建筑物类型、规模,并考虑地质条件的复杂程度来决定。一般情况下,工程规模大、地质条件复杂、研究程度不足的地区,测绘范围应大一些。

喀斯特地区为论证水库、坝址渗漏,测绘范围要包括可能渗漏的邻谷。为研究库区、坝址的防渗范围,需要包括隔水层的分布。

工程地质测绘比例尺的选择决定于三个方面,即:设计阶段、区域地质和工程地质条件的复杂程度、建筑物的类型和规模。按《水利水电工程地质测绘规程》的规定,从表 F-1 中选取。

表 F-1　　　　　　　　　　　　工程地质测绘比例尺

建筑物类型	设计阶段		
	规　划	可行性研究	初步设计
水　库　区	1/10 万~1/5 万 (包括区域)	1/5 万~1/万	1/万~1/0.2 万

续表

建筑物类型	设计阶段		
	规 划	可行性研究	初步设计
建筑物区 （包括坝、厂房、溢洪道）	峡谷区 1/万～1/0.5 万 平原区 1/2.5 万～1/万	1/0.5 万～1/0.2 万 1/万～1/0.2 万	1/0.2 万～1/0.1 万
引水线路	隧道 1/2.5 万～1/万 渠道 1/10 万～1/5 万	1/万～1/0.5 万 1/2.5 万～1/万	1/0.5 万～1/0.1 万 （在专门问题地段）

测绘的精度是以图幅比例尺的大小来反映的。比例尺愈大,工作愈细,精度愈高,工作量亦愈大。我国水电部门工程地质测绘采用的比例尺有三种:

小比例尺　　　　　　1∶100 000～1∶50 000
中比例尺　　　　　　1∶25 000～1∶10 000
大比例尺　　　　　　1∶5 000～1∶1 000

工程地质测绘使用的地形图,必须是符合精度要求的同等或大于地质测绘比例尺的地形图。在图上宽度大于 2mm 的地质现象应尽量描绘,对工程有重要影响的地质现象,在图上不足 2mm 时,应以扩大比例尺表示,并注明其实际数据。

二、测绘工作方法

在野外进行工程地质测绘时所采用的工作方法,主要有路线测绘法、地质点观测法、野外实测剖面法等。有关测绘方法的内容,详见《野外地质实习指导书》。

除此之外,遥感技术在工程地质测绘中,也得到广泛的应用。

利用遥感技术所获得的航片、卫片能真实、集中地反映大范围的地层岩性、地质构造、地貌形态和物理地质现象等,对其详加判释研究,能够迅速给人一个全面认识;与测绘工作相结合,能起到减少工作量并提高精度和速度的作用。尤其在人烟稀少、交通不便的偏远山区测绘,充分利用航片、卫片判释,更有特殊的意义。近年来,我国在工程地质测绘冲应用航片、卫片已取得不少经验,值得进一步推广,不断提高判释水平。

这一方法,一般在工程初级勘察阶段的中、小比例尺工程地质测绘中效果较为显著。水利水电工程的规划选点阶段,这一方法的效果较好。断层的分布及其活动性,能在图像上清楚显示,并能发现一些隐伏断层,为论证区域稳定性提供较可靠的依据,利于坝段选择;可扩大视域,对坝址地质环境获得宏观的认识,避免工程地质测绘中因范围太小而造成的错觉。航片、卫片判释,能从较大范围比选工程场地或线路,能及时淘汰显著不利的方案。

航片、卫片判释必须与实地观察结合,互相印证,才能较好地发挥作用。判释地质体及地质现象,需依靠判释标志。卫片与航片的判释大同小异,判释标志是色调特征和形态(阴影、形状、大小),两者缺一不可。标志建立后,即可进行判释。

第三节 工程地质勘探

工程地质勘探是坑槽洞探、钻探、物探等工作的总称。勘探工作是在工程地质测绘的基础上,为了进一步查明地表以下工程问题和取得深部地质资料而进行的。所以,勘探工作必须是在充分研究分析地面地质资料以后,有计划、有目的地去布置,同时应与不同设计阶段的工程地质勘察任务相适应。工程地质勘探的手段主要有以下三种类型。

一、山地勘探

山地勘探是用人工或机械掘进的方式,揭示地表以下较浅部位地质情况的勘探手段,通常是指剥土、探坑、探槽、探井和平洞(图F-1)。这些勘探手段因使用的工具简单,技术要求较易达到,故运用比较广泛。由于揭露面积大,可直接观察地质现象与进行试验和取样,但勘探的深度受到一定的限制。山地勘探工程的类型和应用条件分述于下。

1. 剥土。在斜坡地带,用锹、镐挖去基岩面上深1~2m内的覆盖物,用以观察基岩,追索地层界线及断层通过的位置等。

2. 探坑。探坑是垂直向下挖掘的试坑,深度不大,坑口无一定形状,多近圆形或方形。一般适用于覆盖层厚度不大的地区,用以探察第四系岩层厚度、结构、岩性等,亦可用来进行试验和取样。

3. 探槽。探槽是一种长条形开口的槽子,能在一定长度距离内揭去覆盖层观察地层和取样。探槽一般以垂直岩层走向布置,用以揭示岩层分界的位置和其他地质现象。

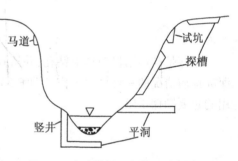

图 F-1 山地勘探工程类型示意图

平行河床的横向探槽又称为马道。一般布置在坝址河床两岸的斜坡上,在多覆盖层地区,沿不同高程开挖马道,填马道图,往往效果良好。

4. 探井。探井有竖井和斜井两种。井的深度可大可小,根据要求而定,深度可达数十米。深度不超过10m的称为浅井。探井常用以查明水工建筑物地基较深处的复杂地质条件,其优点是人可以下去直接观察和取样,但造价较高,掘进速度也比较慢。

5. 平洞。平洞是向山体内开凿的近水平的探洞。如果洞浅倾斜,就叫斜洞。平洞的开挖成本高,技术较复杂,一般用于详细查明坝基、坝肩、隧洞或地下厂房等重要水工建筑物地基的地质情况,并进行相应的试验。平洞的断面尺寸和深度,根据需要而定。通常,断面为1.5m×1.8m 或 1.8m×2.0m。我国水利工程地质勘探的平洞,有的长达数百米,当坝基地质条件复杂时,可以沿坝线以下岩体打过河平洞,必要时还可以开挖支洞,有的可在坝肩不同高程开凿平洞。

山地勘探工程,无论是坑槽探井还是平洞的地质工作,都要进行编录,并编制展示图。图 F-2 为探井展示图。

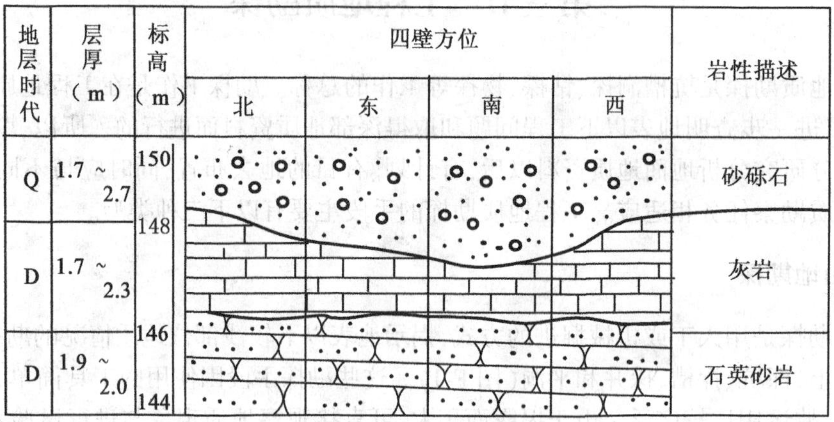

地层时代	层厚（m）	标高（m）	四壁方位				岩性描述
			北	东	南	西	
Q	1.7 ~ 2.7	150 148					砂砾石
D	1.7 ~ 2.3	146					灰岩
D	1.9 ~ 2.0	144					石英砂岩

图 F-2　探井展视图

二、钻探

钻探是利用钻机向地下钻孔，并从孔内取出岩心或岩样进行观察和试验，进而判断地下深部地质情况的一种勘察工作（图 F-3）。钻探是水利工程地质及水文地质勘察中普遍使用的重要勘探手段。

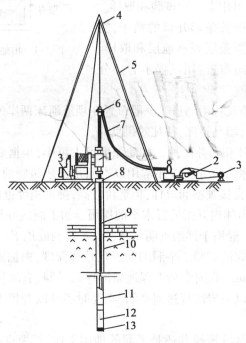

图 F-3　岩心钻探示意图

1—钻机　2—泥浆泵　3—动力机　4—滑轮　5—三脚架　6—水龙头　7—送水胶管
8—套管　9—钻杆　10—钻杆接头　11—取粉钻杆管　12—钻头

钻探所用的钻机,有回转式和冲击式两大类。在工程地质勘察中,钻探深度一般为数十米至数百米。近年来,在发展小口径 (56mm) 金刚石钻探的同时,钻孔口径又趋于加大。小口径钻探虽然节省材料,提高钻进速度,但较大的口径可以在钻进的同时,将测试仪器放入钻孔内,同时完成测试工作。此外,大口径钻进技术也在发展,由于钻孔直径可达 $1\sim2m$,能够取出较大的岩心,人又可以直接进入钻孔内直接观察,故它有许多优点。

三、物探

物探是地球物理勘探的简称。物探是根据岩土物理性质的差异,用不同的物理方法和仪器,测量天然或人工地球物理场的变化,以探查地下地质情况的一种勘探方法。组成地壳的岩层和各种地质体,如基岩、喀斯特、含水层、覆盖层、风化层等,其导电率、弹性波传播速度、磁性等物理性质是有差异的。这样,就可以利用专门的仪器设备,来探测不同地质体的位置、分布、成分和构造。

地球物理勘探有电法、地震、声波、重力、磁力和放射性等勘探等多种方法。在水利水电工程地质勘察中多采用电法勘探中的电阻率法。由于自然界中各种岩石的矿物成分、结构和含水量等因素的不同,故有不同的电阻率。此法是人工向地下所查的岩体中供电,以形成人工电场,通过仪器测定地下岩体的视电阻率大小及变化规律,再经过分析解释,便可判断所查地质体的分布范围和性质。如判断覆盖层厚度、基岩和地下水的埋深、滑坡体的厚度与边界、冻土层的分布及厚度、溶蚀洞穴的位置及探测产状平缓的地层剖面等。

弹性波探测技术包括地震勘探、声波及超声波探测。它是根据弹性波在不同的岩土体中传播的速度不同,用人工激发产生弹性波,使用仪器测量弹性波在岩体中的传播速度、波幅规律,按弹性理论计算,即可求得岩体的弹性模量、泊松比、弹性抗力系数等计算参数。

20 世纪 80 年代至今,地质雷达探测技术在我国的应用有了长足的进展。地质雷达,又称探地雷达,是一种利用高频电磁脉冲波的反射探测地下目标分布形态及特征的一种物探方法。它的基本原理是利用高频电磁波($1MHz\sim 1GHz$),以脉冲形式在地面通过发射天线 (T) 将信号送入地下,经存在电性差异的地下介质或目标体返回地面,再由接收天线(R)接收电磁波反射信号,通过对电磁波反射信号的回波走时、幅度、波形等资料的分析,来了解地下介质或目标体的特征信息的方法。如图 F-4所示,置于地面的接收天线 R 所收到的脉冲波的行程时间为:

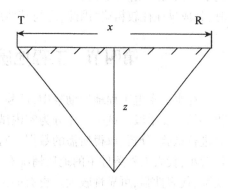

图 F-4　地质雷达工作原理示意图

$$t = \frac{\sqrt{4z^2 + x^2}}{v} \tag{f-1}$$

式中:t——电磁波反射信号的双行程时间;

　　z——目标体埋深;

　　x——天线距;

　　v——电磁波在介质中的传播速度。

式(f-1)表明,若已知地下介质波速 v,可根据测得的 t 计算出目标体的深度 z,v 值可用书籍的资料标定、宽角方式直接测定、理论公式估算等方法获得。

根据电磁波理论,电磁波在地下介质中的传播速度取决于介质的波阻抗 η,而 η 又主要与介质的相对介电常数 ε 成比例关系,即 $\eta = \dfrac{1}{\sqrt{\varepsilon}}$,当相邻两介质有差异时,这种波阻抗差异可用反射系数 R_{12} 表示,即

$$R_{12} \approx \frac{\eta_2 - \eta_1}{\eta_2 + \eta_1} \approx \frac{\sqrt{\varepsilon_1} - \sqrt{\varepsilon_2}}{\sqrt{\varepsilon_1} + \sqrt{\varepsilon_2}} \tag{f-2}$$

式中 1、2 分别表示第一层介质、第二层介质。反射系数直接反映了介质的电性差异。因此,在一定深度范围内,人们可以利用这种差异,采用一定的技术来识别地下介质或目标体的特征信息。

地质雷达可以反映、区分地下不同介质层(地层)界面,计算其深度、厚度及了解地下介质的性质。探测深度一般为 50m,可以满足工程地质勘察的一般要求。目前在工程地质勘察中,主要是利用地质雷达的快速、高效等特点,来确定裂隙、断层等地质构造,探测覆盖层的厚度、基岩埋深,进行地质剖面分层、岩体的风化分带口、岩体完整性的评估。也有人利用地质雷达对古河床进行探测,并根据地质雷达资料推断出地质剖面。地质雷达在岩溶地区的使用效果亦较理想,它可查明地下溶洞的位置及其分布。

尽管地质雷达有着其独到的优越性,但根据工程实践,在工程地质勘察中,地质雷达的使用,最好能辅以钻探、触探等其他勘探手段(包括一些传统的物探方法),这样除了可以相互印证外,还可以达到提高勘察质量、降低成本的目的。

物探方法具有速度快、成本低的优点,用它可以减少山地工程和钻探的工作量,所以得到了广泛的应用。但是,物探是一种间接的勘探手段,特别是当地质体的物理性质差别不大时,其成果往往较粗略,因此,应与其他勘探手段配合使用,才能效率高,效果好。

第四节　工程地质、水文地质试验及长期观测

在水利水电工程地质勘察中,试验工作十分重要,它是取得工程设计所需的各种计算指标的重要手段。试验工作分为室内试验和野外试验两种。室内试验是用仪器对采取的样品进行试验、分析、取得所需的数据。野外试验是在现场天然条件下进行的。室内试验的试样较小,代表天然条件下的地质情况有一定的限制。野外试验是在勘察现场进行的,更符合实际,代表性强,可靠性较大。也有的试验是在室内无法进行的,如静、动力触探,抽水及压水试验,灌浆试验等。但这类方法,耗费人力物力较多,设备和试验技术也较复杂,所以一般是两种方法配合使用。

试验工作的种类,包括水文地质试验,如抽水试验、压水试验、渗水试验及地下水实际流速和流向的测定等。工程地质试验包括触探试验,岩体抗剪强度、弹性模量试验,灌浆试验等岩土物理力学性质试验和地基处理试验。本节将结合专业主要介绍这些内容。

一、抽水试验

抽水试验是用水泵从水井或钻孔内抽取一定水量,使井内水位降低,根据涌水量与水位

降深的关系来测定含水层渗透系数的一种水文地质试验。试验布置如图 F-5 所示。

从钻孔抽水后,含水层中原来的水位便会下降,水位下降的深度叫做降深(s)。当钻孔的涌水量(Q)达到稳定时,根据记录的涌水量和降深的记录,绘制涌水量与降深的关系曲线(图 F-6),制图的目的在于了解含水层的水力特性、钻孔出水能力,推算钻孔最大涌水量和单位涌水量,并检验试验结果是否正确。图中曲线 Ⅰ 表示为承压水,曲线 Ⅱ 表示为潜水,曲线 Ⅲ 表示水源不足或过水断面被堵塞,曲线 Ⅳ 表示水龙头置于含水层下端时的情况,曲线 Ⅴ 表示降深过大的情况。

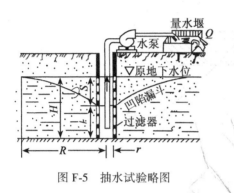

图 F-5　抽水试验略图

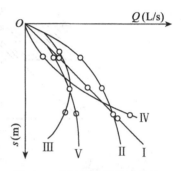

图 F-6　流量与降深关系曲线图

抽水试验分单孔抽水试验和多孔抽水试验两种。单孔抽水试验是没有观测孔的抽水试验,只能测定含水层的渗透系数和钻孔涌水量,所得资料的精度不如多孔抽水的。多孔抽水试验是在中心抽水孔抽水,在中心抽水孔的径向布置一定数量的观测孔,用来观测抽水时的水位变化,以确定水位下降的影响范围,即抽水所形成的水位降落漏斗的边界。降落漏斗的最大半径 R 称为影响半径。

根据钻孔钻进含水层的位置(孔底达到隔水层时叫做完整井,孔底未达到隔水层时叫不完整井),按照不同的试验井类型和地下水类型,参阅《抽水试验规程》中相应的公式,计算含水层的渗透系数。

二、压水试验

压水试验是将钻孔打至含水层内进行试验,对于不含水的基岩,或者地下水埋藏很深,不宜进行抽水试验时,常用压水试验来测定基岩的渗透性。

钻孔压水试验是用止水栓塞,把一定长度(一般为 5m)的孔段隔离开,然后用一定的水头,向该试段钻孔压水,水从钻孔壁的岩体裂隙向四周渗透,最终渗透水量趋向一稳定值(图 F-7)。这样,具有不同裂隙度的岩石就会表现出不同的吸水性能,岩石的这种吸水性用单位吸水量(ω)来表示,即

$$\omega = \frac{Q}{SL} \tag{f-3}$$

式中:ω——单位吸水量,$L/(\min \cdot m \cdot 10^4 Pa)$;

Q——压入流量,$L/\min$;

L——试验段长度,m;

S——试验压力,以水柱高度计,m。

单位吸水量是指在平均每米水头压力下,每米试验段长度上,每分钟内压入岩层的水量。

勘探部门采用自上而下的方法,随着钻进,分段压水。试验段长度一般为 5m 一段,当遇到强烈透水的裂隙密集带、构造破碎带、喀斯特溶洞等时可缩短试验段长度。

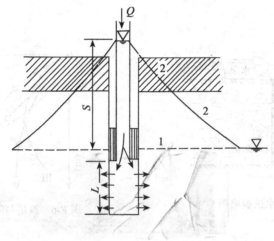

图 F-7　压水试验示意图

1—地下水位　2—压水后的水压面　Q—压入流量　S—压水时水柱压力　L—试验段长度

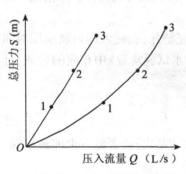

图 F-8　压力-流量关系曲线

1、2、3—3 个压力段的试验成果

压水试验通常采用 3 个压力值,即:5m,10m,15m,由 3 个压力值与相应的压入流量,绘出 $Q-f(S)$ 关系曲线(图 F-8),若曲线为通过原点的直线或通过原点并向 S 轴凹曲的曲线、说明试验结果是正确的;如不通过原点或向 Q 轴凹曲的曲线等都是不正常的。

经过多年实践,近年来认为采用 3 个压力阶段有不少缺陷,建议改用一个压力阶段,压力值一般采用 30m。

国外的压水试验,规定 5m 为一段,100m 水柱压力,一个压力阶段,试验进行 10min。所得结果用吕荣(Lu)单位表示。一个吕荣单位为:在 1MPa 的压力下,每米试验段、每分钟压入的水量,以 L/min 计。1Lu,其值一般相当于 $0.01\omega(L/(min \cdot m \cdot 10^4 Pa))$ 时的渗漏量。

新颁布的(1999 年)《水利水电工程地质勘察规范》和《水利水电钻孔压水试验规程》将压水试验所得的成果称为岩层透水率(q),同时采用国际通用的单位——吕荣(Lu)取代已沿用多年的 ω 值。

三、长期观测

长期观测工作是工程地质勘察的一项重要工作,应该从规划阶段就开始,贯穿以后各勘察阶段之中。有的观测项目,在工程完工以后仍需继续进行观测。观测工作之所以重要,是因为工程地质和水文地质条件的变化及其对水工建筑物的影响,不是在短期内就能反映出来的。例如,物理地质现象的发生和发展、地下水位的变化、水质和水量的动态规律,都需要进行多年的季节性观测,才能了解其一般规律,才能利用观测资料,去预测其发展的趋势和危害,以便采取防治措施,保证建筑物的安全和正常使用。

水利水电工程的地质观测项目,主要有以下几个:

(1)与工程有密切关系的物理地质作用或现象的观测,如滑坡的观测,河流冲刷与堆积、岩石风化速度的观测等。

(2)地下水动态观测。如地下水水位、水质、水量变化的观测等。

(3)工程地质现象的观测。如水库塌岸、人工边坡、地基沉降变形和地下洞室变形等项目的观测。

长期观测点的布置,应能有效地将变化的不均匀性和方向性表示出来,观测线应布置在地质条件变化程度差异最大的方向上。为观测滑坡的发展,主观测线应沿滑动方向布置。在布点时,必须合理选择作为比较用的基准点。观测时间的间隔及整个观测时间的长短,视需要和观测内容及变化的特点来决定。

在观测过程中,应不断积累资料,并及时进行整理,用文字或图表形式表示出来。在有条件的地方,可以设置自动或半自动观测记录装置。

综上所述,各勘察阶段所获得的原始地质资料,经分析整理,提出的各阶段的工程地质勘察报告书及有关图表,便是工程选址、方案选择和布置以及施工设计的依据。

参 考 文 献

1.徐兆义,王连俊等.工程地质基础.北京:中国铁路出版社,2003

2.崔冠英.水利工程地质.北京:中国水利电力出版社,2001

3.梅安新.遥感导论.北京:高等教育出版社,2001

4.戚筱俊.工程地质及水文地质.北京:中国水利水电出版社,2001

5.王永华.矿物学.北京:地质出版社,1990

6.翟淳.岩石学简明教程.北京:地质出版社,1994

7.蔡美峰.岩石力学与工程.北京:科学出版社,2000

8.湖南水利电力勘测设计院.中小型水库工程地质.北京:科学出版社,1978

9.王大纯、张人权等.水文地质学基础.北京:地质出版社,1995

10.长春地质学院.中小型水利水电工程地质.北京:水利电力出版社,1977

11.水利水电规划设计院.水利水电工程地质手册.北京:水利电力出版社,1985

12.胡广韬.工程地质学.北京:地质出版社,1984

13.张咸恭.工程地质学(下册).北京:地质出版社,1983

14.张咸恭、李智毅等.专门工程地质学.北京:地质出版社,1988

15.孙玉科、古迅.赤平极射投影在岩体工程地质力学中的应用.北京:科学出版社,1980

16.刘起霞、李清波等.环境工程地质.郑州:黄河水利出版社,2001

17.国家质量技术监督局、建设部.水利水电工程地质勘察规范.北京:中国计划出版社,1999

18.国家建设部.岩土工程勘察规范.北京:中国建筑工业出版社,2002